普通高等学校"双一流"建设建筑大类专业系列教材

建筑 规划 景观设计理论与方法丛书

建筑自动化理论与实践

主编　徐新华

副主编　高佳佳　李元阳

参编　周沛　武校刚　阎杰　严天

U0278915

华中科技大学出版社

http://press.hust.edu.cn

中国·武汉

图书在版编目（CIP）数据

建筑自动化：理论与实践 / 徐新华主编. -- 武汉 ：华中科技大学出版社，2025.4. -- ISBN 978-7-5772-1362-0

Ⅰ. TU855

中国国家版本馆 CIP 数据核字第 2024QX7732 号

建筑自动化——理论与实践 徐新华 主编

Jianzhu Zidonghua——Lilun yu Shijian

策划编辑：胡天金

责任编辑：狄宝珠

封面设计：清格印象

责任监印：朱 玢

出版发行：华中科技大学出版社（中国·武汉）　　电话：(027)81321913
　　　　　武汉市东湖新技术开发区华工科技园　　邮编：430223

录　　排：华中科技大学惠友文印中心

印　　刷：武汉市洪林印务有限公司

开　　本：889mm×1194mm　1/16

印　　张：25.75

字　　数：868 千字

版　　次：2025 年 4 月第 1 版第 1 次印刷

定　　价：88.00 元

本书若有印装质量问题，请向出版社营销中心调换

全国免费服务热线：400-6679-118　竭诚为您服务

版权所有　侵权必究

前　言

　　建筑自动化系统是宾馆、酒店、办公楼、医院、地铁站等大型地上与地下建筑不可或缺的系统,它在建筑运行与节能减排控制中发挥着至关重要的作用。建筑自动化系统涵盖了建筑的电力、照明、空调通风、给排水、安全防范、车库管理等众多设备与系统,其设计水平和工程建设质量直接影响着建筑功能的实现。新版的《高等学校建筑环境与能源应用工程本科专业指南》明确了建筑环境与能源应用工程(建环)专业本科生需要掌握的控制与智能化知识单元,包括自动控制系统的基本原理、传感器、执行器、控制器、室内温湿度控制、冷热源控制等内容。为了满足建环专业控制与智能化相关知识单元的教学需求,以及社会对建筑自动化工程技术及管理人才的需求,作者结合多年的建筑自动化教学经验、相关研究成果和工程案例,精心编写了本书。

　　本书尽量减少理论论述和公式推导,从建筑环境与能源应用工程专业学生以及从事建筑自动化工程的技术人员的实际需求出发进行编写。本书的特色之一是采用总分结构,循序渐进地展开内容。首先介绍建筑自动化系统的集散型系统形式,以及传感器、执行器、控制器等重要组成元素的内涵;接着以空调系统为例,介绍过程控制的概念,引出闭环控制及其常用的控制规律与控制参数的整定,并通过房间温度控制的实例,展示不同控制方式的效果;进一步介绍建筑典型设备系统的自动化设计,以及通风空调系统的优化控制等。本书的特色之二是理论联系实际。建筑自动化课程是一门实践性很强的课程,书中设置了课程实验实践环节,将电气控制常识与软件编程相结合,以加深对理论知识的理解;同时设置了课程设计环节,虽然课程设计时间较短,但书中对常用的传感器、执行器、控制器等进行了详细介绍,可帮助同学们在设计过程中更好地选型;此外,还结合工程实际,介绍实际工程案例的设计,并针对既有建筑空调系统,介绍能效提升控制改造方案以及实际的节能减排效果。同时,本书以低碳新趋势下的高效机房为例,介绍了控制和暖通系统紧密融合的标准化软硬件一体化解决方案的工程实践。

　　第1章为绪论,主要介绍智能建筑的起源与定义,进而引出建筑自动化系统的组成与功能等。第2章介绍集散型系统的形式及其主要组成,包括传感器、执行器、控制器、通信协议等的内涵,并简要介绍网络传输媒介与设备。第3章介绍过程控制,重点阐述闭环控制及其控制规律与参数整定,并以室内温度控制为例,说明不同控制规律对室内温度的控制效果。第4章介绍建筑自动化系统的设计要点与原则,并给出典型空调系统、冷热源系统、通风系统的监测控制方案,同时也给出给排水系统、照明系统等的监测控制方案。第5章与第6章是空调系统自动化控制的高级阶段,分别介绍变风量空调系统的优化控制与空调冷热源水系统的优化控制。第7章介绍课程实验实践的内容。第8章以宾馆、大型办公建筑与地铁车站为例,介绍通风空调系统的控制方案及控制原理图设计,并基于暖通和自控的深度融合,介绍高效机房全生命周期各环节的精细化管控,得到边界可控且效果优异的标准化、工程化产品交付的场景解决方案及实际应用。第9章结合实际的科研项目,以宾馆、医院、地铁车站、综合商场为例,介绍空调系统能效提升控制改造方案及实际实施效果。第10章及第11章介绍通风空调及室内环境中常用的传感器、执行器以及控制器。第12章介绍一款民族品牌控制软件及一款国际品牌控制软件的简要编程流程。第13章介绍建筑自动化系统的施工与调试。

　　本书可作为大专院校建环相关专业的教学用书,也可供研究生参考,同时适于从事建筑自动化设计、工程施工和管理、系统运维的技术人员和管理人员阅读。

　　本书的作者均为从事建筑自动化教学与研究的教师,以及从事建筑自动化开发与工程应用的研究人员。具体分工如下:华中科技大学徐新华完成了第1章、第2章、第4章部分章节、第7章部分章节的编写;武汉科技大学高佳佳完成了第4章部分章节、第5章部分章节、第6章、第7章部分章节、第9章的编写;广东美的暖通设备有限公司的李元阳、胡钦、刘峥、管绪磊、方兴完成了第5章部分章节、第8章、第10章部分章节的编写;合肥工业大学周沛完成了第3章、第11章部分章节的编写;宁波工程学院武校刚老师完成了第 11 章部分章节、第 12 章部分章节、附录部分内容的编写;上海美控智慧建筑有限公司的阎杰、胡炯培、孙靖、梁锐、孙笑寒、林影完成了第 10 章部分章节、第 11 章部分章节、第 12 章部分章节的编写;武汉理工大学严天完成了第 5 章部分章节与第 13 章的编写。此外,课题组的研究生范时光、柳晟、肖云婷等同学在图表绘制、文字整理过程中也付出了辛勤的劳动。本书还引入了很多同行的实践总结和研究成果。在此,向所有为本书出版做出贡献的人们表示衷心的感谢。

编　者

2024 年 4 月 20 日

目录

第 *11* 章 常用控制器 /331

第 *12* 章 系统软件介绍与案例 /351

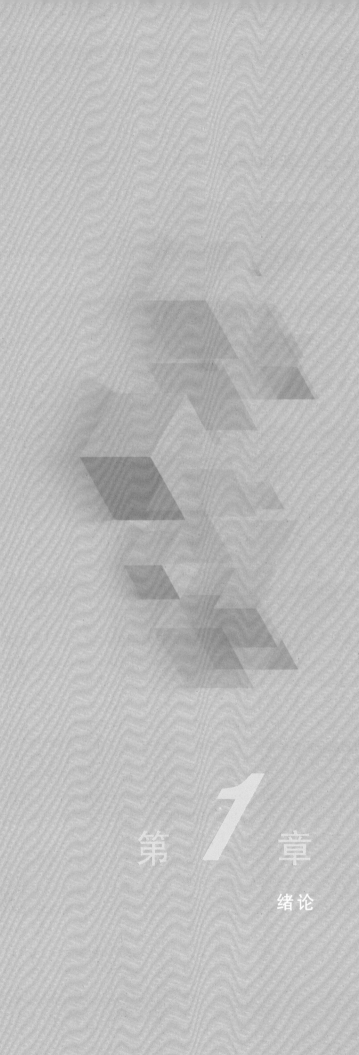

第 *1* 章

绪 论

1.1　智能建筑概述

智能建筑是计算机技术、通信技术、网络技术、自动化技术、物联网技术等先进技术与建筑技术的深度融合,是这些技术在建筑领域成功应用的产物。它将随着科学技术,尤其是人工智能技术,以及社会的进步,持续不断地发展并被赋予新的内容,使人们的生存环境、生活方式、生产方式等发生日新月异的变化。Z世代(也称为"网生代""互联网世代""二次元世代",指的是1995年至2009年出生的一代人)自出生起就与网络信息时代无缝对接,深受数字信息技术影响,向往新兴行业。传统烦琐且可被自动化、信息化设备替代的工作,将逐渐失去对这一代人的吸引力。这一现象将进一步推动智能建筑的发展。

一座建筑通常由建筑师、结构工程师、暖通工程师、电气工程师与给排水工程师等共同设计完成。如果把一座建筑比喻为一个人,建筑师为这个人的"身体"提供合理的组织功能和美观的外形,结构工程师则提供坚强的骨骼支撑系统,暖通、给排水、电气工程师为它提供体内环境营造、能源供应、排泄等功能,如空调通风、动力与照明、给水排水排污等。而智能建筑信息系统则相当于人身体内的神经系统,该信息系统若拥有中央控制系统,则如同大脑一般。

智能建筑的概念在20世纪70年代末诞生于美国。第一幢智能建筑是位于美国康涅狄格州(Connecticut)哈特福德市(Hartford)的城市广场(City Place)。该建筑高163米,地上38层,于1983年建成。1984年,美国联合科技公司(United Technologies Corporation)采用计算机系统对该大楼的空调、电梯、照明等设备进行监测和控制,并提供语音通信、电子邮件和情报资料等方面的信息服务。随后,智能建筑在日本、欧洲、美国等地随着高层建筑的快速发展而蓬勃发展。我国的智能建筑在20世纪80年代末开始兴起,主要集中在经济相对发达的大城市。21世纪初,随着高层建筑、超高层建筑的快速发展,智能建筑的发展达到了一个新的高度,并且随着科学技术的进步,被赋予了更多的内涵。

智能建筑仍在快速发展之中,国际上对智能建筑的定义尚未统一,不同的国家或地区有不同的定义。总体来讲,定义智能建筑的角度和方式可以归为以下三类:基于性能的定义、基于服务的定义、基于系统的定义。

基于性能的定义是通过列举建筑需具备的性能来定义智能建筑,如欧洲智能建筑小组(European Intelligent Building Group)与美国智能建筑学会(American Intelligent Building Institute)对智能建筑的定义。欧洲智能建筑小组将智能建筑定义为:建筑为其使用者营造一个最有效率的环境,同时有效地利用和管理资源,并最小化硬件和设施的寿命损耗。而美国智能建筑学会对智能建筑的定义为:建筑以适当的投资,通过满足结构、系统、服务及管理四方面的基本要求,并优化它们之间的相互关联,从而提供高效、舒适及便利的环境。基于性能的智能建筑定义着重于建筑的性能及使用者的需求,而非侧重于技术或系统的采用。

基于服务的定义是从建筑所提供的服务以及服务质量的角度来定义智能建筑,例如日本智能建筑研究所(Japanese Intelligent Building Institute)对智能建筑的定义——智能建筑是具备通信、办公自动化及楼宇自动化服务的建筑。该定义强调的是建筑对使用者提供的服务。在日本,智能建筑的核心在于以下四个方面的服务:提供一个接收、发送信息及高效管理的支持平台;确保在建筑内工作的人员的满意及便利;建筑管理的合理性,以实现用低成本提供更有吸引力的行政服务;对不断变化的社会环境、多样和复杂的办公要求和灵活的运营策略能够迅速、灵活地响应,并具有很好的经济性。

基于系统的定义则是用建筑所拥有的技术及技术系统来定义智能建筑,如中国的智能建筑设计标准(GB/T 50314)对智能建筑的定义。该标准的智能建筑定义经历了2000版、2006版、2015版。2000版智能建筑定义为:智能建筑须具备实现建筑自动化、办公自动化及通信网络系统的设施平台,并同时拥有融合了建筑结构、系统、服务及管理的优化集成,从而为使用者提供高效、舒适、便利和安全的建筑。2015版智能建筑定义则为:以建筑为平台,基于对各类智能化信息的综合应用,集架构、系统、应用、管理及优化组合为一体,具有感知、传输、记忆、推理、判断和决策的综合智慧能力,形成以人、建筑、环境互为协调的整合体,为人们提供安全、高效、便利及可持续发展的功能环境。在2015版的定义中,虽然增加了可持续发展功能,但依然侧重智能化信息的综合应用技术以及综合智慧能力。

"3A"或"5A"是更直接的基于系统的简单定义,常被专业人员和开发商采用。"3A"指建筑自动化(building automation,BA)、通信自动化(communication automation,CA)及办公自动化(office automation,OA)。"5A"则是指通信自动化(CA)、建筑自动化(BA)、办公自动化(OA)、消防自动化(fire automation,FA)和保安自动化(security automation,SA)。无论是"3A"还是"5A",智能建筑都需要通过综合布线系统将各个子系统进行有机的综合,才能使建筑物具备安全、便利、高效、低碳节能的特点。

1.2 建筑自动化系统及组成

无论智能建筑是从性能、服务还是系统的角度进行定义,建筑自动化系统(BAS,building automation system,也称为楼宇自控系统)都是智能建筑不可或缺的组成部分。建筑自动化系统实现了建筑物内各种机电设备的自动控制,包括制冷、制热、空调、通风、供暖、给排水、供配电、照明、电梯、消防、安保以及车库管理等系统。通过信息网络,该系统形成了集中监测、监视与分散控制、集中管理的一体化体系。它能够实时监测、显示设备运行状态与参数,控制设备运行,并根据外界条件、环境因素以及负载变化自动调节各种设备,使其始终保持最佳运行状态。此外,系统还能自动实现对照明、供冷、供热、供水等的调节与管理,为用户提供一个安全、舒适、高效且节能的工作环境。

建筑自动化系统可分为狭义和广义两种。狭义上的建筑自动化系统主要包括以下内容:变配电子系统、照明子系统、空调与冷热源子系统、电梯子系统、环境保护与给排水子系统、停车场管理与门禁子系统等。而广义上的建筑自动化系统还包括火灾自动检测与报警系统(FAS,fire alarm system)和安全防范系统(SAS,security automation system)这两部分。楼宇自控系统所涵盖的监控与管理的主要内容如图1-1所示。

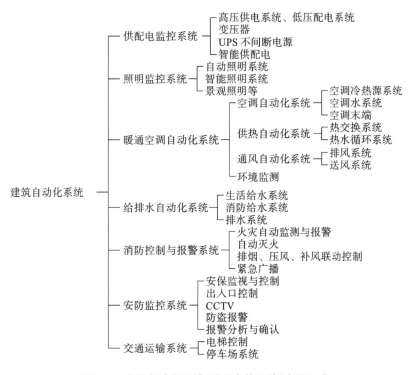

图1-1 建筑自动化系统(楼宇自控系统)主要组成

1.3 建筑自动化系统的主要功能

建筑自动化系统主要通过对机电设备的监测与控制实现以下功能：

（1）确保建筑物内环境的舒适，提高建筑物及其内部人员与设备的整体安全水平和灾害防御能力；

（2）通过优化控制策略，提升设备运行效率，提高能源利用效率，节省能源消耗；

（3）实现建筑机电设备的自动与优化控制，减轻操作人员的劳动强度，提高管理水平与效率；

（4）对建筑内的机电设备进行电量计量，并进行能效分析；

（5）提供设备运行情况的监控资料、报表及历史趋势图表，通过系统的集中分析为设备管理决策提供依据，实现设备维护工作的自动化；

（6）在集中管理中心平台，通过特别功能模块提供增值服务，如系统设备的性能故障诊断模块，该模块利用人工智能或机器学习等技术分析历史监控数据，获取系统及设备的健康状态，给出预防性保养及维护建议与措施，或资产管理模块，通过机电设备设施的注册、使用时长记录、健康状态监控及报废管理等功能，实现资产的有效管理；

（7）建筑消防控制与报警功能，该功能有时作为单独的系统存在，即 FAS(fire alarm system)。

建筑自动化系统的这些功能总体上可以分为监控功能、管理功能和服务（增值服务）功能三个方面。管理功能主要涉及运行管理、设备管理和能源管理等；服务功能则包括系统的维保信息服务、信息发布服务以及一些增值服务等。监控功能可以根据不同的目的进行划分，如环境监控、能源监控和设备监控等，也可以根据子系统进行划分。

（1）暖通空调自动化系统：维持建筑物内各区域环境，通过控制暖通空调设备系统调节室内温度、湿度和空气质量，以满足建筑物的使用要求，为使用者提供健康舒适的室内环境。

（2）供配电监控系统：建筑供配电监控系统负责解决建筑物所需电能的供应和分配，是电力系统的组成部分。该系统从电源进户起到用电设备的输入端止，主要功能包括接收电能、变换电压、分配电能和输送电能。

（3）照明监控系统：对建筑物照明系统的工作状态进行监控，提供良好的光环境并达到节电效果。照明系统按功能可分为普通照明、应急照明、疏散照明和泛光照明等。

（4）给排水自动化系统：生活用水、饮用水、生活热水和消防供水等系统的自动控制系统，还包括污水处理系统和排水系统。该系统主要对给水系统的状态、参数进行监控与控制，确保系统的运行参数满足建筑的供水要求以及供水系统的安全性要求。

（5）消防控制与报警系统：建筑消防设施是保证建筑物消防安全和人员疏散安全的重要设施。消防控制与报警系统在火灾预防和初期报警中起着不可替代的作用。该系统能够探测可能引起火灾的征兆，防止火灾发生；或在火势很小尚未成灾时及时报警并进行控制。

（6）交通运输系统监测与控制：建筑内部的交通运输系统主要包括电梯系统与停车场系统。电梯系统包括垂直电梯与自动扶梯系统，属于建筑物的机电设备系统。考虑到电梯、扶梯自身控制系统的特点，建筑自动化系统需要监测各电梯、扶梯的运行状态，并在某些场合实现必要的集中控制。

（7）安防监控系统：安防监控系统是利用光纤、同轴电缆或微波等传输介质，在其闭合的环路内传输视频信号，并从摄像到图像显示和记录构成独立完整的系统。该系统能够实时、形象、真实地反映被监控对象的情况，极大地延长了人眼的观察距离并扩大了视野范围。在恶劣环境下，安防监控系统可以代替人工进行长时间监视，并记录被监视现场的实际情况。同时，安防监控系统设备能够对非法入侵进行报警，并将产生的报警信号输入报警主机，触发监控系统录像并记录。

1.4 建筑自动化系统的结构

建筑自动化系统采用的是基于现代控制理论的集散型计算机控制系统,其特征是"集中管理"与"分散控制"。它利用计算机网络将分布在现场被控设备处的控制器(如 DDC、PLC 等)或各个子系统的控制器连接起来,实现各子系统控制器与中央监控系统计算机之间的通信,从而完成被控设备的实时监测和控制任务。该系统有效克服了计算机控制系统危险性高度集中以及常规仪表控制功能单一的缺点。

从器件构成来看,建筑自动化系统主要包括安装于中央控制室的中央监控管理级计算机系统、工作站、服务器、网络设备等,以及服务于各个子系统的工作站、服务器、控制器、通信单元,还有现场级的各类传感器、探测器、执行器、现场仪表等。中央管理计算机具备 LCD 显示、打印输出、丰富的软件管理功能和强大的数字通信能力,能够完成集中操作、显示、报警、打印以及优化控制等任务。此外,它还可以通过网络服务器以有线或无线方式与互联网相连,实现远程访问。

根据建筑的规模和业主的需求,建筑自动化系统可以将各个子系统集成在一起,形成一个统一进行集中管理的大系统,如图 1-2 所示。然而,也存在各个子系统相互独立、互不连接、互不通信的情况,其组成和功能可能各不相同。即使在同一个子系统内部,也可能包含不同的子系统组成。例如,在暖通空调子系统中,冷源与水泵的控制可以构成一个完全独立的子系统,各个楼层的变风量系统控制也可以是一个独立的子系统,而车库的送排风系统同样可以作为一个独立的子系统存在。

1.5 建筑自动化的发展趋势

随着信息化与智能化技术的持续开发与不断发展,中国建筑自动化系统(亦称楼宇自控系统)与物联网、云平台深度融合,如图 1-3 所示。物联网为楼宇自控系统提供数据采集支持,作为坚实的数据基础;云平台及大数据分析则助力系统更好地适应环境变化,实现从下至上的高效信息互通。与此同时,电力供应与数据传递双管齐下,进一步加深了楼控系统与被控设备之间的连接与融合,实现了从左至右的精细化设备管控。

1. 电力供应与数据传递双流并行

在建筑电力系统中,强电主要负责处理动力能源,其特点包括电压高、电流大、功率大且频率低,主要目标是确保建筑获得稳定且高效的电力供应。弱电则主要用于信息的传递,其特性为电压低、电流小、功率小且频率高,主要聚焦于信息传送的效果,如保真度、传输速度、覆盖广度以及可靠性等,如图 1-4 所示。楼宇自控系统作为弱电系统的一个组成部分,通过对强电设备的监测与控制,实现了综合管理的功能。

传统强弱电解决方案通常采取分离工作的方式,但随着信息、通信及电子技术的不断进步,人们对能耗精细化管理的需求日益显著。因此,在建筑设备监控与节能管理方面,更适宜采用强弱电一体化的智能机电设备。这种设备将电能监控管理系统、分项计量系统以及机电设备自动化监控系统的设备与功能集成到配电箱中,从而实现设计、施工、调试及后期维护的标准化。强弱电一体化并非简单地将两者的功能相加,而是通过高度融合,对建筑运营效果产生协同效应,主要体现在成本节约、空间高效利用、系统开放互通以及运营优化等方面,如图 1-5 所示。

2. 自控系统与被控设备深度融合

为适应新时代对全自动化控制、节能以及提升使用者体验的全方位需求,楼宇自控系统的作用已不再局限于对设施设备的简单启停控制或状态监测,而是深入到设备及跨系统的应用场景中,促进末端被控设备与控制系统实现

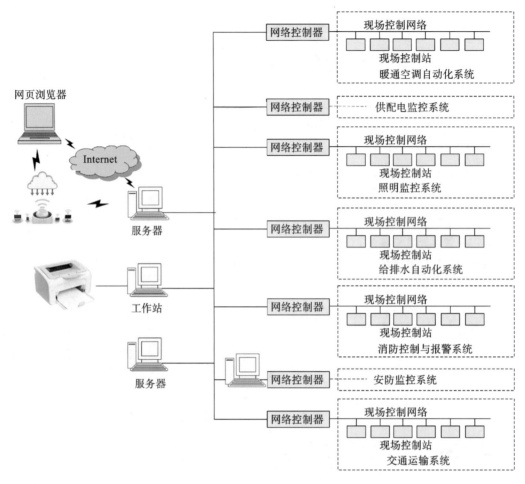

图 1-2　建筑自动化系统结构示意图

更深层次的融合,从而实现一体化的功能优化,高效机房系统便是其中的典型例证。高效机房系统的价值更多地体现在设备优化、设计优化、暖通空调设备与机房控制系统的整合、设备安装与工程管理以及全系统整体调试等多个方面。因此,高效机房系统不仅要求方案设计与选型产品的相互匹配,还与规范化、合理化的安装与运维流程紧密相关。

在公共建筑中,空调系统能耗占据建筑整体能耗的较大比例,制冷机房系统的能效高低对于建筑节能降耗具有至关重要的影响。2019 年,国家发改委等七部委联合发布的《绿色高效制冷行动方案》提出,到 2022 年,我国家用空调、多联机等制冷产品的市场能效水平需提升 30％以上,绿色高效制冷产品的市场占有率需提高 20％;到 2030 年,大型公共建筑的制冷能效需提升 30％,制冷总体能效水平需提升 25％以上,绿色高效制冷产品的市场占有率需提高至 40％以上,预计可实现年节电约 4000 亿千瓦时。要实现空调系统的节能,不仅需要从暖通空调硬件设备的更新换代入手,还需要结合优化控制技术。通过实施全面电气化和能效提升措施,暖通空调系统的能耗可降低 51％,碳排放量可降低 80％。

楼宇自控系统(简称楼控系统)通常将暖通空调系统作为监控的重点,投入 60％以上的监控点,且总成本超过水电监控投资的总和。暖通空调系统管路复杂、组成部分众多且运行工况多变,这些因素直接影响楼控系统的整体功能应用。因此,未来要提高楼控系统的运行效果,仅凭弱电工程师或楼控系统厂商的努力是远远不够的,还需要暖通设备工程师、专家等的参与,共同制定楼控系统方案并开展深度合作(如图 1-6 所示)。

3. 向下物联感知,向上云端治理

在建筑行业中,物联网技术被广泛应用于监测点位众多且需要远程运维的场景,它辅助楼宇自控系统实现了更

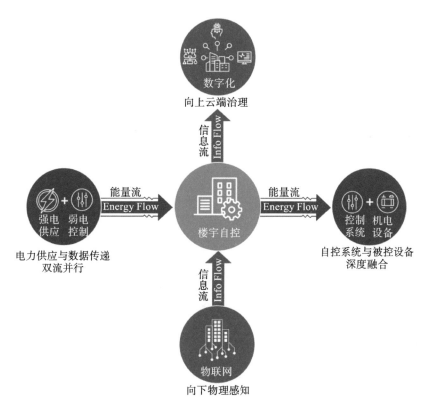

图 1-3　楼宇自控系统与物联网及云平台等耦合示意图

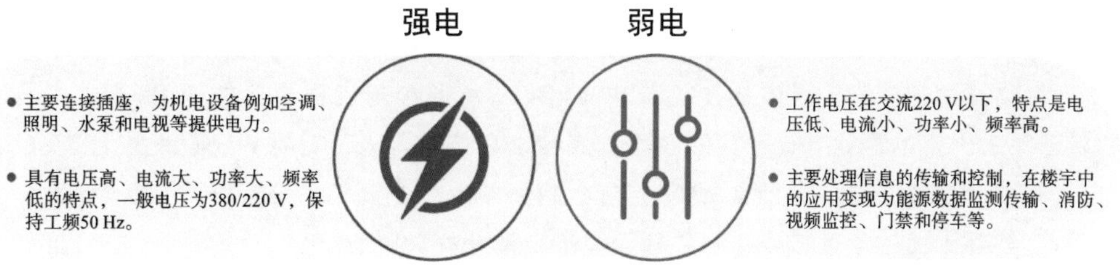

强电　　　　弱电

- 主要连接插座，为机电设备例如空调、照明、水泵和电视等提供电力。
- 具有电压高、电流大、功率大、频率低的特点，一般电压为380/220 V，保持工频50 Hz。

- 工作电压在交流220 V以下，特点是电压低、电流小、功率小、频率高。
- 主要处理信息的传输和控制，在楼宇中的应用变现为能源数据监测传输、消防、视频监控、门禁和停车等。

图 1-4　强电及弱电特征

成本节约

传统方案中，强弱电独立箱体安装，分为两套监控系统，存在重复投资。一体化设计大大减少了电气开关及控制器数量。

空间利用

将强电和弱电系统在一个箱体中集成，节省柜体空间以及大量二次钱。

开放互通

打通能量和信息之间的壁垒，为数据结构提供各类通信协议，便于兼容第三方。

优化运营

有效监管能耗情况，突破硬件限制，实现进一步优化。

图 1-5　强弱电一体化增值效益

广泛的数据采集与更高效的传输。目前，物联网技术的通信协议主要分为两大类，各自拥有独特的优势及适用场景：一类是以 NB-IoT、4G/5G 为代表的"授权频谱"技术，其优势在于安全可靠；另一类是"非授权频谱"技术，包括 WiFi、

楼控系统厂商与空调设备厂商合作	**弱电工程师与空调工程师配合**	**DDC的选用及控制器的布置**	**设备与软件的配合优化**
目前，很多楼控系统厂商更专精于控制领域，缺少对暖通空调的理解。其与空调设备厂商应开展深度合作，通过密集的会议进一步了解双方的痛点，找到解决方案。	很多空调工程师都认为BAS系统是由弱电工程师负责的，对它的积极性不高，这同样导致BAS系统节能效果不尽理想。	冷冻机房、热力站是监控点密集场合，应优先在点位密集型场合使用分布式IP型控制器。同机房内的空调通风设备可合用一个控制器，应考虑控制器的运算能力和控制点数量。	空调系统包括冷水机组、冷却塔、冷冻水泵及冷却水泵等。某些设备也配有自己的微电脑控制系统，但应整体与楼控系统合作，整体达到最优运行效果。

图 1-6　楼控系统与暖通深度结合维度

蓝牙、ZigBee、LoRa 等，它们在"非排他性"使用与灵活部署方面展现出了不可替代的价值。

1.6　本书的目的

建筑自动化是一门跨学科的综合性技术，涵盖暖通空调、给排水、照明、机械工程、自动化技术等多个专业领域，同时涉及建筑科学、热工学、设备工程、电工电子学、计算机科学、网络技术、自动控制理论、过程控制方法以及管理科学等内容，并不断向物联网、人工智能等前沿领域延伸。暖通空调系统的自动控制，因涉及动态调控机制，相较于给排水设备及照明设备的简单开关控制，显得更为复杂。一个建筑自动化系统的设计与运行效果，直接关联到建筑环境与能源应用工程（建环）专业人才的深度参与乃至主导。因此，暖通空调自动化系统的设计、施工、调试及维护管理人员，需具备上述多方面的理论知识和专业技能。建筑环境与能源应用工程专业的学生，在电工电子、计算机科学、自动控制等领域已具备一定的理论基础和实践技能。随着信息技术与人工智能的飞速发展，以及社会建设需求的不断变化，建筑自动化作为建环专业的一个重要拓展方向，将为毕业生在建筑系统运维、系统改造升级等领域提供广阔的就业机会。因此，建环专业的学生应当重视并修读建筑自动化相关课程。

本书内容的编排紧密围绕新版《高等学校建筑环境与能源应用工程本科专业指南》中规定的建筑环境与能源系统智能化单元模块，详细阐述了控制系统基本原理、传感器与执行器、控制器、建筑环境营造系统控制、冷热源及水系统控制、信息化系统等核心内容。同时，本书结合信息化与智能化技术的最新进展，对建筑自动化系统的发展趋势进行了深入分析。此外，本书还紧密结合工程实际，介绍了高效机房的设计标准化、高效机房多智能体分布式节能控制系统及其在实际工程中的应用案例。本书既适合作为大专院校建环及相关专业的教学用书，也可供研究生参考，同时适于从事建筑自动化系统设计、施工、调试、运维、管理等工作的技术人员和管理人员阅读。

第 **2** 章

集散型系统及其组成

《民用建筑电气设计标准》(GB 51348—2019)规定,我国建筑设备监控系统应采用集散型系统,即满足分布式系统集中监视、操作管理及分散采集控制的需求。集散型控制系统由传感器、执行器、分站控制器/控制分站、网络/通信设备以及总站构成。

传感器是自动化系统获取建筑设备运行状态的"眼睛",是智能化监测和控制的基础,主要用于实现控制过程中的信息反馈。执行器则是自动化系统控制建筑设备运行的"手脚",主要用于实现控制过程中的决策执行。分站控制器在现场直接与各类装置如传感器、执行器、记录仪表等相连,负责过程数据采集、直接数字控制、设备监测与诊断等任务,在集散型系统体系结构中又可称为下位机或分机。

网络是自动化系统的"神经中枢",主要用于信息的传输和交互。通信协议则是信息在"神经中枢"中传递的规则。中央站(总站或中央管理工作站)作为智能系统的"大脑",用于数据处理和分析,也可进行 AI 运算,是与用户交互的主要设备,通常由台式计算机、工控机、数据服务器、打印机、存储设备等组成。

本章将介绍集散型系统的基本概念,以及构成该系统的传感器、执行器、控制器、网络结构、通信总线等要素。

2.1 集散型系统概述

2.1.1 集散型系统定义与特点

集散型系统,即集散式控制系统,又称为分布式控制系统(DCS, distributed control system),是一种采用集中管理、分散控制的计算机控制系统。它利用分布在现场的数字化控制器或计算机装置,对被控设备进行实时控制、参数监测和保护,同时具备数据处理、显示、记录及报警显示等功能。该系统有效解决了常规仪表分散性大、控制装置分布广泛、人机联系困难以及难以统一管理的问题。

集散型系统由一个中央站(或多个中央站)负责监控管理功能,通过数据通信信道(即总线),将多个承担分散控制功能的分站连接成一个整体系统。该系统的结构如图 2-1 所示,最多可分为四级。

集散型系统的特点可以概括为:中央站和分站直接连接在一条总线上,进行直接数据通信;分站间也是点对点直接通信;分站的工作不受中央站工作状态的影响。集散型系统的结构符合建筑自动化系统(BAS)网络结构的规划原则,即满足集中监控的需求,与系统规模相适应,尽量减少故障波及面以实现"危险分散",减少初期投资,以及系统扩展与集成易于实现等。

集散型系统的中央站对建筑物进行集中监控与管理,节省人力,这是采用建筑自动化系统(BAS)的核心目的之一。与系统规模相适应这一原则是针对一般 BAS 可能应用的场合而言的。但从我国国情出发,考虑到投资强度,原则上在大型、重要的建筑物中宜采用 BAS,但也不排除对重要的但并非大型的建筑物采用 BAS。就建筑物规模而言,有大小之分,监控点则有多少之别。集散型系统可以满足不同规模建筑物控制的要求。"危险分散"的原则主要针对中、大型系统,特别是集散型系统,因为一个分站的故障可以限定在有限的范围内。减少初期投资,这是一切工程所必须遵守的原则。系统易于扩展是对所有 BAS 而言的,不论其规模大小,经验证明系统是经常需要扩展的。

集散型系统是理想的控制系统,是我国国家设计规范规定的 BAS 应采用的控制系统[可参见《民用建筑电气设计标准》(GB 51348—2019)]。

2.1.2 系统规模划分

原来的《民用建筑电气设计规范》(JGJ 16—2008)(现已废除)规定了 BA 系统规模的划分。这一系统规模的划分

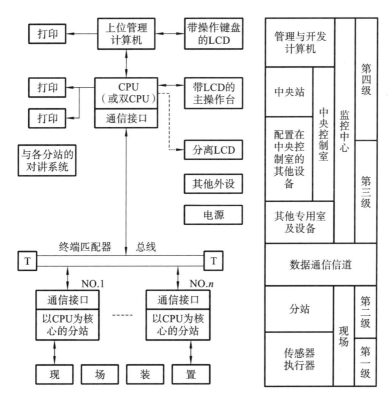

图 2-1　集散型系统结构示意图

是根据监控点的数量确定的,如表 2-1 所示。而在《民用建筑电气设计标准》(GB 51348—2019)中,规定硬件点的数量小于 999 点的系统为小型系统,小于或等于 2999 点但大于 999 点的系统为中型系统,大于或等于 3000 点的系统为大型系统。

表 2-1　BA 系统规模的划分

系 统 规 模	监控点数/个
小型系统	40 以下
较小型系统	41~160
中型系统	161~650
较大型系统	651~2500
大型系统	2500 以上

　　如果属于小型系统,只需按照规范中的集散型系统(如图 2-1 所示)选用第一、第二级即可,通常称为直接数字控制系统,例如单独控制一个新风机组的情况。小型及以下规模的系统无须联网进行集中监控与管理,因此不用考虑网络拓扑等问题,这类系统多出现在重要但无须联网的场合。对于中型系统,由于监控点较多,如数百个点、数十台空调机等,应选用多台 DDC 控制器或控制分站,以及通用微型计算机或工业控制机,并配备必要的外部设备组成中央站,同时考虑采用如图 2-1 所示的第一、二、三级结构。对于大型系统或超大型系统,还需要配置服务器等设备。

　　对于中型及大型系统,需要考虑选用功能分级、软硬件分散配置的分布式控制方式,并实现以下功能:

　　(1)监控管理功能集中在中央站,并配备具有相应操作级别的终端,而实时性强的控制和调节功能则由分站、二级分站或智能现场装置完成;

　　(2)中央站停止工作时,不应影响分站的功能和设备运转,同时局部网络通信控制也不应因此中断。

2.1.3 集散型系统体系结构

集散型系统中的装置与设备分别位于整个系统的不同层次,自上而下可以分为管理级、监控级、控制级和现场级。在同一层次中,各计算机与服务器的地位相同,但功能可能不同,分别承担整个控制系统的相应任务。它们之间的协调主要依赖于上一层计算机的管理,部分依赖于与同层中其他计算机的数据通信,从而形成一个分级分布式控制系统。集散型系统的体系结构如图 2-2 所示。

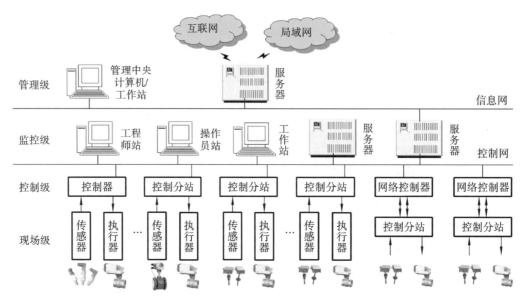

图 2-2 集散型系统的体系结构示意图

(一)现场级

设备位于监测与控制的现场,典型的现场设备包括传感及监测装置、执行装置,例如温度传感器、压力传感器、流量传感器、压差开关、流量开关、继电器、电动执行器(如电动风门、电动水阀)以及变频器等。传感器将生产过程中的各种物理量转换为 4~20 mA DC 电信号送往控制级,同时,一些反馈的开关量信号也被送往控制级。控制级发出的控制量电信号则用于启动现场级的动力设备或调节执行机构,以实现过程控制。

(二)控制级

控制级主要由控制器、控制分站、网络控制器等组成,负责采集现场设备(如传感器、变送器)的信号,进行转化与处理,并按照一定的控制规律或算法输出控制量,以控制现场执行器的工作。同时,控制级也接收来自监控级的控制信号,对现场设备进行调控。控制器或控制分站通常由 DDC 或 PLC 构成,一般设置在弱电控制箱中,布置于现场设备附近。有时,现场级与控制级也被合称为现场控制级。

(三)监控级

监控级设置监控工作站(计算机)、操作员站、工程师站、服务器及相关软件等。监控级可以监视现场级和控制级的信息,如运行状态、故障检测、历史数据记录以及控制优化等,同时协调各站的操作关系、控制回路状态与调整参数等。操作员站为操作人员提供与集散型系统交互信息的人机接口设备与界面,使操作人员能够了解现场运行状态、各种运行参数以及异常情况,并通过键盘对过程参数进行调节和控制。工程师站则用于对集散型系统进行离线配置、组态工作以及在线的系统监督、控制和维护。工作站与控制器实时进行信息交换和处理,对整个系统的运行进行检测和控制,还可以综合现场控制器的数据,通过优化算法实现优化节能控制等高级功能。有的系统还设置服务器用于大量数据存储、复杂计算以及上下级的数据交换或通信等。无论是工程师站、操作员站、工作站还是服务器,本质上都是计算机,只是因实现的功能不同而被赋予不同的称呼。根据系统规模,监控级可以设置一台或多台计算机。

(四)管理级

管理级面向的使用者是管理者或运行管理者。管理级可以承担资产管理、重要信息统计、计划管理等职能,以及一些增值服务功能。例如,通过对运行参数的分析,识别设备或器件的健康状态,提供预防性维保建议;通过对环境参数及次日空调负荷的预测,实现冰蓄冷系统夜晚蓄冰的运行决策等;通过建筑能耗的年月环比分析,找出能耗差异的原因,给出能源管理的建议等。在大多数情况下,集散型系统只需要设置现场级、控制级、监控级即可实现全部功能,只有大规模系统才设置管理级。这一划分并非绝对,有时监控级与管理级也会合并,监控级包含一定的管理功能。

2.2　传感器

2.2.1　传感器基本概念

传感器是现场级不可或缺的器件,是专门用于将温度、压力、压差、流量、液位、成分等非电量转换为可用输出信号的一种装置。根据国家标准 GB/T 7665—2005,传感器的定义为:"能感受被测量并按照一定规律转换成可用输出信号的器件或装置,通常由敏感元件和转换元件组成。"这里所说的可用输出信号可以是电信号,也可以是其他物理量信号。由于电信号具有放大、转换及调整方便的优点,目前绝大多数传感器都选择电信号作为输出信号。敏感元件是传感器中能直接感受或响应被测量的部分;转换元件则是能将敏感元件感受或响应的被测量转换成适于传输和(或)测量的电信号的部分。有些传感器中,敏感元件和转换元件并不做明显区分,而是合为一体,如热电偶、压电传感器等,它们没有中间转换环节,直接将被测量转化为电信号。

传感器通常不具备信号的变送环节,其输出的电信号一般为小电压、小电流,且为非标准信号。如果不进行处理,与下一个环节的连接将会很困难。因此,需要将传感器信号经过放大、线性化、标准化等一系列调节转换,转换为标准信号,以便于被控制器、显示仪表和计算机等设备接收。将传感器输出信号转换为标准信号的器件被称为变送器。上述传感器与变送器一起,在广义上被称为传感器,如图 2-3 所示。此时,可以将传感器看作由敏感元件和变送器两个部分组成。

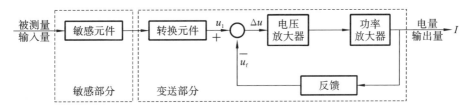

图 2-3　广义传感器组成方块图

敏感元件是指能够灵敏地感受被测量并做出响应的元件。这种"响应"通常为电信号(包括电压、电流和电阻等),也可能是其他类型的信号。为了获得被测量的精确数值,我们不仅希望敏感元件对所测物理量具有足够的灵敏度,还希望它尽可能地不受环境因素和时间因素的影响。

变送器的任务是将各种敏感元件输出的非标准信号统一转换成符合国际标准的统一信号,这些标准信号在物理量的形式和取值范围上都是统一的。其中,标准直流信号 4～20 mA 及 1～5 V 分别被广泛应用于模拟控制系统及计算机系统接口,习惯上被称为Ⅱ类信号。而其他形式的 0～10 mA 和 0～10 V 的直流信号则被称为Ⅰ类信号,但由于其抗干扰能力较差,目前较少使用。

2.2.2 传感器的主要性能参数

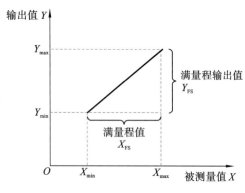

图 2-4 传感器相关参数关系示意图

X_{max}、测量下限 X_{min} 的关系如图 2-4 所示。

为了评估传感器的性能,我们通常采用以下参数作为衡量标准。

（一）量程

量程是指传感器的测量范围,即测量上下极限之差。若下限值为零,则上限值也被称为满量程值。每个传感器都有其特定的测量范围,只有当被测量处于这个范围内时,传感器的输出信号才具有一定的准确性。因此,量程是用户在选型时首要关注的技术指标,根据被测量的范围选择一款合适量程的传感器至关重要。传感器的满量程值 X_{FS}、满量程输出值 Y_{FS}、测量上限

（二）线性度

传感器的线性度又称非线性误差,表示传感器的输出与输入之间的线性关系程度。理想的传感器输入-输出关系应为线性,以方便使用。然而,实际中的传感器并不具备这种理想特性,只是不同程度地接近线性关系。有些传感器的输入-输出关系非常接近线性,在其量程范围内可直接用一条直线来近似表示其输入-输出关系;而有些传感器则偏离较大,但通过非线性补偿、差动使用等方式,也可在工作点附近的一定范围内用直线来近似表示其输入-输出关系。实际特性曲线与拟合直线之间的偏差即为传感器的非线性误差 δ,其最大值与满量程输出值 Y_{FS} 的比值即为线性度 γ_L。

（三）灵敏度

灵敏度是传感器的输出变化量 ΔY 与输入变化量 ΔX 之比,用 K 表示($K = \Delta Y / \Delta X$)。对于线性度非常高的传感器,其灵敏度也可近似等于其满量程输出值 Y_{FS} 与满量程值 X_{FS} 的比值。高灵敏度通常意味着传感器具有较高的信噪比,这将有利于信号的传递、调理及计算。

（四）迟滞

当输入量从小变大或从大变小时,传感器的输出曲线通常不重合。也就是说,对于相同大小的输入信号,传感器在正行程或反行程时的输出值不同,存在一个差值 ΔH,这种现象称为传感器的迟滞,如图 2-5 所示。迟滞现象的主要原因包括传感器敏感元件的材料特性和机械结构特性等。迟滞误差 γ_H 的具体数值一般通过实验方法得到,用正反行程最大输出差值 ΔH_{max} 的一半与满量程输出值 Y_{FS} 的比值来表示。

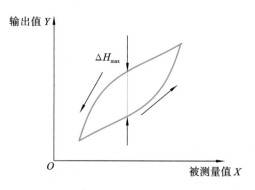

图 2-5 迟滞示意图

（五）重复性

即使在工作条件不变的情况下，传感器若连续多次地按同一方向（从小到大或从大到小）做满量程变化，其输出曲线也可能不同。重复性误差是一种随机误差，常用正行程或反行程中的最大偏差 ΔY_{max} 的一半与满量程输出值 Y_{FS} 的比值来表示，其意义和表示方法与迟滞相似。

（六）精度

在测试测量过程中，测量误差是不可避免的。误差主要分为系统误差和随机误差。产生系统误差的原因包括测量原理及算法固有的误差、仪表标定不准确、环境温度影响、材料缺陷等，准确度可以反映系统误差的影响程度。精度则是反映系统误差和随机误差的综合指标，表示测量结果与被测量"真值"的接近程度。精度通常在校验或标定的过程中确定，"真值"由其他更精确的仪器或工作基准给出。一种常用的评定传感器精度的方法是用线性度、迟滞和重复性这三项误差值的方和根来表示。

（七）分辨率

传感器的分辨率表示它能探测到的输入量变化的最小值。例如，一把直尺的最小刻度为 1 mm，则它无法分辨出两个长度相差小于 1 mm 的物体的区别。采用模拟量变化原理工作的传感器，如集成了 A/D 功能的温度传感器，可以直接输出数字信号，因此其 A/D 的分辨率也是该温度传感器的分辨率。实际上，当被测量的变化值小到一定程度时，其输出量的变化值和噪声处于同一水平，已失去意义，这也相当于限制了传感器的分辨率。

（八）时间常数

时间常数是指当被测量发生一个阶跃变化时，输出信号从初始稳态值达到新的稳态值的 63.2% 所需的时间。一般情况下，传感器的时间常数远小于受控对象的时间常数，因此通常不必考虑。然而，如果被测量的变化速度很快，则应充分考虑传感器时间常数对控制品质的影响。

2.2.3 铂电阻温度传感器

传感器的种类众多，即便是同一种类也存在不同的形式。本节仅介绍常用的铂（Pt）电阻温度传感器，该传感器的感应元件为铂电阻。铂电阻的特点包括精度高、稳定性好、性能可靠。在氧化性气氛中，甚至在高温环境下，其物理、化学性质均非常稳定。此外，铂易于提纯，复制性好，工艺性能优良，可以制成直径极细的铂丝（可达 0.02 mm）或极薄的铂箔。与其他热电阻材料相比，铂具有较高的电阻率。然而，铂电阻也存在一些缺点，如阳温度系数较小，在还原性气氛中，尤其是在高温下容易受污染变脆，且价格相对较贵。尽管铂电阻有其不足之处，但目前它仍被视为一种较为理想的热电阻材料。

热电阻的分度号是表明热电阻材料和其在 0 ℃ 时阻值的标记符号，用作热电阻分度表的制定依据。我国制造的铂电阻在 0 ℃ 时的电阻值有 $R_0 = 10\ \Omega$ 和 $R_0 = 100\ \Omega$ 两种，国际上还有 $R_0 = 300\ \Omega$、$R_0 = 1000\ \Omega$、$R_0 = 2000\ \Omega$ 和 $R_0 = 3000\ \Omega$ 等几种。其分度号分别用 Pt10、Pt100、Pt300、Pt1000、Pt2000、Pt3000 来表示。

在 $-200 \sim 0$ ℃ 范围内，铂电阻与温度的关系为：

$$R_t = R_0 [1 + At + Bt^2 + C(t - 100)t^3] \tag{2-1}$$

在 $0 \sim 850$ ℃ 范围内，铂电阻与温度的关系为：

$$R_t = R_0 (1 + At + Bt^2) \tag{2-2}$$

式中：A、B、C 为分度常数。

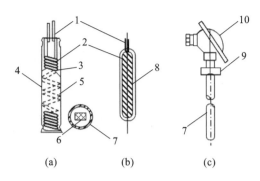

图 2-6　铝电阻传感器构造示意图

1—银引出线；2—铂丝；3—锯齿形云母骨架；

4—保护用云母片；5—银绑带；6—铂电阻横断面；

7—保护管；8—石英骨架；9—连接法兰；10—接线盒

常见的铂电阻传感器的构造如图 2-6 所示。图 2-6(a)中，用云母片作为骨架，云母片两边做成锯齿形，将铂丝绕在云母片骨架上，然后用两片无锯齿的云母片夹住，并用银绑带扎紧。铂丝直径为 $0.03\sim0.07$ mm，两端用直径 1.0 mm 的银丝焊接作为引出线。铂丝采用双线绕法以消除电感效应，同时也便于引线的连接。图 2-6(b)中，使用石英玻璃圆柱作为骨架，将铂丝双绕在直径为 3 mm 的石英玻璃柱上。为保护铂丝免受化学腐蚀、机械损伤并确保其绝缘性，在石英柱外再套上一个外径为 5 mm 的石英管。图 2-6(c)展示了管道型热电阻温度传感器的外形图。

铂(Pt)电阻温度传感器需要配备变送器，以便将感应元件所感知的电阻信号转换为标准的 $4\sim20$ mA 直流电流信号。该信号具有强大的抗干扰能力，既可以与二次仪表配套使用，也可以直接输入 DDC 控制器中。温度变送器模块还可以与显示表一起，直接安装在传感器的接线盒内，或者分离安装在现场管道上，从而实现温度传感、变送及显示的一体化功能，通常以数字形式直观显示实测的温度值。

2.2.4　智能传感器

智能传感器(intelligent sensor)是具有信息处理功能的传感器，目前在暖通空调控制系统中已有一些应用，例如带通信接口的流量传感器。这种传感器由以微处理器(CPU)为核心构成的硬件电路和由系统程序、功能模块构成的软件两大部分组成。硬件构成主要包括敏感元件与变送器等组件、A/D 转换器、微处理器、存储器和通信接口等部分，如图 2-7 所示。它充分利用微处理器的计算和存储能力，对测量数据进行处理，并能对其内部行为进行调节，使采集的数据达到最佳状态。这种传感器直接以与被测量大小相对应的数字信号与控制器或计算机相连，从而避免了模拟信号在传输过程中易受干扰和失真的缺点，进而提高了整个控制系统的可靠性。

智能传感器一般具备以下功能：(1)自补偿能力，即通过软件对传感器的非线性、温度漂移、时间漂移、响应时间等进行自动补偿；(2)自校准功能，即操作者输入零值或某一标准量值后，自校准软件可以自动地对传感器进行在线校准；(3)自诊断功能，接通电源后，可对传感器进行自检，检查传感器各部分是否正常，并诊断出发生故障的部件；(4)数值处理功能，可以根据智能传感器内部的程序，自动处理数据，如进行统计处理，剔除异常值等；(5)双向

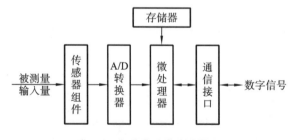

图 2-7　智能传感器原理框图

通信功能，微处理器和基本传感器之间构成闭环，微处理器不仅接收、处理传感器的数据，还可将信息反馈至传感器，对测量过程进行调节和控制；(6)信息存储和记忆功能；(7)数字信号输出功能，通过通信接口可方便地与上位机或接口总线相连，输出数字信号。

传统的传感器仅作为敏感元件，用于检测物理量的变化，而智能传感器则涵盖了测量信号调理(如滤波、放大、A/D 转换等)、自诊断等数据处理功能以及数据显示等。随着科学技术的发展，智能传感器的功能将会得到进一步增强，利用人工神经网络、人工智能、信息处理技术(如传感器信息融合技术、模糊理论等)，将使传感器具备更高级的智能，实现分析、判断、自适应、自学习等功能，从而能够完成图像识别、特征检测、多维检测等复杂任务。

2.3 执行器

执行器是自动控制系统中不可或缺的一个重要组成部分,它融合了执行机构和控制阀(即调节机构)的功能。其作用是接收来自控制器的控制信号,并将这些信号转换成各种物理位移或其他形式的输出,以改变被控介质的状态,从而将被控变量维持在所要求的数值上或一定的范围内。在暖通空调系统中,执行器接收来自控制器的控制信号,通过改变被控制对象的物质量或能量(如蒸汽量、水量、风量、电压、频率、功率等),来实现对温度、压力、流量、液位、湿度等工艺参数的控制。

2.3.1 执行机构

执行机构是执行器的驱动部分,它根据控制器发出的指令信号大小,产生相应的推力或位移。执行机构按能源形式可分为气动、液动、电动三大类。气动执行机构使用压缩空气作为能源,具有结构简单、动作可靠平稳、输出推力大、维修方便、防火防爆且价格实惠等特点,因此广泛应用于化工、造纸、炼油等生产过程中,并能方便地与被控仪表配套使用。液动执行机构则造价高昂,需要外部液压系统支持,体积庞大且结构复杂,多用于电厂、石化等特殊场合。电动执行机构能源获取方便,信号传递迅速,但结构也相对复杂,防爆性能较差。在暖通空调系统控制中,常采用电动执行机构或电动执行器。

常用的执行器包括调节阀、风门(或风阀)、电磁阀、可控硅调节器、交流接触器及变频器等,它们是系统的终端执行部件,主要用于控制热水、冷水、蒸汽、空气的流量,电加热器的功率以及各种设备的启停和转速等。虽然从严格意义上讲,执行器由执行机构和调节机构组成,但在日常中,执行机构也常被称作执行器,如图 2-8 所示。其中,图 2-8(a)、(b)为风系统用风阀执行机构(也称执行器);图 2-8(c)为水系统用水阀执行机构(也称执行器);图 2-8(d)为球阀与执行机构一体化产品(也称执行器);图 2-8(e)为蝶阀与执行机构一体化产品(也称执行器)。这种称呼在实际应用中十分常见。

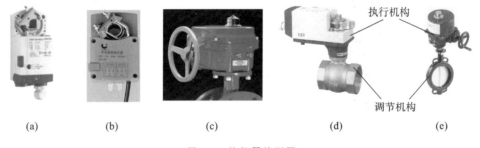

(a)   (b)   (c)   (d)   (e)

图 2-8 执行器外形图

电动执行机构通常利用电机(即电动机,下同)的正反转实现阀门的开关,分为开关型和调节型两种。智能执行机构可实现两种类型的切换。按运动形式,电动执行机构可分为直行程和角行程;按停止方式,可分为力矩停和行程停两种。电动执行机构一般由电动机、减速传动装置、转矩或行程控制系统、位置指示器、位置信号反馈装置、手动操作机构、手-电动切换装置等组成。图 2-9 展示了某直行程阀门电动执行机构的实物结构。

电动执行机构的电机一般采用 24 VDC、24 VAC 或 220 VAC 电压驱动,对于大型阀门,由于驱动力矩大,也有采用 380 VAC 电压驱动的。开关型电动执行机构一般接收开关量信号,而连续控制型执行机构则接收 0~10 VDC 的控制信号,并反馈相同范围的电信号。

变频器(variable-frequency drive, VFD)是一种特殊的执行机构,应用变频技术与微电子技术,通过改变电机工作电源频率来控制交流电动机。它主要由整流器(交流变直流)、滤波器、逆变器(直流变交流)、制动单元、驱动单元、检

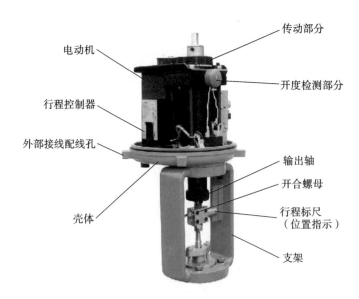

电动机
传动部分
行程控制器
开度检测部分
外部接线配线孔
输出轴
开合螺母
行程标尺
（位置指示）
壳体
支架

图 2-9   某直行程阀门电动执行机构的实物结构图

测单元及微处理单元等组成。变频器通过内部的绝缘栅双极型晶体管（insulated gate bipolar transistor, IGBT）的开断来调整输出电源的电压和频率，根据电机的实际需求提供电源电压，实现节能和调速。此外，变频器还具有多种保护功能，如过流、过压、过载保护等。图 2-10 展示了常用的施耐德与 ABB 变频器的外形。变频器一般可接收控制器发出的 0～10 VDC 模拟信号，也可通过通信接口接收控制器的通信信号。变频器通常配备通信端口，支持 Modbus 协议，便于 PLC 或其他类型控制器进行控制或通信，也可用于连接控制面板。

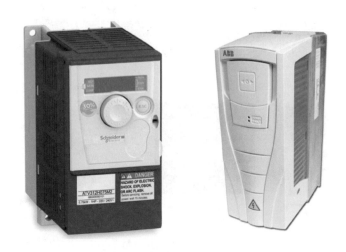

图 2-10   常用变频器外形图

2.3.2   调节机构（水阀）

在暖通空调系统中，调节机构通常指的是风阀或水阀。本节将介绍几种常用的阀门，并对个别阀门所配备的执行机构进行说明。调节阀可以分为开关型调节阀和连续性调节阀两种。

电磁阀是一种典型的执行机构与调节机构一体化的两位控制调节阀，常用于控制制冷系统管路中制冷剂的流动，以及在空调末端风机盘管的进水管或回水管上控制冷热水管路的通断。电磁阀的结构相对简单，如图 2-11 所示。图 2-11(a)展示了其工作原理：当线圈通电后，会产生电磁吸力提升活动铁芯，进而带动阀塞运动，控制气体或液体的通断。这是一种直动式电磁阀，其中活动铁芯本身就是阀塞，通过电磁吸力实现开阀，断电后则由恢复弹簧实现闭阀。图 2-11(b)、(c)为实物图。

固定铁芯
复位弹簧
线圈
阀盖
活动铁芯
阀塞

(a)   (b)   (c)

图 2-11　电磁阀

　　电动二通阀及三通阀如图 2-12 所示。在风机盘管系统中,常采用电动二通阀来控制冷、热水路的通断,其通断动作由双位式控制器控制。电动二通阀和电动三通阀的电动机为磁滞电动机,由 220 VAC 电源供电。磁滞电动机是一种利用转子上产生的磁滞转矩启动和运行的小功率同步电动机,具有结构简单、启动方便、噪声小等优点。当供电时,电动机转动并通过机械齿轮驱动阀门开启;当阀门打开后,允许电动机带电堵转;当电动机断电后,阀门在返回弹簧的作用下关闭。电动三通阀常用于空调末端风机盘管与空调柜的水管上,可以是分流阀或合流阀。该阀门只改变通过盘管的水流量,而管网的支路及干管的水流量保持不变,从而保证了水系统的水力平衡与稳定。

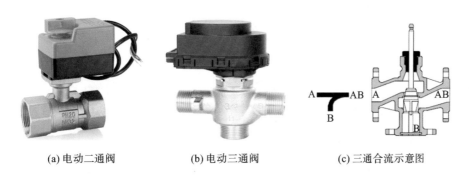

(a) 电动二通阀   (b) 电动三通阀   (c) 三通合流示意图

图 2-12　电动二通阀和电动三通阀

　　电动蝶阀如图 2-8(e)所示。蝶阀中间的阀板可以旋转 90°,因此可以调节流量。虽然蝶阀具有连续调节功能,但调节性能相对较差,一般用作开关并归类于位式调节阀范畴。它通常用于压差较大且对调节性能要求不高的场所。

　　实际上,如果不特别指明是开关式或位式控制,调节阀一般指的是连续控制调节阀。连续控制调节阀是暖通空调自动控制系统中使用最多的阀门类型。它以电动机为动力元件,将控制器接收的控制信号转换为阀门的开度,从而实现连续动作的调节功能。

　　从结构上分类,调节阀可分为直通单座阀、直通双座阀、三通阀以及球阀等。直通单座阀如图 2-13 所示,阀体内只有一个阀芯和一个阀座。当阀杆提升时,阀开度增大,流量增加;反之,开度减小,流量降低。其特点是泄漏量小,因为单阀芯结构容易达到密封效果,甚至可以完全切断流体。直通单座阀工作性能可靠、结构简单且造价低廉。然而,由于单座阀只有一个阀芯,流体对阀芯的推力是单向作用的,不平衡力较大,因此仅适用于低压差的场合。此外,阀杆的推力较大,对执行机构的工作力矩要求

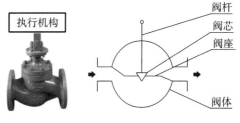

执行机构

阀杆
阀芯
阀座
阀体

图 2-13　直通单座阀

较高。

　　直通双座阀如图 2-14 所示,流体从左侧进入并通过上下阀座后汇合在一起从右侧流出。由于阀体内有两个阀芯和两个阀座,因此被称为直通双座阀。对于双座阀来说,流体作用在上、下阀芯的推力方向相反且大小接近相等,因此阀芯所受的不平衡力很小,允许在阀前、后压差较大的场合使用。双座阀的流通能力比同口径的单座阀大。然而,由于加工精度的限制以及阀芯和阀座材料热膨胀系数的不同等原因,双座阀在关闭时可能会有较大的泄漏量,尤其在高温或低温场合下更为明显。

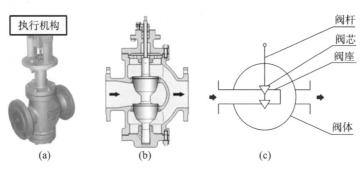

图 2-14　直通双座阀

　　三通调节阀有三个出入口与管道相连,按作用方式可分为合流阀和分流阀两种。图 2-15(a)、(b)为两个三通合流阀的实物图,图 2-15(c)为三通合流阀的原理示意图。合流阀将两股流体 A 和 B 混合为 A+B 流体,具有两个进口和一个出口。当关小一个入口时,另一个入口会相应开大。三通分流阀的原理示意图如图 2-16 所示,它使一种流体通过阀门后分成两路输出,因此具有一个入口和两个出口。在关小一个出口的同时,另一个出口会相应开大。

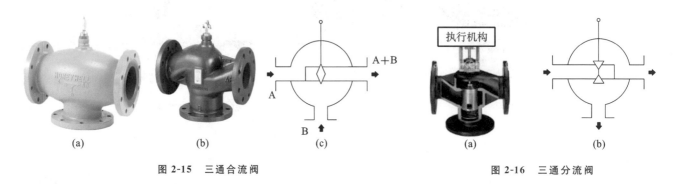

图 2-15　三通合流阀　　　　　　　　　　图 2-16　三通分流阀

2.3.3　调节机构(风阀)

　　在空调控制系统中,采用电动风阀来控制风量,该风阀由电动执行机构和风阀两部分组成。电动风阀主要分为两种:开关型风量调节阀和调节型风量调节阀。开关型风量调节阀仅具备开关功能,而调节型风量调节阀能够连续调节空气流量。风阀的类型包括单叶风阀和多叶风阀,如图 2-17 所示,其中多叶风阀又可细分为平行多叶风阀与对开多叶风阀。

　　对于连续调节风阀而言,当叶片转动时,会改变流道的流通面积,进而改变风阀的阻力系数以及流过的风量,从而达到调节风量的目的。图 2-18 展示了平行多叶风阀的调节示意图。风量调节阀的执行机构通常采用电动执行机构,而在选择风量调节阀的执行机构时,扭矩是最重要的参数之一。图 2-8(b)展示了一种角行程电动执行器,它通常被用于风阀的调节。

　　当风量调节阀安装在风道中并动作时,气流的流动会产生压力,进而产生一个力矩。因此,风量调节阀的执行机

(a) 单叶风阀　　(b) 多叶风阀　　(c) 对开多叶风阀　　(d) 平行多叶风阀

图 2-17　风阀实物图

叶片角=0°　　叶片角=45°　　叶片角=90°

风道　风道　风道

全开　半开　全关

叶片

风门

图 2-18　平行多叶风阀调节示意图

构必须具备足够大的扭矩来克服这个力矩。如果扭矩过小，将无法完成相应的控制任务。在选择风量调节阀执行机构的扭矩时，应依据风量调节阀的面积来确定。厂家提供的风量调节阀执行机构的参数通常包括扭矩和适用面积两个关键指标。

2.3.4　智能执行器

智能执行器(intelligent actuator)是具备信息处理能力的执行器，通常配备有微处理器及通信模块，例如变频器等，其中的智能电动阀门执行器尤为典型。智能电动阀门执行器能够驱动阀门实现全开全关或调节功能，其内部通常包含位置感应装置、力矩感应装置、电机保护装置、逻辑控制模块以及通信模块等组件。智能电动阀门执行器通过网络进行信号传输，速度快，非常适合远距离信号传送。

2.3.5　调节阀(调节机构)特性

调节阀特性有最大允许压差、可调比、流量特性、流通能力等。

(一) 调节阀最大允许压差

在调节阀的使用过程中，由于阀芯两端所受压力不同，阀杆上会存在不平衡力。为了确保调节阀能够正常地开启、关闭和调节，执行机构必须提供与阀杆所受不平衡力方向相反、大小相等的输出力。因此，调节阀制造厂家会根据调节阀的使用功能和正常工作时的压差情况，为其配备相应的执行机构。一旦调节阀与执行机构配套完成，其输出力也就确定了，同时调节阀工作时两端的最大压差也随之确定，这个压差被称为调节阀的最大允许压差 $\Delta P_{\max}$。如果阀杆上的不平衡力超过了执行机构的作用力，那么调节阀在使用时将无法正常工作。

(二) 调节阀的可调比

调节阀的可调比又称调节范围，它是指调节阀所能控制的最大流量和最小流量之比，用 R 来表示，即

$$R = \frac{Q_{\max}}{Q_{\min}} \tag{2-3}$$

$Q_{\min}$并不等于零,也不是阀门全关时的泄漏量,而是其所能控制的最小流量(泄漏量是无法控制的)。R值的大小与阀门的制造精度有关,它由阀芯与阀座的间隙δ来确定。但为了适应阀芯的热膨胀和防止被固体卡死,δ常取0.05 mm。一般来说,当阀位处于$0\sim2\%$的范围内时,流通阀门的流量为最大流量$Q_{\max}$的$2\%\sim4\%$;而当阀位处于$98\%\sim100\%$的范围内时,流通阀门的流量则达到最大流量$Q_{\max}$。此时,相应的R值通常在$50\sim25$之间,常用的值是30(需要注意的是,R值越高,对制造的精度要求也越高)。因此,调节阀所能控制的最小流量通常约为全开流量的$1/30$。然而,当调节阀完全关闭时,其泄漏量要远小于$Q_{\min}$,一般为$Q_{\min}$的$0.1\%\sim0.01\%$。

(三)调节阀的流量特性

调节阀的流量特性是指流过调节阀的相对流量与调节阀相对开度之间的关系,即

$$\frac{Q}{Q_{\max}} = f\left(\frac{L}{L_{\max}}\right) \tag{2-4}$$

式中:$Q/Q_{\max}$——相对流量,即调节阀某一开度下的流量与全开流量之比;

$L/L_{\max}$——相对开度,即调节阀某一开度下的行程与全开度行程之比。

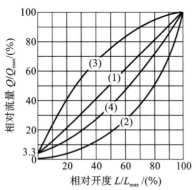

(1) 直线特性;(2) 对数特性;
(3) 快开特性;(4) 抛物线特性

图 2-19　调节阀理想流量特性

一般来说,改变阀芯与阀座之间的流通面积即可改变流量。然而,实际上,多种因素都会影响流量的变化,其中阀前后的压力差是影响流量的最主要因素。为了简化分析,我们可以假定阀前后的压力差保持不变,从而分析调节阀的理想特性,并据此进一步推导出在真实情况下的工作特性。在阀前后压差恒定的情况下,调节阀所表现出的流量特性被称为理想流量特性,这一特性主要由阀芯的形状决定。典型的理想流量特性包括直线特性、等百分比(对数)特性、快开特性和抛物线特性,如图2-19所示。

直线特性的定义是:调节阀的相对流量$Q/Q_{\max}$的变化与相对开度$L/L_{\max}$的变化成正比。这意味着阀芯每单位行程所引起的流量变化是恒定的。然而,在流量较小和流量较大时,尽管阀芯的行程变化量相同,流量的变化量也相同,但流量变化的显著程度却有所不同。例如,当原流量为10%时,阀芯移动10%后流量变为20%,变化率高达100%;而若原流量为50%,阀芯同样移动10%后流量仅变为60%,流量变化率仅为20%。因此,直线特性调节阀的特点在于:在小流量调节时调节作用过于灵敏,不易稳定;而在大流量时又显得太迟钝,调节效果不明显。

等百分比特性(也称为对数特性)则定义为:相对开度$L/L_{\max}$的变化所引起的调节阀相对流量$Q/Q_{\max}$的变化与该点的相对流量$Q/Q_{\max}$成正比(比例系数为K)。换句话说,阀芯每单位行程所引起的流量变化与该点原有流量的大小成正比,这一关系可以通过式(2-5)来表示,并通过求解该方程得到式(2-6)。

$$\frac{\mathrm{d}Q/Q_{\max}}{\mathrm{d}L/L_{\max}} = K\frac{Q}{Q_{\max}} \tag{2-5}$$

$$\ln\frac{Q}{Q_{\max}} = K\frac{L}{L_{\max}} + C \tag{2-6}$$

Q/Q_{max} 与 L/L_{max} 之间为对数关系。应用边界条件,在行程为 L_{min} 时流量为 Q_{min},在行程为 L_{max} 时流量为 Q_{max},则可求得系数与常数,如式(2-7)所示。

$$K = \frac{\ln\left(\dfrac{Q_{min}}{Q_{max}}\right)}{\dfrac{L_{min}}{L_{max}} - 1}, \quad C = -K \tag{2-7}$$

从图 2-20(a)中可以看出,具有等百分比流量特性的调节阀在小流量时,流量变化的绝对值较小;而在大流量时,流量变化的绝对值较大。这种调节阀在小流量时工作平稳,在大流量时工作灵敏,因此特别适用于负荷变化较大的场合。对于 R 值为 30 的调节阀,每当行程变化 10%,其流量的相对变化值均为 41%(在阀位为 2% 时的最小流量也遵循此规律)。这种调节阀的灵敏度在整个调节范围内保持不变,具有等比率特性,因此被称为等百分比调节阀。一般来说,盘管等热力设备的冷量或热量的输出并不与水流量呈正比关系,而是通常呈现出上弯曲的曲线形态,如图 2-20(b)所示。然而,当在盘管的管路上安装合适的等百分比调节阀进行流量调节时,可以获得阀杆行程与冷热输出之间的直线关系。这样一来,对阀门的调节就变得非常简单了,即盘管的冷热输出与阀杆的行程呈现线性比例关系,如图 2-20(c)所示。

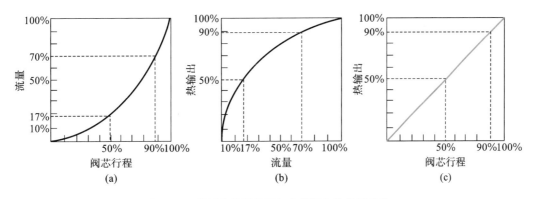

图 2-20　等百分比调节阀与盘管耦合的控制特性

快开特性是指相对开度 L/L_{max} 的变化所引起的调节阀相对流量 Q/Q_{max} 的变化与该点的流量成反比关系。这可以理解为,在阀芯行程较小时,流量已经相对较大,而随着阀芯行程的进一步增加,流量会迅速增大至接近其最大值。这种特性与等百分比调节阀是相反的。抛物线特性则是指相对开度 L/L_{max} 的变化所引起的调节阀相对流量 Q/Q_{max} 的变化与该点的相对流量的平方根成正比关系。

2.3.6　调节阀的流通能力与口径选择

调节阀的流通能力(K_v)直接反映了调节阀的容量大小,是设计选用调节阀的关键参数。在工程设计中,应根据设计流量合理选定调节阀的尺寸,以确保阀门的流通能力与所需流量相匹配。调节阀的尺寸选型过大或过小,都会导致控制质量无法得到保证。若选型过大,阀门将在小开度位置工作,这不仅会降低调节质量,还会影响经济性;如果选型过小,即使阀门处于全开状态,也无法满足最大负荷的需求,从而导致调节系统失稳。

当流通介质(例如液体)在阀门前后的密度保持不变时,调节阀的流通能力定义为:在调节阀全开状态下,阀两端压差为 10^5 Pa,流体密度为 1 g/cm^3 时,每小时流经调节阀的流量数,其单位为 m^3/h。而当流通介质为蒸汽时,由于阀门前后的密度变化显著,因此在进行调节阀流通能力的计算时,需要充分考虑阀门前后的压力差异。通常,我们会采用阀后密度法来进行计算,具体可参考表 2-2。

表 2-2　调节阀流通能力计算公式

应 用 场 合		K_v 计算公式	单 位
液体		$\dfrac{316Q}{\sqrt{\dfrac{P_1-P_2}{\rho}}}$	Q——流体流量，$\mathrm{m^3/h}$； P_1——阀前绝对压力，Pa； P_2——阀后绝对压力，Pa； ρ——流体密度，$\mathrm{g/cm^3}$
蒸汽	$P_2 > 0.5P_1$	$\dfrac{10G}{\sqrt{\rho_2(P_1-P_2)}}$	G——蒸汽流量，$\mathrm{kg/h}$； P_1——阀前绝对压力，Pa； P_2——阀后绝对压力，Pa； ρ_2——阀出口断面处蒸汽密度；
	$P_2 < 0.5P_1$	$\dfrac{14.14G}{\sqrt{\rho_{2KP}P_1}}$	ρ_{2KP}——超临界状态下，出口断面处蒸汽密度

　　调节阀产品的口径是分级的,不同口径阀门的流通能力(K_v值)也不是连续变化的,而是分级的(流通能力K_v通常按照约1.6倍递增)。在进行阀门口径选择时,我们应使所选阀门的K_v值尽可能接近并稍大于计算出的K_v值。表2-3列出了某阀门产品不同型号规格口径与流通能力的对照关系。例如,若计算得出的阀门流通能力为12,则对照该表,我们应选择阀径为DN32的阀门。若选择阀径为DN25的阀门,其流通能力将无法满足要求;而选择阀径为DN40的阀门则过大,不利于调节品质的优化。

表 2-3　阀门口径与流通能力对照表

型 号 规 格	阀门口径		K_v	连 接	应 用
	in	mm			
V5011F1048	1/2	15	3.43		
V5011F1055	3/4	20	5.4		
V5011F1063	1	25	8.57		
V5011F1071	$1^1/_4$	32	13.71		
V5011F1089	$1^1/_2$	40	21.43		
V5011F1097	2	50	34.28		
V5011F1105	$2^1/_2$	65	54.0		
V5011F1113	3	80	85.7		
V5011G1046	1/2	15	2.14		两通调节阀,应
V5011G1053	1/2	15	3.43		用在空调、制冷系
V5011G1061	3/4	20	5.4		统中加热、冷却、
V5011G1079	1	25	8.57	螺纹	加湿等场合,用来
V5011G1087	$1^1/_4$	32	13.71		控制热水、冷水或
V5011G1095	$1^1/_2$	40	21.43		蒸汽的流量
V5011G1103	2	50	34.28		
V5011G1111	$2^1/_2$	65	54.0		
V5011G1129	3	80	85.7		
V5011G1228	$1^1/_2$	32	21.43		
V5013F1046	$1^1/_4$	32	13.71		
V5013F1053	$1^1/_2$	40	21.43		
V5013F1061	2	50	34.28		

2.3.7 阀权度

实际工程中,阀门是安装在具有阻力的管道系统中的,因此随着流量的调节,阀前后的压降无法保持恒定。图 2-21 展示了调节阀串联在管道中的情况。由于串联管路存在阻力,且阻力损失与通过管道的流量呈平方关系,因此,当系统两端的总压差 ΔP 一定时,随着管道流量的增大,串联管路的阻力也随之增大,这会导致调节阀上的压差 ΔP_{1m} 减小。这一压差的变化会进一步引起通过调节阀的流量发生变化。

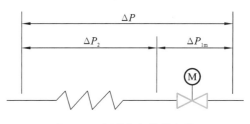

图 2-21　调节阀与管道串联

调节阀的理想流量特性是在阀前后压差固定的情况下获得的。然而,在实际应用中,调节阀前后的压差会随着管网流量的调节而不断变化,此时得到的流量特性曲线被称为工作流量特性。该特性与管网的阻力损失分配密切相关。为了描述这一阻力分配特性,我们引入了阀权度(authority)的概念。

阀权度定义为调节阀最大流量时阀门前后压差与管网阻力损失之比,即

$$S = \frac{\Delta P_{1m}}{\Delta P_{1m} + \Delta P_2} \tag{2-8}$$

式中:S——阀权度;

ΔP_{1m}——阀门全开最大流量时阀门前后的压差;

ΔP_2——阀门全开时管道系统的阻力损失(不包括调节阀)。

阀权度 S 表示阀门在全开状态下,其上的压降占系统总压降的百分比,因此也被称为压差比或阀门能力。不同阀权度下的工作特性如图 2-22 所示。图中 Q_{100} 表示在管道存在阻力的情况下,调节阀全开时的流量。我们可以根据表 2-4 来选择合适的调节阀流量特性。

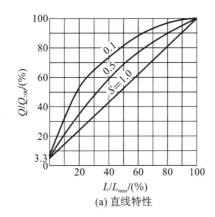

(a) 直线特性

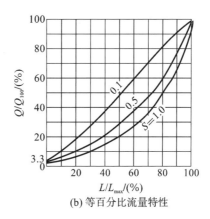

(b) 等百分比流量特性

图 2-22　串联管道时调节阀的工作流量特性

表 2-4　调节阀流量特性表

配管状态	$S=1\sim0.6$		$S=0.6\sim0.3$		$S<0.3$
理想特性	直线	等百分比	直线	等百分比	不宜调节
实际特性	直线	等百分比	直线或接近快开	等百分比或接近直线	不宜调节

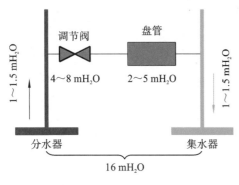

图 2-23　空调水系统实例

在实际的空调系统中,一次变流量系统得到了广泛应用。其末端采用空气处理机组,通过机组盘管连接管道的阀门进行流量调节,从而控制送风温度或回风温度。为了保证末端有足够的自用压力,通常在分/集水器上采用压差控制的方式,以维持分/集水器之间的压差。图 2-23 为简要示意图,其中考虑分/集水器的控制压差为 16 mH$_2$O(1 mH$_2$O＝9.8 kPa),盘管的阻力损失为 5 mH$_2$O,供水干管的阻力损失为 1.5 mH$_2$O,回水干管的阻力损失也为 1.5 mH$_2$O。此时,调节阀前后的压差为 8 mH$_2$O,则调节阀的阀权度 S 为 0.5。该阀门选择了等百分比特性的阀门,其调节性能很好。

一般来说,在空调水系统中,调节阀门的压差要占到分集水器压差的 25％～50％,要保证阀门前后的压差为 4～8 mH$_2$O,此时调节阀在管道系统中才会有比较好的调节特性。

2.4　信号类型

对于建筑楼宇系统,尤其是中央空调系统,常见的监测信号和控制信号类型主要包括开关量(亦称数字量)输入信号(digital input,DI 信号)、数字量输出信号(digital output,DO 信号)、模拟量输入信号(analog input,AI 信号)、模拟量输出信号(analog output,AO 信号),以及通信协议信号。

数字量输入信号是指将生产过程或控制过程中仅具有两种状态的开关量信号转换为计算机可识别的信号形式。例如,现场的限位开关、继电器、电动机等的开关量状态。它通常表现为高低电平信号,其中低电平通常为 0 V,高电平为 24 V。数字量输入信号可分为有源信号和无源干接点信号。有源信号指输入信号自带 24 V 电压,而无源干接点信号则指输入信号为无电压的开闭信号。

数字量输出信号是指将控制器或计算机输出的二进制代码表示的开关量信号转换成能控制或显示生产过程或控制过程状态的开关量信号。它针对控制器的输出端口,如控制现场的指示灯的亮/灭、电机的启/停、阀门的开/关、继电器的通/断等。数字量输出信号可以分为有源的晶体管信号和无源的继电器信号等。

模拟量输入信号是指被控对象的模拟量信号,可以是电压信号、电流信号、铂电阻信号、热敏电阻信号及热电偶信号等。其中,电压信号通常为 0～10 VDC,电流信号为 4～20 mADC。温度传感器及压力传感器的输出信号均为模拟量信号。在中央空调自控系统中,常见的温度传感器信号多为 4～20 mA 电流信号,也有较多的铂电阻信号和热敏电阻信号。压力/压差传感器信号则多为 4～20 mA 电流信号。其他常用的传感器,如流量传感器的输出信号也多为 4～20 mA 电流信号。

模拟量输出信号是指将控制器或计算机的输出数字信号转换成外部过程控制仪表或装置能够接收的模拟量信号,用于驱动现场各类执行机构,例如,驱动现场的电动调节阀、变频器等。输出信号通常为 0～10 VDC 电压信号,如驱动水阀的信号即为 0～10 VDC。

通信协议信号方面,中央空调自控系统中常用的通信信号包括 Modbus 和 BACnet 协议信号。它们主要分为 Modbus TCP 协议、Modbus RTU 协议以及 BACnet MS/TP 协议和 BACnet/IP 协议。其中,Modbus TCP 和 BACnet/IP 协议信号的常用接口为 RJ45 接口,而 Modbus RTU 和 BACnet MS/TP 协议信号的常用接口则为 RS485 接口。

2.5　控 制 分 站

控制分站是指现场控制站,亦可称为控制器,分为分散控制型和数据采集型两类。分散控制型分站由分散地实现闭环控制功能的硬件组成,根据是否配备微处理器,进一步分为智能控制型(以微处理器为核心)DCP-I 型和普通控制型(无微处理器)DCP-G 型。目前,DCP-I 型分站如 DDC 控制器(direct digital controller)或 PLC 控制器(programmable logic controller)等得到了广泛应用。数据采集型分站又称数据采集盘,仅负责数据采集并将信息传送至监控中心,不具备闭环控制功能。

我国国家规范建议分站内部结构采用可扩展、易维修的插件式功能模块化结构,同时也接受易扩展的板式结构。

控制分站通常包括机柜、控制器、输入/输出卡件及其他配件。其核心部件为控制器,由一个或多个控制器组成,直接连接现场各类装置,如传感器、执行器、记录仪表等,实现过程数据采集、直接数字控制、设备监测与诊断等功能。在集散型系统体系结构中,控制分站也被称为下位机或分机。现场控制器主要采用 DDC 控制器和 PLC 控制器等。

DDC 控制器广泛应用于楼宇系统(BMS),支持大量开关信号与模拟量信号,兼容多种总线协议,并具备时间表功能。楼宇自控 DDC 是生产厂家根据楼宇自控特点从 PLC 发展而来的,与 PLC 无本质区别,只是在其内部固化了部分程序,简化了实际工程应用中的部署与编程,因此灵活性相对较弱,特别是在进行二次开发或应用复杂优化算法时。PLC 控制器起源于工业领域应用,具有强大的应对复杂电磁干扰环境的能力,擅长处理开关逻辑信号,包括速度和点数等,但对模拟信号的处理能力较弱,对总线协议的支持有限,对现场部署和编程的能力要求较高。

DDC 控制器,亦称直接数字控制器,是一种多回路的数字控制器,以计算机微处理器为核心,加上过程输入、输出通道组成,具备强大的运算功能和复杂的控制功能。图 2-24 展示了直接数字控制器的流程框图。它利用多路采样器按顺序对多路被控参数进行采样,通过模拟量输入通道进行 A/D(analog/digital)转换后输入计算机微处理器;同时,通过开关量通道输入开关量信号至计算机微处理器。计算机微处理器按预先确定的控制算法,对各路参数进行比较、分析和计算,然后发出控制信号;数字信号经 D/A 转换器、输出扫描器后,按顺序通过模拟量输出通道(AO)送至相应执行机构;开关量信号则通过开关量输出通道送至相应执行机构。执行机构根据控制信号执行动作,实现对建筑物中各相关过程的参数控制,使之保持在预定值。

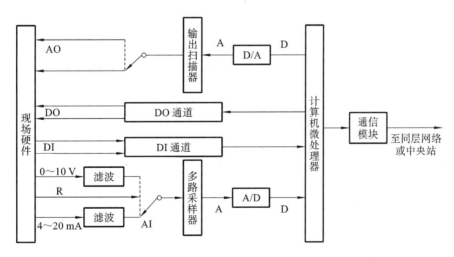

图 2-24 DCC 控制器流程框图

任何一个 DDC 控制器都具备与其他 DDC 控制器及中央站进行通信的能力,提供网络信息通信和信息管理服务,从而实现全面的信息共享与传输。

DDC 控制器的主要参数之一是输入、输出点的数量,这些点包括数字输入量(DI)、模拟输入量(AI)、数字输出量(DO)和模拟输出量(AO)。如果控制器能够处理模拟量和数字量(如交直流电压、热敏电阻、铂电阻等),则这些输入、输出点被称为通用输入、输出点,用 U 表示,并细分为通用输入量(UI)和通用输出量(UO)。通用输出量 UO 主要是模拟量信号输出,但只需要附加一组继电器模块,即可转换为数字量输出。例如,霍尼韦尔 XL100 型控制器就配备了 12 个通用输入量、12 个通用输出量和 12 个数字输入量。

PLC 控制器由内部 CPU、指令及数据内存、输入/输出单元、电源模块以及数字模拟模块等单元模块组合而成。该控制器拥有独立的 CPU,并配置了各种功能面板和 I/O 接口,能够采集模拟量、开关量等信号进行分析处理,同时具有很强的可编程能力。通过梯形图程序中提供的各种软继电器,PLC 控制器即可实现复杂的逻辑控制,省去了传统硬件式继电器复杂的接线并降低了经济成本。

PLC 控制器的工作过程通常分为三个阶段:输入采样、用户程序执行和输出刷新。完成这三个阶段被称为一个扫描周期。在整个运行过程中,PLC 的 CPU 会以一定的扫描速度重复执行这三个阶段。

(1) 输入采样阶段:在此阶段,PLC 以扫描方式依次读取所有输入状态和数据,并将它们存储在 I/O 映像区中的相应单元内。输入采样结束后,进入用户程序执行和输出刷新阶段。在这两个阶段中,即使输入状态和数据发生变化,I/O 映像区中的相应单元的状态和数据也不会改变。因此,如果输入是脉冲信号,则该脉冲信号的宽度必须大于一个扫描周期,以确保在任何情况下都能被正确读取。

(2) 用户程序执行阶段:在此阶段,PLC 按照从上到下的顺序依次扫描用户程序(梯形图)。在扫描每一条梯形图时,先扫描梯形图左边的由各触点构成的控制线路,并按照先左后右、先上后下的顺序进行逻辑运算。然后根据逻辑运算的结果,刷新逻辑线圈在系统 RAM 存储区中对应位的状态,以及输出线圈在 I/O 映像区中对应位的状态,并确定是否要执行梯形图所规定的特殊功能指令。在用户程序执行过程中,只有输入点在 I/O 映像区内的状态和数据不会发生变化,而其他输出点和软设备在 I/O 映像区或系统 RAM 存储区内的状态和数据都可能发生变化。排在上面的梯形图的程序执行结果会对排在下面的用到这些线圈或数据的梯形图产生影响;相反,排在下面的梯形图被刷新的逻辑线圈的状态或数据只能到下一个扫描周期才能对排在其上面的程序产生影响。

(3) 输出刷新阶段:当用户程序扫描结束后,PLC 进入输出刷新阶段。在此期间,CPU 根据 I/O 映像区内对应的状态和数据刷新所有的输出锁存电路,再通过输出电路驱动相应的外设。这时,才是 PLC 的真正输出。

根据相关规范的要求,中型及以上系统的控制分站配置应满足以下规定:首先,应将分站设置在控制对象较为集中的地方,作为现场工作站。其次,当受控对象系统以模拟测控参数为主时,应选用 DDC 型分站;当受控对象系统以数字测控参数为主时,则应选用 PLC 型分站。再次,应根据测控参数点的分布和合理布线的需要,决定分站采用集中配置方式还是分散配置方式;此外,分站应与中央站实现数据通信,与现场设备间的联络信号通常为模拟量或开关量;当两个分站间存在较多相互关联的控制参数时,宜将这两个分站连接在同一个控制网络段上。最后,对于统一管理的建筑群或特大建筑物,如果设备数量众多且配置分散,则宜采用多个子中央站。子中央站可通过电缆、光缆、微波、无线等多种方式联入管理网络。

2.6　网络结构及功能

建筑设备自动化系统通常采用集散型系统,该系统展现为分布式系统和多层次的网络架构。根据系统的规模、功能需求以及所选产品的特性,可以采用三层、两层或单层的网络结构。对于中、小型系统,建议采用两层网络结构;而对于大型系统,则更适宜采用由管理、控制、现场三个网络层构成的三层网络结构,如图 2-25 所示。对于一些规模非常小的系统,可能仅需要单个控制器或者将几个控制分站连接起来就能满足需求,这类系统通常采用单层网络结构。管理网络层负责实现系统的集中监控和各子系统的功能集成,控制网络层则负责建筑设备的自动控制,而现场网络层则专注于末端设备的控制和现场仪表信息的采集与处理。

建筑设备自动化系统中,根据信息传递的范围和目的,可以划分为信息域与控制域。在信息域内,主要建筑设备自动化系统的数据信息被传递至管理层,从而构成智能建筑的环境信息数据库。这一领域通常也被称为网络部分,

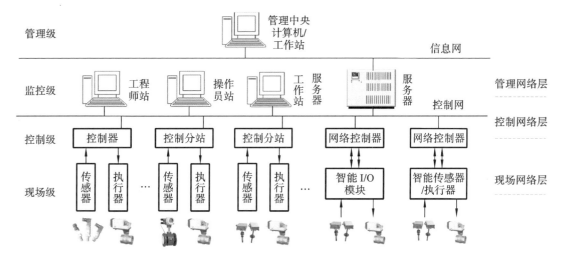

图 2-25　建筑设备监控系统网络结构示意图

它采用局域网(LAN)的形式,即服务于一个建筑物或建筑群的计算机网络。信息域侧重于信息管理,追求高速传输。网络部分的信息流传输速度可达 100 Mbps,传输介质主要采用以太网电缆系统。

控制域则是以现场总线为网络基础,由分布在建筑物各处的直接数字控制器(分站)以及中央站所组成的集散型系统构成。控制域侧重于控制信息的处理,这些实时数据用于实现建筑设备的实时处理,从而对建筑物的环境进行实时控制。控制总线的信息流传播速度一般要求不高,通常在 1 Mbps 以下。为了方便施工及接入综合布线系统,控制总线通常采用无屏蔽双绞线。

2.6.1　管理网络层

建筑自动化系统管理网络应采用基于 TCP/IP 通信协议的开放型以太网,并配置如 Unix、Linux 或 Windows Server 等现代网络操作系统。根据相关规定,系统管理网络的设置需遵循以下原则:

(1) 以太网宜采用物理星形逻辑总线拓扑结构或环形结构。

(2) 管理网络通信带宽需求不高时,可选用共享式集线器;若通信带宽要求较高,则宜选用交换式集线器。

(3) 传输介质应选用带宽符合要求的屏蔽或非屏蔽双绞线;若系统通信带宽要求较高,可选用光纤作为通信介质,以构建光纤以太网。

(4) 管理网络宜设置于监控中心内,且当通信距离符合网络要求时,管理网络可延伸至子中央站。

(5) 在管理体制允许的情况下,若消防中心、安防中心与监控中心集中设置或相邻,可共享同一个管理网络。

(6) 管理网络可通过路由器连接到建筑物集成管理系统(IBMS);若管理网络采用交换式集线器,则可通过该集线器的相应端口与 IBMS 的网络集线器相连。

管理网络与控制网络的互联应通过网络互联设备实现,这些互联设备可以是独立的装置,也可以是管理网络中主机节点的一部分,且应设置在管理网络一侧。

2.6.2　控制网络层

控制网络应由控制总线或控制总线与现场总线混合构成。控制网络层可以采用以太网的组网方式,并利用建筑物的综合布线系统进行组网,或者采用自行布线的现场总线、控制总线拓扑结构。

现场总线(fieldbus)是近年来快速发展的一种工业数据总线,它主要解决工业现场中的智能化仪器仪表、控制器、执行机构等现场设备间的数字通信问题,以及这些现场控制设备与高级控制系统之间的信息传递问题。由于现场总线具有简单、可靠、经济实用等一系列显著优点,因此受到了众多标准制定团体和控制产品制造商的高度重视。

控制网络层应完成对主控项目的开环控制和闭环控制、监控点逻辑开关表控制和监控点时间表控制。在控制网络层中,本层网络宜采用非屏蔽或屏蔽对绞电缆作为传输介质,对于布线困难的场所,也可以采用无线传输方式。

控制网络层的设备控制器可以采用直接数字控制器(DDC)、可编程逻辑控制器(PLC)或兼具 DDC、PLC 特性的混合型控制器(HC)。根据《民用建筑电气设计标准》(GB 51348—2019)的规定,设备控制器宜选用 DDC 控制器,并应满足以下要求:

(1)设备控制器的 CPU 性能不宜低于 32 位;

(2)RAM 数据应具备 72 小时以上的断电保护功能;

(3)系统软件应存储在 ROM 中,应用程序软件则应存储在 EPROM 或 Flash-EPROM 中;

(4)硬件和软件应采用模块化结构设计;

(5)控制器的 I/O 模块应包括 AI(模拟输入)、AO(模拟输出)、DI(数字输入)、DO(数字输出)、PI(脉冲输入)、PO(脉冲输出)等类型;

(6)控制器的 I/O 模块应包含集中安装在控制器箱体及其扩展箱体内的 I/O 模块和可远程分散安装的分布式智能 I/O 模块两大类;

(7)带有以太网接口的设备控制器可具备服务器和网络控制器的部分功能;

(8)应提供与控制网络层本层网络的通信接口,以便设备控制器与本层网络进行连接,并与连接其上的其他设备控制器进行通信。

控制网络的节点可以是监控分站或智能化的现场设备。管理网络与控制网络的互联应通过网络互联设备实现,这些互联设备可以是独立的装置,也可以是管理网络中主机节点的一部分,且应设置在管理网络一侧。

2.6.3　现场网络层

中型及以上系统的现场网络层应由本层网络及其所连接的末端设备控制器、分布式智能 I/O 模块、传感器、电量变送器、照度变送器、执行器、阀门、变频器等智能现场仪表共同构成。现场网络层的本层网络应采用符合当前国家标准的现场总线技术。末端设备控制器应具备对末端设备的控制能力,并能独立于中央管理工作站完成控制操作。智能现场仪表应通过现场总线与设备控制器实现通信。末端设备控制器和分布式智能 I/O 模块应与常规现场仪表、末端设备电控箱进行一对一的配线连接。根据《民用建筑电气设计标准》(GB 51348—2019)的相关规定,现场网络层的配置应遵循以下原则:

(1)本层网络宜采用总线拓扑结构,同时也可考虑采用环形、星形或自由拓扑结构,传输介质应选用屏蔽对绞电缆;

(2)现场网络层的本层网络可包含多条并行工作的现场总线;

(3)当末端设备控制器和/或分布式智能 I/O 模块采用以太网通信接口时,可通过交换机与中央管理工作站建立通信连接;

（4）末端设备控制器和分布式智能 I/O 模块应安装在相关的末端设备附近，并优先考虑直接安装在末端设备的控制柜（箱）内；

（5）作为某块设备控制器组成部分的分布式智能 I/O 模块，应连接在该设备控制器所引出的现场总线上。

2.7　通信协议

网络协议是网络上所有设备（如网络服务器、计算机、交换机、路由器、防火墙、控制器等）间通信所遵循的规则集合，它详细规定了通信时信息的格式及其含义。这些规则与格式涵盖了从电缆类型的选择到如何以标准方式构建特定请求或命令的各个方面。为了促进不同厂商生产的计算机实现顺畅通信，进而在更广泛的范围内构建计算机网络，国际标准化组织（ISO）于 1978 年提出了"开放系统互联参考模型"，即广为人知的 OSI/RM 模型（open system interconnection/reference model）。该模型将计算机网络体系结构的通信协议划分为七个层次，从下到上依次为物理层、数据链路层、网络层、传输层、会话层、表示层和应用层。

OSI/RM 模型仅为协议提供了一个框架，而不同的楼宇自动化系统厂商则根据自己的产品应用需求开发出了各种协议。在一个典型的楼宇自动化系统中，往往会采用多种不同的通信协议，即便是同一家公司的产品也可能采用不同的协议。因此，不同楼宇自动化系统之间的互操作性就显得尤为重要。为了解决这个问题，通常采用网关、OPC 或 XML 技术等中间件。然而，这些中间件，特别是用于不同厂商产品协议之间的中间件，不仅价格高昂，开发难度大，还需要进行现场配置以确保数据点的正确匹配。

尽管有些协议在物理层方面可以共享硬件部分，但不同协议之间互操作性的实现仍然十分困难。即便有些协议供应商（如 BACnet）为应用层的互操作性提供了开发包，但开发成本依然很高。

本节将重点介绍几种常用的协议，包括 Modbus、BACnet、LonWorks、PROFIBUS、KNX 以及 TCP/IP 等。

2.7.1　Modbus 协议

Modbus 是一种串行通信协议，最初由 Modicon 公司（现为施耐德电气 Schneider Electric）于 1979 年为可编程逻辑控制器（PLC）通信而开发。如今，Modbus 已成为工业领域通信协议的业界标准，并且是工业电子设备间常用的连接方式。

Modbus 协议采用主从架构（如图 2-26 所示），包含主站节点（master）和从站节点（slave）。在总线上，只能有一个主站节点，而可以有多个从站节点（最多 247 个，地址范围为 1～247，0 地址用作广播）。每个从站设备都具有唯一的地址，仅主设备可以发起事务，其他设备则做出响应，提供所查询的数据给主设备，或执行查询中所要求的操作。从设备可以是任何外围设备（如输入/输出控制器、智能阀门、网络驱动器等），它们处理信息并通过 Modbus 将结果发送给主设备。

Modbus 协议支持多种电气接口，常用的连接接口包括串口 RS232、RS422、RS485 或以太网口 RJ45。许多常用的工业设备，如 PLC、人机接口（HMI）和各种智能计量仪表等，都能使用 Modbus 协议进行通信。由于 Modbus 总线通信时易受干扰，因此通常采用屏蔽双绞线，传输距离可达 1500 m。然而，在实际项目中，通信电缆不能与强电电缆共用线槽。

Modbus 协议类型主要分为 Modbus RTU、Modbus ASCII 和 Modbus TCP。Modbus RTU 以二进制格式表示数据，采用串行通信，数据由空格划分，并遵循循环冗余校验（CRC）验证机制以确保数据可靠性。Modbus ASCII 则使用 ASCII 字符，数据由冒号（:）和回车符（CR）/换行符（LF）分隔，并遵循纵向冗余校验（LRC）验证机制。Modbus TCP

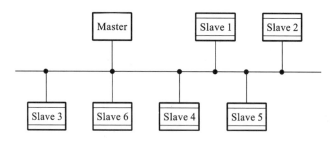

图 2-26　Modbus 主从架构

使 Modbus 的 ASCII/RTU 协议能在基于 TCP/IP 的网络上传输，它将 Modbus 报文嵌入 TCP/IP 协议帧中，并建立网络上节点之间的连接，以半双工方式通过 TCP 发送请求。与传统的串口方式相比，Modbus TCP 将标准的 Modbus 报文插入 TCP 报文中，不再包含数据校验和地址字段。

在 Modbus 协议下，所有数据都存储在寄存器中，这些寄存器可以是物理寄存器，也可以是划分的内存区域。Modbus 根据数据类型及各自读写特性，将寄存器分为四种类型（如表 2-5 所示）。

表 2-5　寄存器分类

寄存器种类	描　　述	举 例 说 明
线圈状态	输出端口。可以设定输出状态，也可读取该位置的输出状态，可读可写；寄存器 PLC 地址为 00001～09999	类似 LED 显示、电子阀输出等。
离散输入状态	输入端口。通过外部设定改变输入状态，可读但不可写；寄存器 PLC 地址为 10001～19999	类似拨码开关
保持寄存器	输出参数或保持参数。控制器运行时被设定的某些参数，可读可写；寄存器 PLC 地址为 40001～49999	类似传感器报警上限、下限
输入寄存器	输入参数。控制器运行时从外部设备获得的参数，可读但不可写；寄存器 PLC 地址为 30001～39999	类似模拟量输入

Modbus 协议使用明确定义的报文格式，报文通常采用十六进制表示。每个 Modbus 报文都具有相同的结构，包括设备地址、功能代码、数据和错误校验四个基本要素。在进行 Modbus 通信前，须先设置 Modbus 协议的通信格式，主要包括起始位、数据位、奇偶校验位、停止位、流控和通信速率等（常用设置如表 2-6 所示）。Modbus 协议通过设备地址找到要进行数据交互的设备，并通过功能代码识别并获得该设备中对应寄存器的访问权限。Modbus 协议的通信流程如图 2-27 所示：主站发送的请求报文包含设备地址、功能码、寄存器地址和校验码；从站发送的响应报文则包含设备地址、功能码、寄存器内的数据和校验码。

表 2-6　Modbus 协议通信格式设置

起始位	1 位
数据位	8 位
奇偶校验位	无校验
停止位	1 位
流控	无流控
通信速率	9600 bps

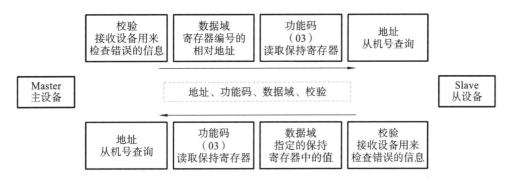

图 2-27　Modbus 协议通信流程

2.7.2　BACnet 协议

BACnet 是"楼宇自动化和控制网络的数据通信协议"的简称。它是一种专为智能建筑设计的通信协议,由国际标准化组织(ISO)、美国国家标准协会(ANSI)及美国采暖、制冷与空调工程师学会(ASHRAE)共同定义。BACnet 针对楼宇自动化设备的实际需求而提出,旨在解决楼宇自控网络信息通信和互操作性的基本问题。该协议能够集成暖通空调、照明、消防、门禁和安全防范等设备,因此,BACnet 被视为一种标准的通信和数据交换协议。各厂家遵循这一协议标准,开发与楼宇自控网兼容的控制器与接口,从而确保不同厂家生产的控制器能够相互交换数据,实现互操作性。BACnet 能够将不同厂商的控制产品集成到统一的系统中,为业主和系统管理者提供了系统选择的灵活性和高性价比。

BACnet 协议以 OSI 模型为参考,但进行了精简,仅采用 OSI 模型的四层来实现其功能,如图 2-28 所示。这样的设计旨在减少 BACnet 报文长度和通信处理开销。从网络硬件连接的角度来看,基于价格和性能的权衡,可以选择六种不同的传输技术。其中,以太网是最快的选项,速度可达 10 Mbps、100 Mbps 甚至更高,但也可能是最昂贵的。其次是速度为 2.5 Mbps 的 ARCnet 网络。当对设备速度要求较低时,可以采用 BACnet 定义的主-从/令牌传递(MS/TP)网络,它采用双绞线布线,通信速度通常为 1 Mbps 或更低。

BACnet 网络分层模型					OSI 参考分层
BACnet 应用层					应用层
BACnet 网络层			IP		网络层
IEEE 802.2 Type1	MS/IP	PTP	LonTalk	ZigBee	数据链路层
IEEE 802.3	ARCnet	EIA-485	EIA-232		物理层

图 2-28　BACnet 体系架构

BACnet 提供了一种标准方式来表示任何设备的各种功能,即 BACnet 对象。这些对象包括模拟和二进制的输入和输出、时间表、控制环、报警等。这种标准方式是通过定义由相关信息集合组成的"对象"来实现的,每个"对象"又有一组"属性"来进一步描述它。在 BACnet 通信中,设备由许多对象组成,其中包括每个设备都必需的设备对象,用于记录设备相关数据。其他对象则包括模拟输入、模拟输出、模拟值、数字输入、数字输出及数字值等与数据相关的对象。

BACnet 通信协议中定义了许多服务,以供各设备之间进行通信。这些服务可以分为六大类,包括设备对象管理服务(如 Who-Is、I-Am、Who-Has 及 I-Have 等)、对象访问服务(如读取属性、写入属性等)、报警与事件服务(如确认报警、状态改变报告等),以及文件读写服务和虚拟终端服务。

然而,在 BACnet 通信协议中,不同厂家生产的设备互联仍需通过协议转换器。这表明 BACnet 尚未完全达到开放系统实现互操作的要求。常用的协议转换器分为专用协议转换器和通用协议转换器两种。

2.7.3　LonWorks 总线

LonWorks 总线是美国 Echelon 公司于 1991 年推出的一种全面的现场总线测控网络。LonWorks 技术提供了一个完整的开发控制网络系统的平台，涵盖了设计、配置、安装和维护控制网络所需的全部硬件和软件。LonWorks 总线的基本构成单元是节点，而这些节点之间通过 LonTalk 协议（也常被称作 LonWorks 协议）进行通信。

该协议定义了一系列的通信服务，使得一个设备内部的应用程序能够向网络中的其他设备发送报文，而无须了解网络的拓扑结构或其他设备的名称、地址和功能。LonTalk 协议是一个分层的、基于分组的、点对点的通信协议，它遵循国际标准化组织 OSI/RM 模型的多层体系架构。

LonTalk 协议能够有选择性地提供端到端的报文确认、报文证实和优先级发送服务，以满足特定的事务处理需求。同时，对网络管理服务的支持使得远程网络管理工具能够通过网络与其他设备进行交互，包括重新配置网络地址和参数、下载应用程序、报告网络问题以及启动、停止或复位设备的应用程序。LonTalk 的寻址算法定义了数据包如何在原设备与目标设备（一个或多个）之间进行路由。数据包可以针对单一设备、一组设备或所有设备进行寻址，且该协议支持物理地址、设备地址、组地址和广播地址等多种类型的地址。

LonWorks 提供了三种基本类型的报文传递服务：确认报文发送服务、重复报文发送服务和非确认报文发送服务。此外，它还支持带有身份验证的报文。通过网络变量，LonTalk 将网络通信设计简化为参数设置，其通信速率从 300 bps 至 15 Mbps 不等，且直接通信距离可达 2700 m。该协议支持双绞线、同轴电缆、光纤、射频、红外线以及电源线等多种通信介质。

LonWorks 总线的优点在于，经过 LonMark 互操作性协会（一个基于 LonWorks 技术的标准组织）认证的产品具有良好的互操作性。然而，其缺点也显而易见：各厂商生产的元器件（如传感器、控制器等）必须插入固化了 LonTalk 协议的 NEURON 专用神经元芯片，才能接入 LonWorks 网络。这不仅限制了系统的拓展性，还增加了造价成本。

2.7.4　PROFIBUS 现场总线

PROFIBUS 是 process fieldbus（过程现场总线）的缩写，它是面向工厂自动化和流程自动化的一种国际性现场总线标准。该协议在欧洲工业界得到了广泛的应用，同时也是目前国际上通用的现场总线标准之一。

在 PROFIBUS 中，数据交换是通过在站点间传递报文或数据来实现的。PROFIBUS 网络由若干站点组成，这些站点包括主站或从站。主站负责控制总线通信，而从站只能响应主站的请求。主站有两种类型：类型一包括 PLC（可编程逻辑控制器）、控制器、监控站等；类型二则包括配置工具、总线监测和诊断设备等。从站包括 I/O 模块、发送器、执行器、阀门、驱动器等。

PROFIBUS 家族包含三个兼容版本，这些版本提供了非常高的完整性和适应需求的能力。它们分别是：PROFIBUS-DP（分布式外设），它提供低成本、高速度、简单的现场层通信；PROFIBUS-FMS（现场总线报文规范），它提供高端的、应用层的通信；PROFIBUS-PA（过程自动化），这是专门开发的、性价比非常高的、能够同时传送电源和数据的两线连接方式。

PROFIBUS-DP 的 DP 代表 decentralized periphery（分散式外设），它具有高速、低成本的特点，主要用于设备级控制系统与分散式 I/O 的通信。它主要用于连接 PLC、PC、HMI（人机界面）设备、分布式现场设备等，响应速度快，非常适合在制造业中使用。西门子的 PLC，如 S7-300/400 CPU，配备了集成的 DP 接口，而 S7-200 也可以通过通信处理器连接到 PROFIBUS-DP 网络。

2.7.5　KNX 总线

KNX 总线是一种应用于建筑自动化领域的跨厂商、开放式的通信协议和系统。1999 年,欧洲三大总线协议 EIB、BatiBus 和 EHSA 合并成立了 KNX 协会,并推出了 KNX 协议。KNX 全称为 Konnex,它以 EIB 为基础,同时融合了 BatiBus 和 EHSA 的物理层规范,并吸收了它们的优点,提供了一个完整的解决方案,旨在实现家庭和楼宇自动化的集成化管理。

KNX 总线系统独立于制造商和应用领域,支持多种连接介质,如双绞线、射频、电力线或 IP/Ethernet,设备可以通过这些介质进行信息交换。在 KNX 系统中,总线设备包括传感器和执行器等,它们用于控制各种楼宇管理装置,如照明、遮光/百叶窗、保安系统、能源管理、供暖、通风、空调系统等,实现统一的控制和监视。

KNX 系统允许区域总线连接至主干线,主干线再连接子总线。系统最多支持 15 个区域,每条总线最多支持 64 台设备。整个系统中的器件通过数据线连接,并通过统一的总线进行数据通信和控制。KNX 电缆通常由一对双绞线组成,其中一条用于数据传输,另一条则用于设备供电(如图 2-29 所示)。

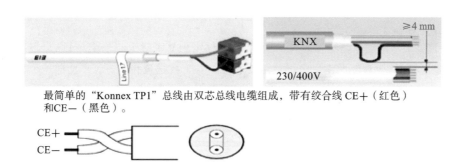

图 2-29　KNX 电缆

KNX 技术于 2006 年被批准为国际标准 ISO/IEC 14543-3,于 2003 年被批准为欧洲标准(CENELEC EN 50090 和 CEN EN 13321-1 及 13321-2),并于 2005 年被批准为美国标准 ANSI/ASHRAE 135。

在中国,GB/T 20965 标准采纳了 KNX 协议作为智能建筑系统的通信协议部分,并遵循 KNX 的标准和规范。这使得中国建筑自动化领域能够借鉴欧洲在 KNX 方面的经验和技术,实现设备间的互联互通,从而推动智能建筑系统的发展。

2.7.6　TCP/IP 协议

TCP/IP 协议(传输控制协议/互联网协议)并非单一协议,而是一组协议的集合,其中包括 TCP、IP、UDP、ARP 等子协议。在这些协议中,TCP 和 IP 最为重要且广为人知,因此,大多数网络管理员将整个协议族统称为"TCP/IP"。TCP/IP 协议定义了电子设备如何接入因特网以及数据在它们之间传输的标准。

TCP/IP 协议在一定程度上借鉴了 OSI 的体系结构。OSI 模型分为七层,从底层到高层依次为物理层、数据链路层、网络层、传输层、会话层、表示层和应用层。而在 TCP/IP 协议中,这些层次被简化为四个或五个,即应用层、传输层、网络层和数据链路层(有时数据链路层被进一步细分为物理层和数据链路子层,但在此讨论中通常将其视为一个整体)。大致来说,TCP 协议对应于 OSI 参考模型的传输层,IP 协议对应于网络层,如图 2-30 所示。虽然 OSI 参考模型是计算机网络协议设计的标准,但由于其复杂性和资源开销较大,实际应用中并不多见。相反,TCP/IP 协议因其简洁性和实用性而得到了广泛应用。可以说,TCP/IP 协议已成为建立计算机局域网和广域网的首选协议。

ISO/OSI模型						TCP/IP模型
应用层	文件传输协议（FTP）	远程登录协议（Telnet）	电子邮件协议（SMTP）	网络文件服务协议（NFS）	网络管理协议（SNMP）	应用层
表示层						
会话层						
传输层	TCP UDP					传输层
网络层	IP		ICMP	ARP RARP		网络层
数据链路层	Ethernet IEEE 802.3	FDDI	Token-Ring/ IEEE 802.5	ARCnet	PPP/SLIP	网络接口层
物理层						硬件层

图 2-30　TCP/IP 体系架构

IP 协议作为网络层协议,包含了数据包路由所需的寻址和控制信息。它由 RFC791 规定,是因特网协议族中的主要网络层协议。IP 协议和 TCP 协议共同构成了因特网协议族的核心。IP 协议有两个基本职责:一是提供数据包在互联网上无连接、最高效的传输;二是提供数据包的分段和重组功能,以适应不同数据链路的最大传输单元(MTU)。

TCP 在 IP 环境中提供了可靠的数据传输服务。TCP 属于 OSI 参考模型中的传输层,其提供的服务包括数据流传输、可靠性保障、有效流控制、全双工操作和多路复用技术等。对于数据流传输,TCP 发送一个由序列号定义的无结构字节流。这一服务对应用程序非常有利,因为应用程序在将数据发送到 TCP 之前无须进行分块处理,TCP 可以将字节整合成字段后再传给 IP 进行发送。TCP 通过面向连接的、端到端的可靠数据发送机制来保证数据的可靠性。如果在规定时间内未收到关于某个数据包的确认响应,TCP 将重新发送该数据包。TCP 的可靠机制能够处理丢失、延迟、重复以及读错的数据包。超时机制则允许设备监测数据包的丢失情况并请求重发。

TCP/IP 协议通常运行在以太网上,采用双绞线电缆、光纤等介质进行数据传输。其通信接口通常为 RJ45。双绞线电缆通常用于短距离传输,一般传输距离不超过 100 米。光纤则适用于远距离传输。

2.7.7　无线通信协议

通过无线方式解决数据在网络间传输质量的协议被称为无线通信协议。常用的无线通信协议涵盖 WiFi、红外、蓝牙、ZigBee、LoRa、NB-IoT 等。根据信息传输距离的远近,这些协议可分为短距离传输技术和广域网传输技术两大类。短距离传输技术的代表包括 WiFi、蓝牙和 ZigBee。其中,WiFi 和蓝牙属于高功耗、高速率传输技术,主要应用于智能家居、可穿戴设备等场景;而 ZigBee 则是低功耗、低速率传输技术,更适合用于局域网设备的灵活组网,如热点共享等场景。

广域网传输技术则分为授权频谱和非授权频谱两类。授权频谱的代表技术有 NB-IoT 和蜂窝通信。NB-IoT 是一种低功耗、低速率传输技术,主要应用于远程设备运行状态的数据传输、工业智能设备及终端数据的传输。蜂窝通信则是高功耗、高速率传输技术,广泛应用于 GPS 导航与定位、视频监控等实时性要求较高的大流量传输场景。LoRa 是一种物理层的无线数字通信调制技术,属于非授权频谱范畴,具有功耗低、传输距离远等特点,但其传输速率相对较低。LoRa 无线的有效传输距离通常可达 3～5 km,广泛应用于智慧农业、畜牧管理、智能建筑、智慧园区、智能表计与能源管理等领域。图 2-31 展示了采用 LoRa 无线传输技术的某校园能源管理应用场景,该系统由 LoRa 无线设备终端和 LoRa 无线基站组成。

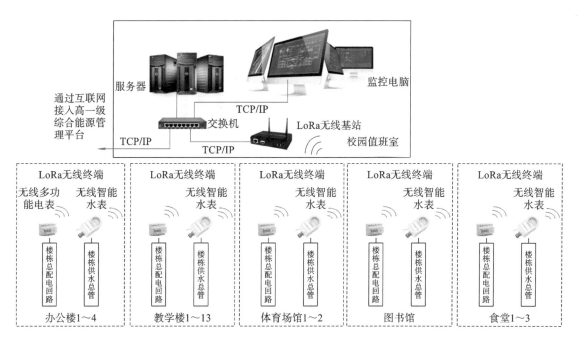

图 2-31　采用 LoRa 的某校园能源管理应用场景

2.8　网络传输媒介和设备

　　传输媒介是连接发送端(信源)和接收端(信宿)的数字化设备(如计算机、控制器、服务器等)的物理通路,用于实现通信。常用的网络传输媒介包括双绞线、同轴电缆和光纤等。双绞线(如图 2-32 所示)能够传输模拟信号和数字信号,常用于建筑物内部的局域网中,其数据传输速率可达 1000 Mbit/s,且相较于同轴电缆和光纤,成本更为低廉。

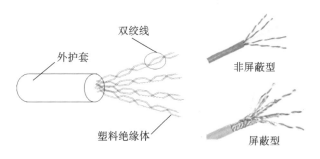

图 2-32　双绞线

　　同轴电缆(如图 2-33 所示)根据用途可分为基带同轴电缆(50 Ω)和宽带同轴电缆(75 Ω),即网络同轴电缆和视频同轴电缆。基带同轴电缆仅用于数字传输,数据速率可达 10 Mbps,主要应用于以太网。而宽带同轴电缆则可传送数字信号和模拟信号,支持网段长度达 500 m。对于较高频率的信号而言,同轴电缆的抗干扰能力优于双绞线,其成本则位于双绞线和光纤之间。

　　光纤(如图 2-34 所示)是一种由玻璃或塑料制成的纤维,利用光的全反射原理进行传输。光纤具有极大的带宽和极高的数据传输速率,信号衰减极小,传输速率可达数百甚至数千千米,因此中继器的间隔较大。光纤耐辐射,外界的电磁干扰对其无影响,同时光束本身也不向外辐射信号,具有良好的安全性,非常适合长距离的信号传输。

　　在通信网络中,用于连接不同网段或网络通信类型的中间设备(或中间系统)被称为中继系统,如路由器、网关、集线器、交换机等。

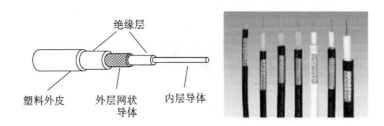

图 2-33 同轴电缆

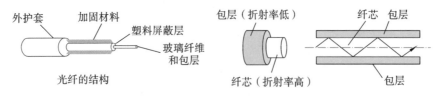

图 2-34 光纤

　　路由器(router)工作在网络层,提供网络层上的协议转换功能,并在不同的网络之间存储和转发分组。路由器主要用于连接多个逻辑上分离的网络,适用于规模较大、结构复杂的网络中的路由选择。路由器具有高度的安全性和强大的网络管理能力,能够充分隔离不必要的流量信息。然而,其价格较高,安装和配置也相对复杂。路由器连接示意图如图 2-35 所示。

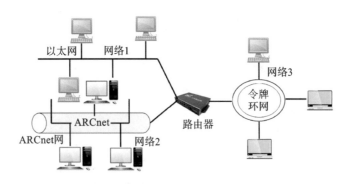

图 2-35 路由器连接示意图

　　网关(gateway)又称网间连接器或协议转换器,是针对高层网络协议进行转换的连接器。网关可以连接不同协议的网络,既可实现局域网(LAN)之间的互联,也可用于广域网(WAN)的互联,还可用于 LAN 与总线网络的互联(如图 2-36 所示)。

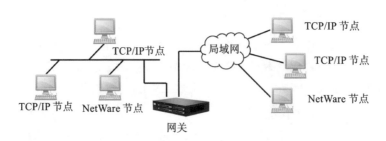

图 2-36 网关连接示意图

　　集线器(hub)的主要功能是对接收到的信号进行再生、整形和放大,以扩大网络的传输距离,并将所有节点集中在以它为中心的节点上。集线器与网卡、网线等传输介质一样,属于局域网中的底层设备。集线器每个接口简单地收发比特,不进行碰撞检测。当以集线器为中心设备时,网络中某条线路出现故障并不会影响其他线路的工作。集线器通常用于星形和树形网络拓扑结构中,通过 RJ45 接口与各主机相连。

交换机(switch)是一种用于电(光)信号转发的网络设备。它可以为接入交换机的任意两个网络节点提供独享的电信号通路。除了具有集线器的功能外,交换机还提供更先进的功能,如虚拟局域网(VLAN)和更高的性能等。交换机分为广域网交换机和局域网交换机两种。广域网交换机主

图 2-37　24 电口 4 光口交换机

要应用于电信领域,局域网交换机则广泛应用于局域网络中,用于连接终端设备(如计算机、控制器、网络打印机等)。在局域网中,当部分采用双绞线作为物理传输通道,部分采用光纤作为物理传输通道时,可采用带电口和光口的集线器或交换机作为信号连接及转发装置。图 2-37 展示了一台配置有 24 个普通 RJ45 网络端口(电口)和 4 个光纤接口端口(光口)的交换机。

2.9　中央站

中央站,也被称为中央管理工作站,位于管理网络层,通常由 CPU、存储器、输入/输出设备、通信接口单元以及净化电源等组成。此外,还应配备键盘、监视器和打印机等设备。为了提高系统的可靠性,建议采用冗余技术,即设置双 CPU。

中央站具备网络管理与系统管理两大核心功能。为了建立以太网并实现网络管理和数据库管理,中央站应配置 32 位或 64 位的网络操作系统软件。在系统管理方面,它应具备以下基本功能:监控系统的运行参数;检测可控子系统对控制命令的响应情况;显示和记录各种测量数据、运行状态、故障报警等信息;数据报表的生成和打印。除了这些基本功能外,中央站还可以提供一些增值功能,如故障检测与诊断、故障预警、自动调适、预防性维护提示以及优化控制等。

中央站还应配置服务器软件、操作站软件、系统管理软件、用户工具软件以及根据需求选择的其他软件。《民用建筑电气设计标准》(GB 51348—2019)对中央站采用的软件提出了以下要求:

(1)服务器软件和操作站软件应支持客户机/服务器体系结构。

(2)对于需要远程浏览器访问的场所,服务器软件和操作站软件应支持互联网连接,并兼容浏览器/服务器体系结构。

(3)对于需要集成建筑设备管理系统(BMS)的场所,服务器软件和操作站软件应支持现行的开放系统技术标准。

(4)服务器软件和操作站软件应采用成熟、稳定的主流操作系统。

(5)服务器软件和操作站软件应能在全中文图形化操作界面下,对设备运行状况进行监视、控制、报警、操作与管理,并提供必要的中文提示和帮助功能。

(6)用户工具软件应为中文可视界面,具备建立建筑设备监控系统网络、组建数据库、绘制操作站显示图形等功能。

通过系统管理软件,中央站可以对各分站系统进行集中管理,持续监视建筑物内各项设施和机组设备的运行情况,收集数据、分析信息、打印报表,并提供历史和动态趋势数据,绘制曲线和图形。设备的各种状态都会以不同颜色显示在组态系统图上。当某台设备出现故障时,系统会立即在界面上指示出故障设备,并提醒维修人员及时检修。此外,还可以根据时间程序和节假日安排表来启停相关设备。图 2-38 展示了某空调水系统的运行界面,其中 5 号制冷机、5 号冷冻泵以及 5 号冷却泵均处于运行状态。

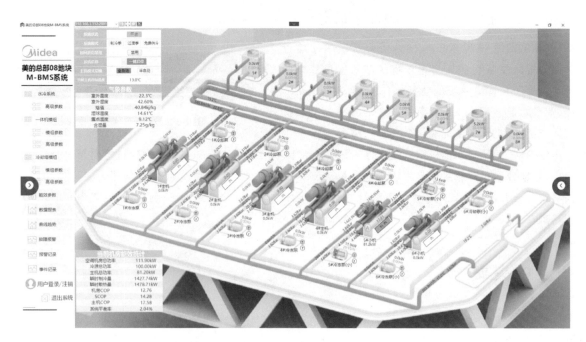

图 2-38　系统运行界面

此外,控制网络层和现场网络层也需要配置相应的软件来支持系统的正常运行。

2.10　本章小结

集散型控制系统是我国建筑楼宇监控系统的主流形式,它满足了分布式系统集中监视操作管理及分散采集控制的需求。本章主要阐述了集散型控制系统的基本概念与类型、传感器的基本概念、执行器的定义,并介绍了常用的风阀、水阀等执行器。同时,本章还详细讲解了智能传感器与智能执行器的相关知识。

现场传感器和执行器与控制器之间通过信号进行关联,这些信号可分为监测信号和控制信号,具体包括数字量输入信号、模拟量输入信号、数字量输出信号和模拟量输出信号。此外,不同的控制器之间以及智能仪表之间还通过通信协议进行连接。

控制分站通常设置在现场,主要采用的控制器有 DDC 控制器和 PLC 控制器。本章进一步阐述了 DDC 控制器的工作流程,并对 DDC 控制器与 PLC 控制器进行了简单的对比分析。

集散型系统呈现出分布式系统和多层次的网络结构特点。根据系统的规模,可以采用三层、两层或单层的网络结构。对于中、小型系统,两层网络结构是较为适宜的选择。本章结合民用建筑电气设计的相关标准与规范,详细说明了网络设置与配置、控制器的选用等规定。同时,还介绍了 Modbus、BACnet、TCP/IP 等几种常用的通信协议。此外,本章进一步讲解了双绞线、同轴电缆和光纤等网络传输媒介,以及路由器、网关、集线器、交换机等网络传输设备的相关知识。

中央站作为集散型系统的"大脑",具备网络管理与系统管理两大核心功能。在系统管理方面,中央站能够监控系统运行,显示和记录各种测量数据、运行状态、故障报警等信息,并提供数据报表打印等基本功能。此外,中央站还具备一些增值功能,如故障诊断等,并能进行 AI 运算以提供优化运行策略。因此,中央站是与用户进行交互的主要设备。

第 *3* 章

控制过程与参数整定

自动控制技术在工业、农业、国防、建筑以及科学技术现代化中起着十分重要的作用,自动控制水平的高低也是衡量一个国家科学技术是否先进的重要标志之一。随着国民经济及国防建设等各个方面的不断发展,自动控制技术的应用日益广泛,其重要性也日益凸显。生产过程自动控制简称过程控制,在电力、机械、轻工、建筑、纺织等生产过程中有着大量的具体应用,是自动化技术的重要组成部分。

本章主要介绍过程控制的基本概念、过程控制的分类、建筑自动化的基本过程控制、闭环控制与比例积分控制规律,以及参数整定等内容。

3.1 过程控制

过程控制广泛应用于各工业部门的生产过程自动化中,同时,民用建筑的供热、制冷、通风等过程的控制也属于过程控制的范畴。过程控制系统是指那些自动控制系统的被控量为温度、流量、压力、液位等过程变量的系统。过程控制的组成通常包括被控对象、检测元件、控制器、执行器、执行机构等,具体如图3-1所示。

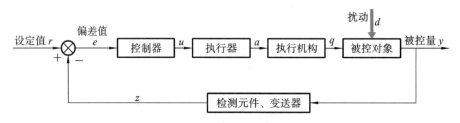

图 3-1 过程控制系统方框图

被控对象指的是生产过程中需要被控制的工艺设备或装置,例如空调房间、水泵、风机、阀门、空气处理机组等。而被控量则是描述这些被控对象工作状态的、需要进行控制的物理量。被控对象接收控制量,并输出相应的被控量。

检测元件主要用于检测被控量或输出量,产生反馈信号,通常指的是传感器。被控的工艺参数一般为非电量物理量,通过传感器将其转换为相应的电信号,而变送器进一步将此信号转换为标准信号。有些传感器集成了变送器的功能,直接输出标准信号。目前常见的标准电信号包括 0～10 mA 直流电流信号、4～20 mA 直流电流信号,以及 1～5 V 直流电压信号。

控制器用于改善或提高系统的性能,通常通过串联或反馈的方式连接在系统中,如 PID 控制器等。当传感器或变送器输出的信号符合工艺要求或与被控设定值一致时,控制器的输出保持不变;反之,控制器将输出控制信号对系统进行调节。

执行器接收控制器的控制信号 u,经过变换或放大后驱动执行机构(如控制阀等)。执行机构直接对被控对象进行操作,调节被控量,例如通过操控电动风阀、电动水阀来改变流通管道的风量或水量。目前常用的执行器有气动执行器和电动执行器,其中气动执行器多用于防爆等特殊场所。如果控制器是电动的,而执行器是气动的,那么在控制器与执行器之间需要配置电气转换器。若采用电动执行器,则控制器输出须经伺服放大器放大后才能驱动执行器推动控制阀。控制器输出的控制信号 u 通过气动或电动执行器驱动控制阀,改变输入对象的操纵量 q,从而使被控量得到控制。

控制变量的设定值可以是固定值,也可以是不断变化的值,或者根据某种规则进行计算。过程控制的目的在于排除或抵消干扰的影响。过程的最终输出是操控输入与干扰输入共同作用的结果。

根据划分过程控制类别的方式不同,控制系统有不同的命名。按被控量分类,有温度控制系统、压力控制系统、流量控制系统、液位控制系统等。按控制系统回路划分,有开环控制系统和闭环控制系统,以及单回路控制系统和多回路控制系统。按控制器的控制算法分类,有比例控制系统、比例积分控制系统、比例积分微分控制系统(PID控制系统)、位式控制系统等。按控制系统的模式分类,有比值控制系统、均匀控制系统、前馈控制系统、自适应控制系统等。按控制器信号分类,有常规仪表控制系统、计算机控制系统、集散控制系统(DCS)、现场总线控制系统(FCS)等。

以上是人们根据实际情况所采用的不同分类方式,并没有严格的规定。建筑自动化系统通常根据控制环路进行划分,即开环控制系统、闭环控制系统和复合控制系统。对于具体的系统,采取何种控制手段,应根据其用途和目的来确定。

3.2 开环控制过程

系统的控制输入不受输出影响的控制系统被称为开环控制系统。在开环控制系统中,输入端与输出端之间仅存在信号的前向通道,而不存在从输出端到输入端的反馈通路。反馈是指通过测量变送装置将被控变量的测量值送回到系统输入端的过程,这种将系统输出信号直接或经过某些环节引回到输入端的做法被称为反馈。反馈分为负反馈和正反馈两种,其中引回到输入端的信号减弱输入端作用的称为负反馈,而增强输入端作用的则称为正反馈。

开环控制方式是指控制装置与被控对象之间仅有顺向作用而无反向联系的控制过程,按此方式组成的系统即为开环控制系统。其特点是系统的输出量不会对系统的控制作用产生影响。开环控制系统可以按给定量控制方式或扰动控制方式组成。在按给定量控制的开环控制系统中,控制作用直接由系统输入量产生,给定一个输入量,就有一个与之对应的输出量,控制精度完全取决于所用元件及其校准的精度。

图3-2所示的采用电加热器的室内温度控制系统便是一个开环控制系统的实例。该系统的任务是控制加热元件(电阻丝)的电流,以使室内温度达到设定值。系统的工作原理是:当控制开关处于不同位置时,由于电阻阻值的不同,流经电阻丝的电流也会不同,电阻丝加热进而导致室内温度发生变化。控制开关的某一设定位置与室内温度的某个值或室外环境参数相对应,开关根据期望的温度设定其位置。在本系统中,电加热器与室内空气构成被控对象,室内温度是被控量,也称为系统的输出量。而开关的设定位置通常被称为系统的给定量或输入量,电阻及加热元件则可视为调压器。

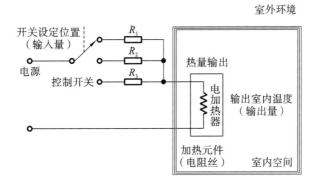

图 3-2　室内电加热器开环控制系统示意图

就图3-2而言,该系统仅存在输入量对输出量的单向控制作用,而输出量对输入量则没有任何影响。当电加热器室内温度开环控制系统不考虑外扰补偿时,其方框图如图3-3所示。控制器根据被测变量的设定值(即期望值)来确定给定量,通过调节电阻丝的开启挡位来输出期望的加热量,从而调节室内温度。然而,当外界干扰较大时,期望值就难以得到保证。

若考虑室外扰动补偿,则该系统可用图3-4所示的方框图来表示。图中方框代表系统中具有相应功能的元部件,箭头则表示元部件之间的信号及其传递方向。室外环境的变化或室内人员活动及电气设备的使用,都可能导致室内

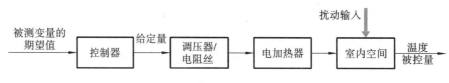

图 3-3　室内电加热器开环控制方框图

温度偏离期望值,这种作用被称为干扰或扰动,在图中用一个作用于室内空间上部的箭头来示意。控制器通过对扰动的观测,并根据扰动观测值与给定量的简单对应关系来确定给定量。随后,通过调节电阻丝的开启挡位来补偿室外扰动,输出期望的加热量,从而调节室内温度。

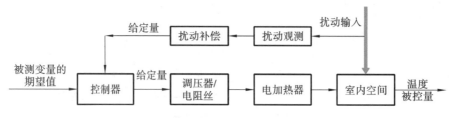

图 3-4　室内电加热器开环控制方框图

要实现室外扰动补偿,需要满足以下条件:①能够测量扰动的大小;②必须能够估计扰动对被控变量的影响,以便进行补偿。然而,准确测量扰动的大小并精确评估其影响往往需要很高的成本,有时甚至是不现实的。以房间温度控制为例,房间的热负荷主要取决于室外温度、太阳辐射、热渗透、人体散热量、照明及其他设备散热等因素。为了控制热输入以达到精确控制温度的目的,首先需要测量外部和内部的扰动。其次,需要一个精确的数学模型来描述这些内部和外部扰动与热负荷之间的关系。可以看出,如果要精确控制房间的温度,采用这样的开环控制系统将会变得非常复杂。

开环控制的最大优点是控制绝对稳定。然而,其问题在于如何确定系统的外部扰动与给定输入之间的关系。此外,开环控制的精度相对较低,抑制干扰能力差,且对系统参数的变化比较敏感。因此,它一般用于可以不考虑外界影响或精度要求不高的场合,如洗衣机、步进电机控制及水位调节等。

3.3　闭环控制过程

开环控制系统精度不高和适应性不强的主要原因在于缺少从系统输出到输入的反馈回路。为了提升控制精度,必须将输出量的信息反馈至输入端,通过对比输入值与输出值来产生偏差信号。这个偏差信号会依据一定的控制规律产生控制作用,逐步减小乃至消除偏差,从而实现所需的控制性能。这样便形成了闭环控制,亦称反馈控制。反馈控制是自动控制系统中最基本且应用最广泛的一种控制方式。在反馈控制系统中,控制装置对被控对象施加的控制作用来源于被控量的反馈信息,这些信息用于不断修正被控量与输入量之间的偏差,从而完成对被控对象的控制任务,这便是反馈控制的原理。

例如,人为控制室内热水散热器或空调等日常行为,都蕴含着反馈控制的深刻原理。下面以人为控制室内热水散热器的动作为例,结合图 3-5,分析其蕴含的反馈控制机制。在此例中,加热器与室内空间构成被控对象,阀门是执行机构,手是执行器,大脑是控制器,眼睛相当于变送器,温度计则是传感器,室内温度即为被控量。手运动的指令信息(开度)对于阀门而言便是输入信号。

室内温度的控制过程是一个闭环过程,其控制方框图如图 3-6 所示。首先,操作者需要用眼睛持续观测室内的温度计,并将这一信息传递给大脑(即室内冷热的反馈信息);接着,大脑会根据期望的室内冷热程度(室内温度设定值)与温度计的测量值之间的差值,产生偏差信号,并根据其大小发出指令,控制手拧动阀门的开度(即控制作用或操纵变量),以改变散热器的热水流量,进而调整散热器的热量输出,逐渐减小散热器热量输出与室内热量需求之间的偏差。这一变化最终会体现在室内温度上。显然,只要偏差存在,上述过程就会持续进行,直至偏差减小至零,即室内温度达到设定值。可以看出,大脑控制手调节散热器阀门的过程是一个利用偏差(室内温度测量值与设定值之差)产生控制作用,并不断减小直至消除偏差的调节过程。因此,反馈控制实质上是一个按偏差进行控制的过程,也称为按偏差控制,反馈控制原理即按偏差控制的原理。

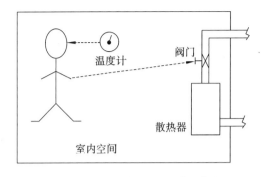

图 3-5 人工手动控制散热器示意图

在这里,我们明确几个常用的术语。

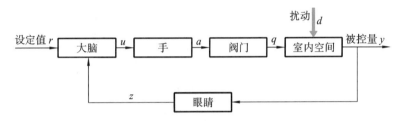

图 3-6 操作者操控散热器的闭环控制方框图

被控过程或对象:那些工艺参数需要被控制的生产过程、设备或装置等。

被控变量:在被控对象中,那些需要保持设定值的工艺参数。

操纵变量:这是受控制器操纵的变量,用于克服扰动的影响,使被控变量保持在设定值,通常表现为流量或能量。

扰动量:除了操纵变量外,那些作用于被控对象并引起被控变量变化的因素。

设定值:被控变量所期望达到并保持的值。

偏差(e):被控变量的设定值与实际测量值之间的差异。在实际控制系统中,由于直接获取的是被控变量的测量值而非实际值,因此通常将设定值与测量值之间的差值作为偏差。

从上述分析可以看出,为了实现室内温度的成功且有效控制,采用闭环或反馈控制(feedback control)时,操作者需要满足以下条件:

(1)明确房间温度的期望设定值,即期望将房间温度调节到多少。

(2)拥有观测温度的设备,如传感器或变送器(相当于人的眼睛),用于测量被控变量。

(3)具备调节温度的设备,如阀门(执行机构),用于调整操纵变量以改变温度。

(4)有驱动阀门动作的装置,如执行器(相当于人的手)。

(5)掌握如何通过调整来控制温度按需求变化的知识或技能,这通常由控制系统的大脑(即控制功能或控制规律)来完成。

如图 3-7 所示,控制器取代了大脑的角色,温度传感器则代替了眼睛的功能,执行器则模拟了手的作用。尽管在这个回路中,不同部分的信号在物理本质上存在差异,但每一部分的信号都会对下一部分的信号产生影响,并且回路中任何一部分的变化都会得到传播。必须指出的是,只有当闭环反馈为负向(即负反馈)时,反馈控制才有可能实现期望的控制目标,即将过程的输出维持在其设定值。负反馈用"—"号表示,而正反馈则用"+"号表示。

反馈控制只能在外部作用(输入信号或干扰)对控制对象产生影响后才能做出相应的控制反应。特别是当控制

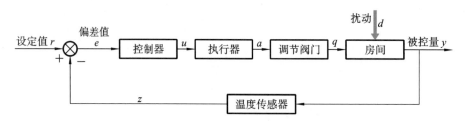

图 3-7　使用散热器的室内温度闭环控制方框图

对象具有较大的延迟时间时,反馈控制可能无法及时影响输出的变化,从而影响到系统输出的平稳性。也就是说,闭环控制的一个缺点是可能增加了系统潜在的不稳定性,这主要是由于系统的延迟和动态特性可能引发对过程输入的过度补偿。相比之下,开环系统是稳定的,但闭环系统则不一定。虽然在动态系统中引入反馈可能会带来一些挑战,但反馈的优点在大多数情况下都远远超过其缺点。因此,反馈控制在实际工程中得到了广泛应用。

前馈控制(feedforward control)系统是一种通过测量干扰的变化,并经由控制器的控制作用直接克服干扰对被控变量的影响,从而使被控变量不受干扰或少受干扰影响的控制方式所组成的控制系统。前馈控制系统本质上是一个开环控制系统。前馈控制能够使系统及时感知干扰信号,并在偏差产生之前就进行纠正。

将前馈控制和反馈控制相结合,可以构成复合控制系统。这种系统能够迅速有效地补偿外部干扰对整个系统的影响,并有助于提高控制精度。复合控制包括按输入补偿的复合控制和按扰动补偿的复合控制两种类型。

3.4　比例控制律(proportional control law)

3.4.1　基本概念

以采用电加热器控制房间温度为例,在忽略外扰作用的情况下,该房间温度的简单闭环控制方框图如图 3-8 所示。假设这个控制器是人,他会根据温度的偏差来做出决策。当室内的设定值与实际值的偏差较小时,他会期望控制加热器输出较小的加热量;而当偏差较大时,他会期望控制加热器输出较大的加热量,以快速提升室内温度至设定值。这种决策方式被称为比例控制。简而言之,比例控制是控制器偏差输入 $e(t)$ 与控制输出 $u(t)$ 之间最直接的关系。根据这种关系,输入值乘以一个适当的常数即可得到控制器的输出,具体见式(3-1)。这个常数被称为比例增益,用 K_P 表示。采用比例控制规律的控制器被称为比例控制器。

$$u(t) = K_P \cdot e(t) + u_0 \tag{3-1}$$

$$e(t) = r - y(t) \tag{3-2}$$

其中,u_0 是一个在没有偏差信号时的控制器标称输出。

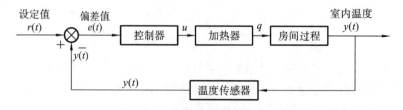

图 3-8　使用加热器的室内温度闭环控制方框图

控制器的增益 K_P 通常是一个可调整的参数。尽管在理论上,控制器的输出可以取任意值,但在实际应用中,其输出被限定在一个有限的范围内,一般控制器的输出信号范围为0～1,这分别对应于执行机构的最小行程与最大行程。在本例中,这对应于加热器的最小加热量(全关,即0)与最大加热量。这种最小值与最大值的特性被称为饱和特性。输入与输出之间的关系可以通过图3-9来描述。

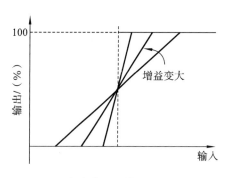

图 3-9　具有饱和特性的比例控制器的输入与输出特性

当带有比例控制器的系统的输入为常值参考信号或常值干扰时,系统的实际输出与理想输出之间总会存在一定的偏差。这个偏差会随着增益的增大而减小,从而提高系统的控制精度,但无法完全消除。如果增益值设置得过大,可能会导致系统变得不稳定。为了保证系统的相对稳定性,通常会限制比例控制器的最大比例增益值。然而,无论如何,系统都会存在一定的稳态误差,即当系统达到稳态时,设定值与稳态值之间的差值。这一点也可以通过数学推导进行证明。

3.4.2　传递函数表述与稳态偏差

图3-10展示了一个简单的比例闭环控制方框图,未考虑扰动因素,图中各变量均在复数域中表示,各环节采用 s-传递函数来表示,且整个控制过程被简化为一阶系统。

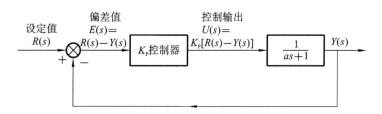

图 3-10　简单的比例闭环控制方框图

定义给定值 $r(t)$ 的拉式变换为 $R(s)$,测量变量 $y(t)$ 的拉式变换为 $Y(s)$,控制输出变量 $u(t)$ 的拉式变换为 $U(s)$,偏差变量 $e(t)$ 的拉式变换为 $E(s)$,则控制器的输出与输入关系见式(3-3),过程的输出与输入关系见式(3-4),消去 $U(s)$,则系统的最终输出与输入关系见式(3-5)。

$$U(s) = K_P E(s) \tag{3-3}$$
$$= K_P[R(s) - Y(s)]$$

$$Y(s) = \frac{1}{as+1}U(s) \tag{3-4}$$

$$Y(s) = \frac{K_P}{as+1+K_P}R(s) \tag{3-5}$$

当给定值 $r(t)$ 为常数 r 时,则 $R(s) = \dfrac{r}{s}$。式(3-5)可简化为式(3-6):

$$Y(s) = \frac{\dfrac{r}{s}K_P}{as+1+K_P} \tag{3-6}$$

对于该系统,当 $K_P > -1$ 时系统稳定。根据终值定理,输出变量达到稳定时的值如式(3-7)所示。稳态的误差如式(3-8)所示。

$$\lim_{t\to\infty} y(t) = \lim_{s\to 0} sY(s) = \lim_{s\to 0} s\frac{\frac{r}{s}K_P}{as+1+K_P}$$

$$= \lim_{s\to 0}\frac{rK_P}{as+1+K_P} \tag{3-7}$$

$$= \frac{rK_P}{1+K_P}$$

$$e(t) = r - \frac{rK_P}{1+K_P} \tag{3-8}$$

$$= \frac{r}{1+K_P}$$

从上面的理论推导也可以看出来,采用比例控制律,一定会存在一个偏差。当 K_P 越小时,稳态误差就越大。过大的 K_P 也会引起系统的超调,引起系统控制的不稳定。因此,在后续会引入一个新的控制律,即积分控制律。

3.4.3 稳态响应与示例

以图 3-7 为例,说明比例控制器的稳态响应。在该例中,采用电加热器而非热水散热器对这个房间进行加热,以维持室内的设定温度。同时,室内的环境会受到室外环境的扰动。根据房间的能量平衡和控制器的特性,在外扰、温度设定值、比例增益和标称控制器输出给定的情况下,房间的稳态温度是可以预测的。

虽然比例控制器的标称输出可以选择一个适当的值,以减少比例控制回路中的偏差,甚至使偏差等于 0。但实际上,系统的工作环境与扰动是不断变化的。尽管在扰动值固定时可以给出控制器的标称输出,但在实际应用中,系统的偏差通常无法完全消除。

该房间墙体在室内外温差为 1 ℃时的总传热量是 1.0 kW,即 $K=1.0$ kW/℃。此处不考虑室内人员、照明等的扰动。该电加热器采用温度控制器进行控制,控制律为比例控制律,控制信号由计算得出。加热器的输出与输入是线性的,最大的输出功率 P_{max} 为 24 kW。房间温度的设定值是 18 ℃,假定冬季白天室外温度是 2 ℃。问题是:

(1) 选择一个恰当的标称输出值 u_0,使得在该干扰条件下,室内温度受控时的偏差为 0。

(2) 温度控制器的比例增益是 0.4/℃。采用上面计算的标称输出值,计算该房间在夜间室外温度为 -2 ℃时的实际温度。

求解过程如下。

冬天白天在给定外扰室内温度控制偏差为 0 时,房间的热平衡方程为:

$$(u_0 + K_P \cdot e) \cdot P_{max} + K \cdot (T_{out} - T_{room}) = 0$$

即

$$24u_0 + 1.0 \times (2-18) = 0$$

标称输出值 u_0 是 0.667(或 66.7%)。

当房间的温度是 T_{room} 时,比例控制器的输出是:

$$u = u_0 + K_P \cdot (T_{set} - T_{room})$$

当室外温度 T_{out} 为 -2 ℃时,房间达到热平衡时电加热器的热输出与通过墙体的热损失相等,即

$$[u_0 + K_P \cdot (T_{set} - T_{room})] \cdot P_{max} = K \cdot (T_{room} - T_{out})$$

$$[0.667 + 0.4 \times (18 - T_{room})] \times 24 = 1.0 \times [T_{room} - (-2)]$$

房间的实际温度 T_{room} 为 17.62 ℃。

当温度控制器的比例增益变化时，室内的稳态温度也不断变化，如表 3-1 所示。从表中可以看出，随着比例增益的增大，室内达到稳定时的温度与设定值的偏差不断减小，接近室内温度设定值 18 ℃。

表 3-1　不同比例增益对应的室内空气稳态温度

比例增益	室内空气稳态温度 /℃	与设定值的偏差 /℃
0.1	16.83	1.17
0.2	17.31	0.69
0.3	17.51	0.49
0.4	17.62	0.38
0.5	17.69	0.31
0.6	17.74	0.26
0.7	17.78	0.22
0.8	17.80	0.20
0.9	17.82	0.18
1.0	17.84	0.16

3.5　积分控制律(integral control law)

3.5.1　基本概念与偏差校正过程

有些控制过程要求控制质量高，通常需要控制到稳态零偏差，因此需要采用不同的控制律。对于执行器而言，通常采用电机驱动，而每个控制动作都有最小位移的要求。如果执行器收到的控制信号不足以驱动执行机构达到最小的位移，那么执行器就不会输出控制动作。虽然比例控制律可以通过使用大的比例增益来减少稳态偏差，但是这种偏差始终是无法完全消除的。另一方面，有些控制过程，比如具有大延迟的系统，其动态特征决定了其不能使用大的比例增益(这类过程在实际中往往比较常见)。在这种情况下，稳态偏差可能会变得无法接受，因此需要采取措施来提高控制品质。而积分控制律可以改善控制效果。

积分控制律是指控制器的控制输出 $u(t)$ 与控制器偏差输入 $e(\tau)$ 的积分成正比，如式(3-9)所示。根据这个方程，只要控制器的积分项 $\int_0^t e(\tau)\mathrm{d}\tau$ 能保持一个非零的值，即使当前的偏差 $e(\tau)$ 为零，控制器也能输出一个恰当的非零控制信号 $u(t)$。

$$u(t) = K_I \int_0^t e(\tau)\mathrm{d}\tau \tag{3-9}$$

其中，K_I 是一个与积分相关的参数。

如果积分控制的当前值无法产生一个正确的控制信号，使得过程的输出准确达到设定值，那么偏差就不会为零。在工作条件和扰动保持不变的情况下，如果有足够的时间，偏差会不断累积。这个非零的偏差会驱动积分项向正确值变化，以使系统偏差为零。然而，在实际过程中，工作条件和扰动经常会发生变化。因此，控制输出的校正成了一项持续性的任务，这导致了非零的输出和不完美的控制。但是，对于一个整定良好的控制回路，校正所需的偏差通常很小。因此，过程的输出被控制在设定值附近波动。

图 3-11 大致描述了积分控制校正偏差的过程。在开始阶段(第一阶段),偏差通常很大,积分作用增加得很快。随着偏差的减小,积分作用也逐渐放缓并趋于稳定。当偏差为零时,积分作用停止变化(在 A 点)并保持不变(进入第二阶段)。在 B 点,边界条件的变化导致当前控制作用过强(例如制冷状态冷却加强),出现负偏差。此时积分作用也减弱,需要减小控制作用。在第三阶段,由于负偏差的存在,积分作用因积分项的累积而减少,直到偏差为零(C 点),并在第四阶段维持稳态。在 D 点,边界条件再次发生变化,当前控制作用减弱(例如制冷状态冷却减弱),偏差正向偏离零点,需要增强控制作用。在第五阶段,由于正偏差的存在,积分作用因积分项累积的增加而增强,直到偏差为零(E 点),并在此后的一段时间内维持稳定。对于一个闭环控制过程,当控制参数选择合适时,随着边界条件的不断变化,这种校正也会一直持续进行,控制目标在设定值附近波动。

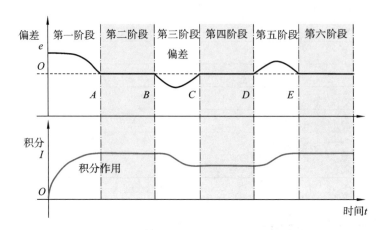

图 3-11 积分控制校正偏差过程示意图

3.5.2 传递函数表述与稳态偏差

图 3-12 为一个简单的积分闭环控制方框图,不考虑扰动,各变量在复数域中表示,各环节用 s-传递函数表示,过程简化为一阶系统。控制器采用积分控制律,如式(3-9)所示。该控制律的拉式变换为:

$$U(s) = K_1 \frac{E(s)}{s} \tag{3-10}$$

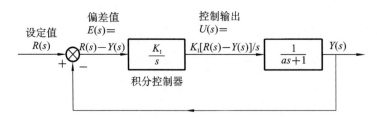

图 3-12 简单的积分闭环控制方框图

当给定值 $r(t)$ 为常数 r 时,则 $R(s) = \dfrac{r}{s}$。控制器的输出与输入关系见式(3-11),过程的输出与输入关系见式(3-4),消去 $U(s)$,则系统的最终输出与输入的关系见式(3-12)。

$$
\begin{aligned}
U(s) &= \frac{K_1}{s} E(s) = \frac{K_1}{s} [R(s) - Y(s)] \\
&= \frac{K_1}{s} \left[\frac{r}{s} - Y(s) \right]
\end{aligned}
\tag{3-11}
$$

$$Y(s) = \frac{\frac{r}{s}K_I}{(as+1)s + K_I} \tag{3-12}$$

根据终值定理,输出变量达到稳定时的值如式(3-13)所示,即稳定时的值就是设定值,偏差为0。

$$\lim_{t \to \infty} y(t) = \lim_{s \to 0} sY(s) = \lim_{s \to 0} s \frac{\frac{r}{s}K_I}{(as+1)s + K_I}$$

$$= \lim_{s \to 0} \frac{rK_I}{(as+1)s + K_I} \tag{3-13}$$

$$= r$$

从上面的理论推导也可以看出来,采用积分控制律,一定能消除偏差,使控制输出维持在设定值。

3.6 微分控制律(derivative control law)

微分控制律,即 D 控制律,是对控制过程施加微分控制规律的一种方法。微分控制具有某种预测功能,能够在早期阶段修正信号,增加系统的阻尼程度,从而改善系统的稳定性。然而,它对系统的稳态性能没有影响,并且对噪声较为敏感,容易导致过度操作。上面提到的比例控制和积分控制都可以在实际应用中单独使用,但微分控制通常不单独应用,而是常常与其他控制律结合使用,以作为其他控制作用的补偿。微分控制律的具体形式如式(3-14)所示。

$$D(t) = K_D \frac{de(t)}{dt} \tag{3-14}$$

其中,K_D 是一个与微分相关的参数。

微分作用产生一个与偏差信号在时间上的导数(即瞬时变化率)成比例的信号,这个信号被添加到比例控制器中可以加快系统对外扰或负载变化的响应速度。此时,可以让控制器采用一个更大的比例增益,以便更早地根据偏差的变化产生校正作用。

3.7 比例积分控制(proportional-integral control)

有的控制器同时采用三种控制律(比例、积分和微分,即 P+I+D),其控制方框图如图 3-13 所示。而有些控制器只采用其中的一种或两种控制律(通常情况下,微分控制律不会单独使用)。

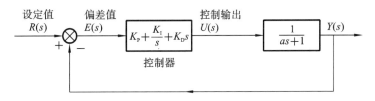

图 3-13 简单比例积分微分控制方框图

各个控制律在控制过程中发挥各自的优点,它们在总的控制作用中的比重,需要根据被控过程的特征和响应速度进行匹配。比例增益 K_P 这一常数决定了比例作用的灵敏度。积分控制律与微分控制律的控制作用与动态特性紧密相关,其参数根据执行时间来整定,分别用积分时间 T_I 和微分时间 T_D 来表示。积分时间 T_I 是一个以时间为单位的参数,它决定了积分作用的强度:积分时间越小,作用强度越大。对于一个快速反应系统,积分时间通常取较小值;

对于一个慢速反应系统,积分时间通常取较大值。微分时间 T_D 也是一个以时间为单位的参数,它决定了微分作用的强度:一个较大的微分时间会产生较强的微分作用。

采用三个控制律的控制器,其控制输出在时域内由式(3-15)表示。这是一个常用的形式,被称作"理想并行式PID控制器"。积分项和微分项与积分时间和微分时间紧密相关,式(3-15)可以进一步写成式(3-16)。这是最经典的PID算法的形式,被称作"理想非相互作用式PID控制器",或者叫作ISA算法。

$$u(t) = K_P \cdot e(t) + K_I \int_0^t e(\tau)\,\mathrm{d}\tau + K_D \frac{\mathrm{d}e(t)}{\mathrm{d}t} \tag{3-15}$$

$$u(t) = K_P \cdot \left[e(t) + \frac{1}{T_I} \int_0^t e(\tau)\,\mathrm{d}\tau + T_D \frac{\mathrm{d}e(t)}{\mathrm{d}t} \right] \tag{3-16}$$

PID控制器是三种控制律的线性组合,它融合了比例控制的快速反应能力、积分控制的消除静差功能以及微分控制的预测功能。在采用微分控制律时,若微分参数选择不当,可能会引入副作用,影响系统的稳定性。在建筑与空调系统的过程控制中,比例积分控制(P+I)通常足以实现满意的稳定性,因此无须引入微分控制律。采用ISA算法时,控制输出可以简化为式(3-17)。尽管在实际应用中,有些情况仅使用比例项,有些则使用比例项与积分项,但它们通常仍被称作PID控制的不同实现形式。

$$u(t) = K_P \cdot \left[e(t) + \frac{1}{T_I} \int_0^t e(\tau)\,\mathrm{d}\tau \right] \tag{3-17}$$

虽然PID控制器综合了比例控制的快速反应特性、积分控制的消除静差作用以及微分控制的预测功能,但要使PID真正发挥良好的控制作用并满足控制需求,三个参数 K_P(比例增益)、T_I(积分时间)和 T_D(微分时间)的取值至关重要。不恰当的参数设置无法实现期望的控制效果。

3.8 控制参数整定

所谓参数整定,是指对于一个已经设计并安装就绪的控制系统,通过选择合适的控制器参数(K_P、T_I、T_D)来改善系统的稳态(或静态)特性和动态特性,从而使系统的过渡过程达到质量指标的要求。控制过程的参数整定方法最初是为工业工艺过程开发的,但同样可以应用于建筑设备与室内环境的控制中。控制器参数的整定方法众多,归纳起来可以分成两大类:理论计算整定法和工程整定法。

理论计算整定法是在已知被控对象的数学模型的基础上,根据所选的性能指标,通过理论计算(如微分方程、根轨迹、频率法等)来求得最佳的整定参数。这种方法计算烦琐,工作量大,而且由于通过解析法或实验测定法得到的数学模型只能近似地反映过程的动态特性,因此整定结果的精度往往不高。然而,理论计算推导出的一些结果正是工程整定法的理论基础。

对于工程整定法,工程技术人员无须得到被控对象确切的数学模型,也无须具备理论计算所必需的控制理论知识,就可以直接在控制系统中进行整定。因此,这种方法简单实用,在实际工程中被广泛使用。常用的工程整定法包括试凑法、开环试验法、闭环试验法以及二阶工程设计法等。其中,二阶工程设计法是工业生产过程中常用的一种方法,因为二阶系统是工业生产过程中常见的一种系统类型。本文将主要介绍前面的三种方法,即试凑法、开环试验法和闭环试验法。

3.8.1 试凑法

试凑法,也被称为经验法,是一种简单而有效的整定方法,它是现场操作人员在实际生产过程中总结出来的。具体方法是:根据经验先设定调节器的参数为某个初始值,然后(如果条件允许)进行闭环运行,观察系统的响应情况。接着,以各调节参数对系统响应的影响为理论依据,在线调整调节器的参数 K_P、T_I、T_D,通过反复试凑,直至达到满意的控制质量。

控制器参数对系统响应的影响如下:增大比例增益 K_P 有助于减小静态偏差,并加快系统响应速度。但 K_P 过大可能导致系统超调量增大,甚至产生振荡,降低系统稳定性。增大积分时间 T_I 有利于减小超调量和振荡,增强系统稳定性,但会减慢系统静态偏差的消除速度。增大微分时间 T_D 可以加快系统响应,减小超调幅度,提高稳定性,但可能减弱系统对扰动的抑制能力,使系统对扰动更加敏感。

在试凑过程中,可参考以上参数对控制过程的影响趋势,遵循先比例、后积分、再微分的整定步骤。

1. 整定比例增益部分

先将 PID 控制器中的 T_I 设为无穷大(∞),T_D 设为 0,使其成为比例控制器。也可采用比例度的概念,比例度 δ 是比例增益 K_P 的倒数。从大到小调节比例度 δ,观察系统响应情况,使系统的过渡过程达到 5:1 的衰减振荡,并尽量减小静态偏差。如果系统无偏差或偏差已小到允许范围内,且已达到 5:1 衰减的响应曲线,则只需要使用比例控制器,此时最优比例度或比例增益已确定。

2. 加入积分环节

如果仅用比例调节器无法满足系统的静态偏差要求,则需要加入积分环节。整定时,先将比例度 δ 增加 10% ~ 20%,以补偿因加入积分作用而可能导致的系统稳定性下降。然后,从大到小调节 T_I,在保持系统良好动态性能的前提下消除静差。在此过程中,可根据响应曲线的好坏反复调节比例度和积分时间,以获得满意的控制过程和整定参数。

3. 加入微分环节

若使用比例积分调节器已消除静差,但动态过程经反复调整仍不满意,则可加入微分环节,构成 PID 控制器。整定时,先将 T_D 设为 0,然后逐渐增大 T_D,同时相应地调整比例度和积分时间,通过反复试凑来获得满意的调节效果和控制参数。需要指出的是,在建筑系统的过程控制中,比例积分控制通常能达到满意的效果。

所谓"满意"的调节效果,是根据不同的对象和控制要求而定的。此外,PID 控制器的参数对控制质量的影响并不敏感,因此在整定过程中选定的参数并非唯一选择。实际上,在比例、积分、微分三部分产生的控制作用中,某部分的减小往往可以通过其他部分的增大来补偿。因此,使用不同的整定参数完全有可能获得相同的控制效果。从应用角度来看,只要被控过程的主要指标达到设计要求,即可选定相应的控制器参数作为有效的控制参数。

一些常见被调量的调节参数可参考表 3-2。

表 3-2　常见被调量的 PID 参数的选择范围

被调量	特　　　点	$\delta/(\%)$	K_P	T_I/min	T_D/min
流量	对象时间常数小,并有噪声,故 K_P 较小,T_I 较小,不用微分	50~100	1.0~2.0	0.1~1	
温度	对象为多容系统,有较大的滞后,常用微分	20~60	1.7~5.0	3~10	0.5~3
压力	对象为容量系统,滞后一般不大,不用微分	30~70	1.4~3.3	0.5~3	

3.8.2　开环试验法

开环试验法,也被称为响应曲线法。该方法通过实验测定开环系统对阶跃输入信号的响应曲线,进而提取相关参数。在进行测试时,需要断开控制器与执行器的连接,或者将控制器的自动输出信号切换至手动模式,以便人工产

生一个阶跃信号 Δu 输入到执行器,如图 3-14 所示。另一个关键信号是系统在阶跃信号作用下的响应,即被控变量 y。该输出信号需要被仔细观测并记录,如图 3-15 所示。

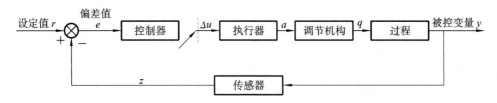

图 3-14　开环测试系统方框图

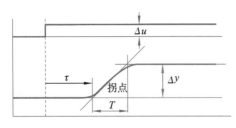

图 3-15　开环测试试验的输入、输出信号

大多数系统的响应曲线呈现出 S 形,即响应初始阶段有明显的延迟,曲线中部存在拐点,最终趋于某一稳定值。空气处理装置的空气处理过程、室内空调过程等都具有这样的特性,这是由控制系统的迟滞性、延迟性、时间常数以及增益等特性综合决定的响应表现。对于 S 形的响应曲线,其中间存在一个拐点,过该拐点的切线与系统的初始响应线及稳态响应线相交于两点,这两点之间的水平距离即为时间常数 T。从输入注入时刻到切线与系统初始响应线交点的距离被定义为系统纯延迟时间 τ。响应变化量 Δy 与阶跃输入 Δu 的比值称为稳态增益因子,即 K,$K = \dfrac{\Delta y}{\Delta u}$。该开环系统的等价传递函数见式(3-18)。

$$G(s) = \frac{K}{Ts+1}e^{-\tau s} \tag{3-18}$$

根据获得的时间常数、纯延迟时间及稳态增益因子,可采用不用的方法获取控制器参数。表 3-3 给出了 Ziegler-Nichols 法(齐格勒-尼科尔斯方法)整定参数法则。

表 3-3　Ziegler-Nichols 法参数整定表

控 制 律	K_P	积分时间 T_I/min	微分时间 T_D/min
P	$\dfrac{T}{K\tau}$	/	/
PI	$0.9 \times \dfrac{T}{K\tau}$	3.3τ	/
PID	$1.2 \times \dfrac{T}{K\tau}$	2τ	0.5τ

3.8.3　闭环试验法

闭环试验法又称临界比例度法,该方法允许控制器与系统相连接。将控制器设置为纯比例控制器,形成闭环后投入运行。从较小的比例增益开始,逐步增加比例增益,直至系统出现稳定的、具有固定幅度的持续振荡,如图 3-16 所示。能让系统持续稳定地振荡并且不衰减的比例增益 K_P 的最小值记为 K',振荡的周期记为 T'。这两个参数可以用来设定控制器的控制律参数,如表 3-4 所示。

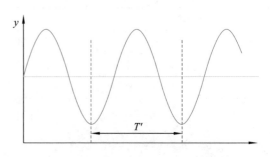

图 3-16　闭环试验的过程响应曲线

表 3-4　闭环试验法整定参数表

控　制　律	K_P	积分时间 T_I /min	微分时间 T_D /min
P	$0.5K'$	/	/
PI	$0.45K'$	$0.8T'$	/
PID	$0.6K'$	$0.5T'$	$0.125T'$

闭环试验法简便易行。然而,由于在整定过程中必然会出现等幅振荡,这限制了该方法的使用范围。对于工艺上不允许出现等幅振荡的系统,如锅炉水位控制系统,就无法采用该方法。

3.9　数字控制器中 PID 实现

DDC 控制器与 PLC 控制器在本质上并无显著区别,且在实际过程控制中均得到广泛应用。DDC 控制器主要为楼宇系统设计,具有高度的集成性和易编程性,而在地铁环控系统以及工业车间工艺环境控制中,PLC 控制器则被大量采用。

DDC 控制器与 PLC 控制器均属于多回路数字控制器,其核心为计算机微处理器,并配备了过程输入、输出通道,内置了多种控制算法,其中 PID 控制算法最为常见。数字控制器的输入通道通过多路采样器及 A/D(analog /digital) 转换器实现模拟量输入的采样与离散,将模拟信号转换为数字信号;而控制输出则通过 D/A 转换器将离散的数字信号转换回模拟信号,再通过输出扫描器进入模拟量输出通道(AO),最终送至相应的执行机构。图 3-17 展示了数字控制器控制回路信号的传递示意图。在数字信号的传递过程中,无论是通过 A/D 转换器进入微处理器,还是通过 D/A 转换器输出,都遵循一个固定的周期,这个周期被称为采样周期或采样时间,用 T 表示。变量 $u(kT)$、$y(kT)$ 是离散信号序列,变量 $u(t)$、$y(t)$ 是连续时间函数,离散时间上获得的系统数据叫作采样数据。

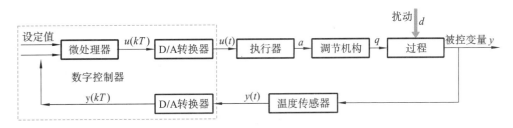

图 3-17　数字控制器控制回路信号传递示意图

在数字控制器中,PID 算法是以数字信号的形式进行的。PID 算法需要从控制器的模拟量输入通道获取测量的离散信号,即在采样时刻所得到的偏差信号,这些信号构成了一个离散数据序列:

$$e_0,e_1,e_2,e_3,\cdots,e_{k-2},e_{k-1},e_k$$

在式(3-15)所描述的 ISA 算法中,PID 作用在采样时刻 k 的比例项、积分项、微分项分别按式(3-19)、式(3-20)、式(3-21)计算。因此,PID 在采样时刻 k 的总输出按照式(3-22)计算。

$$K_P e(t) \Rightarrow K_P e_k \tag{3-19}$$

$$K_I \int e(t)\,\mathrm{d}t = \frac{K_P}{T_I}\int e(t)\,\mathrm{d}t \tag{3-20}$$

$$\Rightarrow \frac{K_P T}{2T_I}\sum_{j=1}^{k}(e_{j-1}+e_j)$$

$$K_D \frac{de(t)}{dt} = K_P T_D \frac{de(t)}{dt} \tag{3-21}$$

$$\Rightarrow K_P T_D \frac{e_k - e_{k-1}}{T}$$

$$u_k = K_P e_k + \frac{K_P T}{2 T_I} \sum_{j=1}^{k} (e_{j-1} + e_j) + K_P T_D \frac{e_k - e_{k-1}}{T} \tag{3-22}$$

很明显,按照式(3-20)或式(3-22)进行误差的积分计算,理论上需要无穷多个误差存储单元,但在实际的控制器中,为了提高存储效率,我们采用积分增量的方式,如式(3-23)所示。这种方式仅需两个存储单元:一个用于存储历史积分项,另一个用于存储采样时刻的误差。这样,PID的输出就可以表示为式(3-24)的形式。

$$I_k = I_{k-1} + \frac{K_P T}{2 T_I} (e_{k-1} + e_k) \tag{3-23}$$

$$u_k = K_P e_k + I_{k-1} + \frac{K_P T}{2 T_I} (e_{k-1} + e_k) + K_P T_D \frac{e_k - e_{k-1}}{T} \tag{3-24}$$

3.10　实例分析

为实现空调系统对室内温度的有效控制,我们首先对房间温度的热力过程进行了分析,并建立了房间温度的传热模型。基于该模型,我们推导出了房间温度相对于送风温度、送风量以及墙体传热的传递函数,并为了方便计算,进一步将其简化为一阶传递函数。在掌握了房间的相关参数后,我们利用房间温度的传热模型,得出了具体的传递函数表达式,并再次确认其可简化为一阶形式。最后,我们针对房间温度与送风温度之间的传递函数进行了控制模拟与分析。

3.10.1　房间基本热力过程

如图3-18所示,根据能量守恒原理,房间蓄热的变化率等于单位时间内进入房间的热量减去单位时间内房间排出的热量。其中,进入房间的热量包括随送风送入房间的热量 Q_S 以及间内产生的热量 Q_N。而房间排出的热量则包括随排风排出的热量 Q_R(假设排风温度等于室内温度)以及室内空气与围护结构之间传递的热量 Q_P。

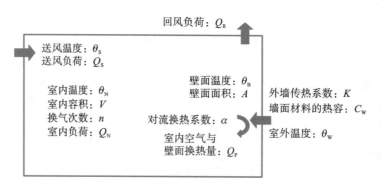

图 3-18　简单房间的空调系统示意图

由能量守恒得式(3-25),Q_S 如式(3-26)所示,Q_P 如式(3-27)所示,Q_R 如式(3-28)所示。

$$\frac{dU}{dt} = Q_入 - Q_出 = (Q_S + Q_N) - (Q_P + Q_R) \tag{3-25}$$

$$Q_S = n c_V \rho V \theta_S \tag{3-26}$$

$$Q_{\mathrm{P}} = \alpha A\,(\theta_{\mathrm{N}} - \theta_{\mathrm{B}}) \tag{3-27}$$

$$Q_{\mathrm{R}} = nc_{\mathrm{V}}\rho V\theta_{\mathrm{N}} \tag{3-28}$$

式中：U——室内空气能，kJ；

    n——换气次数，$1/\mathrm{s}$；

    c_{V}——空气定容比热，$\mathrm{kJ/(kg \cdot ℃)}$；

    V——室内容积，m^3；

    θ_{S}——送风温度，℃；

    θ_{N}——室内温度，℃；

    θ_{B}——壁面温度，℃；

    α——对流换热系数，$\mathrm{kW/(m^2 \cdot ℃)}$；

    A——壁面面积，m^2。

由于 $\dfrac{\mathrm{d}U}{\mathrm{d}t} = c_{\mathrm{V}}\rho V\,\dfrac{\mathrm{d}\theta_{\mathrm{N}}}{\mathrm{d}t}$，因此式（3-25）可写成：

$$c_{\mathrm{V}}\rho V\,\frac{\mathrm{d}\theta_{\mathrm{N}}}{\mathrm{d}t} = nc_{\mathrm{V}}\rho V\theta_{\mathrm{S}} + Q_{\mathrm{N}} - \alpha A\,(\theta_{\mathrm{N}} - \theta_{\mathrm{B}}) - nc_{\mathrm{V}}\rho V\theta_{\mathrm{N}} \tag{3-29}$$

式中：$c_{\mathrm{V}}\rho V = C$，C 记为房间的热容，kJ/℃，即房间升高 1 ℃所需的热量。

3.10.2 房间温度传递函数

对式（3-29）进行整理，可得式（3-30）：

$$C\,\frac{\mathrm{d}\theta_{\mathrm{N}}}{\mathrm{d}t} + \alpha A\theta_{\mathrm{N}} + nC\theta_{\mathrm{N}} = nC\theta_{\mathrm{S}} + Q_{\mathrm{N}} + \alpha A\theta_{\mathrm{B}} \tag{3-30}$$

同时，以围护结构为研究对象，围护结构与室内空气的对流换量减去室外向室内的传热量等于壁面蓄热量的变化，因此由热平衡方程得到：

$$C_{\mathrm{w}}\,\frac{\mathrm{d}\theta_{\mathrm{B}}}{\mathrm{d}t} = \alpha A\,(\theta_{\mathrm{N}} - \theta_{\mathrm{B}}) - KA\,(\theta_{\mathrm{B}} - \theta_{\mathrm{w}}) \tag{3-31}$$

$$C_{\mathrm{w}}\,\frac{\mathrm{d}\theta_{\mathrm{B}}}{\mathrm{d}t} + \alpha A\theta_{\mathrm{B}} + KA\theta_{\mathrm{B}} = \alpha A\theta_{\mathrm{N}} + KA\theta_{\mathrm{w}} \tag{3-32}$$

式中：C_{w}——墙面材料的热容，kJ/℃，$C_{\mathrm{w}} = \rho_{\mathrm{w}}c_{\mathrm{w}}V_{\mathrm{w}}$，表示墙壁升高 1 ℃所需的热量；

    c_{w}——墙壁材料的比热容，$\mathrm{kJ/(kg \cdot ℃)}$；

    V_{w}——墙壁的体积，m^3；

    K——室外空气和外墙面的传热系数，$\mathrm{kW/(m^2 \cdot ℃)}$；

    θ_{w}——室外温度，℃。

联立式（3-24）和式（3-26）进行求解，并将结果标准化后，我们可以得到空调房间温度的变化特性，表示为式（3-33）。将等式右侧视为输入，并将其拉氏变换记为 $R(s)$，同时对等式左侧进行拉氏变换，即可得到式（3-34）。

$$\frac{C_{\mathrm{w}}C}{\alpha A}\frac{\mathrm{d}^2\theta_{\mathrm{N}}}{\mathrm{d}t^2} + \frac{C_{\mathrm{w}}\alpha A + nC_{\mathrm{w}}C + KCA + \alpha CA}{\alpha A}\frac{\mathrm{d}\theta_{\mathrm{N}}}{\mathrm{d}t} + \frac{KA\alpha + KnC + \alpha nC}{\alpha}\theta_{\mathrm{N}}$$

$$= \frac{nC_{\mathrm{w}}C}{\alpha A}\frac{\mathrm{d}\theta_{\mathrm{S}}}{\mathrm{d}t} + \frac{(K+\alpha)nC}{\alpha}\theta_{\mathrm{S}} + \frac{C_{\mathrm{w}}}{\alpha A}\frac{\mathrm{d}Q_{\mathrm{N}}}{\mathrm{d}t} + \frac{\alpha+K}{\alpha}Q_{\mathrm{N}} + KA\theta_{\mathrm{w}} \tag{3-33}$$

$$\frac{C_{\mathrm{w}}C}{\alpha A}\cdot s^2\theta_{\mathrm{N}}(s) + \frac{(C_{\mathrm{w}}\alpha A + nC_{\mathrm{w}}C + KCA + \alpha CA)}{\alpha A}\cdot\vartheta_{\mathrm{N}}(s) + \frac{KA\alpha + KnC + \alpha nC}{\alpha}\theta_{\mathrm{N}}(s) = R(s) \tag{3-34}$$

又因为 θ_{N} 为输出，即 $C(s)$，定义传递函数，如式(3-35)所示。

$$G(s) = \frac{C(s)}{R(s)} = \frac{1}{\dfrac{C_{\mathrm{w}}C}{\alpha A}\cdot s^2 + \dfrac{(C_{\mathrm{w}}\alpha A + C_{\mathrm{w}}nC + KCA + \alpha CA)}{\alpha A}\cdot s + \dfrac{KA\alpha + KnC + \alpha nC}{\alpha}} \tag{3-35}$$

对式(3-33)在平衡点线性展开，忽略二阶以上的项，得到式(3-36)。

$$\frac{C_{\mathrm{w}}C}{\alpha A}\frac{\mathrm{d}^2\Delta\theta_{\mathrm{N}}}{\mathrm{d}t^2} + \frac{C_{\mathrm{w}}\alpha A + C_{\mathrm{w}}n_0C + KCA + \alpha CA}{\alpha A}\frac{\mathrm{d}\Delta\theta_{\mathrm{N}}}{\mathrm{d}t}$$

$$+ \frac{KA\alpha}{\alpha}\Delta\theta_{\mathrm{N}} + \frac{(K+\alpha)n_0C}{\alpha}\Delta\theta_{\mathrm{N}} + \frac{(K+\alpha)\theta_{\mathrm{N},0}C}{\alpha}\Delta n$$

$$= \frac{C_{\mathrm{w}}n_0C}{\alpha A}\frac{\mathrm{d}\Delta\theta_{\mathrm{S}}}{\mathrm{d}t} + \frac{(K+\alpha)n_0C}{\alpha}\Delta\theta_{\mathrm{S}} + \frac{(K+\alpha)\theta_{\mathrm{S},0}C}{\alpha}\Delta n \tag{3-36}$$

$$+ \frac{C_{\mathrm{w}}}{\alpha A}\frac{\mathrm{d}\Delta Q_{\mathrm{N}}}{\mathrm{d}t} + \frac{\alpha+K}{\alpha}\Delta Q_{\mathrm{N}} + KA\Delta\theta_{\mathrm{w}}$$

将上式进行拉氏变换，可得式(3-37)，整理得式(3-38)。

$$\frac{C_{\mathrm{w}}C}{\alpha A}s^2\Delta\theta_{\mathrm{N}}(s) + \frac{C_{\mathrm{w}}\alpha A + C_{\mathrm{w}}n_0C + KCA + \alpha CA}{\alpha A}s\Delta\theta_{\mathrm{N}}(s)$$

$$+ \frac{KA\alpha}{\alpha}\Delta\theta_{\mathrm{N}}(s) + \frac{(K+\alpha)n_0C}{\alpha}\Delta\theta_{\mathrm{N}}(s) + \frac{(K+\alpha)\theta_{\mathrm{N},0}C}{\alpha}\Delta n(s)$$

$$= \frac{C_{\mathrm{w}}n_0C}{\alpha A}s\Delta\theta_{\mathrm{S}}(s) + \frac{(K+\alpha)n_0C}{\alpha}\Delta\theta_{\mathrm{S}}(s) + \frac{(K+\alpha)\theta_{\mathrm{S},0}C}{\alpha}\Delta n(s) \tag{3-37}$$

$$+ \frac{C_{\mathrm{w}}}{\alpha A}s\Delta Q_{\mathrm{N}}(s) + \frac{\alpha+K}{\alpha}\Delta Q_{\mathrm{N}}(s) + KA\Delta\theta_{\mathrm{w}}(s)$$

$$\left[\frac{C_{\mathrm{w}}C}{\alpha A}s^2 + \frac{C_{\mathrm{w}}\alpha A + C_{\mathrm{w}}n_0C + KCA + \alpha CA}{\alpha A}s + \frac{KA\alpha + (K+\alpha)n_0C}{\alpha}\right]\theta_{\mathrm{N}}(s)$$

$$= \left[\frac{C_{\mathrm{w}}n_0C}{\alpha A}s + \frac{(K+\alpha)n_0C}{\alpha}\right]\Delta\theta_{\mathrm{S}}(s) + \left[\frac{(K+\alpha)\theta_{\mathrm{S},0}C}{\alpha} - \frac{(K+\alpha)\theta_{\mathrm{N},0}C}{\alpha}\right]\Delta n(s) \tag{3-38}$$

$$+ \left(\frac{C_{\mathrm{w}}}{\alpha A}s + \frac{\alpha+K}{\alpha}\right)\Delta Q_{\mathrm{N}}(s) + KA\Delta\theta_{\mathrm{w}}(s)$$

所以有：

$$\Delta\theta_{\mathrm{N}}(s) = \frac{\dfrac{C_{\mathrm{w}}n_0C}{\alpha A}s + \dfrac{(K+\alpha)n_0C}{\alpha}}{\dfrac{C_{\mathrm{w}}C}{\alpha A}s^2 + \dfrac{(C_{\mathrm{w}}\alpha A + C_{\mathrm{w}}n_0C_{\mathrm{v}} + KCA + \alpha CA)}{\alpha A}s + \dfrac{KA\alpha + (K+\alpha)n_0C}{\alpha}}\Delta\theta_{\mathrm{S}}(s)$$

$$+ \frac{\dfrac{(K+\alpha)\theta_{\mathrm{S},0}C}{\alpha} - \dfrac{(K+\alpha)\theta_{\mathrm{N},0}C}{\alpha}}{\dfrac{C_{\mathrm{w}}C}{\alpha A}s^2 + \dfrac{(C_{\mathrm{w}}\alpha A + C_{\mathrm{w}}n_0C + KCA + \alpha CA)}{\alpha A}s + \dfrac{KA\alpha + (K+\alpha)n_0C}{\alpha}}\Delta n(s)$$

$$+ \frac{\frac{C_\mathrm{w}}{\alpha A}s + \frac{\alpha + K}{\alpha}}{\frac{C_\mathrm{w}C}{\alpha A}s^2 + \frac{(C_\mathrm{w}\alpha A + C_\mathrm{w}n_0 C + KCA + \alpha CA)}{\alpha A}s + \frac{KA\alpha + (K + \alpha)n_0 C}{\alpha}}\Delta Q_\mathrm{N}(s)$$

$$+ \frac{KA}{\frac{C_\mathrm{w}C}{\alpha A}s^2 + \frac{(C_\mathrm{w}\alpha A + C_\mathrm{w}n_0 C + KCA + \alpha CA)}{\alpha A}s + \frac{KA\alpha + (K + \alpha)n_0 C}{\alpha}}\Delta\theta_\mathrm{w}(s) \qquad (3\text{-}39)$$

给定房间内初始条件如下：

$$C_\mathrm{w} = 4320 \text{ kJ/K}$$

$$\theta_\mathrm{S} = 16 \ ℃; \theta_\mathrm{w} = 35 \ ℃; \theta_\mathrm{N} = 27 \ ℃$$

$$G = 0.054 \text{ m}^3/\text{s}$$

$$n = G/V = 0.002$$

$$V = 27 \text{ m}^3$$

$$\rho = 1.2 \text{ kg/m}^3$$

$$C_\mathrm{v} = 1.01 \text{ kJ/(kg·K)}$$

$$\alpha = 0.0025 \text{ kW/(m}^2\text{·K)}$$

$$K = 0.01 \text{ kW/(m}^2\text{·K)}$$

$$A = 9 \text{ m}^2$$

将初始条件代入式中可得：

$$G(s) = \frac{C(s)}{R(s)} = \frac{1}{6.25 \times 10^6 s^2 + 1.69 \times 10^4 s + 0.101} \qquad (3\text{-}40)$$

同时得到房间温度与送风温度、送风量、室内负荷、室外温度间的传递函数：

$$\Delta\theta_\mathrm{N}(s) = \frac{12566s + 1.02}{6.25 \times 10^6 s^2 + 1.69 \times 10^4 s + 0.101}\Delta\theta_\mathrm{S}(s)$$

$$+ \frac{-503.95}{6.25 \times 10^6 s^2 + 1.69 \times 10^4 s + 0.101}\Delta n(s)$$

$$+ \frac{1.9 \times 10^5 s + 1.4}{6.25 \times 10^6 s^2 + 1.69 \times 10^4 s + 0.101}\Delta Q_\mathrm{N}(s) \qquad (3\text{-}41)$$

$$+ \frac{0.09}{6.25 \times 10^6 s^2 + 1.69 \times 10^4 s + 0.101}\Delta\theta_\mathrm{w}(s)$$

由上式可知，输入和输出之间可能不是单纯的一对一关系，如本例中房间温度与室内负荷、送风量、送风温度、室外温度都有关系。由此可以看出，其中一个输入量的变化可能会导致多个输出量的变化；一个输出量的变化也会导致多个输入量的变化，这就是所谓的耦合性。

3.10.3 房间温度传递函数(一阶)

式(3-33)与式(3-41)考虑了送风和墙体换热，空调房间温度变化为二阶微分方程。忽略墙体换热，则空调房间温度变化可简化为一阶微分方程。由能量守恒可得式(3-42)。将式(3-42)中等式右项视为系统输入，记为 $R(s)$；由于 θ_N 为输出，即 $C(s)$，对等式左项进行拉氏变换，如式(3-43)所示。可得传递函数，如式(3-44)所示。

$$C \frac{\mathrm{d}\theta_N}{\mathrm{d}t} + nC\theta_N = nC\theta_S + Q_N \qquad (3\text{-}42)$$

$$C \frac{\mathrm{d}\theta_N}{\mathrm{d}t} = C \cdot s\theta_N(s), \quad nC\theta_N = nC\theta_N(s) \qquad (3\text{-}43)$$

$$G(s) = \frac{C(s)}{R(s)} = \frac{1}{C \cdot s + nC} \qquad (3\text{-}44)$$

在设计工作点处, 房间处于平衡状态, 可得:

$$n_0 C\theta_{S,0} + Q_{N,0} - n_0 C\theta_{N,0} = 0 \qquad (3\text{-}45)$$

令 $Q_N = Q_{N,0} + \Delta Q_N$, $\theta_N = \theta_{N,0} + \Delta\theta_N$, $n = n_0 + \Delta n$, 则有:

$$C \frac{\mathrm{d}\theta_N}{\mathrm{d}t} = C \frac{\mathrm{d}(\theta_{N,0} + \Delta\theta_N)}{\mathrm{d}t} = C \frac{\mathrm{d}\Delta\theta_N}{\mathrm{d}t} \qquad (3\text{-}46)$$

$$nC\theta_S = n_0 C\theta_{S,0} + \left.\frac{\partial(n_0 C\theta_S)}{\partial\theta_S}\right|_{n=n_0} \cdot \Delta\theta_S + \left.\frac{\partial(nC\theta_{S,0})}{\partial n}\right|_{\theta_S=\theta_{S,0}} \cdot \Delta n \qquad (3\text{-}47)$$

$$nC\theta_N = n_0 C\theta_{N,0} + \left.\frac{\partial(n_0 C\theta_N)}{\partial\theta_N}\right|_{n=n_0} \cdot \Delta\theta_N + \left.\frac{\partial(nC\theta_{N,0})}{\partial n}\right|_{\theta_N=\theta_{N,0}} \cdot \Delta n \qquad (3\text{-}48)$$

将式(3-46)、式(3-47)和式(3-48)代入式(3-42), 可得式(3-49)。

$$
\begin{aligned}
&C \frac{\mathrm{d}\Delta\theta_N}{\mathrm{d}t} + n_0 C\theta_{N,0} + \left.\frac{\partial(n_0 C\theta_N)}{\partial\theta_N}\right|_{n=n_0} \cdot \Delta\theta_N + \left.\frac{\partial(nC\theta_{N,0})}{\partial n}\right|_{\theta_N=\theta_{N,0}} \cdot \Delta n \\
&= n_0 C\theta_{S,0} + \left.\frac{\partial(n_0 C\theta_S)}{\partial\theta_S}\right|_{n=n_0} \cdot \Delta\theta_S + \left.\frac{\partial(nC\theta_{S,0})}{\partial n}\right|_{\theta_S=\theta_{S,0}} \cdot \Delta n + Q_{N,0} + \Delta Q_N
\end{aligned}
\qquad (3\text{-}49)
$$

将式(3-45)代入, 整理可得式(3-50), 进一步整理即得式(3-51)。

$$
\begin{aligned}
C \frac{\mathrm{d}\Delta\theta_N}{\mathrm{d}t} &= n_0 C\theta_{S,0} + \left.\frac{\partial(n_0 C\theta_S)}{\partial\theta_S}\right|_{n=n_0} \cdot \Delta\theta_S + \left.\frac{\partial(nC\theta_{S,0})}{\partial n}\right|_{\theta_S=\theta_{S,0}} \cdot \Delta n + Q_{N,0} + \Delta Q_N \\
&\quad - n_0 C\theta_{N,0} \frac{\partial(n_0 C\theta_N)}{\partial\theta_N}\Bigg|_{n=n_0} \cdot \Delta\theta_N - \left.\frac{\partial(nC\theta_{N,0})}{\partial n}\right|_{\theta_N=\theta_{N,0}} \cdot \Delta n \\
&= n_0 C \cdot \Delta\theta_S + \Delta Q_N - n_0 C \cdot \Delta\theta_N + C(\theta_{S,0} - \theta_{N,0}) \cdot \Delta n
\end{aligned}
\qquad (3\text{-}50)
$$

$$C \frac{\mathrm{d}\Delta\theta_N}{\mathrm{d}t} + n_0 C \cdot \Delta\theta_N = n_0 C \cdot \Delta\theta_S + \Delta Q_N + C(\theta_{S,0} - \theta_{N,0}) \cdot \Delta n \qquad (3\text{-}51)$$

对式(3-51)进行拉氏变换, 即可得式(3-52), 进一步表示为式(3-53)。

$$C \cdot s\Delta\theta_N(s) + n_0 C \cdot \Delta\theta_N(s) = n_0 C \cdot \Delta\theta_S(s) + \Delta Q_N(s) + C(\theta_{S,0} - \theta_{N,0}) \cdot \Delta n(s) \qquad (3\text{-}52)$$

$$\Delta\theta_N(s) = \frac{a_1}{Ts+1}\Delta\theta_S(s) + \frac{a_2}{Ts+1}\Delta Q_N(s) + \frac{a_3}{Ts+1}\Delta n(s) \qquad (3\text{-}53)$$

式中: T——时间常数, $T = \dfrac{1}{n_0}$;

a_1——送风温度调节增益, $a_1 = 1$;

a_2——负荷扰动调节增益, $a_2 = \dfrac{1}{n_0 C}$;

a_3——送风量扰动调节增益, $a_3 = \dfrac{\theta_{S,0} - \theta_{N,0}}{n_0}$。

因此,房间温度和送风温度间的传递函数、房间温度和室内负荷间的传递函数、房间温度和送风量间的传递函数分别如式(3-54)、式(3-55)、式(3-56)所示。

$$G_1(s) = \frac{a_1}{Ts+1} = \frac{1}{(1/n_0)s+1} \tag{3-54}$$

$$G_2(s) = \frac{a_2}{Ts+1} = \frac{1/n_0 C}{(1/n_0)s+1} \tag{3-55}$$

$$G_3(s) = \frac{a_3}{Ts+1} = \frac{(\theta_{S,0}-\theta_{N,0})/n_0}{(1/n_0)s+1} \tag{3-56}$$

代入房间的初始条件可得:

$$G_1(s) = \frac{a_1}{Ts+1} = \frac{1}{500s+1} \tag{3-57}$$

$$G_2(s) = \frac{a_2}{Ts+1} = \frac{15.279}{500s+1} \tag{3-58}$$

$$G_3(s) = \frac{a_3}{Ts+1} = -\frac{5500}{500s+1} \tag{3-59}$$

3.10.4 房间温度控制

根据以上建模,我们可以发现房间温度与送风温度、室内负荷、送风量有关,且其传递函数均表现为一阶惯性系统特性,时间常数(惯性常数)为500s。经典控制理论研究的是单输入单输出的控制系统。假设送风温度与室内负荷保持固定不变,我们仅研究送风量与房间温度之间的关系,这样就可以实现对房间温度的控制,即通过调整送风量来调控房间温度。在变风量系统中,通过比较房间实际温度与设定温度之间的偏差,PID控制器会根据送风量与房间温度之间的关系来调整其输出,以确保房间温度维持在设定的温度范围内。由图3-13,我们可以得出房间温度的控制方框图(见图3-19),请注意,此处省略了风阀执行器与传感器的传递函数。若房间设定温度为25℃,通过对PID控制器的三个参数进行合理设定,即可获得房间温度的输出响应。

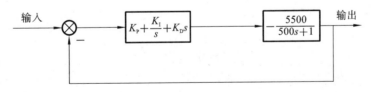

图3-19 房间温度控制方框图

1. 开环控制

输入为送风量的变化值,初始风量为0.002 1/s,若风量增加0.001 1/s,即step阶跃信号为+0.001,则输出为房间温度与初始设定温度(27℃)的变化量,通过Matlab Simulink搭建

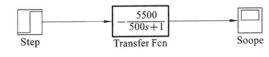

图3-20 房间温度开环控制结构图

控制模型如图3-20所示,模拟时长为4000 s,模拟结果如图3-21所示,由结果可知,输出为-5.5℃,即房间温度为21.5℃。

2. 单位负反馈控制

PID控制模型结构如图3-22所示。在模拟中,令$K_P=-0.000975$,$K_I=0$,$K_D=0$,模拟结果如图3-23所示,室内温度为21.1℃,与设定温度25℃之间存在稳态误差,即$e_{ss}=3.9$℃,此时若继续增加K_P,不但消除不了该稳态误差,

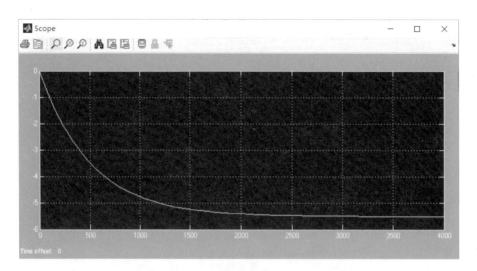

图 3-21　房间温度开环控制模拟结果

反而会使系统变得不稳定,因此单纯的 P 控制具有一定的局限性。

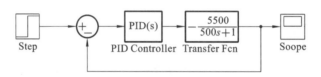

图 3-22　房间温度闭环控制结构图

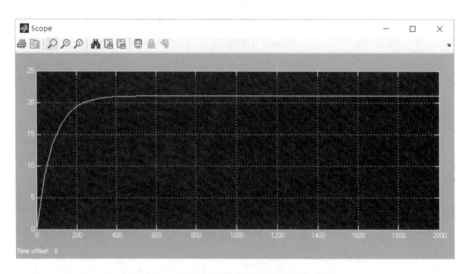

图 3-23　房间温度比例控制(P 控制)结果

3. PI 控制

令 $K_P=-0.000975$,$K_I=-1.047\times10^{-5}$,$K_D=0$,模拟结果如图 3-24 所示。控制结果表明 PI 控制可以消除稳态误差,提高系统的稳定性,此时房间温度得到了控制,调节时间约为 454 s,超调量为 20.1%。

Simulink 中,PID 控制参数的整定方法为:双击 PID 控制器,打开 PID 控制器设定面板,如图 3-25 所示,点击 Tune 打开 PID 调整面板,通过拖动滚动条可观察系统的响应时间(由慢到快)、上升时间、超调量等性能参数,当系统的响应满足要求后,点击 Apply,系统会自动调整 PID 参数。

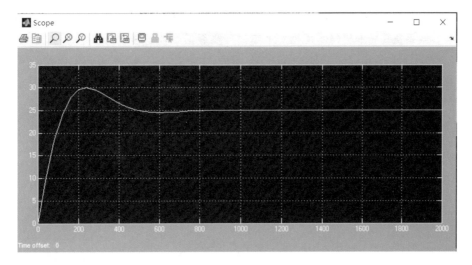

图 3-24　房间温度比例积分控制(PI 控制)结果

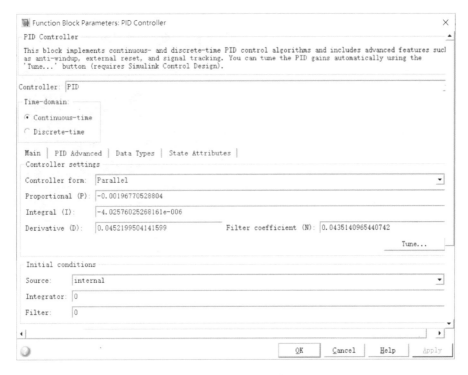

图 3-25　Simulink 中 PID 控制参数设置面板

3.11　本章小结

　　本章主要介绍过程控制的基本概念、过程控制的分类,以及建筑自动化中的基本过程控制、闭环控制与比例控制律、积分控制律、参数整定等内容。开环控制是指系统的控制输入不受其输出影响的控制系统,而反馈控制(也称为闭环控制)是控制系统中最为基本的方式,也是暖通空调系统中常见的控制方式。本章还阐述了不同的控制规律及其特性:比例控制(P)能够减小稳态误差,但过大的比例系数可能导致系统不稳定;积分控制(I)可以消除稳态误差,但单纯的积分控制会破坏系统的稳定性,因此在控制系统的校正设计中,通常不单独使用积分控制器;微分控制通常不单独使用,而是与其他控制律结合使用。PI 控制器能够在保证系统稳定的同时提高系统的稳态精度,通过合理选择参数,还可使系统具有一定的相对稳定性。PI 控制器是空调系统中常用的控制器。

选取合适的 PID 参数是实现精准控制的关键。本章进一步介绍了控制参数的整定方法,包括试凑法、开环试验法、闭环试验法以及在数字控制器中实现 PID 的方法等。最后,本章针对空调房间进行了建模,通过能量守恒原理建立了相应的微分方程,并利用拉普拉斯变换,得出了房间温度与送风量、送风温度、热负荷、室外温度之间的传递函数。通过实例,本章展示了不同的控制规律对房间温度控制响应的影响。

第 *4* 章

建筑自动化系统设计

随着科技的不断发展和进步,现代化的建筑迅速崛起,这已成为国民经济快速增长的必然结果。现代化建筑呈现出大型化、智能化和多功能化的特点,这导致了建筑内部机电设备种类繁多,技术性能复杂,能耗巨大且浪费严重,维修保养困难,管理成本激增等问题。集成了物联网技术、自动控制技术、计算机通信技术和大数据分析技术的建筑自动化系统,已成为解决上述问题的重要手段。它能够大量节省人力、能源,降低设备故障率,提高设备运行效率,延长设备使用寿命,并减少建筑的维护及运营成本。

4.1 建筑自动化系统设计要点

建筑自动化系统工程包含系统设计阶段、工程实施阶段、测试验收阶段以及运行管理阶段这四个主要阶段。这四个阶段都依赖于暖通人员和自控人员的紧密协作,尽管它们在不同阶段的作用程度有所不同。在系统设计阶段,首要任务是完成需求分析,随后进行方案设计,并最终落实为详细设计。图 4-1 展示了建筑自动化系统设计的要点。

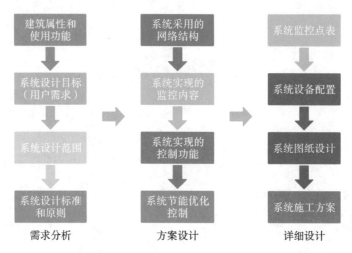

图 4-1 建筑自动化系统设计的要点

第一阶段为需求分析。需求分析是建筑自动化系统设计的基石,它决定了系统的方案设计内容和设备配置。此阶段的关键要点包括:

(1) 分析建筑的属性和使用功能,因为不同的建筑属性和功能将决定自动化系统的功能需求;

(2) 明确系统设计目标,即深入解析用户需求(通常通过招标文件体现),明确系统设计的具体功能,不同用户对建筑自动化系统的需求可能大相径庭,这主要取决于他们的使用需求和建设预算;

(3) 界定系统设计范围,建筑自动化系统可以覆盖建筑内所有机电系统和设备的监控及节能调控,但并非所有建筑都需要将所有机电系统和设备接入自动化系统,这取决于用户的具体需求和预算,因此,在设计前必须明确系统设计目标和范围;

(4) 确立系统设计标准和原则,这些标准和原则是设计过程中必须遵循的,对设计方案和设备选型具有指导意义。

第二阶段为方案设计。方案设计是建筑自动化系统设计的核心环节,它基于需求分析提出具体的实施方案和预期的监控效果,该方案将指导后续的工程实施和调试工作。此阶段的关键要点包括:

(1) 确定系统采用的网络结构,根据建筑内各监控子系统的分布和需要监控的设备数量,结合项目预算,选择性价比高的网络结构,如总线结构、以太网结构或无线通信等,不同的网络结构需要选用不同的控制器和网络设备等;

（2）明确系统监控内容,根据系统设计目标和范围,确定系统需要监控的建筑各子系统和设备,并设计相应的监控内容;

（3）设定系统控制功能,依据系统设计目标和范围,明确系统能实现的远程控制和自动控制功能,包括设备间的联锁控制功能以及操作软件的展示功能与要求等;

（4）制定系统节能优化控制策略,根据系统设计的节能需求,明确针对建筑各子系统和设备配置的节能优化控制策略,以及预期达到的节能效果。

第三阶段为详细设计。详细设计是建筑自动化系统设计的最终展现,是方案设计阶段内容和功能的细化与落实。此阶段的关键要点包括:

（1）编制系统监控点表,根据设计方案中确定的监控内容,设计监控点位表,明确各类点位的数量,为控制设备的选型和配置提供依据;

（2）列出系统设备清单,根据设计的监控点位表,确定控制器的型号和数量,以及所需的各类传感器、执行器、智能仪表等的型号和数量;

（3）绘制系统图纸,根据建筑各子系统的监控内容,绘制各被控子系统和设备的控制原理图,图中需明确各设备的监控内容和传感器的大致设置位置,并绘制整个建筑自动化系统的系统图和施工平面图;

（4）制定系统施工方案,根据现场各控制设备(控制柜)的安装位置,结合施工条件,明确各控制设备的安装方案和线缆(包括强电线和弱电线)的铺设方案,并提供控制器的接线图和各类传感器、执行器的接线方式。

在工程实施阶段,施工单位依据设计图纸进行施工,该过程涵盖非标准件的加工,执行器、传感器、控制柜等的安装、调试、自检和试运行等环节。

4.2 建筑自动化系统设计原则

建筑自动化系统的设计应遵循以下基本原则。

1. 功能实用性

在系统设计中,无论是设备的控制功能还是系统的管理功能,都应将实用性放在首位。

2. 技术成熟性

在进行楼宇设备自动化系统设计时,应尽量采用成熟且实用的技术和设备。

3. 开放性、互操作性与可集成性

现代智能建筑正朝着智能化综合管理的方向发展,旨在将建筑内的各机电子系统集成到一个图形操作界面上,以实现整个建筑的全面监视、控制和管理,从而达到信息综合共享的目的。因此,各个子系统需要具备开放性和互操作性,以便低层次设备的加入、同层次系统的互连,以及整个系统的集成,进而提升建筑的全局功能和物业管理的效率,增强综合服务功能。

4. 易扩充性

建筑物的寿命周期通常长达几十年甚至上百年,但建筑的部分使用功能可能会发生变化,需要对建筑设备系统进行局部调整。因此,在设计建筑自动化系统时,应考虑采用易于扩充、维修和改造的控制系统,以确保在建筑物的整个生命周期内,建筑自动化系统的维护、改造与更新所需的投资费用尽可能减少。

5. 系统安全性

系统的构成必须确保系统和信息的高度安全。应采取必要的防范措施,如设置防火墙等,使整个系统在受到有意或无意的非法侵入时,所造成的经济损失降到最低。对于重要的建筑,还需要实现通信物理隔离,如地铁车站的防控系统或工业园区的建筑管理系统等。

6. 可靠性和容错性

根据设备的功能、重要性等不同要求,应分别采取热备、冗余、容错等技术手段,以确保系统长期运行的稳定性和可靠性。例如,对于数据中心而言,许多控制设备与系统需要采用冗余备份,以保证数据中心在任何时候都能正常工作。

7. 经济性

在满足用户要求的前提下,系统造价和运行维护费用应尽可能降低。

4.3 典型空调系统监测控制

4.3.1 风机与水泵控制

风机与水泵是建筑通风空调与给排水系统的关键动力装置,其自动控制是建筑机电系统的基础控制环节。这些设备通常配备有配电箱或控制柜。图 4-2 展示了风机/水泵的控制原理图。

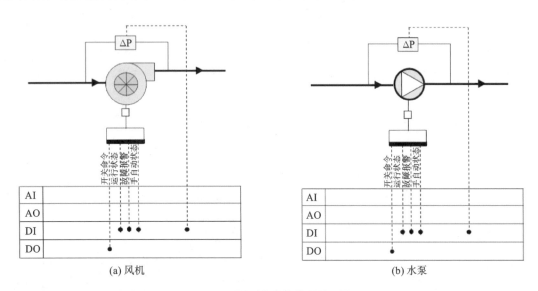

图 4-2 风机/水泵的控制原理图

风机和水泵的监测与控制内容大致相同,其运行参数与状态监控点主要包括以下方面。

(1) 风机/水泵开关控制:通过控制器的数字量输出通道(DO)向风机/水泵配电箱(控制柜)的接触器控制回路发送信号。

(2) 风机/水泵运行状态监测:风机/水泵配电箱(控制柜)的接触器辅助触点接入控制器的数字量输入通道(DI),用于实时监测风机水泵的运行状态。

(3) 故障报警:风机/水泵配电箱(控制柜)的热继电器触点接入控制器的数字量输入通道(DI),当设备出现故障时,会触发报警信号。

(4) 手/自动状态切换:风机/水泵配电箱(控制柜)面板上的手/自动旋钮触点接入控制器的数字量输入通道(DI)。当旋钮处于手动挡位时,风机/水泵的启停操作只能在配电箱(控制柜)面板的启停按钮上进行;当旋钮处于自动挡位时,风机/水泵的启停则由控制器控制,手动控制功能失效。

(5) 压差开关监测:部分风机/水泵的进出口还设有压差开关,用于判断设备是否正常运行。有时即使风机/水泵已通电并启动,但由于管路阻力等因素,可能并未达到预期的流量。

此外,部分风机/水泵的配电箱(控制柜)还配备了变频装置,以实现对风机/水泵的变频控制。具体控制方式如下。

(1) 频率控制:变频器的模拟量输入通道接收来自控制器模拟量输出通道(AO)(通常为 $0 \sim 10$ V)的信号,用于调节变频器的输出频率。

(2) 频率反馈:变频器的模拟量输出通道(通常为 $0 \sim 10$ V)将当前频率信号反馈给控制器的模拟量输入通道(AI),以便控制器对变频器的运行状态进行实时监测和调整。

值得注意的是,有些控制器与变频器之间可以直接进行通信,以实现更精确的频率控制与反馈。

4.3.2 风机盘管控制

风机盘管机组,简称风机盘管,是由小型风机、电动机及盘管(即空气-水换热器)等构成的空调系统末端装置之一,广泛应用于供冷与供热领域。依据其结构形态,风机盘管可分为立式、卧式、壁挂式及卡式等多种类型。图 4-3 展示了风机盘管的控制示意图。

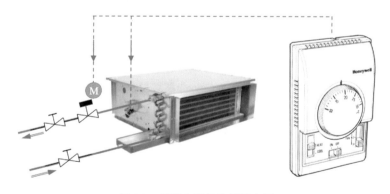

图 4-3 风机盘管的控制示意图

风机盘管的控制通常依赖于独立的温度控制器,并不直接接入集散型系统;若需接入,则常采用通信方式。风机的控制设有高中低三挡,用户可根据需求手动选择挡位,并设定室内温度。室内温度传感器通常集成于温控器上,通过控制二通阀的开关来调节室内温度。

图 4-4 展示了风机盘管控制系统的两种类型——两管制与四管制,主要控制功能涵盖设备的总开关、室内温度调控、冬夏季模式转换以及风机三挡风速调节等。

在风机盘管的室内温度控制方面,可采用开关型控制(亦称位式控制)或比例型控制(包括比例积分控制)。开关型控制虽便捷可靠,但控制精度相对较低,一般能满足 $1 \sim 1.5$ ℃的控制精度要求,且设备简单、投资成本低。相比之下,比例型控制精度更高,但要求电动水阀采用调节式而非位式,因此成本较高,且通常采用模拟控制而非数字控制。在实际工程中,开关型控制更为常见。

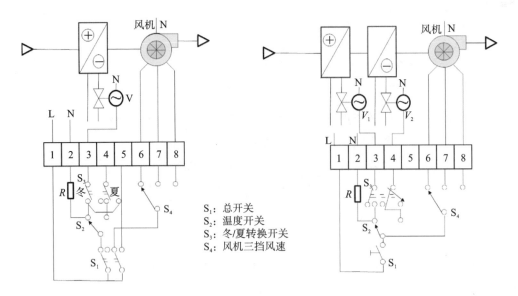

S₁：总开关
S₂：温度开关
S₃：冬/夏转换开关
S₄：风机三挡风速

图 4-4　风机盘管控制系统图

风机盘管通常配备冬夏季转换控制功能，支持手动与自动两种转换方式。四管制风机盘管多采用手动转换，而两管制在采用自动转换时，通常会在每个风机盘管的供水管上安装一个位式温度开关。该开关在供冷水时的工作温度为 12 ℃，供热水时则为 30～40 ℃，以实现冬夏季工况的自动转换。

值得注意的是，在某些实际工程中，风机盘管可能仅配备简单的三速开关，而未设置开关水阀，因此无法对风机盘管的水流进行通断控制。

4.3.3　新风机组

新风机组常常与风机盘管协同工作，这一组合被称为风机盘管＋新风系统。该系统的主要目的是为各个房间提供必要的新鲜空气，以确保室内空气质量达标。为了防止室外空气对室内温湿度状态造成不良影响，在将室外空气送入房间之前，需要对其进行适当的热湿处理。而室内的负荷则主要由风机盘管来承担。新风机组的控制原理图详见图 4-5。

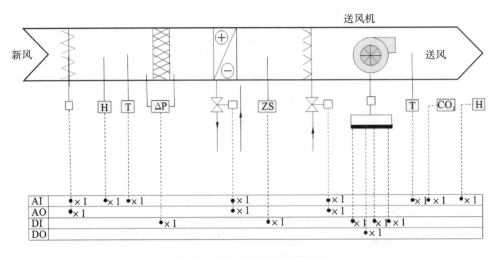

图 4-5　新风机组的控制原理图

4.3.3.1 监控内容

新风机组的监测与控制内容如下：

(1) 监测内容涵盖风机故障报警、风机运行状态、风机手/自动状态、新风阀开度反馈、盘管水阀开度反馈、送风温度、过滤网压差报警、防冻开关报警、加湿阀开度反馈以及室内 CO_2 浓度等关键指标。

(2) 控制内容包括风机启停控制、新风阀开度调节、盘管水阀开度调节以及加湿阀开度调节等重要环节。

关于各信号监控点/位的传感器与执行器安装位置，具体说明如下。

(1) 新风温度与湿度监测(AI)：在具有代表性的新风入口或室外检测点安装温湿度传感器，其输出信号直接接入控制器模拟量输入通道(AI)，为整个系统提供共用监测值。

(2) 过滤网压差报警监测(DI)：采用压差开关监测过滤网两侧压差，当压差超过设定限值时，无源干接点闭合，产生报警信号，该信号直接接入控制器数字量输入通道(DI)。

(3) 送风温度监测(AI)：温度传感器安装于盘管下游风管上，监测经过热湿处理的新风温度，其输出信号直接接入控制器模拟量输入通道(AI)。

(4) 防冻开关状态监测(DI)：防冻开关设置于表冷器/加热器出风侧附近，当温度低于设定值(如5℃)时，无源干接点断开，产生报警信号，防止盘管冻裂。该信号直接接入控制器数字量输入通道(DI)。在冬季，热水系统应先循环，且防冻开关处于常闭状态，方可启动风机。

(5) 送风机运行状态、故障及手/自动状态监测(DI)：分别通过相应传感器或开关进行监测，并将信号直接接入控制器数字量输入通道(DI)。

(6) 送风机开关控制(DO)：通过控制器数字量输出通道(DO)实现送风机的启停控制。

(7) 新风风阀、冷/热水阀门及加湿阀门开度反馈(AI/DI)：根据新风阀执行器是否具备开度反馈功能，其反馈信号可能为模拟量信号(AI)或数字量信号(DI)，并直接接入控制器相应输入通道。冷/热水二通调节阀及加湿二通调节阀的开度反馈也遵循此原则。

(8) 新风风阀、冷/热水阀门及加湿阀门开度控制(AO/DO)：根据控制需求，从控制器模拟量输出通道(AO)或数字量输出通道(DO)输出控制信号至相应执行器，实现开度调节。

(9) 室内空气质量与湿度监测(AI)：在空调区域安装 CO_2 传感器和湿度传感器(冬季需要时)，其输出信号直接接入控制器模拟量输入通道(AI)，为室内空气质量与湿度控制提供依据。若无须进行室内空气质量检测，则可省略 CO_2 传感器。

4.3.3.2 基本运行控制

新风机组的基本运行控制功能包括远程手/自动状态切换、定时开关机、联锁启停控制以及报警保护等。

1. 远程手/自动状态切换功能

新风机组控制柜配备有本地手/自动旋钮，同时，BAS系统的操作软件也具备远程手/自动切换功能。在远程手动模式下，操作人员可以远程控制风机的启停、阀门的开关或开度调节；而在自动模式下，系统则会根据预设的时间表及控制逻辑，自动实现风机的启停、阀门的开关以及开度的调节。

2. 定时开关机功能

BAS系统能够依据预先设定的运行时间表，对新风机组的启/停进行精准控制。

3. 联锁启停控制功能

当接收到新风机组的开启或停机指令后,系统会按照预先设置的顺序执行相关控制操作。

(1)新风机组启动顺序控制(制冷模式):可以是新风阀先开启,随后冷水调节阀开启,最后风机启动;或者新风阀先开启,风机随后启动,再开启冷水调节阀。

(2)新风机组启动顺序控制(供热模式):可以是新风阀先开启,接着热水调节阀开启,风机启动后再开启加湿阀;或者新风阀先开启,风机启动后,再依次开启热水调节阀和加湿阀。

(3)新风机组停机顺序控制:可以是先关闭风机,再关闭加湿阀或冷热水阀,最后关闭新风阀;或者先关闭风机和新风阀,再关闭加湿阀或冷热水阀。

4. 报警保护功能

(1)过滤网压差超限报警:通过压差开关监测新风过滤网两侧的压差,一旦压差超过设定值,系统会在 BAS 系统中发出报警信号,或者在现场发出信号,提示工作人员及时更换过滤网或进行清洗。

(2)防冻保护:在冬季,当盘管后的空气温度低于某一设定值(通常为 5 ℃)时,防冻开关的常闭触点会断开,从而自动关闭新风阀门,并停止风机运行或防止风机启动,以避免盘管冻裂。

4.3.3.3 温湿度控制与节能调控

新风机组通常配备工频风机,其转速固定不变,而可调节的设备包括盘管水阀、加湿阀和新风阀。该系统的目标控制参数主要为送风温度、送风湿度以及室内 CO_2 浓度。

对于仅负责新风负荷的新风机组,理论上设计时应控制新风送风状态点达到室内设计状态点对应的湿球温度。然而,在实际工程中,这一做法既少见又难以实现,因此更常见的做法是控制送风温度,尽量使机器的露点接近湿球温度线。在夏季,机组以除湿为主,此时加湿阀会保持关闭状态。

到了冬季,则需要利用热水盘管对新风进行加热,通过调节热水盘管的水流量来保持送风温度在设定值。若需要对室内湿度进行控制,还要调节加湿阀的加湿量,以确保室内湿度维持在设定值。

室内 CO_2 浓度则可通过调节新风阀的开度来控制。当室内 CO_2 浓度升高时,控制器会增大新风阀开度以增加新风量,从而将 CO_2 浓度维持在设定值;反之,当室内 CO_2 浓度降低时,控制器会减小新风阀开度以减少新风量,进而减少新风的加热或供冷量。

上述温度控制、湿度控制以及室内 CO_2 浓度控制三个回路均采用闭环控制,如图 4-6 所示。传感器会监测控制目标的实际值,并将其与目标设定值进行比较,然后将偏差值输入控制器。控制器通过特定的算法计算出相应阀门(送风温度控制对应冷冻水阀/热水阀,送风湿度控制对应加湿阀,室内 CO_2 浓度控制对应新风阀)的开度,并将信号输出至阀门执行器以完成调节。在实际工程中,PI 算法是最常用的控制算法之一。

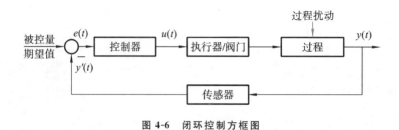

图 4-6　闭环控制方框图

在新风机组控制中,还应考虑季节模式的影响,即根据室外气象参数的不同采用不同的控制模式以达到节能效果。常用的季节模式包括小新风模式和全新风模式,这两种模式的选择主要取决于室外空气的温度(或焓值)。在夏季室外较热时,室外空气温度(或焓值)高于室内空气温度(或焓值),此时应采用小新风模式以减少新风量并确保室内 CO_2 浓度在设计范围内。而在过渡季节,室外相对凉爽,室外空气温度(或焓值)低于室内空气温度(或焓值),此时应采用全新风模式以尽可能增加新风量。冬季供暖时,则一般采用小新风模式。通过季节模式的切换,可以有效降低空调冷负荷并减少空调系统能耗。在采用这两种模式进行控制时,须特别注意新风管道的设计应满足需求,并可以考虑使用双速风机以适应不同的新风需求。

4.3.4 一次回风系统

一次回风系统是广泛应用的空调系统,其核心组件为空气处理机组。该机组负责将房间内的温度、湿度维持在一定的范围内,通常需要同时处理新风与回风(即混合新风与回风后的空气)。空调机组不仅受到新风温湿度变化的影响,还会受到建筑围护结构传热、室内人员活动、设备散热以及散湿量变化等多种因素的干扰。对于变风量系统而言,如何在总风量中确保满足室内卫生条件所需的新风量,同时实现节能运行,是空气处理机组控制设计与实际控制中面临的一个重要挑战。

空调机组的应用场景多样,对机组的结构、组成和功能要求也各不相同,这导致了空调机组的多样性。本节主要介绍和分析没有变风量末端(即变风量箱)的一次回风系统,包括单风机一次回风系统与双风机一次回风系统的监控系统,使读者对空调机组及一次回风系统的基本控制有一个全面而清晰的认识,为后续其他类型空调机组监控系统的设计和工程问题的处理奠定基础。至于包含变风量末端的变风量系统,由于其组成复杂及内容较多,将在第5章进行详细介绍与分析。

4.3.4.1 单风机系统监控内容

当空调区域面积较小、风道较短且建筑规模不大时,通常采用单风机一次回风系统。该系统没有专门的排风组织,多余的室内空气一般通过门窗缝隙等以无组织方式向外渗透。图4-7展示了典型的单风机一次回风系统控制原理图。相较于新风系统,一次回风系统更为复杂,包含的设备组件也更多,如新风阀、回风阀、过滤网、冷/热盘管、送风机、风管等。因此,从监控点位的角度来看,一次回风系统的监控点位要比新风系统多。

单风机一次回风系统的主要监测内容包括送风机故障报警、运行状态、手/自动状态,新风阀、回风阀及盘管水阀的开度反馈,过滤网压差报警,防冻开关报警,以及新风、送风、回风的温湿度和回风 CO_2 浓度、风机能耗等。若采用变风量控制,还需监测送风机频率反馈;若进行冬季室内湿度控制,则需监测加湿阀开度反馈。

该系统的主要控制内容包括送风机启停控制,新风阀、回风阀及盘管水阀的开度调节等。若采用变风量控制,还需进行送风机频率控制;若进行冬季室内湿度控制,则需进行加湿阀开度控制。

各信号监控点/位的传感器、执行器安装位置如下。

(1)新风温湿度监测(AI):在具有代表性的新风入口或室外适当位置安装温湿度传感器,其输出信号直接接入控制器模拟量输入通道(AI)。

(2)回风温湿度监测(AI):在回风管上安装温湿度传感器,监测室内温度与湿度。其输出信号同样直接接入控制器模拟量输入通道(AI)。

(3)室内空气质量检测:在空调区域或回风管道内安装二氧化碳(CO_2)传感器,其输出信号直接接入控制器模拟量输入通道(AI)。若无须进行室内空气质量检测,则可不设置 CO_2 传感器。

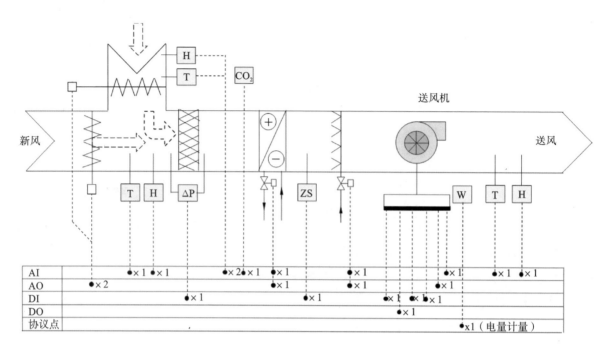

AI		●×1	●×1		●×2	●×1	●×1		●×1		●×1		●×1	●×1
AO	●×2					●×1		●×1		●×1			
DI			●×1			●×1		●×1	●×1	●×1			
DO								●×1					
协议点										●×1（电量计量）			

图 4-7　单风机一次回风系统控制原理图

（4）过滤网压差报警监测（DI）。

（5）防冻开关状态监测（DI）：特别用于冬天气温较低的北方地区。

（6）送风温度监测（AI）：在盘管下游的风管上安装温度传感器，监测经过热湿处理后的新风温度。其输出信号直接接入控制器模拟量输入通道（AI）。通常可不设置湿度传感器。

（7）送风机运行状态与故障监测（DI）。

（8）送风机手/自动状态监测（DI）。

（9）送风机开关控制（DO）。

（10）送风机频率控制命令与反馈：采用变风量控制的系统应配置变频器。频率控制命令从控制器模拟量输出通道（AO）输出至控制柜的变频器控制输入端子。同时，变频器的频率模拟量反馈信号点（AI）直接接入控制器模拟输入通道。

（11）新风/回风风阀开度反馈与控制：根据风阀是否具备连续调节功能，执行器的反馈信号可能为模拟量信号（AI）或数字量信号（DI）。控制信号则根据风阀功能从控制器模拟量输出通道（AO）或数字量输出通道（DO）输出至执行器控制输入端子。特别地，回风风阀在连续控制时通常与新风风阀互锁。

（12）冷/热水阀门开度反馈与调节：从控制器模拟量输出通道（AO）输出调节信号至冷热水二通调节阀执行器控制输入端子，并接收执行器的开度反馈信号（AI）。

（13）加湿阀门开度反馈与调节：类似地，从控制器模拟量输出通道（AO）输出调节信号至加湿二通调节阀执行器控制输入端子（或数字量输出通道 DO，若采用蒸汽加湿），并接收执行器的开度反馈信号（AI 或 DI）。

（14）送风机电量监测（协议点）：通过安装在控制柜中的电量仪监测送风机耗电量，并通过通信协议（如 Modbus）与控制器或其他装置通信，获取累计耗电量和瞬时消耗功率等信息。

4.3.4.2 双风机系统监控内容

大型建筑的全空气系统往往需要有组织的排风,其中很多采用双风机一次回风系统。在我国,大多数地铁站的空调系统也采用了这一系统。图 4-8 展示了典型的双风机一次回风系统控制原理图。该系统不仅进行有组织的排风,有的还设置了单独的新风机来控制新风量。系统通常包括新风阀、回风阀、排风阀、过滤网、冷 /热盘管、送风机、回排风机以及风管等设备。从监控点位的角度来看,双风机系统相较于单风机系统更为复杂,监控点位也更多。

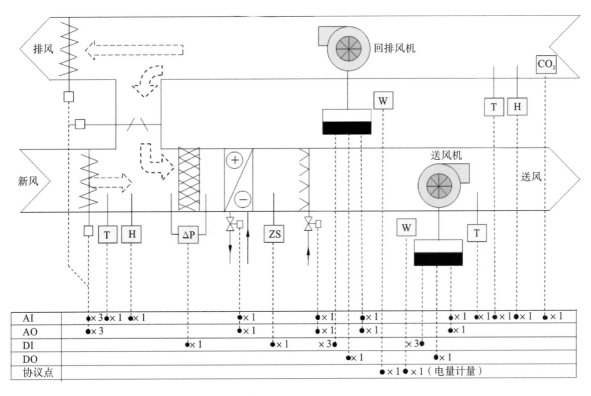

图 4-8 双风机一次回风系统控制原理图

双风机一次回风系统的主要监测内容涵盖送风机和回排风机的故障报警、运行状态、手/自动状态,新风阀、循环风阀、排风阀和盘管水阀的开度反馈,过滤网的压差报警,防冻开关的报警状态,以及新风、送风、回风的温湿度,回风的 CO_2 浓度,送风机和回排风机的能耗等。若系统采用变风量控制,还需监测送风机和回排风机的频率反馈;若进行冬季室内湿度控制,则需监测加湿阀的开度反馈。

该系统的主要控制内容包括送风机和回排风机的启停控制,新风阀、循环风阀、排风阀以及盘管水阀的开度调节等。若采用变风量控制,还需进行送风机和回排风机的频率控制;若进行冬季室内湿度控制,则需进行加湿阀的开度控制。

各信号监控点 /位的常用传感器、执行器安装位置如下。

(1)新风温度与湿度监测(AI)。

(2)回风温度与湿度监测(AI)。

(3)室内空气质量检测(AI):通常通过安装空气质量传感器实现,传感器输出信号直接接入控制器模拟量输入通道(AI)。

(4)过滤网压差报警监测(DI)。

（5）防冻开关状态监测（DI）。

（6）送风温度监测（AI）。

（7）送风机运行状态监测（DI）。

（8）送风机故障监测（DI）。

（9）送风机手/自动状态监测（DI）。

（10）送风机开关控制（DO）。

（11）回排风机运行状态监测（DI）。

（12）回排风机故障监测（DI）。

（13）回排风机手/自动状态监测（DI）。

（14）回排风机开关控制（DO）。

（15）送风机频率控制命令（AO）：对于采用变风量控制的系统，送风机配置变频器，频率控制命令从控制器模拟量输出通道（AO）输出。

（16）送风机频率控制反馈（AI）。

（17）回排风机频率控制命令与反馈：类似送风机，对于采用变风量控制的系统，回排风机也配置变频器。频率控制命令从控制器模拟量输出通道（AO）输出到回排风机控制柜的变频器控制输入端子，同时接收变频器的频率模拟量反馈信号（AI）。

（18）新风阀开度反馈（AI）。

（19）循环风阀开度反馈：取自循环风阀执行器开度反馈信号点（AI），直接接入控制器模拟输入通道。若循环风阀仅具备开关功能，则执行器反馈信号为数字量信号（DI）。

（20）排风阀开度反馈：取自排风阀执行器开度反馈信号点（AI），直接接入控制器模拟输入通道。若排风阀仅具备开关功能，则执行器反馈信号为数字量信号（DI）。在连续控制时，新风阀、循环风阀、排风阀通常互锁。

（21）冷/热水阀门开度反馈（AI）。

（22）加湿阀门开度反馈（AI）。

（23）新风阀开度控制（AO）。

（24）循环风阀开度控制：从控制器模拟量输出通道（AO）输出到循环风阀执行器控制输入端子。若循环风阀仅具备开关功能，则接收来自控制器数字量输出通道的数字输出信号（DO）。

（25）排风阀开度控制：类似循环风阀，从控制器模拟量输出通道（AO）输出到排风阀执行器控制输入端子。若排风阀仅具备开关功能，则接收来自控制器数字量输出通道的数字输出信号（DO）。

（26）冷/热水阀门开度调节（AO）。

（27）加湿阀门开度调节（AO）。

（28）送风机电量监测（协议点）：通过电量仪装设在控制柜中监测送风机耗电量，采用通信协议（如 Modbus）与控制器或其他装置通信，获取累计耗电量与瞬时消耗功率等信息。

（29）回排风机电量监测（协议点）：类似送风机电量监测，但用于监测回排风机的耗电量。

此外,我国大多数地铁车站的空调系统采用双风机一次回风系统,并设有小新风机。在制冷空调模式下,采用小新风模式,新风机开启,旁通新风阀门关闭,送入固定新风量;在过渡季,则采用全新风模式,旁通新风阀全开,新风机停止运行。这种采用小新风(或全新风)模式的双风机一次回风系统的控制原理图如图4-9所示。值得注意的是,用于地铁车站的该系统不同于普通的双风机一次回风系统,不需要设置防冻开关和加湿装置。

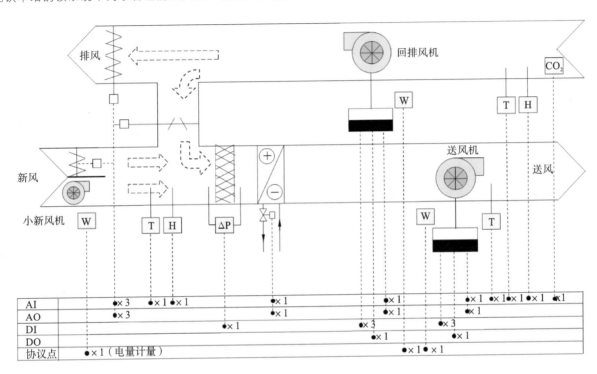

图4-9 双风机一次回风系统的控制原理图(采用小新风模式)

4.3.4.3 基本运行控制

单风机一次回风系统与双风机一次回风系统的基本运行控制功能涵盖了远程手/自动状态切换、定时开关机、联锁启停控制以及报警保护等。

1. 远程手/自动状态切换功能

空调机组控制柜配备了本地手/自动旋钮,同时BAS系统的操作软件也具备远程手/自动切换功能。在远程手动模式下,操作人员可以远程控制送风机与回排风机的启停、阀门的开关或调节阀门的开度。而在自动模式下,系统则会根据预定的时间表及控制逻辑自动执行风机的启停、阀门的开关以及调节阀门的开度等操作。

2. 定时开关机功能

BAS系统能够依据预设的运行时间表,精准控制空调机组的启停时间,确保系统的稳定运行。

3. 联锁启停控制功能

当接收到空调系统开启或停机的指令后,空调机组会按照预先设定的顺序执行开启或停机操作。

单风机一次回风系统启动顺序控制(制冷模式):新风阀与回风阀开启→冷水调节阀开启→送风风机启动,或者新风阀与回风阀开启→风机启动→冷水调节阀开启。

单风机一次回风系统启动顺序控制(供热模式):新风阀与回风阀开启→热水调节阀开启→风机启动→加湿阀开启,或者新风阀与回风阀开启→风机启动→热水调节阀开启→加湿阀开启。

单风机一次回风系统停机顺序控制:关送风风机→关冷热水阀→关新风阀与回风阀,或者关送风风机→关新风阀与回风阀→关加湿阀/关冷热水阀。

双风机一次回风系统启动顺序控制(制冷模式):新风阀、循环风阀、排风阀开启→冷水调节阀开启→送风风机、回排风机启动,或者新风阀、循环风阀、排风阀开启→送风风机、回排风机启动→冷水调节阀开启。

双风机一次回风系统启动顺序控制(供热模式):新风阀、循环风阀、排风阀开启→热水调节阀开启→送风风机、回排风机启动→加湿阀开启,或者新风阀、循环风阀、排风阀开启→送风风机、回排风机启动→热水调节阀开启→加湿阀开启。

双风机一次回风系统停机顺序控制:关送风风机与回排风机→关冷热水阀→关新风阀、循环风阀、排风阀,或者关送风风机与回排风机→关新风阀、循环风阀、排风阀→关加湿阀/关冷热水阀。

4. 报警保护功能

系统具备过滤网压差超限报警功能,通过压差开关监测混合风过滤网两侧的压差,一旦压差超过设定值,系统就会在 BAS 平台上发出报警信号,或者在现场发出警报,提醒工作人员及时更换或清洗过滤网。

此外,系统还具备防冻保护功能。在冬季,当盘管后的空气温度降至某一设定值以下(通常为 5 ℃)时,防冻开关的常闭触点会断开,从而自动关闭新风阀门,并停止送风风机/回排风机的运行或阻止其启动,以防止盘管因低温而冻裂。

4.3.4.4　单风机一次回风系统温湿度控制与节能调控

不同的空调机组形式,其控制逻辑虽有所差异,但基本控制过程是相似的。有的一次回风系统采用定风量控制,有的则采用变风量方式。为了简洁明了地表达,我们采用单线示意空调系统,并仅保留相关联的监测与控制点。

图 4-10 展示的是典型单风机一次回风定风量系统的控制过程示意图(为了简洁起见,对于通过控制器进行开关启停控制的设备与部件,并未展示其连线)。在定风量系统中,送风风机通常采用工频控制,即风机的转速不进行调节,而可调节的设备包括盘管水阀、加湿阀和新风阀。控制的目标参数主要是室内温度、室内湿度以及室内 CO_2 浓度。

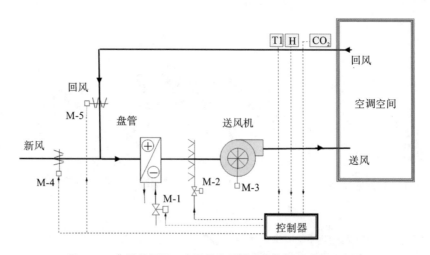

图 4-10　典型单风机一次回风定风量系统的控制过程示意图

在空调制冷状态下,系统会根据监测的回风温度(即室内温度)来调节盘管进口或出口管段的二通调节阀,从而改变水流量,进而调节送入室内的冷量,以保持室内温度在设定值。同样地,在供热状态下,系统也会根据回风温度来调节热水流量,以保持室内温度稳定。在冬季需要加湿的地区,系统还会根据监测的回风湿度来控制加湿器的二通调节阀,以调节送入室内的湿度。有时也采用通断方式来进行湿度控制。

有些一次回风定风量系统还装有室内CO_2传感器,根据监测的室内CO_2浓度来调节新风阀的开度,从而调节进入室内的新风量。这既能保证室内空气的新鲜度,又能尽可能减少新风耗冷量,达到节能的目的。此时,新风阀通常与回风阀联锁。

图4-11是典型单风机一次回风变风量系统的控制过程示意图。为了便于理解和简洁起见,我们仅保留了控制器与回风温度传感器、送风温度传感器、冷热水盘管控制以及送风机控制的连接。在变风量系统中,送风机通常配置变频器来调节风机转速,从而根据需要改变送入室内的风量。其他可调节的设备依然包括盘管水阀、加湿阀和新风阀。控制的目标参数则扩展为送风温度、室内温度、室内湿度以及室内CO_2浓度。

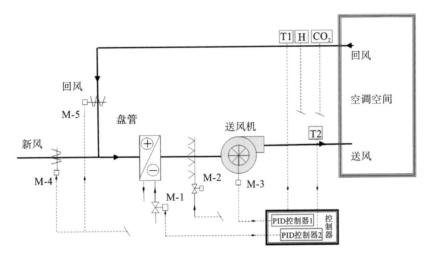

图4-11 典型单风机一次回风变风量系统的控制过程示意图

室内湿度和CO_2浓度的控制与一次回风定风量系统基本相同。不同的是,变风量系统需要在送风管上装设送风温度传感器,并采用送回风温度控制法。该控制法在控制器中设置两个PID控制器(从软件角度看,硬件依然为一个)。PID控制器1根据送风温度来控制水阀的开度,以维持送风温度在设定值(通常可为13~19 ℃)。PID控制器2则根据回风温度来控制送风机转速(通过变频实现),从而控制回风温度在设定值。

PID控制器1的控制过程构成了一个闭环控制系统,其控制方框图如图4-12所示。在送风温度的闭环控制中,扰动因素包括不断变化的盘管进风空气状态、流量,以及水管进水压力和温度等。此外,回风温度和流量也会发生变化,这些变化与新风状态和新风流量的变化一样,经过混合后会影响总风量的流量和状态。对于控制算法而言,所有这些变化都被视为扰动,而PI算法控制的目的就是消除这些扰动对热湿处理过程的影响,确保送风温度保持在设定值。

PID控制器2的控制过程同样是一个闭环控制系统,其控制方框图如图4-13所示。在回风温度的闭环控制中,扰动因素不仅包括影响建筑围护结构传热的室外环境扰动,还包括室内人员、设备、照明等产生的散热散湿扰动,以及空调系统送风温湿度的扰动等。对于控制算法而言,所有这些扰动都需要被克服,以确保室内温度(即回风温度)维持在设定值。PI算法控制正是为了实现这一目标。

在实际工程中,有时也采用优先控制风机法或优先控制水阀法。优先控制风机法是在系统开始运行时,水阀全开,通过调节送风机的送风量来控制室内温度。而优先控制水阀法则是在系统开始运行时,风机以最低频率运行,通过调节水阀的开度来控制室内温度。为了避免送风口结露,通常需要将风机运行的最低频率设置在一个相对较高的值。如果设置不当,可能会出现结露现象。另一方面,最低频率设置偏高也会直接影响节能效果。相比之下,送回风温度控制法能够更好地控制室内温度,并在适当的出风温度设定值下达到最小功耗。

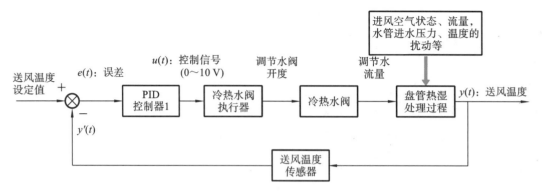

图 4-12　送风温度控制方框图

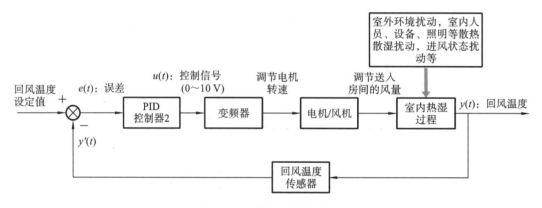

图 4-13　回风温度控制方框图

4.3.4.5　双风机一次回风系统温湿度控制与节能调控

图 4-14 是典型双风机一次回风定风量系统控制过程示意图(为了简洁,对于通过控制器进行开关启停控制的设备与部件未展示连线,但其控制关系依然存在)。对于定风量系统,送风机、回排风机采用工频控制,风机转速保持不变,需要调节的设备包括盘管水阀、加湿阀和新风阀。控制的目标参数为室内温度、室内湿度、室内 CO_2 浓度以及室内的微正压状态。

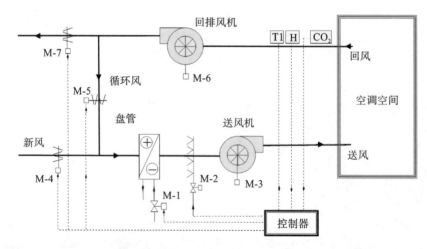

图 4-14　典型双风机一次回风定风量系统控制过程示意图

在空调制冷状态下,室内回风的控制方式与单风机一次回风系统相同。同样,在空调供热状态下,室内回风的控制方式和室内湿度的控制方式也与单风机一次回风系统一致。

对于室内微正压的控制,通常是在系统调试阶段确保总送风量略高于回排风量,而不需要进行闭环控制。

当室内设有 CO_2 传感器以进行室内空气质量控制时,控制器会根据监测到的室内 CO_2 浓度来调整新风阀的开度,从而调节进入室内的新风量。这样既保证了室内的空气新鲜度,又尽可能地减少了新风带来的冷量损失,达到了节能的目的。此时,新风阀、循环风阀与排风阀会实现联锁控制。

图 4-15 是典型双风机一次回风变风量系统控制过程示意图。对于该变风量系统,送风机和回排风机分别配置了变频器,用于调节送风机和回排风机的转速。根据室内负荷的变化,系统可以调整送入室内的风量。其他可调节的设备仍然包括盘管水阀、加湿阀,以及新风阀、循环风阀和排风阀。控制的目标参数为送风温度、室内温度、室内湿度和室内 CO_2 浓度。

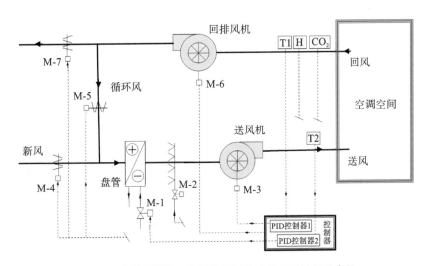

图 4-15 典型双风机一次回风变风量系统控制过程示意图

室内湿度、室内 CO_2 浓度的控制方式与一次回风定风量系统相同,不同之处在于需要在送风管上安装送风温度传感器,并通常采用送回风温度控制法。该控制法在控制器中设置了两个 PID 控制器(尽管从软件角度看,硬件仍为一个整体),其中 PID 控制器 1 根据送风温度来调节水阀的开度,以保持送风温度在设定的范围内(通常为 13~19℃);而 PID 控制器 2 则根据回风温度来调整送风机的转速,从而确保回风温度也维持在设定值。

与此同时,控制器还会发出指令来改变回排风机的转速,以保持室内的一定正压。这时,一般采用将回排风机的运行频率与送风机的运行频率相关联的控制策略。这种关联关系需要在系统调试阶段进行精确调试,通常是通过监测不同频率下的送风量与回排风量,确保在实际运行中保持一定的风量差,以维持室内的微正压状态。很少采用设置微正压传感器的方式来直接控制回排风机的转速。在一些工艺空调系统中,尽管安装了微正压传感器,但主要也是用于监测室内微正压状态,而非进行反馈控制。

有些系统还通过安装流量监测装置来获取回排风量与送风量的差值,进而调节回排风机的转速。图 4-16 展示了典型双风机一次回风变风量系统中回排风机控制过程示意图。其他控制方面与一般一次回风变风量系统相似。这里通常在送风管和回排风管上都设置了风量监测装置。PID 控制器 3 用于回排风机的反馈控制,其控制方框图如图 4-17 所示。对于回排风量闭环控制而言,扰动过程除了根据室内负荷变化而不断调整的送风量扰动外,还包括控制室内空气质量时相互联锁的新风阀、循环风阀及排风阀的调节扰动。风阀的调节会直接影响回排风系统的管网特性。这些扰动对于控制算法而言都是需要克服的因素,而 PI 算法控制的目的就是要减少这些扰动对回排风量的影响,使得回排风量与送风量之差维持在设定值。当然,也可以根据回排风量与送风量之差的设定值,再结合送风量的监测结果,计算出回排风机的设定风量,并进行回排风机转速的调节,以保持回排风机的风量在设定值。

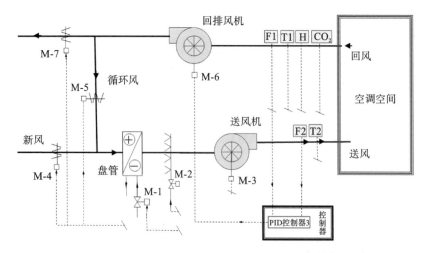

图 4-16　典型双风机一次回风变风量系统中回排风机控制过程示意图

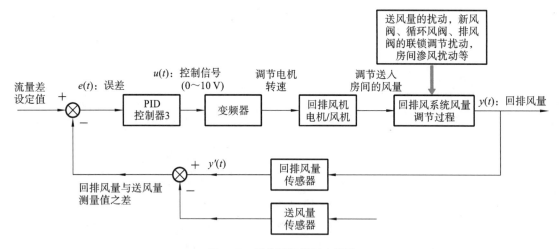

图 4-17　回排风机控制方框图

　　对于地铁车站设置有小新风机的双风机一次回风系统,通常只对新风机进行启停控制,而不进行变速调节。无论是单风机一次回风系统还是双风机一次回风系统,在过渡季节都可以通过调节风阀的方式来引入更多的室外新风,并排除更多的室内空气,以减少机械制冷的冷量消耗和高品位能源的使用。在考虑过渡季节室外新风的充分利用时,必须提前做好新风管(及排风管)的设计工作,并确保风管的设计能够满足最大新风量的引入需求。

4.4　典型冷热源系统监测控制

　　冷热源系统是中央空调系统的核心组成部分,负责为空调系统提供供冷和供热所需的冷源和热源。常见的冷热源设备涵盖蒸汽压缩式制冷机组、蒸汽压缩式热泵机组、吸收式制冷机组、吸收式热泵机组以及锅炉等。其中,制冷机组专门用作冷源设备,锅炉则专门用作热源设备,而热泵机组兼具冷源和热源功能。在设计冷热源系统的控制方案时,我们不仅要对各设备的运行状态进行全面监控,还需要对系统的主要运行数据,如水管温度和压力等,进行实时监测。这样设计的目的是既要确保系统的安全稳定运行,又要实现系统的高效节能运行。

4.4.1　水冷式制冷机组冷源系统监控内容

　　冷源系统形式多样,其中采用开式冷却塔的制冷机组应用尤为广泛,此外还有闭式冷却塔制冷机组、风冷式制冷机组,以及利用地源能(如地表水系统、地埋管热交换器系统、地源热泵系统)进行冷却的制冷机组。制冷机组主要分为机械式制冷机组(如往复式、螺杆式、离心式)和吸收式制冷机组等。

　　本节将以采用开式冷却塔的制冷机组冷源系统为例,介绍水冷式制冷机组冷源系统的自动化设计。图4-18为该冷源系统控制原理图。该系统配置了两台制冷机组、两台冷却塔、两台冷冻水泵和两台冷却水泵,水泵与机组采用一对一的联管设置方式。

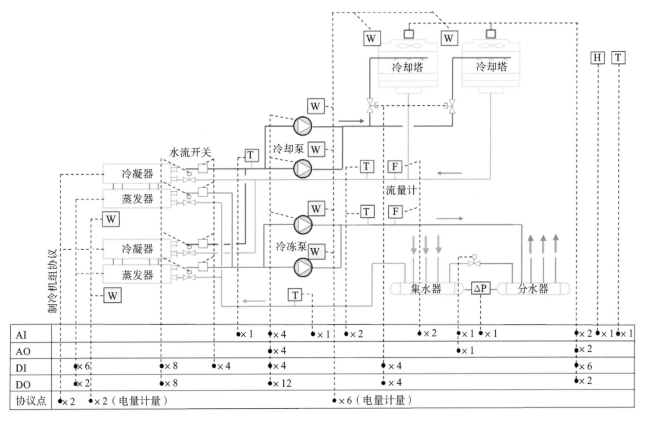

图 4-18　典型水冷式制冷机组冷源系统控制原理图

　　该冷源系统的监测内容包括:制冷机组的运行状态、手/自动模式、故障报警;冷冻水泵和冷却水泵的运行状态、手/自动模式、故障报警及运行频率;冷却塔风机的运行状态、手/自动模式、故障报警及运行频率;与蒸发器、冷凝器连接的管道上电动阀门的状态以及水流开关的状态;与冷却塔连接的进水管道电动阀门的状态;冷冻水和冷却水的流量及水温监测;分集水器间的压差监测与压差旁通阀的开度反馈;室外温度和湿度的监测。部分系统还设有制冷机、冷冻水泵、冷却水泵及冷却塔风机的功耗检测(通常采用协议方式),并可通过制冷机组协议解析其运行的各种内部参数。

　　该冷源系统的控制内容包括:制冷机组的启停控制;冷冻水泵和冷却水泵的启停控制;冷冻水阀和冷却水阀的开关控制;冷却塔风机的启停控制;冷冻水泵、冷却水泵和冷却塔风机的频率控制。

　　各信号监控点/位,常用传感器、执行器安装位置如下。

　　(1) 制冷机组手/自动状态监测(DI):制冷机组通常配备有嵌入式的一体控制柜。但为了与建筑自动化系统对接,一般需要额外设置独立的控制柜,或在制冷站设置控制柜。控制柜面板上设有手/自动旋钮,其触点接入控制器的数字量输入通道(DI)。当手/自动旋钮置于手动挡位时,制冷机的启停操作只能在控制柜面板的启停按钮上进行。当旋钮处于自动挡位时,制冷机的启停则根据自动化控制系统的控制逻辑进行,此时手动控制无效。

（2）制冷机组开关控制（DO）：一般制冷机组的一体化控制柜内的控制主板设有接收外界控制命令的数字量输入端子。外部控制柜的控制器的数字输出通道（DO）会输出信号到制冷机组控制主板的控制输入端子。制冷机组通常配备有嵌入式的一体控制柜，其内嵌控制器设有相关的控制逻辑与算法。内置控制器在接收到外部的停机命令时，制冷机组会直接停机；而在接收到外部的开机命令时，制冷机组内置的控制程序会根据制冷状态及系统负荷需求最终确定是否需要开机。

（3）制冷机组运行状态（DI）：制冷机组通常配备有嵌入式的一体控制柜，控制主板上设有制冷机组运行状态输出端子（通常为无源干接点）。外部控制柜的控制器的数字输入通道（DI）与这些运行状态输出端子相连。

（4）制冷机组故障报警（DI）：制冷机组的一体控制柜内，控制主板上设有故障报警输出端子（通常为无源干接点）。外部控制柜的控制器的数字输入通道（DI）与这些故障报警输出端子相连。

（5）冷冻水泵手/自动状态（DI）：冷冻水泵控制柜面板上的手/自动旋钮的触点接入控制器的数字量输入通道（DI）。当旋钮处于手动挡位时，冷冻水泵的启停操作只能在控制柜面板的启停按钮上进行。当旋钮处于自动挡位时，冷冻水泵的启停则由控制器控制，此时手动控制失效。

（6）冷冻水泵开关控制（DO）：水泵控制柜的控制器数字量输出通道（DO）输出信号到冷冻水泵控制柜的接触器控制回路。

（7）冷冻水泵运行状态（DI）：冷冻水泵控制柜的接触器辅助触点接入控制器的数字量输入通道（DI）。

（8）冷冻水泵故障报警（DI）：冷冻水泵控制柜的热继电器触点接入该控制柜的控制器的数字量输入通道（DI）。

（9）冷冻水泵频率控制（AO）：部分系统设置变频器以调节水泵转速从而调节系统流量。控制器的模拟量输出通道（AO）与变频器的模拟量输入通道相连，通常信号范围为 $0\sim10$ V。

（10）冷冻水泵频率反馈（AI）：对于设置了变频器的系统，变频器的模拟量输出通道与控制器的模拟量输入通道（AI）相连，以反馈水泵的实际运行频率，通常信号范围也为 $0\sim10$ V。

（11）冷却水泵手/自动状态（DI）。

（12）冷却水泵开关控制（DO）。

（13）冷却水泵运行状态（DI）。

（14）冷却水泵故障报警（DI）。

（15）冷却水泵频率控制（AO）。

（16）冷却水泵频率反馈（AI）。

（17）冷却塔风机手/自动状态（DI）。

（18）冷却塔风机开关控制（DO）。

（19）冷却塔风机运行状态（DI）。

（20）冷却塔风机故障报警（DI）。

（21）冷却塔风机频率控制（AO）：有的冷却塔风机配置了变频器，通过调节风机的转速来改变风量，进而调整冷却塔的散热能力，以达到控制冷却水回水温度的目的。控制器的模拟量输出通道（AO）与变频器的模拟量输入通道相连，通常信号范围为 $0\sim10$ V。

（22）冷却塔风机频率反馈（AI）：对于配置了变频器的冷却塔风机，变频器的模拟量输出通道与控制器的模拟量输入通道(AI)相连,以反馈风机的实际运行频率,通常信号范围也为 0~10 V。

(23) 蒸发器连接的管道上的电动阀门开关控制(DO):该电动阀门为二通开关阀,用于控制水流的通断。当相连的制冷机组需要运行时,该阀门打开;当相连的制冷机组停止运行时,该阀门关闭。控制器的数字输出通道(DO)向电动二通阀执行器的控制输入端子输出控制信号。根据不同的产品,可能有两个控制信号,一个为开阀信号,一个为关阀信号,两者均为数字量输出信号。

(24) 蒸发器连接的管道上的电动阀门开关反馈(DI):该信号取自二通开关阀执行器的开关反馈信号点(DI),直接接入控制器的数字输入通道。有的电动开关阀具有两个反馈信号,一个为开到位信号,一个为关到位信号,两者均为数字量输入信号(DI)。

(25) 冷凝器连接的管道上的电动阀门开关控制(DO):该电动阀门同样为二通开关阀,用于控制水流的通断。当相连的制冷机组需要运行时,阀门打开;当相连的制冷机组停止运行时,阀门关闭。控制器的数字输出通道(DO)向电动二通阀执行器的控制输入端子输出控制信号。有的电动二通开关阀接收两个控制信号,一个开阀信号,一个关阀信号,两者均为数字量输出信号(DO)。

(26) 冷凝器连接的管道上的电动阀门开关反馈(DI):该信号取自二通开关阀执行器的开关反馈信号点(DI)。

(27) 冷却塔进水管道上的电动阀门开关控制(DO):该电动阀门为二通开关阀,用于控制水流的通断。当相连的冷却塔需要运行时,阀门打开;当相连的冷却塔停止运行时,阀门关闭。控制器的数字输出通道(DO)向电动二通阀执行器的控制输入端子输出控制信号。

(28) 蒸发器连接的管道上的水流开关状态检测(DI):水流开关设置为无源干接点,常态下为断开状态(即常开触点)。当水流量达到一定值时,该干接点就会接通,此时制冷机组可以开启,确保蒸发器不会因结冰而产生故障报警信号。干接点的输出信号直接接入控制器的数字量输入通道(DI)。

(29) 冷凝器连接的管道上的水流开关状态检测(DI):水流开关同样设置为无源干接点,常态下断开(即常开触点)。当水流量达到预设值时,干接点接通,允许制冷机组启动,确保冷凝器有足够的散热冷却,避免高温高压保护。干接点的输出信号直接接入控制器的数字量输入通道(DI)。

(30) 冷冻水供水干管水温监测(AI):在供水干管上安装温度传感器,监测水温。通常采用插入式温度传感器,其测量准确性优于贴片式温度传感器。传感器的输出信号直接接入控制器的模拟量输入通道(AI)。有的系统还在每台制冷机组的冷冻水供水支管上设置温度传感器。

(31) 冷冻水回水干管水温监测(AI):同样,传感器的输出信号直接接入控制器的模拟量输入通道(AI)。部分系统还会在每台制冷机组的冷冻水回水支管上安装温度传感器。

(32) 冷却水供水干管水温监测(AI):传感器的输出信号直接接入控制器的模拟量输入通道(AI)。部分系统还在每台制冷机组的冷却水供水支管上设置温度传感器。

(33) 室外温度与湿度监测(AI):室外温度和湿度的监测用于计算湿球温度,以控制冷却水回水温度。温湿度传感器通常安装在冷却塔附近,提供温度和湿度两个输出信号。传感器的输出信号直接接入控制器的模拟量输入通道(AI)。

(34) 冷冻水流量监测(AI):通常采用电磁流量计或超声波流量计进行监测。流量计的模拟输出信号(一般为 4~20 mA)直接接入控制器的模拟量输入通道(AI)。同时,流量计还提供网络通信信号,多数采用 Modbus 协议。

(35) 冷却水流量监测(AI):与冷冻水流量监测相同,采用电磁流量计或超声波流量计进行监测,模拟输出信号接入控制器的模拟量输入通道(AI),并提供 Modbus 协议的网络通信信号。

（36）分集水器压差监测（AI）：采用压差传感器监测分集水器之间的压差，压差传感器的高引压口与分水器的测压点相连，低引压口与集水器的测压点相连。传感器的模拟输出信号（一般为 4～20 mA）直接接入控制器的模拟量输入通道（AI）。不建议采用直接监测分水器和集水器压力再运算获取压差的方法，因为其测量准确性较低。

（37）压差旁通控制（AO）：在分水器与集水器之间的旁通管上安装电动二通调节阀，用于调节分集水器之间的压差。控制器的模拟输出通道（AO）直接连接二通阀执行器的控制输入点。

（38）压差旁通反馈（AI）：取自二通阀执行器的开度反馈信号点（AI），用于监控阀门的实际开度。

（39）制冷机组电量监测（协议点）：将电量仪装设在控制柜中，检测制冷机组的耗电量。通过通信协议（如 Modbus）与控制器或其他装置通信，获取耗电信息，包括累计耗电量和瞬时消耗功率。

（40）冷冻水泵电量监测（协议点）：同样采用电量仪进行监测，并通过通信协议获取耗电信息。

（41）冷却水泵电量监测（协议点）：与冷冻水泵电量监测相同。

（42）冷却塔风机电量监测（协议点）：同样采用电量仪进行监测，并通过通信协议获取耗电信息。

（43）制冷机组通信（协议点）：通过通信协议（如 Modbus）与控制器或其他装置通信，获取制冷机组运行的详细信息，包括冷凝器进出水温度、蒸发器进出水温度、运行时间、启动次数、机组负荷（通常用电流的百分比表示）、蒸发压力和冷凝压力等。部分制冷机组还提供蒸发器端温差和冷凝器端温差等信息。

4.4.2　常压热水锅炉热源系统监控内容

热源有多种形式，包括蒸汽锅炉、天然气热水锅炉（涵盖常压热水锅炉与承压热水锅炉）、城市热网以及热泵等。常压锅炉，亦称无压锅炉，通常配备换热器，用以隔离无法承压的常压热水锅炉水循环系统与需承压的建筑物供热系统。

本节将以常压热水锅炉为例，详细阐述热源系统的自动化设计方案。图 4-19 展示了该热源系统的控制原理图。此热源系统配置了两台天然气常压热水锅炉、两台一次侧热水泵、两台热交换器以及两台二次侧热水泵。其中，一次侧热水泵与锅炉采用一对一的联管方式设置。

该热源系统的监测内容包括：锅炉的运行及手/自动状态监测、故障报警；一次侧热水泵的运行及手/自动状态监测、故障报警；二次侧热水泵的运行及手/自动状态监测、故障报警、运行频率监测；与锅炉相连的管道上电动阀门的状态监测、水流开关的状态监测；一次侧热水供水及回水温度监测；二次侧热水供水及回水温度监测、热水流量监测；分集水器间的压差监测以及压差旁通阀的开度反馈。此外，部分系统还设置了一次侧及二次侧热水泵的功耗检测（通常采用协议通信方式）、锅炉的天然气用量检测（同样采用协议通信方式）。更有系统能够通过解析锅炉协议，获取锅炉运行的各种内部参数。

该热源系统的控制内容包括：锅炉的启停控制、一次侧热水泵的启停控制、与锅炉相连的管道上电动阀门的开关控制、二次侧热水泵的启停控制以及频率调节、压差旁通阀的开度控制。

各信号监控点/位，常用传感器、执行器的安装位置如下。

（1）锅炉手/自动状态监测（DI）：锅炉通常配备有嵌入式的控制主板，但为了与建筑自动化系统进行对接，一般需要额外设置独立的控制柜，或者在能源站设置控制柜。控制柜面板上设有手/自动旋钮。锅炉手/自动旋钮的触点接入控制器的数字量输入通道（DI）。当手/自动旋钮处于手动挡位时，锅炉的启停操作只能在控制柜面板的启停按钮上进行。当手/自动旋钮处于自动挡位时，锅炉的启停则根据自动化控制系统的控制逻辑进行，此时手动控制无效。

（2）锅炉开关控制（DO）：一般锅炉的控制主板设有接收外界控制命令的数字量输入端子。外部控制柜的控制器

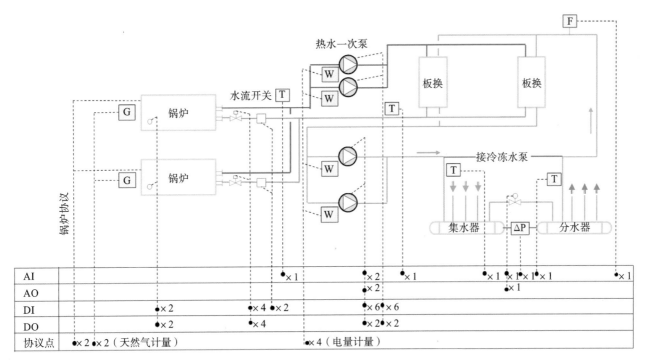

图 4-19　典型常压热水锅炉热源系统控制原理图

的数字输出通道(DO)向锅炉控制主板的控制输入端子输出控制信号。

(3) 锅炉运行状态(DI):锅炉的控制主板设有锅炉运行状态输出端子,通常为无源干接点。外部控制柜的控制器的数字输入通道(DI)与锅炉控制主板上的运行状态输出端子相连接。

(4) 锅炉故障报警(DI):锅炉控制主板设有故障报警输出端子,同样为无源干接点。外部控制柜的控制器的数字输入通道(DI)与锅炉控制主板上的故障报警输出端子相连接。

(5) 一次侧热水泵手/自动状态(DI):一次侧热水泵控制柜面板的手/自动旋钮的触点接入控制器的数字量输入通道(DI)。当手/自动旋钮处于手动挡位时,一次侧热水泵的启停操作只能在控制柜面板的启停按钮上进行。当手/自动旋钮处于自动挡位时,热水泵的启停由控制器控制,此时手动控制失效。

(6) 一次侧热水泵开关控制(DO):水泵控制柜的控制器数字量输出通道(DO)向热水泵控制柜的接触器控制回路输出控制信号。

(7) 一次侧热水泵运行状态(DI):热水泵控制柜的接触器辅助触点接入控制器的数字量输入通道(DI)。

(8) 一次侧热水泵故障报警(DI):热水泵控制柜的热继电器触点接入热水泵控制柜的控制器的数字量输入通道(DI)。

(9) 二次侧热水泵手/自动状态(DI)、二次侧热水泵开关控制(DO)、二次侧热水泵运行状态(DI)、二次侧热水泵故障报警(DI):以上各项均参照一次侧热水泵的相关描述进行理解和操作。

(10) 二次侧热水泵频率控制(AO):部分二次侧热水泵配备变频器,通过改变水泵的转速来调节系统流量,从而调节供热量。控制器的模拟量输出通道(AO)与变频器的模拟量输入通道相连接,通常信号范围为 0~10 V。一次侧热水泵通常不设置水泵变速调节设备。

(11) 二次侧热水泵频率反馈(AI):部分系统设置变频器来改变水泵的转速以调节系统流量。此时,变频器的模拟量输出通道应与控制器的模拟量输入通道(AI)相连接,通常信号范围为 0~10 V。

（12）锅炉连接的管道上的电动阀门开关控制（DO）：该电动阀门为二通开关阀，用于控制水流的通断。当相连的锅炉需要运行时，该阀门自动打开；当相连的锅炉停止运行时，该阀门则关闭。控制信号从控制器的数字输出通道（DO）发送到电动二通阀执行器的控制输入端子。根据不同的产品，可能有两个控制信号，一个用于开启阀门，一个用于关闭阀门，两者均为数字量输出信号（DO）。

（13）锅炉连接的管道上的电动阀门开关反馈（DI）：该信号取自二通开关阀执行器的开关反馈信号点（DI），并直接接入控制器的数字输入通道。部分电动开关阀具有两个反馈信号，一个表示阀门已开到位，另一个表示阀门已关到位，两者均为数字量输入信号（DI）。

（14）锅炉连接的管道上的水流开关状态检测（DI）：水流开关设置为无源干接点，常态下为断开状态（即常开触点）。当水流量达到预设值时，该干接点闭合，此时锅炉可以启动点火。干接点的输出信号直接接入控制器的数字量输入通道（DI）。

（15）一次侧热水供水干管水温监测（AI）：在热交换器的一次侧供水干管上安装温度传感器，用于监测水温。通常采用插入式温度传感器，部分情况下也采用贴片式温度传感器，但测量准确性可能不如插入式。传感器的输出信号直接接入控制器的模拟量输入通道（AI）。有的还在每台锅炉的热水供水支管上安装了温度传感器。

（16）一次侧热水回水干管水温监测（AI）：在热交换器的一次侧回水干管上安装温度传感器，用于监测水温。传感器的输出信号同样直接接入控制器的模拟量输入通道（AI）。有的还在每台锅炉的冷冻水回水支管上安装了温度传感器。

（17）二次侧热水供水干管水温监测（AI）与二次侧热水回水干管水温监测（AI）：分别在热交换器的二次侧供水干管和回水干管上安装温度传感器，用于监测水温。传感器的输出信号均直接接入控制器的模拟量输入通道（AI）。

（18）二次侧热水流量监测（AI）：通常采用电磁流量计或超声波流量计来监测流量。流量计的模拟输出信号（一般为 4～20 mA）直接接入控制器的模拟量输入通道（AI）。同时，流量计通常还提供网络通信信号，多数采用 Modbus 协议。

（19）分集水器压差监测（AI）：采用压差传感器来监测分集水器之间的压差。传感器的高引压口与分水器的测压点相连，低引压口与集水器的测压点相连。传感器的模拟输出信号（一般为 4～20 mA）直接接入控制器的模拟量输入通道（AI）。有的方法是通过直接监测分水器和集水器的压力，再通过计算获取压差，但这种方法可能不太准确，因此不建议采用。

（20）压差旁通控制（AO）：在分水器与集水器之间的旁通管上安装电动二通调节阀，用于调节分集水器之间的压差。控制器的模拟输出通道（AO）的输出信号直接连接到二通阀执行器的控制输入点。

（21）压差旁通反馈（AI）：该信号取自二通阀执行器的开度反馈信号点（AI），用于监测阀门的实际开度。

（22）锅炉天然气用量监测（协议点）：采用智能仪表来监测锅炉天然气供气管道上的天然气消耗量。仪表通过通信协议（如 Modbus）与控制器或其他装置进行通信，以获取耗能信息。主要获取的信息包括累计耗气量和瞬时耗气量。

（23）一次侧热水泵电量监测（协议点）与二次侧热水泵电量监测（协议点）：这两个监测点分别用于监测一次侧和二次侧热水泵的电量使用情况。同样通过通信协议与控制器或其他装置进行通信。

（24）锅炉通信（协议点）：通过通信协议与控制器或其他装置进行通信，以获取锅炉运行的详细信息，通常包括锅炉进水温度、锅炉出水温度、锅炉故障状态、锅炉火力等级（如大火、小火等）以及锅炉运行状态等信息。很多制冷机组采用 Modbus 协议进行通信。

4.4.3 基本运行控制

水冷式制冷机组冷源系统基本运行控制涵盖制冷机组、冷冻水泵、冷却水泵及冷却塔风机的远程手/自动状态切换、定时开关机、系统联锁启停控制以及报警保护等功能。

常压热水锅炉热源系统基本运行控制则包括锅炉、一次侧热水泵、二次侧热水泵的远程手/自动状态切换、定时开关机、系统联锁启停控制及报警保护等核心功能。

1. 远程手/自动状态切换功能

水冷式制冷机组冷源系统的各个关键组件——制冷机组、冷冻水泵、冷却水泵以及冷却塔风机——均配备了控制柜。这些控制柜可以是各自独立的,也可以集成在一个总柜中。每个设备都设有本地手动/自动旋钮,同时,BAS系统的操作软件也具备远程手动/自动切换功能。在远程手动模式下,操作人员可以远程控制这些设备的启停以及阀门的开关;而在自动模式下,系统则会根据预设的时间表和控制逻辑自动执行相关操作。

常压热水锅炉热源系统的锅炉、一次侧热水泵以及二次侧热水泵同样都设有控制柜。这些设备也配备了本地手动/自动旋钮,并且BAS系统的操作软件同样支持远程手动/自动切换。在远程手动模式下,操作人员可以远程控制锅炉、热水泵的启停以及相关电动阀门的开关;而在自动模式下,系统则会根据预设的时间表和控制逻辑自动执行相关操作。

2. 定时开关机功能

BAS系统能够根据预定的运行时间表,精确控制水冷式制冷机组冷源系统和常压热水锅炉热源系统的启停。

3. 水冷式制冷机组冷源系统联锁启停控制功能

当触发水冷式制冷机组冷源系统开启或停止指令后,冷源系统按预先设置的开启顺序或停机顺序执行相关控制。冷源系统启动顺序控制:要开启的制冷机组对应的冷却水阀开启→要开启的冷却塔对应的冷却水阀开启→冷却水泵启动→冷却塔风机启动→要开启的制冷机组对应的冷冻水阀开启→冷冻水泵启动→制冷机组启动。或者,要开启的制冷机组对应的冷却水阀开启(要开启的制冷机组对应的冷冻水阀开启)→要开启的冷却塔对应的冷却水阀开启→冷却水泵启动(冷却塔风机启动)→冷冻水泵启动→制冷机组启动。

冷源系统停机顺序控制:制冷机组停机→冷冻水泵停止→冷冻水阀关闭→冷却塔风机停止→冷却水泵停止→与制冷机组对应的冷冻水阀关闭→与冷却塔对应的冷却水阀关闭。每一个动力设备或部件从接收命令到完全开启或停止都需要一定的动作时间,因此每一个设备/部件的开启与关闭到下一个设备/部件的开启与关闭都有延时。

以某实际中型冷源系统为例,电动阀门的关闭(从全开到全关)或者开启(从全关到全开)时间一般为60秒左右,水泵与冷却塔风机的启动时间一般为30秒左右,制冷机组的启动时间(从接收到开启命令到基本稳定)为200秒左右,制冷机组的停机时间(从接收到停机命令到完全停止下来,包括润滑系统)更长一些,一般为300秒左右。该实例中,冷源系统一键开机耗时约5分30秒、一键关机耗时约9分30秒。

4. 常压热水锅炉热源系统联锁启停控制功能

当触发常压热水锅炉热源系统开启或停止指令后,热源系统按预先设置的开启顺序或停机顺序执行相关控制。热源系统启动顺序控制:一次侧电动水阀(与锅炉连接的管道上的电动阀门)开启→一次侧热水泵启动→二次侧热水泵启动。或者,二次侧热水泵启动→一次侧电动水阀开启→一次侧热水泵启动。热源系统停机顺序控制:锅炉停机→一次侧热水泵停止→一次侧电动水阀关闭→二次侧热水泵停止。同样地,每一个设备/部件的开启与关闭到下一个设备/部件的开启与关闭都有延时。

5. 报警保护功能

水冷式制冷机组冷源系统超限报警功能:当制冷机组的蒸发器低压或冷凝器高压超出设定范围时,系统会触发报警。报警信号可以在 BAS 系统中显示,也可以在现场发出,以通知工作人员及时检查并处理。

水冷式制冷机组水流开关保护功能:为了确保蒸发器的安全,当冷冻水系统的流量低于最小设定值时(此时水流开关触点会断开),制冷机组将无法启动。只有当冷冻水系统的流量恢复到大于最小设定值(水流开关触点闭合)时,制冷机组才具备启动的基本条件,此时才可以启动制冷机组。

常压热水锅炉热源系统同样配备了相应的水流开关保护与报警功能,以确保系统的安全稳定运行。

4.4.4 水冷式制冷机组冷源系统冷量控制

水冷式制冷机组冷源系统的冷量输出由制冷机组的制冷能力决定。制冷机组配备了一体化的控制柜,与之相连的建筑自动化系统通常仅控制制冷机组的开关,而制冷机组的冷量输出则由控制柜内设置的控制主板/控制器来调节。这一过程通常采用闭环反馈控制机制。控制变量主要是冷冻水的供水温度,控制方框图如图 4-20 所示。系统会根据监测的冷冻水供水温度与预设温度值进行比较,产生误差信号,并通过内置的控制算法调整输出,以调节制冷机组循环的冷媒流量。不同型号的制冷机组采用不同的控制方式。

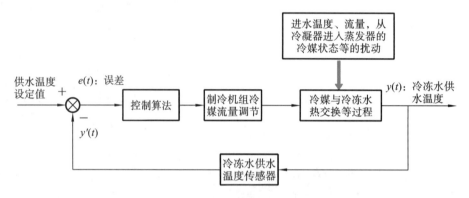

图 4-20　冷冻水供水温度控制方框图

对于往复式制冷机组,通常通过加载或卸载气缸的方式来控制出水温度,使冷冻水的出水温度维持在一个较大的范围内。对于螺杆式制冷机组,则通过调节滑块来改变冷媒流量,进而控制冷冻水的出水温度。部分螺杆式制冷机组采用多机头设计,因此也采用加载与卸载的方式来控制出水温度。对于离心式制冷机组,可通过调节进口导流叶片、进口节流或转速等方式进行容量调节。进口导流叶片的调节是在叶轮前设置多叶片的轴向或径向导流叶片,通过改变叶片角度来调整冷媒流量,从而控制冷冻水的出水温度。进口节流调节是在进口管道上安装蝶形阀,利用阀门的节流作用改变流量和进口压力,改变机器特性。这种方法多用于固定转速的大型氨离心式制冷机,且常用于制冷量变化不大的场合,但经济性较差。转速调节,即压缩机的变频调节,是另一种重要的容量调节方式,其经济性较高。

蒸发器内冷冻水与冷媒的热交换过程主要受进入水温、水流量以及蒸发器内部状态的影响。制冷机组的冷量输出可根据冷冻水的进水温度、出水温度以及水流量进行计算。当制冷机组控制供水温度达到设定值时,空调末端消耗的冷量决定了冷冻水的回水温度,这一回水温度直接决定了制冷机组的冷量输出。

制冷机组的冷冻水供水温度设定值通常通过人工在制冷机组一体化的控制柜面板上进行设置。建筑自动化系统可以通过解析制冷机组协议的方式自动设定冷冻水的出水温度,这一设定值主要影响制冷机组的工作效率。设定温度高时,制冷机组工作效率高,相同制冷量下压缩机消耗的功率减小;设定温度低时,制冷机组工作效率降低,相同制冷量下压缩机消耗的功率增加。降低制冷机组的出水温度设定值主要是为了满足空调末端的除湿需求。

部分制冷机组采用控制冷冻水回水温度的方法进行调控。

4.4.5 常压热水锅炉热源系统热量控制

热水锅炉热源系统的热量输出由锅炉的热输出所决定。锅炉通常配备有一体化的控制柜,而与锅炉相连的建筑自动化系统,其主要功能通常仅限于控制锅炉的开关。锅炉的热输出实际上是由其控制柜内设置的控制主板或控制器来进行调控的。这一过程同样采用闭环反馈控制机制。主要的控制变量是热水的供水温度,相关的控制方框图如图 4-21 所示。系统会监测热水供水温度,并将其与预设的温度值进行比较,从而产生误差信号。接着,内置的控制算法会根据这个误差信号调整输出,以调节锅炉的火力(即天然气流量),从而确保供水温度能够维持在设定的范围内。

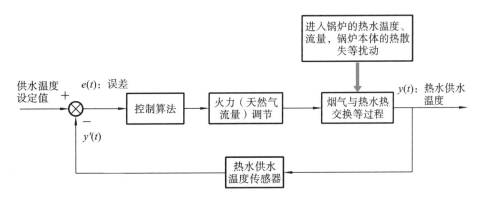

图 4-21 热水供水温度控制方框图

除了控制锅炉的开关,建筑自动化系统还能够通过解析锅炉协议的方式,对锅炉组的热水供水温度进行自动设定。不过,通常情况下,这一设定值还是需要通过人工在锅炉一体化的控制柜面板上进行设置。

4.5 通风系统监测控制

在现代建筑中,地下车库、设备机房(涵盖配电室、制冷机房、锅炉房等)、卫生间、厨房等区域,常常需要通风以排放有害气体并实现室内换气。这些区域对空气的温湿度控制要求不高,但对空气质量有着严格的要求。为了满足这些区域的空气质量控制需求,通常通过设置送风系统、排风系统,或者排风与送风补风系统相结合的方式,并结合相应的监控策略来实现。

4.5.1 监控内容

为实现上述通风目的,送风系统通常不配备冷热盘管,但会安装过滤网以过滤室外空气。部分系统还会设置送风流量状态监测功能,用以指示送风流量是否达到最低要求。此外,通常还需要设置防火阀,该阀在常态下保持开启,当温度达到 70 ℃时,温度熔断器会启动,使阀门关闭,并同时发出电信号。典型的送风系统控制原理图如图 4-22所示。

该送风系统的监测内容主要包括送风机(也称作通风机)的运行状态、手/自动模式、故障报警、过滤网压差报警、防火阀状态以及送风气流状态。

该送风系统的控制内容则主要是风机的启停控制。

各信号监控点/位,常用传感器、执行器安装位置如下。

(1)送风机运行状态监测(DI):用于实时监测送风机的工作状态。

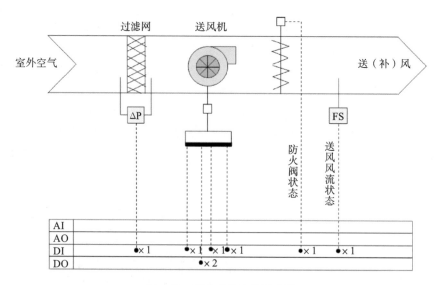

图 4-22　送风系统控制原理图

（2）送风机故障监测（DI）：用于监测送风机是否出现故障。

（3）送风机手/自动状态监测（DI）：用于监测送风机是处于手动控制还是自动控制状态。

（4）送风机开关控制（DO）：用于控制送风机的启动和停止。

（5）过滤网压差报警监测（DI）：采用压差开关来监测过滤网两侧的压差。压差开关内置无源干接点，在常态下为断开状态。当压差超过预设的限值时，该干接点会闭合，产生报警信号，该信号直接接入控制器的数字量输入通道（DI）。

（6）防火阀状态监测（DI）：防火阀通常设置在送风段。其状态输出信号可能包括无源信号、有源信号或两者兼有，这些信号直接接入控制器的数字量输入通道（DI），以实时监测防火阀的状态。

（7）送风气流状态监测（DI）：在风机出口段设置风流开关（也称为风流阀），用于监测气流的流量或通断状态。风流开关内置无源干接点，其状态输出信号直接接入控制器的数字量输入通道（DI）。

排风系统在建筑中得到了广泛应用，特别是在地下空间，有些系统还兼具排烟功能。当排风系统兼做排烟系统时，由于排烟量大于排风量，因此风机通常设计为低速和高速两挡控制。排烟风机可以选择离心风机或排烟轴流风机，且在其机房入口处通常会安装一个排烟防火阀，该阀在烟气温度超过 280 ℃时能自动关闭。排烟防火阀在正常情况下保持开启状态，一旦温度达到 280 ℃，温度熔断器就会动作，使阀门关闭，并同时发出电信号。典型的排风排烟系统控制原理图如图 4-23 所示。

该排风排烟系统的监测内容包括排风机（也称为通风机）的运行状态、手/自动状态、故障报警、排烟防火阀状态、排风气流状态以及室内空气质量状态。

该排风排烟系统的控制内容主要是对风机进行高速和低速的启停控制。

各信号监控点/位，常用传感器、执行器安装位置如下。

（1）排风机运行状态监测（DI）：用于实时监测排风机的运行状态。

（2）排风机故障监测（DI）：用于监测排风机是否出现故障。

（3）排风机手/自动状态监测（DI）：用于监测排风机是处于手动控制还是自动控制状态。

（4）排风机低速开关控制（DO）：该控制用于排风工况下风机的启停，即实现风机的低速运行。

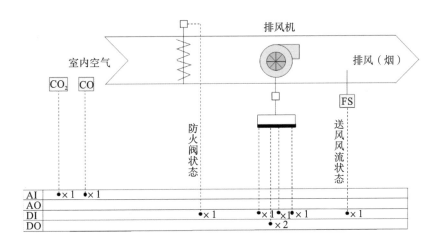

图 4-23　排风排烟系统控制原理图

（5）排风机高速开关控制（DO）：该控制用于排烟工况下风机的启停，即实现风机的高速运行。

（6）排烟防火阀状态监测（DI）：排烟防火阀通常设置在排风机的入口端或机房入口处。其状态输出信号可能包括无源信号、有源信号或两者兼有，这些信号直接接入控制器的数字量输入通道（DI），以实时监测排烟防火阀的状态。

（7）排风气流状态监测（DI）：用于监测排风系统的气流状态。

（8）室内空气质量状态监测（AI）：部分系统设置了 CO_2 浓度传感器。但对于地下车库而言，通常设置 CO 传感器，一方面用于监测室内的 CO 浓度；另一方面通过 CO 浓度的测量来控制通风工况下风机的启停。传感器的模拟输出信号接入控制器的模拟量输入通道（AI）。另外，有些系统也采用浓度开关，其开关状态输出信号直接接入控制器的数字量输入通道（DI），用于触发排风机的启停。

不同类型的送排风系统具有不同的功能与控制方式，因此，在实际工程中，我们应该根据具体情况来设计监控点位。

4.5.2　基本运行控制

送风系统与排风排烟系统的基本运行控制涵盖了远程手/自动状态切换、定时开关机以及报警保护等功能。

1. 远程手/自动状态切换功能

送风系统与排风排烟系统的控制柜均配备了本地手/自动旋钮。BAS 系统的操作软件则具备远程手/自动切换的能力，当选择远程手动运行时，可以远程手动操控风机的启停；而选择自动运行时，系统则能按照预设的时间表及控制逻辑自动管理风机的启停。

2. 定时开关机功能

BAS 系统能够根据预先设定的运行时间表，精准地控制送风机或排风机的启停。

3. 报警保护功能

送风系统特别设置了过滤网压差超限报警功能。

4.5.3　环境控制与节能调控

对于送风系统而言，采用间歇式运行方式不仅可以满足室内空气质量控制的需求，还能有效降低风机的能耗。

我们可以通过计算通风换气次数来确定风机的运行时间,并在控制器中设置相应的程序,以实现对风机间歇式运行的精确控制。

对于排风系统,特别是在地下车库中,通过监测车库内的 CO 浓度来控制排风机的运行,可以显著降低排风机的电能消耗。当监测到的 CO 浓度低于设定的下限值时,排风机将停止运行;而当浓度高于设定的上限值时,排风机则会启动进行排风。在某些情况下,排风系统需要配备机械送风系统进行补风,此时送风系统与排风系统应相互关联,以确保有效的补风操作。

4.6 给排水系统监测控制

"建筑给排水"是建环专业的一门选修课程,在众多实际工程设计、施工与管理项目中,建筑给排水方面的工作往往也由建环专业的工程师来承担。建筑给排水系统由建筑给水系统和建筑排水系统两大部分构成。建筑给水系统负责将城镇给水管网或自备水源的水引入室内,通过配水管网输送到生活、生产和消防等各类用水设备,并满足各用水点对水量、水压和水质的具体要求。而建筑排水系统则主要负责排除居住建筑、公共建筑和生产建筑内的污水。给排水系统的核心任务是满足建筑内生产、生活的冷热水需求、排水需求,以及对废水进行处理和综合利用。

一般建筑物的给排水系统涵盖了生活给水系统、生活排水系统和消防给水系统,它们都是楼宇自动化系统重要的监控对象。鉴于消防给水系统与火灾自动报警系统、消防自动灭火系统之间存在紧密的联系,国家技术规范明确要求消防给水应由消防系统实行统一控制管理。因此,消防给水系统的控制交由消防联动控制系统负责。

对于城市管网而言,监测其压力分布与流量计量(可采用具有脉冲输出的水表,对这些脉冲进行计数,即可获取瞬态和累计水量)至关重要,这有助于及时发现可能的漏水现象和确定漏水点的大致位置,从而迅速报警并通知维修。

建筑给排水监测控制系统的目标在于:一是确保建筑内部用水的安全可靠供应和污水的及时排放;二是实现给排水系统的科学高效管理,促进水电资源的节约利用。

建筑给排水监测控制系统的主要功能包括:一是通过控制系统实时监测系统中的各类水位、水泵工作状态和管网压力;二是根据实际需求控制水泵的运行方式、数量和相应阀门的动作,以实现需水量与供水量之间的平衡、污水的及时排放等,从而确保水泵的高效、低耗运行,达到经济运行的目的。

本节将重点介绍建筑内与水泵紧密相连的给水系统和排水系统的监测控制技术。

4.6.1 高位水箱给水系统自动监控

现代建筑中常见的生活给水系统主要包括以下三种给水方式:水泵直接给水方式、高位水箱给水方式以及气压罐压力给水方式。

图 4-24 展示了高位水箱给水系统原理图。该系统由蓄水池、生活水泵和高位水箱等关键组件构成。该系统会根据建筑物的层数进行合理的纵向分区。对于低楼层(通常建筑高度为 15～18 m),直接利用城市给水管网的水压进行供水;而对于中高楼层,则采用蓄水池、水泵和高位水箱联合加压供水的方式。图 4-25 为高位水箱给水系统控制原理图。在高位水箱内部,一般会设置四个液位开关,它们分别用于检测溢流报警水位、停泵水位、启泵水位以及低限报警水位。生活水泵会根据高位水箱的液位情况,从蓄水池中抽水。蓄水池则从城市管网进水,其进出水口通常安装有浮球阀,以实现进水的机械控制。为了保障系统的稳定运行,通常会配置多台水泵,当其中一台水泵出现故障时,备用水泵能够立即投入使用。此外,为了延长各水泵的使用寿命,通常会要求水泵的累计运行时间尽可能保持均衡。

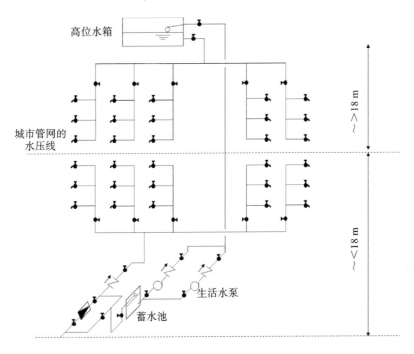

图 4-24　高位水箱给水系统原理图

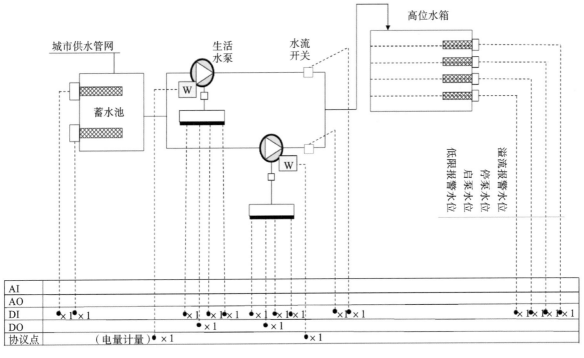

图 4-25　高位水箱给水系统控制原理图

4.6.1.1　监控内容

高位水箱给水系统的主要监测内容包括：生活水泵的运行状态、故障状态、手/自动状态，蓄水池的低限水位、溢流水位，高位水箱的低限报警水位、溢流报警水位、生活水泵启动水位、生活水泵停止水位，以及水流开关的状态和生活水泵的电耗等。

高位水箱给水系统的控制内容则主要是对生活水泵进行启停控制。

各信号监控点/位,常用传感器、执行器安装位置如下。

(1) 生活水泵开关控制:控制器的数字量输出通道(DO)负责向生活水泵配电箱(控制柜)的接触器控制回路发送控制信号。

(2) 生活水泵运行状态监测:生活水泵配电箱(控制柜)内的接触器辅助触点接入控制器的数字量输入通道(DI),用于实时监测水泵的运行状态。

(3) 生活水泵故障报警:生活水泵配电箱(控制柜)中的热继电器触点接入控制器的数字量输入通道(DI),当水泵出现故障时,该触点会闭合,向控制器发送故障报警信号。

(4) 手/自动状态选择:生活水泵配电箱(控制柜)面板上的手/自动旋钮触点接入控制器的数字量输入通道(DI)。旋钮处于手动挡位时,水泵的启停操作需通过配电箱(控制柜)面板上的启停按钮进行;旋钮处于自动挡位时,水泵的启停则由控制器自动控制,此时手动控制功能失效。

(5) 水流开关状态监测(DI):水流开关配置无源干接点,常态下为断开状态(即常开触点)。其输出信号直接接入控制器的数字量输入通道(DI),用于监测水流状态。

(6) 启泵水位开关(DI):水位开关同样配置无源干接点,常态下为断开状态(即常开触点)。其输出信号直接接入控制器的数字量输入通道(DI)。当高位水箱液面低于启泵水位时,启泵水位开关闭合,触发控制器启动生活水泵向高位水箱供水。

(7) 停泵水位开关(DI):当高位水箱液面高于停泵水位时,停泵水位开关闭合(或根据设计可能断开),触发控制器停止生活水泵的供水操作。

(8) 低限报警水位开关(DI):当高位水箱液面持续低于启泵水位且水泵未及时启动,用户继续用水导致水位进一步下降,达到低限报警水位时,低限报警水位开关闭合,控制器随即发出报警信号,提醒工作人员及时处理。

(9) 溢流报警水位开关(DI):当高位水箱液面高于正常水位且水泵未停止供水导致水流溢出时,溢流报警水位开关闭合,控制器立即发出报警信号,提醒工作人员进行干预。

(10) 蓄水池高位水位开关(DI):蓄水池内的水位开关干接点输出信号直接接入控制器的数字量输入通道(DI),用于实时监测蓄水池的高位水位。

(11) 蓄水池低位水位开关(DI):蓄水池内的水位开关干接点输出信号同样直接接入控制器的数字量输入通道(DI),用于实时监测蓄水池的低位水位。

(12) 生活水泵电量监测(协议点):通常将电量仪装设在控制柜中,通过通信协议(如 Modbus 协议)与控制器或其他装置进行通信,以获取生活水泵的耗电信息,主要包括累计耗电量和瞬时消耗功率。

4.6.1.2 基本控制

高位水箱生活给水系统的基本运行控制涵盖了远程手/自动状态切换及报警保护等核心功能。

1. 远程手/自动状态切换功能

生活水泵的控制柜装备了本地手/自动旋钮,同时,BAS 系统的操作软件也具备远程手/自动切换功能。在远程手动运行模式下,操作人员可以远程手动控制生活水泵的启停;而在自动运行模式下,系统则会根据预设的时间表及控制逻辑来自动控制水泵的启停。

在自动控制状态下,生活水泵的启停是基于高位水箱的启泵水位开关及停泵水位开关的状态来实现的。当水箱水位达到启泵水位时,水泵启动;当水位降至停泵水位时,水泵停止。

2. 报警保护功能

当高位水箱的液面水位降至低限报警水位时,控制器会立即发出报警信号,以提醒工作人员注意。同样地,如果当高位水箱液面高于启泵水位时,水泵未能及时停止,导致水流继续流入并溢出水箱,控制器也会发出报警信号。一旦接收到这些报警信号,工作人员应迅速响应并采取相应的处理措施。

4.6.2 恒压给水系统自动监控

恒压给水系统主要由定压补水泵和气压罐等组件构成。该系统利用密闭储罐内空气的可压缩性,以保持供水压力的稳定性。其功能与高位水箱相似,但两者在控制信号上存在差异:高位水箱的控制信号是基于上下限水位来设定的,而气压罐的控制信号则是基于上下限压力来设定的。图 4-26 为压力式恒压给水系统控制原理图。

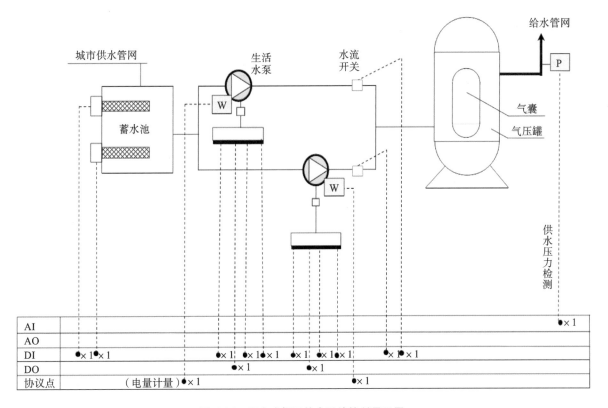

图 4-26　压力式恒压给水系统控制原理图

4.6.2.1 监控内容

恒压给水系统的主要监测内容包括生活水泵的运行状态、故障状态、手/自动状态,以及气压罐的压力值和水泵的水流开关状态等。其控制内容则主要是对生活水泵进行启停控制。

各信号监控点/位,常用传感器、执行器安装位置如下。

(1)生活水泵开关控制(DO):通过控制器的数字量输出通道(DO)实现。

（2）生活水泵运行状态（DI）：生活水泵的运行状态信号通过数字量输入通道（DI）接入控制器。

（3）生活水泵故障报警（DI）：生活水泵的故障报警信号同样通过数字量输入通道（DI）接入控制器。

（4）手/自动状态（DI）：手/自动状态的切换信号通过数字量输入通道（DI）传送给控制器。

（5）水流开关状态监测（DI）：水流开关的状态信号通过数字量输入通道（DI）进行监测。

（6）气压罐压力测量（AI）：压力传感器负责测量气压罐的压力值，其输出信号直接接入控制器的模拟量输入通道（AI）。

（7）蓄水池高位水位开关（DI）：蓄水池的高位水位信号通过数字量输入通道（DI）接入控制器。

（8）蓄水池低位水位开关（DI）：蓄水池的低位水位信号同样通过数字量输入通道（DI）接入控制器。

（9）生活水泵电量监测（协议点）：电量仪通常通过通信协议（如 Modbus 等）与控制器或其他监测设备进行数据交换，以获取电量信息。

4.6.2.2　基本控制

恒压给水系统的基本运行控制涵盖了远程手/自动状态切换功能。生活水泵的控制柜配备了本地手/自动旋钮，以便在自动运行模式下，系统能依据预设的控制逻辑自动启停水泵。当气压罐的测量压力降至水泵启动的压力下限时，水泵即启动供水，其中一部分直接供给用户，另一部分则注入气压罐中。随着罐内水位的上升，空气被压缩，压力随之增大；而当气压罐的测量压力达到水泵停止的压力上限时，水泵停止供水，此时气压罐承担起向用户供水的任务，罐内水量逐渐减少，空气膨胀，压力逐渐降低。当压力再次降至下限值时，水泵会重新启动，如此循环往复，确保持续供水。

通常，恒压供水装置作为成套产品供应，其内部设有独立的控制装置，并配备有对外通信接口，以便与建筑自动化系统（BAS）进行通信，实现远程监测与控制。

此外，也有采用水泵直接供水的方式。为避免水泵大水量不均衡供水对城市管网造成冲击，通常在给水泵前设置缓冲水池。这种供水系统往往结合使用恒速泵与变频调速泵，即根据终端用户的实际用水量，灵活调整恒速泵的运行台数以及变频调速泵的转速，以满足用户的用水需求。其中，调速泵的转速调节是通过变频器来实现的。该系统通常会在水泵出口处安装压力传感器，用于实时监测管网压力，控制器则根据这一监测值与预设值的偏差，对水泵转速进行精确控制，以确保管网压力始终维持在设定的范围内。

4.6.3　排水系统自动监控

地上建筑的排水系统设计相对简单，主要依赖污水的重力作用，使污水沿排水管道自然流入污水井，并最终汇入城市排水管网。相比之下，地下建筑物的污水排放机制则有所不同。通常，地下污水会被集中收集到污水集水坑（或污水池）中，随后通过污水泵排放至地面的排水系统。排水系统监控原理图如图 4-27 所示。

为了确保各污水池的水位维持在正常范围内，系统需要监测污水池的水位，并据此控制污水泵的启停。然而，直接且准确地测量污水池的水位往往较为困难。因此，一种常见的做法是在污水池的底部和上部位置分别安装水位开关。当水位上升到上部位置时，系统会自动启动污水泵；而当水位下降至底部位置时，污水泵则会停止工作。此外，为了应对某些异常情况，有时还会在更高的位置增设一个水位过高报警开关。一旦水位异常升高且污水无法及时排出，该报警开关就会发出警报信息，以提醒相关人员及时处理。

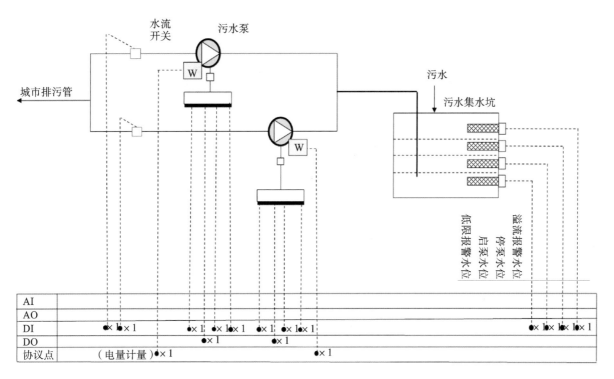

图 4-27　排水系统监控原理图

4.6.3.1　监控内容

排水系统的主要监测内容包括污水泵的运行状态、故障状态、手/自动状态,污水集水坑的低限报警水位、溢流报警水位、污水泵启动水位、污水泵停止水位、水流开关的状态以及污水泵的电耗等。

排水系统的控制内容主要是污水泵的启停控制。

各信号监控点位及其对应的传感器、执行器安装位置概述如下。

(1)污水泵开关控制(DO):通过控制器数字量输出通道(DO)连接至污水泵配电箱(或控制柜)的接触器控制回路,实现开关控制。

(2)污水泵运行状态(DI):污水泵配电箱(或控制柜)的接触器辅助触点接入控制器数字量输入通道(DI),用于监测污水泵的运行状态。

(3)污水泵故障报警(DI):污水泵配电箱(或控制柜)内的热继电器触点接入控制器数字量输入通道(DI),用于检测污水泵的故障并发出报警信号。

(4)手/自动状态(DI):生活水泵配电箱(或控制柜)面板上的手/自动旋钮触点接入控制器数字量输入通道(DI),用于监测水泵的手/自动状态。

(5)水流开关状态检测(DI):水流开关设置无源干接点,常态下为断开状态(常开触点),其输出信号直接接入控制器数字量输入通道(DI)。

(6)气压罐压力测量(AI):压力传感器的输出信号直接接入控制器模拟量输入通道(AI),用于实时监测气压罐的压力。

(7)污水泵电量监测(协议点):将电量仪装设在污水泵控制柜中,通过通信协议(如 Modbus)与控制器或其他装置通信,获取累计耗电量和瞬时消耗功率等信息。

(8)启泵水位开关(DI):水位开关设置无源干接点,常态下为断开状态(常开触点),其输出信号直接接入控制器数字量输入通道(DI)。当水位达到启泵水位时,触发信号以启动污水泵。

(9)停泵水位开关(DI):同样设置无源干接点,用于在达到停泵水位时向控制器发送信号,停止污水泵的运行。

(10)集水坑低限报警水位开关(DI):水位开关干接点的输出信号直接接入控制器数字量输入通道(DI),用于监测集水坑的低限水位并发出报警信号。

(11)集水坑溢流报警水位开关(DI):同样设置无源干接点,用于在集水坑水位达到溢流报警水位时向控制器发送报警信号。

4.6.3.2 基本控制

排水系统的基本运行控制涵盖了远程手/自动状态切换与自动运行及报警保护等功能。

1. 远程手/自动状态切换与自动运行功能

排水系统的基本运行控制包括远程手/自动状态切换。污水泵的控制柜配备了本地手/自动选择旋钮。在自动运行模式下,系统能够依据预设的控制逻辑自动调控污水泵的启动与停止。

在自动运行模式下,控制器会根据液位开关的监测信号来操控污水泵的启动与停止。具体而言,当集水坑的液面达到启泵(高)水位时,控制器会自动启动污水泵进行排水作业,直至集水坑的液面下降。而当集水坑的液面降低至停泵(低)水位时,控制器会发出信号,自动停止污水泵的运行。

2. 报警保护功能

当集水坑的液面达到启泵(高)水位而水泵未能及时启动,且液面继续上升至最高报警水位时,控制器将发出报警信号,以提醒值班工作人员迅速采取措施。同样地,当集水坑的水位降至停泵(低)水位而水泵仍未停止运行,导致集水坑水位进一步下降至低限水位时,控制器也会发出报警,提示工作人员及时处理以避免水泵受损。

在采用污水泵并联方式的排水系统中,水泵之间通常互为备用。一旦某台水泵发生故障,备用水泵会自动投入运行,以确保排水系统的正常运转。为了延长各水泵的使用寿命,通常要求水泵的累计运行时间尽可能均衡。因此,在每次启动系统时,应优先启动累计运行时间最短的水泵。此外,自动控制系统还应具备自动记录设备运行时间的功能。

4.7 照明系统监测控制

4.7.1 照明基本组件

照明系统通常由进户线、总配电箱、干线、分配电箱、支线以及用电设备(如灯具、插座等)构成。照明设备的基本组件包括灯具、镇流器、调光镇流器(或称调光器)等。

不同的灯具在光效、照度、耗电量等方面存在显著差异,因此其节能效益也各不相同。光源种类繁多,其中包括热致发光电光源(如白炽灯)、气体放电发光电光源(如卤钨灯、荧光灯)以及固体发光电光源(如 LED 灯)。

镇流器(ballast)是放电灯工作的必需元件,它可以通过控制灯管电流强度来实现调光功能。镇流器主要分为电磁镇流器和电子镇流器两大类。电磁镇流器利用电磁感应原理为气体电离灯管提供启动及工作所需的电压,但由于其只能改变电流强度而无法改变输入电源的频率,因此灯管会在输入电源的每半个周期内发光,导致荧光灯和氙灯等出现闪烁现象。而电子镇流器作为更先进的产品,使用固态电子线路来改变电压,并能同时改变输入电源的频率,从而极大地减弱或消除了灯光闪烁的现象。

调光镇流器(dimmer)则根据接收到的控制信号来改变通过灯管的电流,以达到逐步减少灯管光量输出的目的。调光镇流器可以分为模拟电子调光镇流器和数字电子调光镇流器两类,其中应用最广泛的是以 0～10 VDC 作为控制输入的调光镇流器。这两种镇流器都可以根据输入的控制指令来调节灯光的输出强度,其中数字调光镇流器能提供更好的控制性能。

调光镇流器(或称调光器)还可以按照控制方式和使用场合进行分类。按控制方式可分为电阻调光器、调压调光器、磁放大电抗调光器和电子调光器;按使用场合则可分为民用调光器、影视舞台调光器、机场灯光调光器和昼光综合控制系统等。民用调光器通常用于家庭、办公室、会议室、学校、走廊等场合,具有线路简单、价格低廉、性能要求不高的特点。常见的如台灯、吊灯上装的调光器,能够满足人们在不同工作环境下对光线的需求,达到舒适、卫生和节能的目的。

随着计算机技术的飞速发展,数字调光控制系统已经广泛应用于剧场、演播室等领域,并逐步取代了传统的调光控制方式。数字调光器主要由调光元件和控制组件构成,其中调光元件主要采用晶闸管或固态继电器,而控制组件则主要采用单片机或微处理器,负责同步信号的采集、调光元件的移相触发控制以及与操控台的数字通信,接收并处理来自操控台的数字调光信号,即当前每个调光器应有的亮度数据。

4.7.2　传感器与控制元件

要实现智能照明,首要步骤是通过传感装置精确获取相关数据。针对不同的照明应用场景,需选用适宜的传感器,以确保数据采集既准确又全面。

光照度传感器亦称光传感器,如图 4-28(a)所示,它利用电子元器件将可见光转换为电信号,是照明控制系统的核心组件。光传感器能为控制器提供模拟信号(0～10 V)或二进制数字信号。部分先进的光传感器还作为智能传感器配备了通信接口,能够将测量结果通过控制网络传送至控制单元。此外,光传感器还能被设计为简单的灯具控制器,根据光照强度、天气状况、时间段及地理位置自动调控 LED 照明灯具的开关,主要用于补偿或利用自然光。当自然光充足时,电灯将关闭,反之

(a) 光照度传感器　　　　　(b) 红外传感器

图 4-28　光照度传感器与红外传感器

则开启。这种方式既能利用自然光在室内营造光影与色温变化,又能确保照度稳定在一定范围内,维护室内光环境的和谐。

红外传感器如图 4-28(b)所示,其基于红外感应技术进行数据处理,通过探测人体发射的红外线实现功能。当有人进入探测范围,人体红外辐射经环境聚焦后,被传感器的热释电元件接收并转化为温度变化,进而释放电荷,触发相应的照明智能控制,实现人来灯亮。红外传感器属于被动型温度敏感器件,对环境温度要求不高,具有高灵敏度、宽光谱效应、小巧美观、安装便捷等特点,能够轻松实现智能响应、节能减排、延长使用寿命等功能,因此在照明行业得到广泛应用。红外传感器通常输出直流信号(如 4～20 mA)或通信信号(如 MODBUS-RTU)。

此外,还有声控传感器、微波感应传感器、超声波传感器等,如图 4-29 所示。声控传感器是集传感与执行功能于一体的装置,由声音控制传感器、音频放大器、选频电路、延时开启电路及可控硅控制电路等组成,广泛应用于楼道及

公共照明场所。微波感应传感器基于多普勒效应原理设计,以非接触方式探测物体移动,并据此产生开关操作。超声波传感器则利用超声波的纵向振荡特性及无视觉盲区、不受障碍物干扰等特点进行物体移动检测。然而,由于超声波传感器灵敏度高,易受空气振动、通风采暖制冷系统及邻近空间运动等因素影响而产生误触发,因此需定期校准。

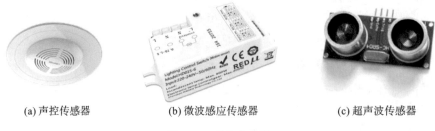

(a) 声控传感器　　　　(b) 微波感应传感器　　　　(c) 超声波传感器

图 4-29　其他传感器

光照度传感器、红外传感器等各类传感器均可与 LED 照明灯具组成智能控制系统。传感器将采集的物理量信号转换为电信号,通过 A/D 转换器、控制器、D/A 转换器进行智能化处理,从而控制 LED 照明灯具的开关。同时,可在控制器上设定各种控制参数,如 LED 灯的开关时间、亮度、显色性及色彩变换等,以实现智能照明控制的目标。

4.7.3　照明控制器

照明控制器是一种内含微处理器的调光设备,能够对日常生活和工作环境的灯光进行精确的控制和调节。它相当于一个集成了多路调光功能的开关,既适用于弱电控制,也支持强电供电。在控制器上,用户可以设置显示屏来显示单个回路或光区的照明亮度,还能设置操作窗口和滚动菜单。此外,用户可以自行预设光亮度、场景模式、淡入淡出效果以及时间等参数,并将其存储起来。调用时,通过一个按键(替代了传统的多路照明开关)即可满足各种需求。同时,该控制器还支持通过计算机通信接口接入建筑自动化管理系统。

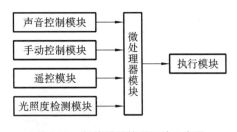

图 4-30　智能照明控制系统示意图

智能照明控制器内置主控芯片,结合了外围遥控模块、光照度检测模块、时间控制模块、声音控制模块以及驱动模块等,实现了对 LED 灯的智能照明控制,如图 4-30 所示。该控制器能够根据光照度(自动区分白天和黑夜)和声音来自动控制灯光的亮度或开关状态,也可以通过预设的程序实现自动控制、遥控操作或手动按键控制灯光强度和开关。智能照明控制器同样支持通过计算机通信接口接入建筑自动化管理系统。

4.7.4　照明监测控制

在现代建筑中,照明用电量仅次于空调用电量,成为建筑总用电量的重要组成部分。在保证照明质量的同时节约能源,是照明系统控制的核心任务。照明系统通常由照明装置、电气设备(如空气开关、配电箱等)构成。照明系统的常用控制方式列举如下:

(1) 拨动开关控制方式(常用)。这种方式通过一套开关来控制一套或数套灯具。然而,它存在线路烦琐、维护量大、线路损耗高等问题,难以实现舒适照明,通常应用于一般家庭或办公楼的照明控制。

(2) 断路器控制方式。该方式使用断路器来控制一组灯具,具有控制简单、投资少的优点。但由于控制的灯具数量较多,容易导致大量灯具同时开关,难以实现有效的节能管理,常见于地下车库照明。

（3）定时控制方式。这种方式利用定时器来控制灯具的开关,适用于按时间规律点亮的灯具,如路灯等。

（4）光电感应控制方式（节能）。该方式通过测定工作面的照度并与设定值进行比较,来控制照明开关,从而最大限度地利用自然光,达到节能的目的。它适用于采光条件良好的场所。

（5）智能控制方式（节能）。这种方式采用传感器来检测照明区域是否有人员活动以及自然光的强弱,进而控制照明灯具的开启、关闭或调节照明强度。

对于大型公共建筑,根据照明的功能,照明监控可以分为走廊、楼梯等公共区域照明监控,室内办公照明监控,室外景观照明监控以及事故应急照明监控等几类。照明自动化监控系统的主要监测和控制内容涵盖以下几个方面。

（1）监测照明设备的工作状态。系统能够监测各照明回路的开关状态,有时会对主要回路进行电量监测,以便通过楼宇自动化系统（BA 系统）全面了解整个照明系统的运行状态。

（2）对照明设备进行集中管控,以实现照明灯具的自动开启和关闭,满足照明设计的要求,营造出令人满意的视觉效果。集中管控的具体措施包括:①根据场景对照明回路进行分组控制,即在不同场景下开启或关闭不同的灯具;②按照预先设定的时间表对部分灯具进行定时启停控制;③通过场景和时序控制的结合,使建筑内外在不同场景下呈现出不同的采光效果,营造出不同的光照环境,以适应建筑物内外开展的各种活动。

（3）对照明设备进行智能控制,以达到节能的目的。常用的智能控制策略包括:①根据室内照度自动调节灯具的开关和亮度;②通过声响、运动或红外传感器检测室内是否有人,在无人时自动关闭照明,有人时则自动开启灯具并调节至适当的照度。

照明系统监控原理图如图 4-31 所示。

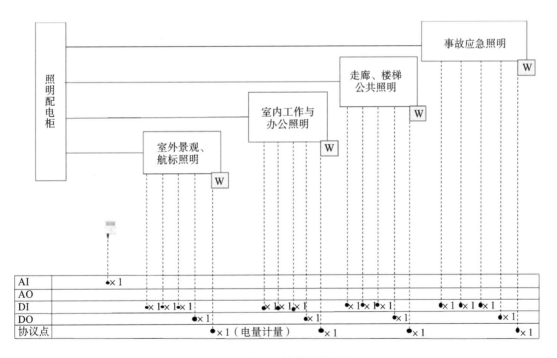

图 4-31 照明系统监控原理图

对于室外景观照明,监控点位设置如下。

（1）景观照明电源手/自动状态（DI）:该状态通过设置在景观照明控制箱内的手/自动旋钮进行设定。

（2）景观照明电源运行状态（DI）:通过景观照明电源接触器的辅助触点接入控制器数字量输入通道（DI）进行

监测。

（3）景观照明电源故障状态（DI）：同样利用景观照明电源接触器的辅助触点，接入控制器数字量输入通道（DI）进行故障监测。

（4）景观照明开关（DO）：景观照明的开关控制信号从控制器数字量输出通道（DO）输出至景观照明的控制回路。

（5）室外自然光照度测量（AI）：自然光（照度）传感器连接至控制器模拟输入通道（AI），该测量信号可用于实现景观照明的自动开关控制。

对于航标照明，监控点位设置如下。

（1）航标照明电源手/自动状态（DI）：该状态通过设置在航标照明控制箱内的手/自动旋钮进行设定。

（2）航标照明电源运行状态（DI）：进行实时监测。

（3）航标照明电源故障状态（DI）：进行故障监测。

（4）航标照明开关控制（DO）：实现开关控制功能。

楼层事故照明的监控点位设置与航标照明相同。而楼层公共照明的监控点位设置则与室外景观照明类似，同样可以进一步利用室外自然光照度测量来实现公共照明的自动开关控制。

4.7.5　照明控制协议与应用系统

上述照明系统的监控通常是通过建筑自动化系统的控制器（含照明控制器）来实现的，亦可采用专用的照明智能控制系统来完成控制任务。当前市场上已有多种品牌的照明控制产品可供选择。值得注意的是，部分照明控制产品是作为建筑自动化系统（BA系统）的子系统，由BA系统生产厂家开发的，与BA系统设备具有较好的兼容性。而另一些照明控制系统则是由电器生产商研发的，这类系统往往缺乏标准通信接口，若需要并入BA系统，则须配备协议转换设备和进行二次软件开发。KNX协议、DMX 512协议与DALI协议是在照明控制系统中广泛应用的两种标准协议。

KNX协议是一种开放标准的通信协议，专门用于建筑自动化和控制领域，广泛应用于各类建筑和场所，涵盖建筑内的数据通信、音视频集成、楼宇自动化、智能家居等多个方面。

DMX 512协议主要应用于舞台照明及特殊照明效果的控制。DMX代表digital multiplex（多路数字传输），数据以串行方式传输，最多可控制512个通道，每个通道包含8位（即256级）受控状态。

DALI协议则多用于建筑照明系统。该协议即数字式可寻址照明控制接口协议（digital addressable lighting interface，DALI），是一个非专有标准，旨在满足智能化照明控制的需求。它定义了现代电子镇流器与控制模块之间数字化通信的接口标准，通过数字化控制方式调节荧光灯的输出光通量。DALI接口通信协议编码简洁明了，通信结构稳定可靠。在DALI系统中，管理层与监控层采用RS-485通信，监控层与现场层则采用DALI通信。DALI协议的主要电气特性包括：采用异步串行通信协议，信息传送速率为1200 bit/s，半双工双向编码，通信传输由主控单元控制，最多可连接64个从控单元，且每个单元均可独立编址。DALI系统具有分布式智能模块，每个智能化DALI模块均具备数字控制和数字通信能力，地址和灯光场景信息等均存储在各个DALI模块的存储器内。通过DALI总线，DALI模块能够进行数字通信、传递指令和状态信息，实现灯的开关、调光控制及系统设置等功能。DALI协议基于主从式控制模型构建，控制人员可通过主控制器对整个系统进行操作。通过DALI接口连接到2芯控制线上，荧光灯调光控制器（作为主控制器）可对每个镇流器（作为从控制器）进行单独寻址，因此调光控制器能够调节连接在同一条控制线上的每个荧光灯的亮度。基于DALI协议的智能照明控制系统具有操作简便、稳定可靠、功能卓越等特点。

图 4-32 展示了 DALI 应用的基本结构,每盏灯都与一个数字接口相匹配,例如电子镇流器。控制元件(如按钮面板)和感应元件(如人员感应传感器)通过一根电缆(或双绞线)单独连接到相关的控制接口或控制器上。这样,单个控制元件便能控制单盏或一组特定的灯具。

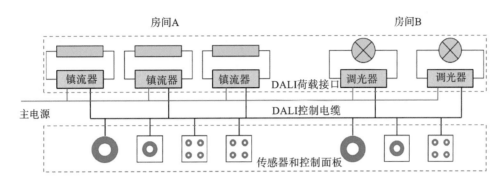

图 4-32 DALI 应用的基本结构示例

对于大型照明控制系统,还需要其他网络技术(如 LonWorks、BACnet、EIB 或 Ethernet/IP)的支持。根据网络兼容性和互操作性的需求,照明控制系统与其他建筑自动化系统可以在子网络层次或更高层次上进行集成。

4.8 电梯系统监测控制

电梯是现代建筑,尤其是高层建筑中不可或缺的垂直交通工具,包括直升电梯和自动扶梯。根据用途的不同,电梯又可进一步细分为普通客梯、观光梯以及货梯等类型。电梯系统是建筑自动化系统中一个基本的监控对象。当前,电梯产品均已配备了完整的监测、控制、调度与保护系统。每台电梯都装有自己的控制箱,用于控制电梯的运行状态,如行驶方向(上/下)、加/减速操作、制动过程、停止定位、轿厢门的开/闭操作以及超重监测报警等功能。在拥有多台电梯的建筑中,通常会配备电梯群控系统,以实现多部电梯之间的协调运行和优化控制。

建筑自动化系统(BAS)的主要功能是对电梯的运行状态及相关情况进行监视。仅在特殊情况下,例如发生火灾等突发事件时,BAS 才会对电梯进行必要的控制操作。

电梯系统的监控原理图如图 4-33 所示,该系统用于监测电梯当前的升/降/停状态、电量消耗以及各种故障报警信号。以客梯为例,监控的主要内容具体包括:

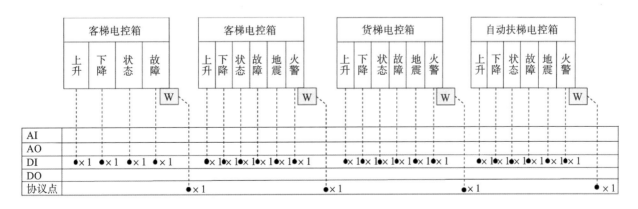

图 4-33 电梯系统的监控原理图

(1) 电梯停止状态(DI)。

（2）电梯上升运行状态（DI）。

（3）电梯下降运行状态（DI）。

（4）电梯报警信号（DI）。

（5）电梯电量监测（通过协议点实现）。

（6）电梯的运行控制（DO）。在突发灾害发生时，根据疏散需求，系统能够控制电梯停止运行。对于扶梯而言，系统能够控制所有扶梯按照疏散所需的方向进行运行。

由于电梯产品通常配备有独立的控制系统，并且大多数产品具备对外通信的能力，因此，对于建筑自动化系统（BA系统）而言，其核心任务是与电梯产品的控制器建立数据通信，以便实时获取其运行状态，并发送升、降、停等控制指令。对于那些不具备通信功能的电梯，BA系统则可以通过其控制器，利用电信号从电梯的电控箱中采集相关的状态信号。但需要注意的是，这种方式所能获取的信号种类相对有限，通常仅限于电梯的上升、下降等基本的运行状态信号，以及故障、地震或火灾等报警信号。

4.9　变配电系统监测控制

变配电系统是建筑物最为关键的能源供给系统，它负责将城市电网提供的电能进行变换、分配，并供给建筑物内的各类用电设备。变配电设备是现代建筑物不可或缺的基础设施之一。根据供电电压的不同，变配电系统通常被划分为高压段和低压段两部分。以建筑物（或建筑群）的变压器为界，变压器的一次侧连接的是6～10 kV（在大型工程中，一次侧电压可能更高）的高压线路，被称为高压段；而变压器的二次侧则输出380/220 V的电压，被称为低压段。

为确保建筑物内用电设备的稳定运行，供电的可靠性至关重要。同时，电力供应的管理以及设备的节能运行也离不开对供配电设备的有效监控与管理。因此，变配电系统自然成了建筑自动化系统中一个基本的监控对象。其主要监控对象涵盖了高压系统、低压系统、变压器、备用发电机系统等的相关设备。

图4-34展示了一个典型的变配电系统控制原理图。该系统的主要监控内容包括：系统和设备的状态监测，系统电流、电压、功率等参数的实时监测，以及变压器温度、变配电柜内温度等关键信息的监控。

各信号监控点位及其位置详细说明如下。

（1）高压进线柜真空断路器通断状态（DI）：此状态通过高压断路器的辅助触点进行监测。辅助触点为干接点类型，其输出的信号直接接入控制器的数字量输入通道（DI）。

（2）高压进线柜真空断路器故障状态（DI）：同样利用高压断路器的辅助触点进行故障状态的监测。

（3）高压进线电压（AI）：采用电压变送器（或互感器）进行监测，其模拟输出信号直接连接到控制器的模拟量输入通道（AI）。

（4）高压进线电流（AI）：使用电流变送器（或互感器）进行电流监测，模拟输出信号同样直接接入控制器的模拟量输入通道（AI）。

（5）高压联络柜母线联络断路器开关状态（DI）：通过断路器的辅助触点（干接点）监测其开关状态，并将信号直接送入控制器的数字量输入通道（DI）。

（6）高压联络柜母线联络断路器故障（DI）：利用断路器的辅助触点（干接点）监测故障状态，信号直接接入控制器的数字量输入通道（DI）。

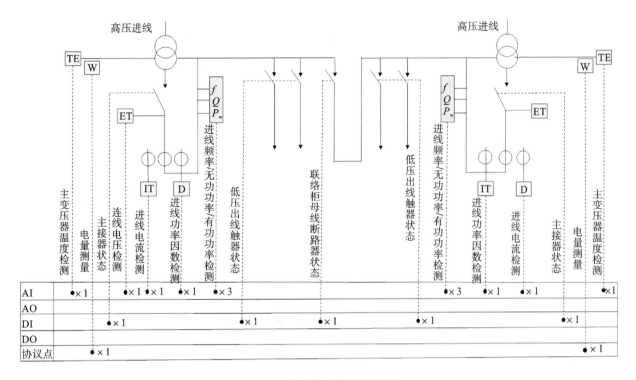

图 4-34　变配电系统控制原理图

(7) 变压器温度(AI):采用温度传感器进行温度监测,温度传感器的模拟输出信号直接连接到控制器的模拟量输入通道(AI)。

(8) 低压进线柜断路器状态开关状态(DI):通过断路器的辅助触点(干接点)监测其状态,并将信号直接送入控制器的数字量输入通道(DI)。

(9) 低压进线电压(AI):使用电压变送器(或互感器)进行电压监测,模拟输出信号直接接入控制器的模拟量输入通道(AI)。

(10) 低压进线电流(AI):采用电流变送器(或互感器)进行电流监测,模拟输出信号直接接入控制器的模拟量输入通道(AI)。

(11) 低压进线有功功率(AI):利用有功功率变送器进行监测,模拟输出信号直接连接到控制器的模拟量输入通道(AI)。

(12) 低压进线无功功率(AI):使用无功功率变送器进行监测,模拟输出信号直接接入控制器的模拟量输入通道(AI)。

(13) 低压进线功率因数(AI):通过功率因数变送器进行监测,模拟输出信号直接连接到控制器的模拟量输入通道(AI)。

(14) 进线电量监测(协议点):通常采用电量仪进行监测。电量仪通过通信协议(如 Modbus 协议)与控制器或其他装置进行通信,以获取耗电量、瞬时功率等耗电信息,同时还可以获取电流、电压及功率因数等参数。

变配电系统直接与城市供电网相连,作为城市供电网的一个重要终端,其安全运行直接关系到整个城市供电网的安全稳定。鉴于变配电系统的特殊性质,建筑自动化系统(BAS)通常主要对这一部分进行系统和设备的运行监测,并辅以相应的事故报警、故障报警以及开关控制功能。

在自动化程度较高的场所或无人值守的环境中,通常需要对低压动力电源柜的运行参数及状态进行监测,为此会设置低压动力电源柜监控系统。该系统不仅能够作为楼宇设备运行状态的一种辅助监测手段,还能对终端设备的用电量进行单独计量。主要的监测内容包括以下方面。

(1)动力柜断路器故障:通过断路器的辅助触点进行监测。

(2)动力柜断路器状态:同样利用断路器的辅助触点进行状态监测。

(3)动力柜进线电流:采用电流变送器进行监测。

(4)动力柜进线电压:使用电压变送器进行监测。

(5)动力进线有功功率:利用有功功率变送器进行监测。

(6)动力进线无功功率:采用无功功率变送器进行监测。

(7)动力进线功率因数:通过功率因数变送器进行监测。

(8)动力进线电量:使用电量变送器进行监测。

4.10　本章小结

得益于信息技术与控制技术的飞速发展,建筑自动化系统应运而生。采用该系统能够显著节省人力,降低能源消耗,减少设备故障率,提升设备运行效率,延长设备使用寿命,并有效降低建筑维护及运营成本。本章详细阐述了建筑自动化系统的设计要点与基本原则,并进一步针对典型空调系统的风机盘管控制、新风系统控制以及一次回风系统控制进行了设计说明。同时,本章也介绍了典型的水冷式制冷机组冷源系统与热水锅炉热源系统的设计。

此外,给排水系统、变配电系统、照明系统以及电梯系统同样是建筑自动化系统中的重要控制对象,本章也对这些系统进行了监控设计。

空调系统、冷热源系统、变配电系统以及照明系统等,由于设备类型的多样性和系统配置的差异性,表现出多种形式。在进行监控设计时,应从实际出发,根据具体需求进行监控系统的点位设置及控制算法的设计。本章所给出的不同类别的典型系统设计,旨在为同类别的设计提供有益的参考。

第**5**章

变风量空调系统控制方法

变风量空调系统起源于 20 世纪 60 年代的美国,自 20 世纪 80 年代起,在欧美、日本等地迅速发展。变风量系统因其节能、控制灵活等优越性,得到了越来越广泛的应用。20 世纪末,随着我国技术水平的提升,VAV 空调系统(variable air volume,即变风量)开始进入国内研究人员的视野,并且其应用范围日益广泛。本章将从变风量末端装置及其控制、变风量系统控制等方面介绍变风量空调系统及控制方法。

5.1 概述

近几十年来,我国智能建筑发展迅猛,随之而来的巨大能源消耗问题日益引起人们的关注。空调系统作为智能建筑的重要组成部分,产生了大量的能耗。在许多工业发达国家,空调系统的能源消耗同样非常巨大。工厂和居民楼中空调的大量使用,使得空调能源消耗占到了建筑总能耗的三分之一,有些甚至接近 50%。在我国,民用建筑中暖通空调的使用能耗可达到总建筑能源消耗的 65% 左右。实现碳达峰及碳中和是一项巨大的挑战,而提高设备及系统效率是最易实现的节能方式之一。VAV 系统正以其舒适性、节能性和灵活性被广泛应用于空调系统中,并逐步成为空调系统的重要形式之一。

随着技术水平的提升,VAV 系统逐渐为国内研究人员所熟知。清华大学、上海交通大学、西安建筑科技大学等高校较早地对 VAV 系统进行了研究,并在控制算法等技术领域取得了成功。随着 VAV 系统的不断发展和变风量控制末端及设备的日益成熟,国内变风量空调系统的应用也日益广泛。

5.2 无变风量末端的变风量空调系统与控制

无变风量末端的变风量空调系统是指未采用变风量末端装置,而是通过调整空调机组风机的运行频率来改变送风量的系统。这类系统通常为单风机变风量系统或双风机变风量系统,它们通过调整系统风机的运行频率来控制送风量,以保持房间温度的恒定。由于该系统未设置可变风量的末端装置,送风末端一般采用散流器或双层百叶,这些末端本身不具备自动调节风量的能力。只有当空调机组的风机进行变速调节(通常采用变频技术)时,末端的风量才会随之变化,且所有末端的风量调整都是按同一比例进行的。图 4-7 与图 4-8 分别展示了单风机一次回风系统与双风机一次回风系统的控制原理图。当风机配置了变频器后,风机能够持续调节转速,从而改变总的送风量。此时,这两个系统分别被称为无变风量末端的单风机一次回风系统与无变风量末端的双风机一次回风系统。

风机的转速调节是根据室内温度(或回风温度)的测量值来进行控制的。该系统主要由室内温度传感器、控制器、变频器、变频风机以及空调风管系统组成。系统通过传感器采集室内温度信号,根据室内温度的变化,利用控制器控制变频风机的运行频率,进而调整系统的送风量,以适应室内负荷的变化,维持室温恒定,并降低风机的能耗。

5.3 有变风量末端的变风量空调系统与控制

有变风量末端的变风量空调系统是指系统设置了变风量末端装置,各房间或各区域通过各自配置的变风量末端,根据室内负荷条件独立调节各自区域的风量,而空调机组的风机则负责调节整个系统的总风量。相比之下,未采用变风量末端的系统是通过调整空调机组的风机来改变送风量的。

图 5-1 展示了一个配备有变风量末端的双风机变风量空调系统实例。该系统覆盖了八个区域,每个区域都设置了一个变风量末端(variable air volume box,VAV Box),也称作变风量箱(详见图 5-2)。变风量箱通常采用皮托管原

理测量送风动压,并通过内置变送器将测量信号转换为风量值。同时,变风量箱还配备了风量调节机构(即风量调节阀)。这类变风量系统通常被设置在开放的大空间中,这个大空间被划分为若干个区域(通常不采用物理隔离)来配置变风量箱。另外,有些变风量系统为物理隔离的多个房间提供送风,并控制送风量,每个房间都独立设置了变风量箱,且通常需要配置回风百叶栅,利用公共走廊进行回风。一般情况下,这些房间不会设置独立的回风管,也不会在回风管上安装自动调节风阀来根据送风量进行调节。

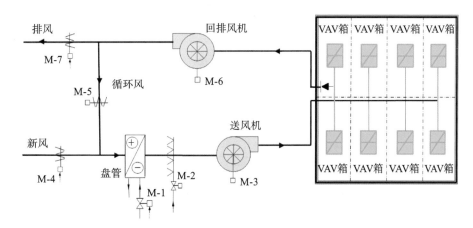

图 5-1　配备有变风量末端的双风机变风量空调系统示意图

图 5-2　变风量箱实物图

　　有变风量末端的变风量空调系统的控制包括对各变风量箱的控制、空气处理机组风机的控制,有时还包括对新风量的控制,以确保各房间拥有足够的新鲜空气。空气处理机组风机的控制方法可采用定静压控制法、变静压控制法或总风量控制法等,这些控制方法将在后续的章节中详细介绍。

5.4　变风量末端及其控制

　　变风量系统的末端装置种类繁多,大体上可以分为单风道变风量箱、风机动力型变风量箱以及其他类型变风量末端装置。

5.4.1　单风道变风量箱及其控制

　　单风道变风量箱也被称为节流型变风量末端装置,其结构较为简洁,仅通过一条送风道连接末端装置和风口,向室内送风,以实现各房间的同步加热或冷却。一个变风量箱可以连接一个或多个风口,具体数量应根据变风量箱的大小以及室内气流组织的分布要求进行计算确定。单风道末端装置适用于室内负荷相对稳定且对相对湿度要求不高的场合。

图 5-3 展示了单个变风量箱的控制原理图。该变风量箱主要由箱体、控制器、风速（或风量）变送器、室内温度传感器以及电动调节风阀等部件构成。在运行时,空调机组的一次风经过变风量箱内置的电动风阀,被送入空调区域。变风量箱的送风量通过电动风阀的开度调节来实现。

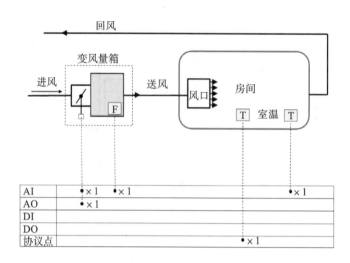

图 5-3 单个变风量箱的控制原理图

变风量箱的监测内容包括风量、室内温度以及风阀开度。而控制内容主要是调节变风量箱的风阀开度。

各信号监控点/位,常用传感器、执行器安装位置如下。

（1）变风量箱服务区域的室内温度监测（AI）:通常在该区域内安装温度传感器,其输出信号直接连接至控制器的模拟量输入通道（AI）。对于开阔的大空间区域,温度传感器往往被放置在靠近吊顶的位置,这可能无法准确反映整个空间的温度。另一种方法是采用无线温度传感器（或智能温度传感器）进行测量,但此时需要确保控制器与智能温度传感器之间能够正常通信。

（2）变风量箱风量监测（AI）:一般在变风量箱的进口处设置测压孔以测量动压,然后通过一体化的风量（或风速）变送器输出 4～20 mA 的直流电信号。这个信号会直接接入控制器的模拟量输入通道（AI）。

（3）变风量箱风阀开度反馈（AI）:风阀执行器的开度反馈信号点（AI）直接连接至控制器的模拟输入通道,以提供风阀当前开度的信息。

（4）变风量箱风阀开度控制（AO）:控制器的模拟量输出通道（AO）会输出信号至风阀执行器的控制输入端子,从而实现对风阀开度的控制。

单风道变风量箱的风量调节可通过两种方式实现:一种是直接利用室内温度来控制变风量箱阀门的开度,其控制示意图如图 5-4 所示;另一种则是利用室内温度,通过控制算法计算出一个风量设定值,再根据实测风量与这个设定值之间的偏差来调节变风量箱阀门的开度,以保持室内温度稳定,其控制示意图如图 5-5 所示。

在图 5-4 中,室内温度控制器的控制过程是一个闭环控制,其控制方框图如图 5-6 所示。对于室内温度闭环控制而言,扰动因素包括不断变化的建筑围护结构传热,室内照明、设备、人员的发热散湿等,以及送风温度的波动。此外,管网中其他末端的调节会引起该变风量箱入口静压的变化,这也是一个显著的扰动因素。室内温度控制器通常采用 PI 算法,以克服这些扰动对室内热湿环境的影响,确保室内温度维持在设定值。

在图 5-5 中,室内温度控制器的控制过程包含两个闭环控制回路,其控制方框图如图 5-7 所示。从经典控制理论

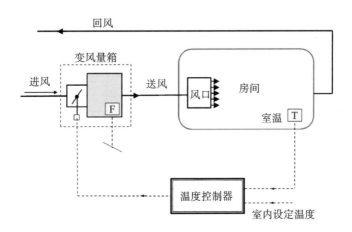

图 5-4　变风量箱控制示意图（1）

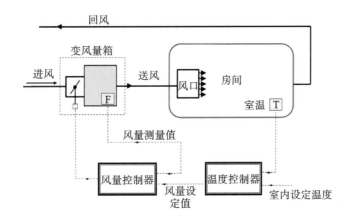

图 5-5　变风量箱控制示意图（2）

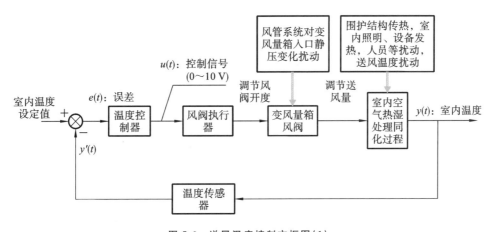

图 5-6　送风温度控制方框图（1）

的角度来看，这是一个串级控制系统，包括一个内闭环回路和一个外闭环回路，如图 5-8 所示。外闭环回路通过一定的算法产生一个内闭环回路的控制设定值，而内闭环回路则通过一定的算法控制可测量的中间量来维持这个设定值。这个可测量的中间量作为最终控制过程的输入，用于控制最终的目标。

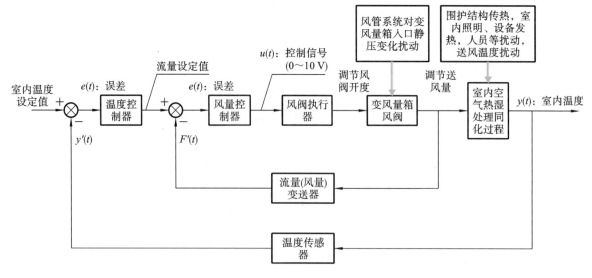

图 5-7　送风温度控制方框图（2）

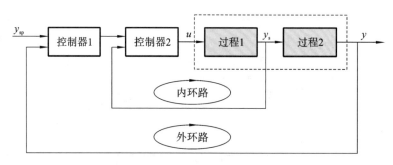

图 5-8　串级控制原理图

对于该变风量系统的室内温度串级控制而言，外闭环回路通过测量室内温度，利用温度控制器计算出室内所需的送风量设定值。这个设定值作为内闭环回路的输入。风量控制器会比较风量变送器的测量值与设定值之间的偏差，并根据这个偏差产生控制信号来控制风阀执行器调节变风量箱风阀的开度。在这个过程中，由于变风量箱的入口静压会受到风管网中其他末端调节的影响而不断变化，风量控制器将不断地调整输出以补偿入口静压对风量的影响。送入室内的风量将不断克服围护结构传热，室内照明、设备发热，人员散热散湿等扰动因素以及送风温度的波动，以保持室内温度在设定值。室内温度控制器与风量控制器也通常采用 PI 算法来实现精确控制。

对于采用单风道变风量箱进行室内温度调节控制的系统而言，室内热湿环境系统具有较大的热惯性，反应相对迟缓，而变风量箱的风量调节系统则是一个快速反应系统。将这两个反应速度截然不同的系统通过单一的闭环控制耦合在一起，往往会导致过度调节或调节不足，难以实现理想的控制效果。采用串级控制方式则能够较好地解决这一问题。在这种控制方式下，一个闭环用于产生维持室内温度的送风量设定值，另一个闭环则负责控制变风量箱的风量，使其能够快速响应并补偿入口静压的变化，从而维持送风量在设定值。

在串级控制系统中，只要设定了送风量，风量控制器就能有效克服入口静压的扰动，不断调整风阀的开度，确保风量维持在设定值。因此，采用这种控制算法的变风量箱被称为压力无关型变风量箱。相比之下，仅通过室内温度直接控制变风量箱的方式，由于无法克服入口静压的扰动影响，被称为压力相关型变风量箱。尽管这两种变风量箱在硬件与结构上基本相同（对于压力相关型，可能不设置风量测量装置），但它们的控制算法存在显著差异。

压力相关型变风量箱（又称压力相关型末端）的风阀执行机构直接由温度控制器控制，如图 5-4 所示。这种控制方式虽然简单，能够根据温度偏差随时调整阀门开度，但系统送风量易受风管静压波动的影响，室内温度控制效果欠佳。

而压力无关型变风量箱(又称压力无关型末端)则通过风量控制器来控制风阀的执行机构,从而克服了风管静压波动的影响。风量设定值则由温度控制器根据温度偏差计算得出。由于风量控制回路的存在,温度控制器设定的送风量能够得到保障,不受风管静压变化的影响。相较于压力相关型末端,压力无关型末端的响应速度更快,控制效果更佳。

此外,为了确保室内新风需求得到满足,变风量箱通常会设置一个最小风阀开度,以保证最小送风量。

5.4.2 风机动力型变风量箱及其控制

有的变风量箱还配备了风机,被称为风机动力型变风量箱。该设备能够将室内回风与空气处理机处理后的空气(即一次风)进行混合,再送入室内,以同化室内的余热余湿。根据风机是否为一次风提供动力,风机可以与一次风串联或并联布置。因此,风机动力型变风量箱进一步分为串联式风机动力型变风量箱与并联式风机动力型变风量箱。

1. 串联式风机动力型变风量箱

串联式风机动力型变风量箱系统主要由室温传感器、风速变送器、电动风阀、风机、电机和控制器等组成。图 5-9展示了串联式风机动力型变风量箱系统控制示意图。在该系统中,箱体内置的风机与一次风风阀串联设置。空调系统的一次送风先经过末端内置的电动风阀进行调节,再与二次回风混合,然后通过内置且连续运转的风机增压送出恒定风量(尽管一次风量在不断变化)。在变风量箱内,一次送风既经过电动风阀,又经过增压风机。串联式末端的总送风量保持恒定,通过调节一次风电动风阀来改变一次风和二次回风的风量比,从而实现送风温度的变化,以满足室内不断变化的冷量或热量需求。

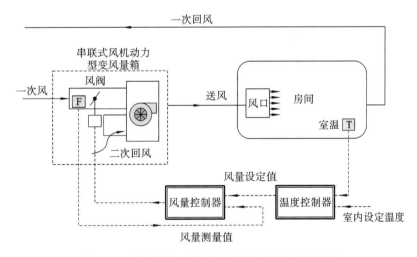

图 5-9 串联式风机动力型变风量箱系统控制示意图

风机动力型变风量箱通常采用串级控制方式,即先测量室内温度,然后利用温度控制器根据温度偏差计算房间所需风量,再由风量控制器控制变风量箱的电动风阀,以维持一次送风量在设定值。风机的运行并不会改变室内需求的一次风量。

串联式的优势在于,当系统在最小风量工况(供冷模式)下运行时,室内区域可能会出现过冷现象。此时,可以利用二次回风提高系统的送风温度,以满足室内的热舒适要求。有些变风量箱设置在吊顶内,在冬季工况时,内置风机可以吸入内区吊顶内的回风,将吊顶内照明等设备产生的余热转移至需要供热的外区,从而减少系统能耗,达到节能的目的。此外,一次风经过增压风机后,风系统的余压会增加,这可以解决下游阻力较大导致风量不足的问题。由于设置了风机,动力型变风量箱的供冷量及送风半径会明显增大。

2. 并联式风机动力型变风量箱

并联式风机动力型变风量箱也主要由室温传感器、风速变送器、电动风阀、风机和电机、控制器等组成。图 5-10 展示了并联式风机动力型变风量箱系统控制示意图。在该系统中,变风量箱内置的风机与一次风电动风阀并联设置。风机出口处设置了止回阀,以防止风机关闭时一次风在二次风道内倒流。系统的一次风先经过电动风阀(不通过增压风机),在内置风机开启时,增压风机吸入室内的二次回风。经过电动风阀的一次风与经过风机的二次回风混合后送入空调区域。该变风量箱也通常采用串级控制方式,以减少随风管网调节而不断变化的变风量箱入口静压对风量调节的影响。

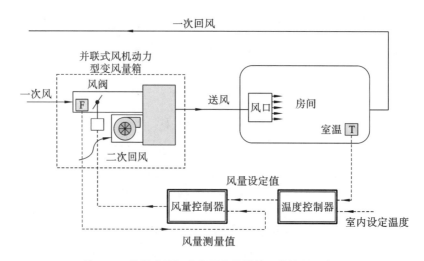

图 5-10　并联式风机动力型变风量箱系统控制示意图

并联式风机动力型变风量箱具备两种运行模式:

(1)内置风机关闭,定送风温度变送风量模式。此模式适用于夏季大风量供冷工况,此时风机出口的止回阀处于关闭状态,送风温度保持稳定。调整一次电动风阀的开度,可以改变送风量,以适应室内冷量需求的变化,从而维持室温恒定。

(2)内置风机开启,变送风量变送风温度模式。在此模式下,一次送风温度由空气处理机进行控制,保持不变。该模式适用于最小风量供冷或供热工况,此时增压风机启动,增加总送风量,防止室内过冷,并改善室内气流组织。

并联式风机动力型变风量箱的优势在于系统低风量运行时,通过增压风机的旁通功能,可以增大末端装置的风量,有效避免气流组织不畅的问题。由于并联式变风量箱的风机采用间歇运行方式,其耗电量相较于串联式变风量箱有所减少。此外,并联式风机动力型变风量箱的风机风量通常设计为一次风设计风量的 60%,小于串联式风机动力型变风量箱的风机风量,因此并联式变风量箱的体积也相对较小。

5.4.3　其他类型变风量末端装置

1. 旁通型变风量末端装置

旁通型变风量末端装置是一种通过设置在箱体上的旁通调节风阀来改变房间送风量的设备。图 5-11 展示了旁通型变风量末端装置的示意图。该装置的旁通风口与进风口分别装有动作方向相反的风阀,这些风阀由电动或气动执行机构驱动,并受室内温度传感器的控制。当房间处于设计负荷时,末端装置中的分流风阀会将一次空气送入空调房间。而当房间负荷下降时,分流风阀会增加进入旁通风口的一次空气量,使部分一次空气被排入天花内的回风箱,导致送入空调房间的空气量变为变风量,而空调机则保持定风量送。旁通式变风量末端装置主要应用于中、小型空调系统,特别是与屋顶式空调机、单元式空调机等带有直接式蒸发器的空调设备配套使用,适用于多区变风量系统。由于空调机保持定风量运行,因此避免了冻结的风险,同时因控制简单,其一次投资也低于其他类型的末端装置。然而,旁通型变风量末端装置的节能效果相对较差。

2. 诱导型变风量末端装置

诱导型变风量空调系统由一次风空调器、诱导型变风量末端装置以及风管系统等组成。图 5-12 为诱导型变风量末端装置的示意图。系统空调器处理后的一次风通过风管系统分布到各个诱导型变风量末端装置。末端装置会根据负荷的变化调节送入空调区域的风量。在诱导型变风量末端装置内部,一次风从喷嘴高速喷出,与吊平顶内被诱导的二次风混合后送入空调区域。它综合了风机动力型末端装置和双风道型末端装置的功能,取代了双风道系统中的热风混合过程,充分利用了内热负荷,提高了系统的送风温度。

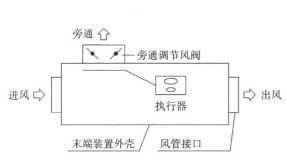

图 5-11 旁通型变风量末端装置

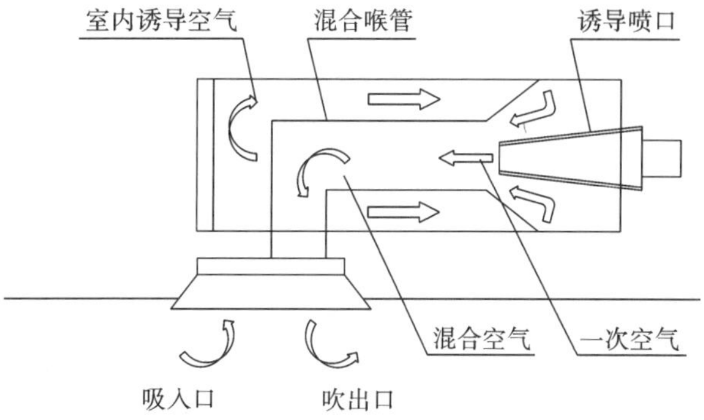

图 5-12 诱导型变风量末端装置

3. 风机型变风量末端装置

图 5-13 展示了风机型变风量末端装置的示意图。该装置包括箱体、一次风进风口、二次回风口、风机、电机、送风口以及控制器。在供冷时,一次风来自空气处理机组处理后的冷风,回风电机带动回风机转动以吸取室内的二次回风,两者在混合箱中混合后由送风口送出。当测量的室内实际温度与设定温度出现偏差时,控制器会对电机进行无级变速调节,以调整一次风和二次回风的风量,直至消除室内实际温度与设定温度之间的偏差。在供热时,一次风机保持某一转速运行,其风量来源于空气处理机组处理后的热风,回风机吸取

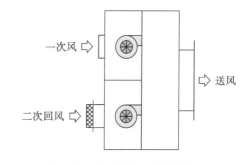

图 5-13 风机型变风量末端装置

二次回风加热后与一次风在混合箱中混合,然后由送风口送出。由于根据温度偏差信号进行无级变速调节一次风风量和二次回风量,因此大大降低了末端装置的运行费用。

该装置采用无级调速的低噪声风机替代传统的风阀来调节送风量,从而避免了风阀在调节风量时能耗和噪声增加的缺点。风量越小,耗电量越低,噪声也越小。风机无级调速变风量末端装置彻底改变了传统变风量末端装置的控制方式,使变风量系统的节能效果得到进一步提高,性能也更加完善。

5.5 定静压控制法

有变风量末端的变风量空调系统的控制涵盖了各个末端的控制,以及空气处理机组的送风温度、送风压力、送风量和新风量的控制等方面。送风压力的控制主要是控制送风管道的静压,以确保每个末端有足够的资用压头。这种控制方法可以分为定静压控制法与变静压控制法,而直接控制总送风量的方法则被称为总风量控制法。

在采用定静压控制法时,需要在送风系统管网的适当位置设置压力传感器来测量送风静压。变风量系统的风量控制器会调节送风机的送风量,以保持设定点的静压在一个预设值上,从而确保系统的所有末端都能获得足够的资用压力。通常,这个静压设定点会被设置在送风干管的三分之二处。在空调风系统中,送风机的能耗占据重要比重。当需求风量减少时,送风机可以通过降低频率来维持静压点的压力恒定,这样既能减少风机能耗,又能满足系统的风量需求。通过对送风机的调节来控制静压,可以最小化风机的能量消耗,有效降低整个系统的能耗水平。定静压控制法控制示意图如图 5-14 所示。

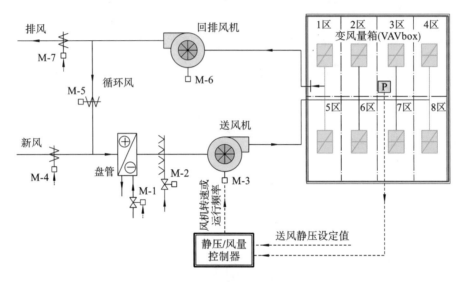

图 5-14　定静压控制法控制示意图

在该变风量系统中,各个 VAV 末端会根据各自服务区域的负荷变化不断调节风阀开度,以满足区域的冷热需求。在此过程中,由于风阀开度的不断调节,整个管网的特性会发生变化,送风静压测量点的压力值也会不断变化。为了确保各个 VAV 末端有足够的资用压力,需要维持静压值恒定不变。当静压点的实际测量值高于设定值时,说明末端的风阀基本上已经关小,风阀上的节流损失较大。此时,降低风机频率并保持在静压设定值可以显著节能。相反,当静压点的实际测量值低于设定值时,说明 VAV 末端的风阀基本上已经开大,甚至可能有的阀门已经处于全开位置,但服务区域的送风量仍然不足。此时,需要提高风机频率以保持在静压设定值,确保各个 VAV 末端能够获得足够的风量。

图 5-14 展示的是一个典型的双风机变风量系统。在送风机进行变速调节时,回排风机也需要进行不断的调节,以维持室内的正压。关于回排风机的控制,请参考 4.3.4.5 小节。

5.6　变静压控制法

变静压控制法,又称静压值重置法,其原理是根据系统末端的实际负荷需求不断调整送风系统的静压值,同时根据静压设定值实时调节风机的转速,以确保风机送风量产生的压力能满足实际的静压需求。控制系统会检测各个末端风阀的阀位,系统静压值的初始设定可以相对较低,此时风管中的静压应确保各末端风阀接近全开状态。通过监测各 VAV 末端风阀的开度,控制系统可以优化静压设定值,这一过程如图 5-15 所示。静压优化控制器会根据监测到的各个 VAV 阀门的开度来优化静压设定值。

静压优化控制器通常依据风阀全开(或接近全开)的数量来调整静压设定值。在系统运行时,如果风阀全开(或接近全开)的数量达到预设值(例如 2 个,且最大开度达到 98％),则静压设定值会增加;如果风阀的最大开度小于某

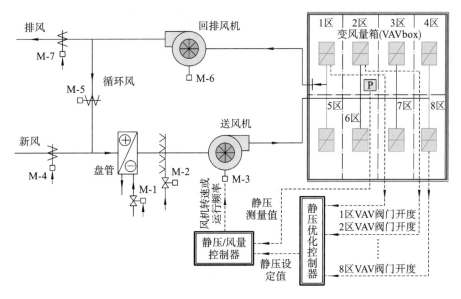

图 5-15　变静压控制法控制示意图

一设定值(例如 80%),或者第二个最大开度的风阀也小于该设定值,则静压设定值会减小;在其他工况下,静压设定值会保持不变。静压设定值的调整步长可以设定为 5 Pa。变静压控制法的流程框图如图 5-16 所示。

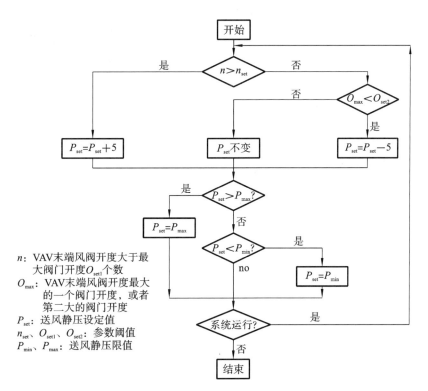

n：VAV末端风阀开度大于最大阀门开度O_{set1}个数
O_{max}：VAV末端风阀开度最大的一个阀门开度,或者第二大的阀门开度
P_{set}：送风静压设定值
n_{set}、O_{set1}、O_{set2}：参数阈值
P_{min}、P_{max}：送风静压限值

图 5-16　变静压控制法的流程框图

5.7　总风量控制法

总风量控制法是通过建立风机风量与转速之间的函数关系,将各变风量末端装置的需求风量总和设定为系统总

风量,从而直接确定风机的转速并进行控制。各变风量末端装置的需求风量由各自末端的温度控制器来确定。总风量控制法的控制示意图如图 5-17 所示。

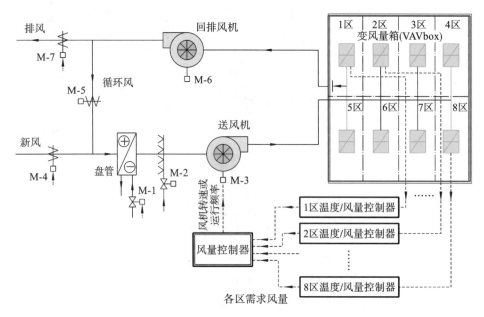

图 5-17　总风量控制法控制示意图

　　总风量控制法本质上是一种前馈控制方法。它根据风量与风机转速的关系,直接根据总需求风量来确定风机的转速或运行频率。该控制算法省略了风机的闭环控制环节,因此在控制性能上表现出快速、稳定的特点,避免了静压控制下系统压力可能出现的小幅振荡。这种控制系统形式上的简化,不仅提高了控制系统的可靠性,还使得总风量控制法在结构上比静压控制更为简单。

5.8　按需新风控制策略

　　按需新风控制(demand-controlled ventilation,DCV)旨在以最低的能耗向室内提供足够的新风,以满足室内空气品质的要求。CO_2 浓度不仅反映了 CO_2 本身作为污染物对室内空气的污染程度,还能体现室内人员的数量和活动状况,从而间接反映了室内人员对新风的需求。针对这种以 CO_2 浓度为指标的 DCV 通风控制方案,ASHRAE Standard 62 提出了根据实际人数来确定新风量的方法。室内人数的检测可以采用稳态或动态的检测方法。

　　在多区域变风量空调系统中,由于各区域的人数和冷负荷要求各不相同,且这些需求还在不断变化,因此每个区域为满足室内空气品质和冷负荷要求所需的新风比也各不相同。这里的新风比是指各区的新风需求量与送风需求量的比值。如果按照总检测人数来确定新风量,就可能导致某些区域新风量过多,而另一些区域新风量不足。另一种方法是按照各区域的最大新风比从室外引入新风进行送风,其中新风比最大的区域通常被称为关键区或最不利区。然而,这种方式没有考虑到某些区域可能有未使用完的新风,这些未用完的新风会与回风一起重新加入总送风中,从而导致每个区域的新风量都超过实际需求。

　　本节将主要介绍一种适用于多区域变风量空调系统的新风控制策略。

5.8.1　按需新风控制策略描述

　　多区域变风量空调系统新风控制策略旨在以最少的能耗满足各区域(包括关键区)的室内空气品质要求。该策略通过实时检测各区域的人数及总人数,来计算各区域的新风需求量及总的新风需求量。接着,根据实时测得的各区域送风量,确定关键区及其新风比。上述计算得到的总新风需求量与总送风量之比,被称为未校正的新风比。该策略会进一步根据关键区的新风比对未校正的新风比进行校正,并按照校正后的新风比直接从室外引入新风,用于实际的新风控制中。这样,该策略能确保关键区获得足够但不过量的新风。

如图 5-18 所示,实施该策略需要在线检测室内人数,判定关键区,校正新风比,并确定最优新风量。新风控制器会根据设定的新风量,对新风阀门的开度进行调节。

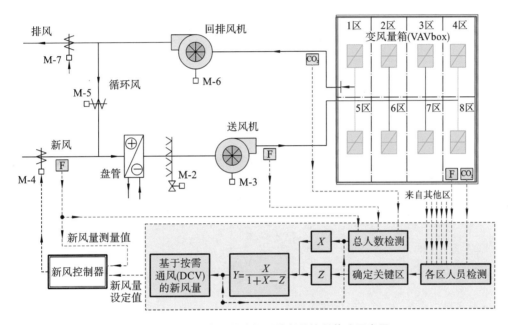

图 5-18 多区域变风量空调系统新风控制策略示意图

5.8.2 动态人员检测与关键区确定

采用动态人员检测法对室内人员进行检测,并采用二氧化碳浓度作为人员的指示物。对整个多区域空调系统来说,二氧化碳浓度平衡可以用式(5-1)表示。对于各个区域,二氧化碳浓度平衡可以用式(5-2)表示。当二氧化碳浓度微分项用当前时刻及前一时刻的二氧化碳浓度抽样表示时,总的人数(P_{tot}^k)及各区的人数($P_{zone,i}^k$)可用式(5-3)和式(5-4)计算。为了提高人员检测的稳定性及可靠性,采用滤波器以降低传感器噪声的影响。

$$P_{tot}S + V_{fr}C_{fr} - V_{fr}C_{rtn} = V\frac{dC_R}{dt} \tag{5-1}$$

$$P_{zone,i}S + V_{s,zone,i}C_s - V_{s,zone,i}C_{zone,i} = V_{zone,i}\frac{dC_{zone,i}}{dt} \tag{5-2}$$

$$P_{tot}^k = \frac{E_{ac}(V_{fr}^k + V_{fr}^{k-1})(C_R^k - C_{fr}^k)}{2S} + V\frac{C_R^k - C_R^{k-1}}{S\Delta t} \tag{5-3}$$

$$P_{zone,i}^k = \frac{E_{ac}(V_{s,zone,i}^k + V_{s,zone,i}^{k-1})(C_{zone,i}^k - C_s^k)}{2S} + V_{zone,i}\frac{C_{zone,i}^k - C_{zone,i}^{k-1}}{S\Delta t} \tag{5-4}$$

式中:V_{fr}——新风体积流量;

　　　V_s——各区送风体积流量;

　　　C_s——送风二氧化碳浓度;

C_{fr}——新风二氧化碳浓度；

C_R——回风二氧化碳浓度；

$C_{zone,i}$——第 i 区内二氧化碳浓度；

V——空调区域的体积；

P——人数；

S——室内人员二氧化碳产生率；

E_{ac}——有效换气率；

Δt——采样间隔；

下标 zone,i——第 i 区；

上标 $k, k-1$——采样时刻。

根据检测的各区的实际人数，可以计算各区实际所需的新风量。该所需新风量根据实际人数及空调面积计算，如式(5-5)所示。关键区是实际所需新风比最大的区域，而不是所需新风量最大的区域。关键区新风比计算见式(5-6)。

$$V_{fr,zone,i} = P_{zone,i}R_P + R_bA_{zone,i} \tag{5-5}$$

$$Z = \max\left\{\frac{V_{fr,zone,i}}{V_{s,zone,i}}\right\} \tag{5-6}$$

式中：R_P——每人新风需求量，可按相关新标准取值；

R_b——单位空调面积新风需求量，可按相关新标准取值；

A——空调面积；

$V_{fr,zone,i}$——第 i 个区域新风需求量；

$V_{s,zone,i}$——第 i 个区域实时检测的送风量；

Z——关键区所需新风比。

5.8.3　新风比校正及最优新风量

根据总检测人数来确定新风量时，会导致某些区域新风量过多，而其他区域新风量不足。如果按照最不利区域的新风比进行送风，虽然最不利区域能够获得实际所需的新风量，但其他区域获得的新风量会超出其实际需求。也就是说，其他区域会有多余的新风，这部分新风会与回风一起重新加入总送风系统中。因此，在计算实际需要从室外引入的新风量时，必须考虑这一部分循环回来的新风。未校正的新风比(X)按式(5-7)计算。校正的实时引入的室外新风比(Y)按式(5-8)计算。从室外引入的实际新风量($V_{fr,corrected}$)根据校正的新风比及实时测量的总送风量($V_{s,tot}$)进行计算，如式(5-9)所示。

$$X = \frac{P_{tot}R_P + R_bA}{V_{s,tot}} \tag{5-7}$$

$$Y = \frac{X}{1 + X - Z} \tag{5-8}$$

$$V_{\text{fr, corrected}} = Y \times V_{\text{s, tot}} = \frac{\dfrac{P_{\text{tot}}R_{\text{P}} + R_{\text{b}}A}{V_{\text{s, tot}}}}{1 + \dfrac{P_{\text{tot}}R_{\text{P}} + R_{\text{b}}A}{V_{\text{s, tot}}} - \max\left\{\dfrac{P_{\text{zone},i}R_{\text{P}} + R_{\text{b}}A_{\text{zone},i}}{V_{\text{s, zone},i}}\right\}} \times V_{\text{s, tot}} \tag{5-9}$$

5.8.4　新风控制

根据按需新风控制策略计算得出的新风需求量,被设定为新风控制器的新风量目标值。新风控制器的另一个输入参数是总新风量的实际测量值,系统会根据这两个值的偏差产生相应的控制输出,从而调节新风阀门的开度,确保新风量维持在设定的控制值。

在进行新风控制的过程中,特别是在过渡季节,还可以考虑新风与回风的焓值,以便充分利用室外空气的免费冷能。此时,可以对新风阀门、循环风阀门以及排风阀门进行联动调节。

5.9　控制方法案例分析

本节提供了四个案例分析,分别是某地铁站空调系统风水联动控制的应用分析、某办公大楼变风量系统的应用分析、某地铁站设备用房变风量系统的应用分析,以及新风控制策略效果分析。

5.9.1　某地铁站空调系统风水联动控制

5.9.1.1　风水联动关联参数分析

地铁站空调系统中最为关键的空气热湿处理设备是组合式空调器(AHU)。在车站公共区,回风与室外新风混合后,经过 AHU 的表冷器进行降温和除湿处理,达到所需的送风状态后再送入车站公共区。智能环境控制系统通过调节流经 AHU 的风量和水量,可以满足不同的负荷需求,同时也会对冷冻水泵能耗和 AHU 风机能耗产生不同程度的影响。以地铁车站中的某台 AHU 为例,我们来分析 AHU 送风量(风量)、冷冻水流量(水量)和制冷量(冷量)之间的关系,如图 5-19 所示。

AHU 的实际风量、水量和冷量数值存在较大差异,因此,我们将这三个参数进行归一化处理,转化为风量比、水量比和冷量比进行分析。等高线簇代表 AHU 的冷量比,随着冷量比的增大,AHU 的风量比与水量比的下限也相应增大。送风温度的下限和上限分别对应两条不同斜率的曲线。在相同的冷量比下,送风温度越高,风量比与水量比的比值也越高,即 AHU 需要更多的风量、更少的水量;反之,送风温度越低,风量比与水量比的比值越小,即 AHU 需要更多的水量、更少的风量。

送风温度的上下限曲线将等冷量比曲线簇划分为 A、B、C 三个区域。在区域 A 中,风量比的变化对水量比的影响很小,这表明此时继续提高送风温度对冷量的增加并不明显,反而会导致风量的增大,进而造成 AHU 风机能耗的上升,从而导致空调系统整体能耗的增加;在区域 C 中,水量比的变化对风量比的影响很小,这表明此时继续降低送风温度对冷量的增加也不明显,反而会引起冷冻水流量的增大,进而造成冷冻水泵能耗的上升,从而导致空调系统整体能耗的增加。因此,该 AHU 的有效调节区域为区域 B。在区域 B 中,当末端的冷量比一定时,存在多种风量比与水量比的组合。风量比与水量比中任意一个参数的变化都会对另一个参数产生较明显的影响。存在一个最优的水量比与风量比组合,可以使系统的能效达到最高。风量是通过调节 AHU 风机的频率来控制的,与之关联的控制参数为车站公共区的回风温度;而水量则是通过控制 AHU 的水阀来调节的,与之关联的控制参数为 AHU 的送风温度。通过优化调节回风温度的设定值与 AHU 送风温度的设定值,我们可以在保证末端冷量供应的同时,实现空调系统能

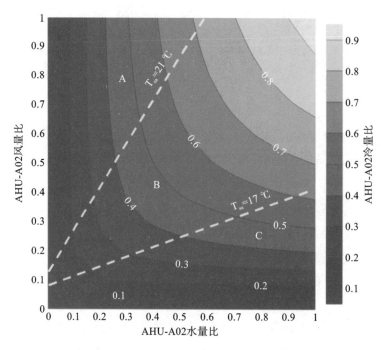

图 5-19　AHU 送风量（风量）、冷冻水流量（水量）和制冷量（冷量）的关系

耗的最小化。

5.9.1.2　风水联动控制策略

　　传统空调系统控制中,空调末端控制与冷水机房控制相互独立,同时空调水阀控制与空调风量控制也相互独立。这种控制方法难以精确匹配冷量供应与冷量需求,存在控制滞后性,不利于系统节能。通过上节分析可知,空调末端的水阀控制能够将水系统与风系统有机结合,通过同步优化风系统控制参数和水系统控制参数,实现空调系统的风水联动控制,从而有效降低系统整体能耗,减少控制波动。风水联动控制策略如图 5-20 所示,包括末端风量调节、末端水量调节、冷冻水流量调节、主机负载调节及冷却侧水温调节等控制环路。

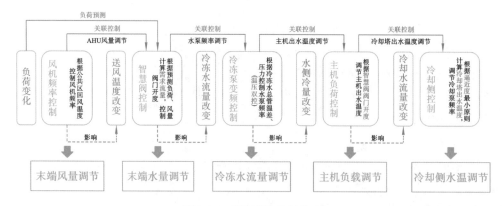

图 5-20　风水联动控制策略

1. 末端风量调节

　　当车站公共区温度发生变化,超出系统设计温度允许范围时,表明末端负荷需求已发生变化。智能环控系统会根据公共区温度调节 AHU 风机的频率,使公共区温度满足设计要求。对于回排风机,采用与送风机频率相关联的运行方式进行控制。

2．末端水量调节

智能环控系统通过负荷预测算法预测每个 AHU 的需求冷量，并利用优化算法计算出在当前冷量与风量下，使系统能耗最低的需求水流量，然后将需求水流量值发送给各智慧阀。智慧阀会根据实际采集的水流量与需求水流量的偏差，自动调节阀门开度，确保空调系统所有末端均达到最佳流量状态。

3．冷冻水流量调节

水泵温压双控策略结合了温差控制与压差控制的优点，在确保水系统控制稳定的同时，实现了输配系统的节能。当系统压差低于最低压差限制时，水泵频率会按照压差控制进行调整，以快速响应并避免主机断水保护故障或末端缺水报警故障；当系统压差高于最低压差限制时，水泵频率则按照温差控制进行调整，使冷冻水系统保持在大温差、小流量的工作状态。

4．主机负载调节

当智能环控系统检测到 AHU 送风温度持续高于上限值或低于下限值时，说明风侧需求负荷与水侧供给冷量之间存在不匹配情况。此时，仅通过冷冻水流量调节水侧冷量供应已达到极限，需要改变主机冷冻水出水温度来进一步调节水侧冷量。当一半以上的智慧阀阀门开度超过 80％，且送风温度持续高于设定值时，智能环控系统会降低主机冷冻水目标温度；当一半以上的智慧阀阀门开度小于 50％，且送风温度持续低于设定值时，智能环控系统会升高主机冷冻水目标温度。这样可以在保证末端供冷需求的同时，使智慧阀保持在较高开度，降低管网阻力损失，从而提高主机和机房的能效。

5．冷却侧水温调节

随着冷水机组输出冷量的变化，冷却侧的散热量也会相应改变。智能环控系统会根据冷却水供回水温差的变化调节冷却水泵的运行频率，并根据湿球温度的变化优化逼近度设定值的调节。控制冷却塔的启停台数和风机频率组合，使得冷却水系统整体能耗达到最小。

风水联动控制策略通过协同控制末端风量调节、末端水量调节、冷冻水流量调节、主机负载调节与冷却侧水温调节这五个环路，有效消除了冷量供应与需求之间的不匹配现象，解决了控制滞后波动的问题，使整个空调系统保持在高效运行状态。

5.9.1.3　地铁车站介绍

空调系统风水联动控制的应用实例为广州地铁 7 号线一期西延顺德段的某一车站。该车站外包总长度为 210 m，标准段外包总宽度为 49.9 m，两侧站台宽度为 13 m，中间换乘站台宽度为 9 m，设计客流量高达 35863 人次/时。车站采用了双线共享冷源系统，并配备了 2 套冷源系统：一套是为车站大系统供冷的冷水主机系统，另一套是为车站小系统供冷的水源多联机系统。

冷水主机系统主要包括 2 台变频磁悬浮离心式冷水机组、3 台变频冷冻水泵、3 台变频冷却水泵以及 2 台变频冷却塔。而水源多联机系统包含了 3 台变频冷却水泵、2 台变频冷却塔、13 台水冷多联主机以及若干多联机室内机。车站大系统的站厅和站台区域采用了全空气空调系统，并配置了 4 台组合式空调机组进行供冷。车站机房主要设备的性能参数详见表 5-1 及表 5-2。

在运营过程中，车站冷水主机系统负责为车站大系统供冷，而水源多联机系统则负责为车站小系统供冷。夜间 0：30 至 5：30 期间，由于车站大系统无须供冷，因此冷水主机系统会关闭；而早上 5：30 后，冷水主机系统会开机运行，为末端大系统提供冷量。冷水主机系统的运行时间为早上 5：30 至次日 0：30。

表 5-1　机房设备性能参数表

名　　称	数　量	制冷量 /RT	功率 /kW	流量 /(m³/h)	扬程 /m
冷水机组	2	250	150	冷冻侧 151	—
				冷却侧 178	
冷冻水泵	3	—	18.5	158	28
冷却水泵	3	—	15	186	22
冷却塔	2		11	306	

表 5-2　末端设备性能参数表

名　　称	编　号	数　　量	风量 /(m³/h)	功率 /kW
组合式空调器	AHU-A01 AHU-B01	2	86500	35
	AHU-A02 AHU-B02	2	50000	20
回排风机	RAF-A01 RAF-B01	2	71000	18.5
	RAF-A02 RAF-B02	2	43000	11
新风机	FAF-A01 FAF-B01	2	16000	2.2
	FAF-A02 FAF-B02	2	7600	1.1

5.9.1.4　系统及控制优化设计

车站中央空调系统从冷源至末端进行了全面的系统优化。针对冷源设备，冷水机组选用了美的高效变频磁悬浮离心式冷水机组，该机组能够在全负荷段实现高效变频供冷，具备宽广的制冷量调节范围，且在部分负荷下展现出卓越的运行性能和高效率；冷冻水泵与冷却水泵均采用了变频调节运行方式，并结合温压双控控制策略，实现了智能的升降频功能；冷却塔则配合智能加减载算法，能够根据系统当前运行状态智能地调节冷却水温度，确保冷水主机始终处于高效运行状态；空调冷冻水的供回水系统采用了大温差、低流量的设计；同时，制冷机房内的管路连接形式也得到了优化，并通过采用低阻力阀件等措施进一步降低了管路阻力；在末端设备方面，选用了美的大温差低阻力 AHU、空调箱及风机盘管，这些设备能够充分利用换热面积，实现被动节能。此外，车站通风空调自控系统采用了美的 M-BMS 超高效智能环控系统，该系统集成了风水联动控制策略，能够实现对空调系统风水联动控制的智能化管理。

5.9.1.5　应用效果与分析

美的 M-BMS 超高效智能环控系统集成了风水联动控制策略，并成功应用于广州地铁 7 号线一期西延顺德段的地铁车站。以下以一个车站为例，详细介绍风水联动控制策略的应用效果。为了深入探究风水联动控制的稳定性与节能性，我们选取了该车站室外气象参数波动较大的 9 月 30 日的运行数据进行分析，当日室外干湿球温度的变化趋势如图 5-21 所示。接下来，我们将从回风温度控制、送风温度控制、主机出水温度优化控制、制冷机房设备控制、末端风机控制、室内温湿度控制以及机房能效等七个维度进行阐述。

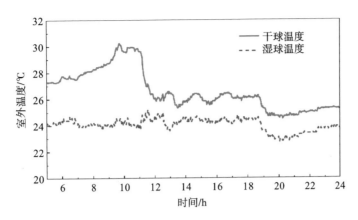

图 5-21　室外干湿球温度变化趋势

1. 回风温度控制效果

车站大系统的 4 台 AHU(空气处理机组)的回风温度设计目标值均设定为 27 ℃。图 5-22 和图 5-23 分别展示了末端各 AHU 的回风温度以及送风机频率的变化情况。在夜间 0:30 至 5:30 期间,车站大系统停机,末端 AHU 的送风机不运行。5:30 系统初始开机后,由于空调系统冷负荷较高,AHU 的回风温度也相应较高,此时末端 AHU 的送风机以高频运行。随着空调系统运行逐渐稳定,末端回风温度逐渐下降,末端 AHU 的送风机也保持在较低的频率运行。

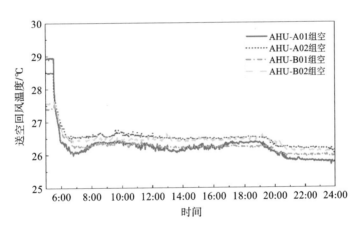

图 5-22　末端各 AHU 回风温度

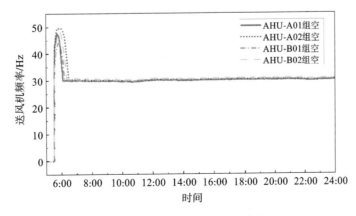

图 5-23　末端各 AHU 送风机频率

2. 送风温度控制效果

图 5-24 展示了大系统末端 AHU 的智慧一体阀开度曲线。在夜间 0∶30 至 5∶30 期间，车站大系统停机，AHU 的智慧一体阀开度维持在 40％的下限开度。5∶30 车站冷水主机系统初始开机后，由于各 AHU 的送风温度远高于设定值 22 ℃，智慧一体阀自动调整至最大开度。随着空调系统运行逐渐稳定，由于各 AHU 的回风温度均低于设定值，说明公共区的需求负荷低于供应的冷量，因此 AHU 的送风温度设定值被调节至上限 22 ℃。智慧一体阀则根据实际送风温度与设定值的偏差进行开度的调整。图 5-25 显示，空调系统稳定后，各 AHU 的实际送风温度与设定值接近，表明 AHU 智慧一体阀的控制效果良好。

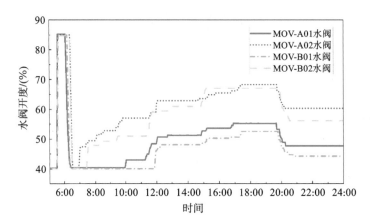

图 5-24　末端各 AHU 智慧一体阀开度

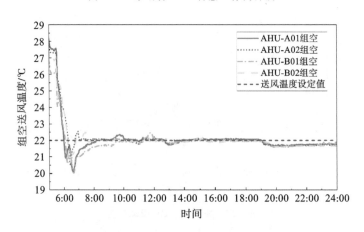

图 5-25　末端各 AHU 实际送风温度

3. 主机出水温度优化控制效果

图 5-26 展示了主机冷冻供回水的温度曲线。5∶30 车站冷水主机系统初始开机后，由于各 AHU 的送风温度远高于设定值 22 ℃，此时水侧的冷量需求较大，因此风水联动控制策略自动将冷冻水的目标值调低至 11 ℃的下限。随着空调系统运行逐渐稳定，各 AHU 的实际送风温度接近设定值，风水联动控制策略则自动将冷冻水的目标温度逐渐调高至 15 ℃的上限。当主机冷冻供水温度达到目标值后，主机的实际供水温度与目标值基本一致，表明主机出水温度的控制效果良好。

结合图 5-24 和图 5-25 可知，当各 AHU 的送风温度达到设定值后，风水联动控制策略会不断提高主机的冷冻水目标温度，并同时增大各 AHU 智慧一体阀的开度，以增加 AHU 的水流量，从而确保各 AHU 的送风温度维持在设定值。这种做法在满足末端供冷需求的同时，也提高了冷水主机的能效，实现了更加节能的效果。

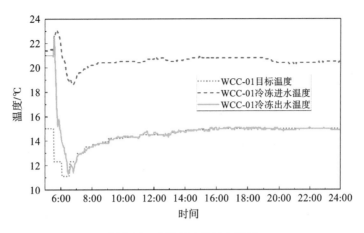

图 5-26　主机冷冻供回水温度

4. 制冷机房设备控制效果

5:30 车站冷水主机系统初始开机后,由于负荷较高,主机以满负载运行,最高瞬时制冷量达到 1193 kW。当冷冻供水温度达到目标值后,主机的负荷率下降并趋于稳定,系统输出的冷量也相对稳定,实时制冷量在 600～700 kW 之间波动,如图 5-27 和图 5-28 所示。

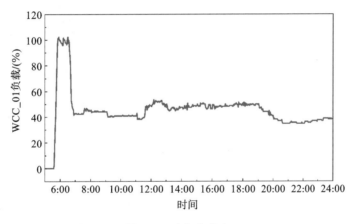

图 5-27　主机负载率

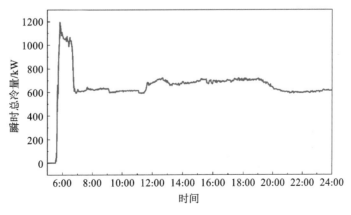

图 5-28　瞬时制冷量

同时,5:30 车站冷水主机系统初始开机后,由于空调系统冷负荷较高,冷冻水和冷却水的温差也较大,水泵和冷却塔都以高频运行。随着空调系统运行逐渐稳定,冷冻水的温差降低,冷冻泵以低频运行;而冷却水的温差接近设定值 5 ℃,温差控制效果良好。冷却塔则根据冷却水的温度进行变频调节,如图 5-29 和图 5-30 所示。

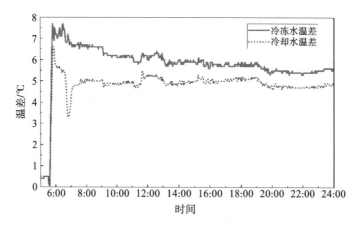

图 5-29 冷冻水及冷却水温差

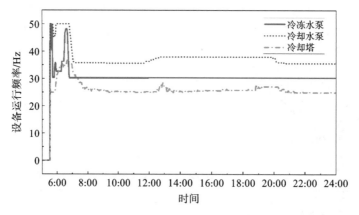

图 5-30 水泵及冷却塔运行频率

5．末端风机控制效果

5:30 车站冷水主机系统初始开机后,由于系统冷负荷较高,末端回排风机以高频运行。随着系统逐渐稳定,末端回排风机保持在低频率运行,而末端新风机则始终保持在低频率运行,如图 5-31 所示。

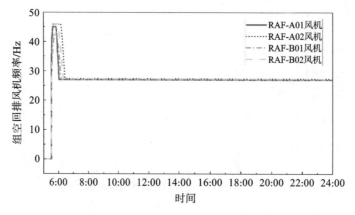

图 5-31 末端各 AHU 回排风机频率

6．室内温湿度控制效果

车站冷水主机系统初始开机并稳定运行后,车站站厅的平均温度在 26～27 ℃之间,站台的平均温度在 25～26

℃之间,车站室内的温度控制良好,没有出现室内温度过低的情况,如图 5-32 所示。同时,车站站厅层与站台层的平均湿度在 60%～80% 之间,湿度状况也较好,如图 5-33 所示。

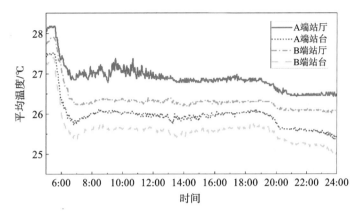

图 5-32　室内温度

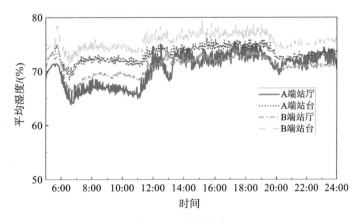

图 5-33　室内湿度

7. 机房能效

9 月 30 日车站制冷机房及末端大系统的耗电量统计情况见表 5-3。在车站空调系统中,机房的能耗占比为 69%,末端的能耗占比为 31%。在制冷机房中,主机的耗电占比高达 88%,而水泵及冷却塔设备的总耗电占比仅为 12%。水泵及冷却塔设备的耗电占比越低,机房的能效就越高。

表 5-3　各设备功耗及占比

系　　　统	设　　备	耗电量 /(kW·h)	耗电占比	冷源系统与末端占比
冷源系统 (机房)	主机	1390	83%	69%
	冷冻水泵	84	5%	
	冷却水泵	134	8%	
	冷却塔	58	4%	
空调末端	AHU 送风机	529	69%	31%
	回排风机	196	26%	
	新风机	40	5%	

采用风水联动控制策略后,车站空调系统能够依据末端状态自动优化并调整系统参数,确保冷水主机、水泵、冷

却塔等设备均能在高效状态下运行,如图 5-34 所示。9 月 30 日,车站主机的累计能效达到了 8.86,冷源系统的累计能效为 7.39,而整个空调系统的累计能效则为 5.07。同时,冷冻水泵的输送系数为 147,冷却水泵的输送系数为 102,如图 5-35 所示。

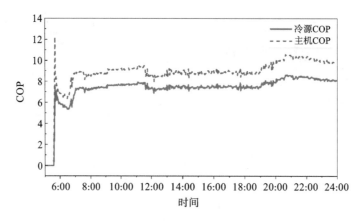

图 5-34 冷源及主机 COP

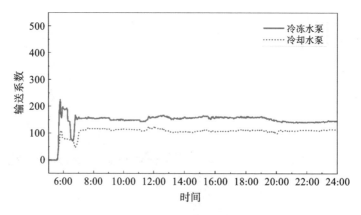

图 5-35 水泵输送系数

根据《高效空调制冷机房评价标准》(T/CECS 1100—2022)的规定,在夏热冬暖地区,冷源系统的能效若大于 5.7,则被视为一级能效;而三星高效空调制冷机房则须同时满足冷水输送系数≥44 和冷却水输送系数≥38 的标准。本车站在应用了基于风水联动的控制逻辑后,机房的日累计能效高达 7.39,且冷水和冷却水的输送系数均远超评价指标,展现出了显著的节能效果。

5.9.1.6 小结

地铁车站空调系统具有复杂、非线性、时变性等特点,且运营方对空调系统运行的稳定性有着极高的要求。然而,传统的地铁车站通风空调系统采用风侧和水侧独立控制的策略,这种策略无法根据空调系统的工况变化进行自适应调整,因此控制稳定性较差。风水联动控制策略的应用有效地解决了这一问题,它避免了传统控制策略下风侧和水侧冷量供应不匹配、室内温度过低导致冷量浪费,以及系统能效低等问题。

以广州地铁 7 号线一期西延顺德段某车站的应用效果为例,采用风水联动控制策略后,地铁车站通风空调系统的各设备运行稳定,站厅和站台的温湿度也得到了稳定的控制。末端 AHU(空气处理机组)的送风温度和回风温度均被控制在设定值附近,风侧的控制效果良好。在满足末端冷负荷的同时,风机的频率也相对较低,从而实现了较好的节能效果。

在水侧方面,系统在满足风量冷负荷需求的同时,AHU 的智慧一体阀开度也保持在较大的位置,这有效地减小了管路的阻力。同时,冷冻水泵也保持在较低的频率运行,从而降低了水泵的输送能耗。主机的冷冻供水目标温度则被维持在较高的值,这同样为系统带来了较好的节能效果。

总的来说,车站整体的风水联动控制效果良好。在满足末端冷负荷需求的同时,通过风水联动控制策略对空调系统参数进行自适应优化,使得空调系统始终能够处于高效运行的状态。车站制冷机房的日累计能效达到了 7.39,而空调系统的能效也达到了 5.07,均达到了一级能效标准。因此,可以说风水联动控制方法在节能方面取得了显著的效果。

5.9.2 某办公大楼变风量系统应用分析

本研究涉及的是一栋综合性办公大楼,该大楼属于Ⅰ类高层建筑,内部构造主要包括办公室、会议室、报告厅以及卫生间、空调机房等附属功能性房间。大楼共有地上 24 层和地下 2 层,地上建筑面积为 39048 m²,建筑总高度约为 100 m。大楼的空调系统采用集中空调方式,其中夏季空调设计负荷为 3400 kW,冬季则为 2000 kW,并选用了水源热泵系统作为空调系统的冷热源。各楼层均配备了带变风量箱的变风量空调系统,标准楼层设有 16 个单风道变风量箱末端,每个变风量箱又配置了 2～6 个条缝型送风口。标准层的变风量空调系统平面图如图 5-36 所示。

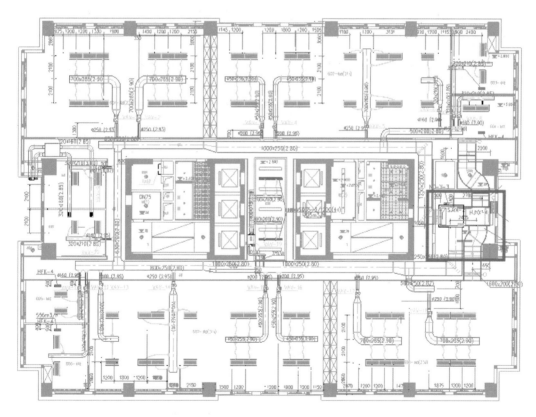

图 5-36 标准层变风量空调系统平面图

我们对选定的标准层进行了变风量空调系统的既有运行策略分析,并深入探讨了变静压运行策略的控制效果,以此为基础比较了不同运行策略下空调系统的节能表现。既有的控制策略采用的是定静压控制法。在这一策略下,每个楼层由若干个 VAV(变风量)箱分别负责不同的区域,每个 VAV 箱都装有一个温度传感器,用于采集对应区域的室内温度信号,并与预设的温度值进行对比,从而自动调节 VAV 箱阀门开度,以改变送风量,确保室温的稳定。随着 VAV 箱阀门开度的不断变化,送风管内的压力也会随之波动。此时,空气处理机组的静压控制器会对比送风管内静压值与预设的静压值,并根据两者之间的差值产生控制输出信号,自动调节风机的运行频率,以确保送风管内静压维持在预设值。

基于该变风量空调系统的布局以及设备参数,我们在 TRNSYS 平台上建立了该系统及其末端的模拟平台,如图 5-37 所示。该平台涵盖了 AHU(空气处理机组)模型、VAV 末端模型、送风管内压力设定值控制算法以及 PID 控制器等组件。该模拟平台可直接用于控制策略的模拟分析。在整个控制流程中,送风管内静压设定值与送风温度设定值均保持不变。标准层十层的送风静压被设定为 180 Pa,根据现场调研结果,冬季送风温差为 10 ℃,夏季送风温差则为 13 ℃。在设计条件下,各 VAV 箱的最小风量(Q_{min})为最大风量(Q_{max})的 3/10。现场调研还揭示了一个问题:当空调风系统采用定静压控制法时,在空调系统处于部分负荷状态时,VAV 箱阀门开度通常较小,导致末端阻力增大,进而造成一定的风机能耗浪费。此时,若能降低送风管内静压值并增大阀门开度,在保持送风量不变的前提下,就能有效节省风机能耗。

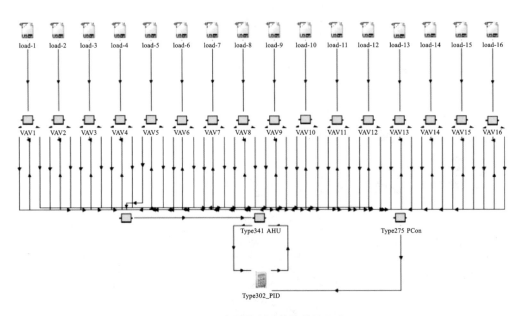

图 5-37　变风量空调系统模拟平台

针对该项目 VAV 系统的运行特点,我们提出了变静压控制法。该方法通过监测 VAV 箱风阀的全开(或接近全开)个数来优化静压设定值。具体来说,当风阀全开(或接近全开)个数达到预设值(设为 2 个,最大开度为 98%)时,静压设定值就会增加;当风阀的最大开度小于另一预设值(设为 90%)时,静压设定值就会减小;在其他工况下,静压值则保持不变。变静压控制法的流程框图如图 5-16 所示。

本案例还对冬季典型日及夏季典型日的系统运行特性进行了分析。针对该项目 VAV 系统的运行特点,我们分别绘制了冬季典型日及夏季典型日空调全天负荷及室外干球温度变化曲线图,如图 5-38 与图 5-39 所示。

图 5-40 与图 5-41 则展示了在采用定静压控制法(既有模式)与变静压控制法(优化模式)时,冬季典型空调日某标准层系统的运行结果。从图中可以看出,在采用定静压控制法的情况下,由于早晨热负荷较大,所需风量也较大,因此风机运行频率较高。随着负荷的逐渐减小,风机运行频率也逐步降低至 26 Hz 左右,而送风管内静压则一直维持在预设的静压值(180 Pa)附近。然而,在采用变静压控制法(优化模式)的情况下,由于早晨负荷较大,系统启动后送风静压设定值迅速上升至 175 Pa,风机运行频率也随之不断调节,以确保送风管内静压值维持在预设的送风静压设定值附近。随着负荷的减小,送风静压设定值也逐渐降低至最小值(100 Pa)。早上 10 点以后,风机运行频率保持在最低值(25 Hz),而送风管内压力则在 140～160 Pa 之间波动。

图 5-42 展示了冬季优化前后系统风机全天功率的对比情况。其中,优化后风机全天功率的最大值和最小值分别

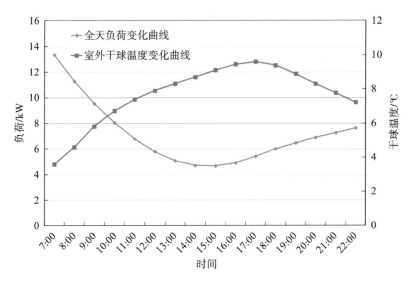

图 5-38　冬季典型日空调全天负荷及室外干球温度变化曲线

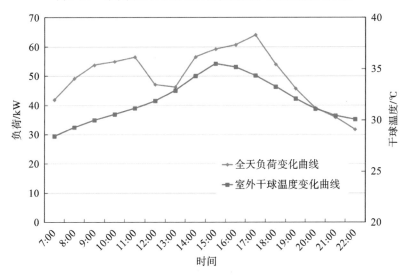

图 5-39　夏季典型日空调全天负荷及室外干球温度变化曲线

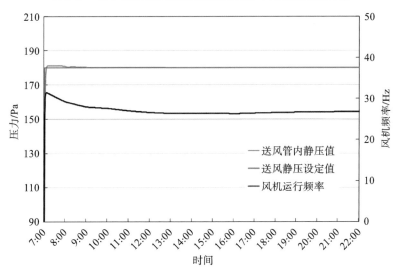

图 5-40　冬季典型日空调定送风静压运行模式下系统运行状态

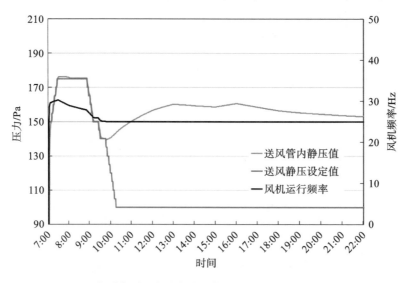

图 5-41　冬季典型日空调变送风静压运行模式下系统运行状态

为 1.75 kW 和 0.77 kW,而优化前则分别为 2.00 kW 和 0.89 kW。在送风静压优化之前,风机全天的模拟能耗为 15.57 kW·h,优化后则降低至 13.36 kW·h,实现了 14% 的能耗节约。

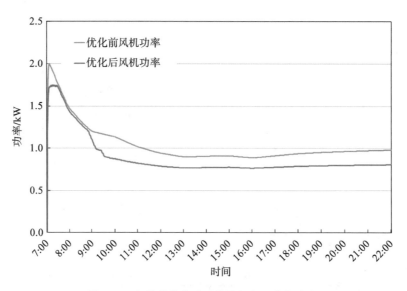

图 5-42　冬季优化前后系统风机全天功率对比

对于夏季,图 5-43 与图 5-44 分别展示了采用定静压控制法(既有模式)与变静压控制法(优化模式)时,夏季典型日空调系统的运行结果。可以看出,在采用定静压控制法时,送风管内静压全天维持在 180 Pa,风机运行频率在 15 时左右达到最大值,约为 36 Hz,而在 22 时降至最低,约为 28 Hz。相比之下,在采用变静压控制法(优化模式)时,系统启动后,由于空调负荷较小,送风静压的设定值及实际值迅速降低至约 125 Pa,并稳定运行至 12 时。之后,随着空调负荷的减小,送风管内静压的设定值及实际值继续降低至约 115 Pa。然而,在 14 时以后,随着空调负荷的逐渐升高,送风管内静压的设定值及实际值又逐步升高至约 160 Pa。到了 18 时以后,送风静压的设定值开始逐步下降至最小值 100 Pa。而在 19 时以后,风机运行频率降至最小值 25 Hz,此时实际送风静压已无法维持在设定值,而是从 105 Pa 逐渐升高至约 145 Pa。全天风机运行频率不断变化,在 25～36 Hz 之间波动,且峰值出现在 15 时左右。

图 5-45 则展示了夏季优化前后系统风机全天功率的对比情况。在定送风静压运行模式(优化前)和变送风静压

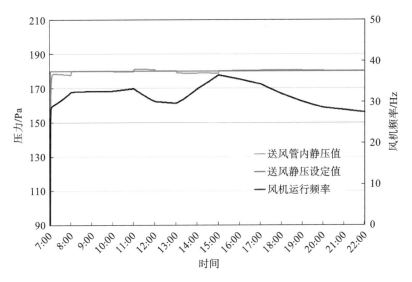

图 5-43　夏季典型日空调定送风静压运行模式下系统运行状态

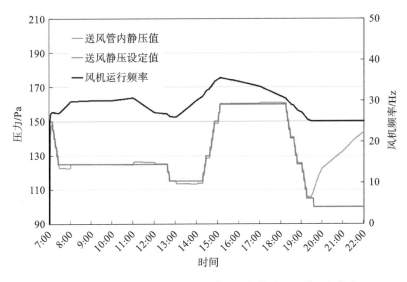

图 5-44　夏季典型日空调变送风静压运行模式下系统运行状态

运行模式(优化后)下,风机功率均随负荷的变化而变化,且两者的变化趋势基本一致。两种运行模式下的风机功率峰值均出现在 15 时左右(优化前功率约为 3.5 kW,优化后功率约为 3.3 kW),而风机功率的最低值均出现在 22 时(优化前风机功率约为 1.1 kW,优化后风机功率约为 0.8 kW)。在保证送风量的前提下,采用变送风静压运行模式后,风机功率明显低于采用定静压运行模式时的功率。在送风静压优化之前,风机全天的模拟能耗为 32.01 kW·h,而优化后则降低至 27.30 kW·h,实现了 15% 的能耗节约。

5.9.3　某地铁站设备用房变风量系统应用研究

该案例针对某地铁站设备用房的全空气变风量空调系统进行深入研究。基于 Flowmaster 模拟平台,我们建立了变风量空调系统模型及其控制策略模型,旨在模拟在不同负荷要求下,通过调控变风量风阀的开度来调节送风量,从而实现对室内温度的控制,并对此控制特性进行了详细分析。

该地铁站设备用房内配置了多个变风量空调系统,每个空调区域的送风和回风均单独设置了支管,且在送风支

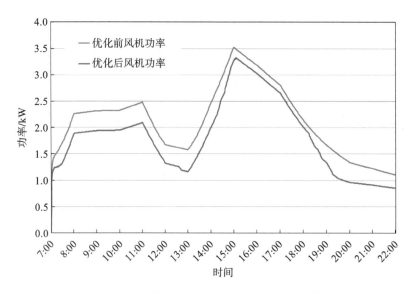

图 5-45　夏季优化前后系统风机全天功率对比

管上均安装了 VAV(变风量)箱。以下我们以某小系统为例进行详细分析。该系统的服务范围涵盖 0.4 kV 开关柜室、控制室、35 kV 开关柜室、直流开关柜室、再生装置控制室以及整流变压器室 1 和整流变压器室 2。该系统的空调布置原理图如图 5-46 所示。

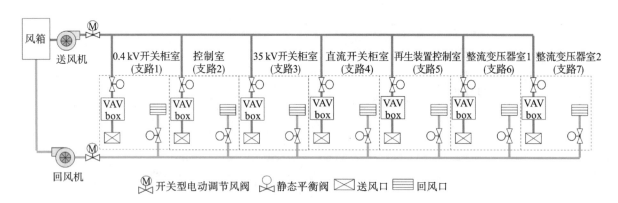

图 5-46　系统的空调布置原理图

地铁设备用房中的变风量系统主要功能是根据不同房间的实际需求合理送风,以满足其各自不同的温度控制要求。由于不同的设备用房具有不同的工作时间,因此各房间的设计参数也各不相同,具体如表 5-4 所示。风机的选择则是基于设计风量和管网阻力的计算结果进行的。

该变风量系统的送风主管长度约为 60 m,在距离风机出口 40 m 处设置了静压测量点。当采用定静压控制法时,静压的设定值为 200 Pa。若采用定风量控制,则需要确定风机运行频率与风量之间的关系。该关系呈现为一次函数形式,具体如式(5-10)所示。根据这一关系式,我们可以知道在任意工况下,都存在一个与之对应的风机频率。因此,我们可以据此获取夏季典型日和冬季典型日不同时刻,变风量空调系统风量所对应的风机频率或转速。

$$f = 0.0017Q - 4.5267 \tag{5-10}$$

式中:f——风机频率;

Q——系统总风量。

表 5-4　各房间设备运行时间及设计温度

房 间 名	冷 负 荷	设计温度 /℃	送风量 /(m³/h)
0.4 kV 开关柜室	44.15	36	5690
35 kV 开关柜室	17.39	36	578
再生装置控制室	29.94	36	3859
整流变压器室 1	41.73	36	5385
整流变压器室 2	43.03	36	5546
控制室	4.49	27	578
直流开关柜室	49.32	36	6357
总计	230.1	/	29658

在该应用案例中,我们以夏季典型日和冬季典型日为例,分析了定静压控制法与总风量控制法的控制特性。对于地铁设备用房而言,即使在冬季,冷却仍然是必要的。在冬季工况下,采用室外空气进行通风,而在夏季制冷工况下,送风温度设定为 18 ℃。

在冬季采用定静压控制时,图 5-47 展示了静压点设定值与实际控制静压值的曲线。设定静压值与控制值吻合得较好,基本稳定在 200 Pa。然而,在 23:00 至次日 6:00 期间,由于大部分房间的 VAV 箱风阀关闭,仅有控制室、直流开关柜室和两个整流变压器室的末端风阀保持开启,导致管网阻力特性发生变化。同时,风机又设定了最低运行频率限制,因此夜间静压值偏高,系统部分运行时压力基本稳定在 265 Pa。

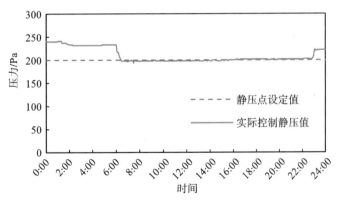

图 5-47　静压点设定值与实际控制静压曲线

当静压点压力设定为 200 Pa 恒定时,风机变频运行的频率如图 5-48 所示。在 23:00 至次日 7:00 机房内设备部分运行时,风机的频率保持在设定的最低频率 25 Hz;而在 7:00 至 23:00 机房内设备全部运行时,风机频率最高达到 38.7 Hz,此时风机功率为 5.11 kW。采用定静压控制法后,风机能够根据需求风量的变化灵活调整运行频率。典型日风机运行频率范围为 25～38.7 Hz,风机实时功率为 1.38～5.11 kW。与工频运行相比,风机典型日实时功率可减少 53.5%～87.5%。经计算,风机工频运行时日用电量为 264 kW·h,而变频运行后日用电量降至 73.3 kW·h,节能率高达 72.2%。

采用总风量控制法时,根据风量和风机频率的关系式,我们得出了冬季典型日不同风量下与风机频率关系图(如图 5-49 所示)。系统采用总风量控制法后,风机的运行频率随风量的变化而相应调整。夜间部分设备用房设备运行时,风机降频运行,达到了节能的目的。风机最大频率为 31 Hz。冬季典型日风机运行频率范围为 25～31 Hz,风机实时功率为 1.38～2.66 kW。与工频运行相比,风机典型日实时功率可减少 75.8%～87.5%。经计算,风机工频运行时日用电量为 264 kW·h,而变频运行后日用电量降至 40 kW·h,节能率高达 84.8%。

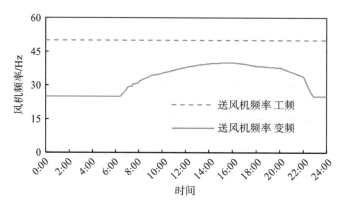

图 5-48　工频及变频工况下的风机频率

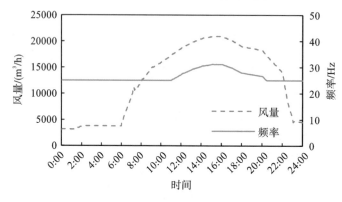

图 5-49　冬季工况典型日风量与风机频率关系曲线

在夏季,当采用定静压控制时,静压点压力同样被设定为 200 Pa。图 5-50 展示了典型日静压点的设定静压与实际控制静压的曲线,设定静压值与控制值吻合良好,基本稳定在 200 Pa 左右。

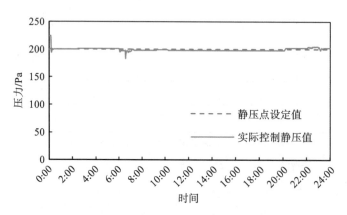

图 5-50　静压设定值与实际控制静压值曲线

在静压点压力设定为 200 Pa 恒定的情况下,风机变频运行的频率如图 5-51 所示。在 23:00 至次日 6:00 机房内设备部分运行时,风机的频率保持在设定的最低频率 25 Hz;而在 6:00 至 23:00 机房内设备全部运行时,风机频率则维持在 46.9 Hz,此时风机的功率为 11 kW。该典型日风机的运行频率范围在 25~46.9 Hz 之间,风机的实时功率则在 1.38~9.09 kW 之间。与工频运行相比,风机在典型日的实时功率可减少 17.4%~87.5%。经过计算,风机在工频运行时的日用电量为 264 kW·h,而在变频运行后的日用电量则为 151.6 kW·h,节能率达到了 42.6%。

当采用总风量控制法时,夏季典型日风量下的风机频率曲线如图 5-52 所示。风机的运行频率随风量的变化而相应调整,夜间部分设备用房设备运行时,风机降频运行,不再以工频运行,从而达到了节能的目的。此时,风机的最大

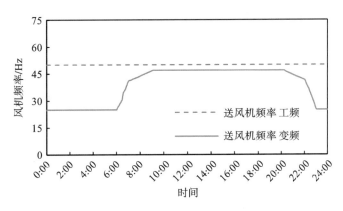

图 5-51　工频及变频工况下的风机频率

频率为 47 Hz。采用总风量控制后,风机能够根据需求风量的变化灵活地进行变频运行。典型日风机的运行频率范围在 25～47 Hz 之间,风机的实时功率则在 1.38～9.2 kW 之间。与工频运行相比,风机在典型日的实时功率可减少 16.4%～87.5%。经过计算,风机在工频运行时的日用电量为 264 kW·h,而在变频运行后的日用电量则为 144 kW·h,节能率达到了 45.5%。

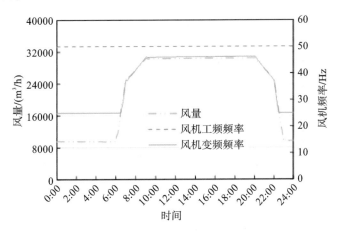

图 5-52　夏季典型日风量与风机频率关系曲线

以上模拟结果表明,在相同条件下,总风量控制法的节能效果要优于定静压控制法。具体来说,冬季典型日的节能率较定静压控制法高出 12.6%,而夏季典型日的节能率较定静压控制法高出 2.9%。

5.9.4　新风控制策略效果分析

该研究涉及的变风量系统服务于一个商业区域,共包含 8 个区域,其中 1 个区域(第 8 区)用于会议,其余 7 个区域(第 1 区至第 7 区)则用于办公。系统的运行时间为早上 7 点至晚上 8 点。会议室在 10:00 至 12:00 期间使用,室内人员可达 50 人。各区及总的人员数量具体如图 5-53 所示。

我们以 TRNSYS 为平台,构建了该变风量空调系统的模拟平台,旨在研究在典型夏季空调日下,不同新风控制策略的控制特性。具体控制策略如下。

策略 1:根据实际检测的总人数来计算需要从室外引入的新风量,以进行实际控制。

策略 2:按照关键区域所需的新风比来计算室外引入的新风量,即关键区域所需新风比乘以总的送风量。

策略 3:采用多区域变风量空调系统的按需新风控制策略来控制新风量。

在该模拟平台上,各区域的人数及冷负荷需求是动态变化的:第 8 区仅在早上 10 点至中午 12 点有会议活动,其

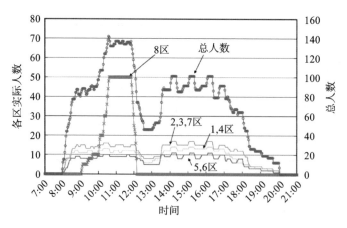

图 5-53　各区及总的人员数量

他时间无人；而其他 7 个区域持续有人，且人员数量不断变化。根据关键区域的确定原则，模拟系统自动判定在上午 10:00 至中午 12:00 期间，第 8 区为关键区域；而在其他时间段内，第 7 区则被确定为关键区域，如图 5-54 所示。

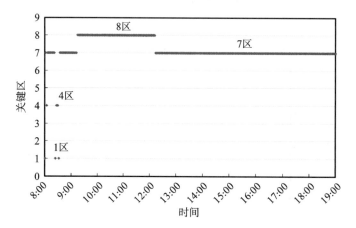

图 5-54　实时检测的关键区

　　图 5-55 展示了按照策略 1 进行新风控制时各区域的二氧化碳浓度。该策略是根据室内总的检测人数来引入新风量的。然而，很明显的是，第 7 区和第 8 区的新风量不足，导致室内二氧化碳浓度偏高，特别是第 8 区的二氧化碳浓度长期高于标准规定的 1000×10^{-6}。相反，第 3 区至第 6 区的二氧化碳浓度则低于平均水平，表明这些区域引入了过多的新风量。

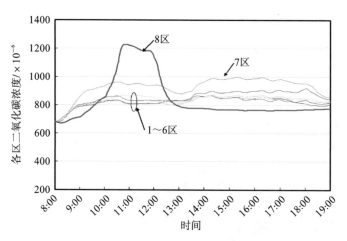

图 5-55　各区域二氧化碳浓度（控制策略 1）

图 5-56 则展示了按照策略 2 进行新风控制时各区域的二氧化碳浓度。该策略是按照关键区域的新风比来计算直接从室外引入的新风量的。然而,结果是所有区域都引入了过多的新风量。尽管第 8 区的二氧化碳浓度在很短的时间内略高于 900×10^{-6},但并未超过标准规定的 1000×10^{-6}。其他时间各区的二氧化碳浓度也很低,最高值仅为 700×10^{-6}。这说明策略 2 导致了过多的室外新风被引入,从而需要消耗更多的冷能来处理这些多余的新风。

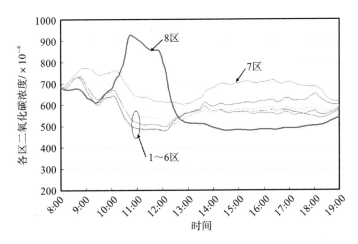

图 5-56 各区域二氧化碳浓度(控制策略 2)

图 5-57 则展示了按照策略 3 进行新风控制时各区域的二氧化碳浓度。该策略考虑了在非关键区域未使用完的循环新风量。很明显,该方案有效地控制了室内的二氧化碳浓度。虽然各区的二氧化碳浓度相较于采用策略 2 时有所上升,但仍然能够满足室内二氧化碳浓度标准的要求。此外,该策略也明显优于策略 1,没有出现新风量不足、室内二氧化碳浓度过高的现象。表 5-5 详细列出了这三种不同新风控制策略的能耗特性。

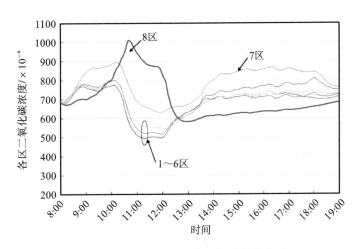

图 5-57 各区域二氧化碳浓度(控制策略 3)

表 5-5 3 种不同新风控制策略的能耗特性

控 制 策 略	策略 1	策略 2	策略 3
送风机功耗 /(kW·h)	152.69	151.18	151.56
回风机功耗 /(kW·h)	72.04	73.53	72.72
风机总功耗 /(kW·h)	224.73	224.71	224.28
差别 /(%)	—	-0.01	-0.20
盘管冷量消耗 /MJ	3321.87	5040.56	4099.07

续表

控 制 策 略	策略1	策略2	策略3
差别/(%)	—	51.74	23.40
总电耗/(kW·h)	593.83	784.77	679.74
差别/(%)	—	32.16	14.47

5.10　本章小结

在当前"双碳"战略的背景下,绿色、环保、低碳的生活方式推动了空调智能系统的发展。为实现节能减耗的目标,变风量空调系统的应用将越来越广泛。本章介绍了无变风量末端与有变风量末端的变风量空调系统及其控制,并阐述了典型的单风道变风量箱的结构与控制方式。根据变风量箱是否配备风机,可将其分为普通单风道变风量箱和风机动力型变风量箱;而根据其是否采用串级控制,又可分为压力相关型变风量箱(又称压力相关型末端)和压力无关型变风量箱(又称压力无关型末端)。

对于整个变风量系统而言,风量的控制方法可分为定静压控制法、变静压控制法以及总风量控制法。定静压控制法相对简单,而变静压控制法需要监测每个末端的阀门开度并进行静压优化,其节能潜力相较于定静压控制法更大。总风量控制法则直接根据各个末端的需求风量总和来给定风机的运行频率,这是一种典型的前馈控制方法,具有控制稳定的特点。

按需新风控制旨在以最小的能耗向室内提供满足空气品质要求的新风。通过检测室内人数,可以计算出所需的新风量。在多区域变风量空调系统中,由于各区域的人数和冷负荷要求不同,并且这些要求还在不断变化,因此需要根据实时测得的各区域送风量来确定关键区,计算关键区的新风比并进行校正,从而优化直接从室外引入的新风量,将其作为新风控制器的设定值进行实际的新风控制。

最后,本章给出了四个应用案例分析,包括某地铁站空调系统风水联动控制的应用分析、一个办公大楼变风量系统的应用分析、一个地铁车站设备用房变风量系统的应用分析,以及新风控制策略效果分析。

第 *6* 章

空调冷热源水系统控制方法

空调冷热源水系统控制是提高空调系统运行能效、降低能耗、实现节能目标的重要手段。因此,掌握空调冷热源水系统各设备的控制方法,对于实现建筑节能、推动碳达峰碳中和进程具有重要意义。本章主要在介绍典型的冷热源系统形式的基础上,阐述制冷机组群控、冷却水系统控制、冷冻水系统控制的内容,并简要介绍超高层建筑中板式换热器分区系统的控制方法。

6.1 空调冷热源系统概述

作为中央空调系统的核心,空调冷热源系统包含众多设备,结构复杂。要想做好空调冷热源水系统的控制,就需要对空调冷热源系统有充分且深刻的理解。

6.1.1 中央空调系统热质传递过程

中央空调系统的运行是一个持续的传热传质过程。图 6-1 展示了一个典型的水冷式中央空调系统的工作流程。该系统涉及三种流体机械——压缩机、水泵和风机,三种传热介质——制冷剂、水和空气,五个循环环节——室内空气循环(末端至室内)、冷冻水循环(蒸发器至末端)、制冷剂循环(制冷机组内部)、冷却水循环(冷凝器至冷却塔)和室外空气循环(冷却塔至室外)。

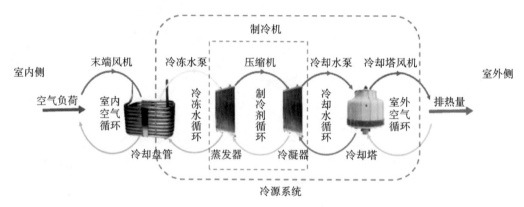

图 6-1 典型的水冷式中央空调系统的工作流程

室内空气循环:通常由末端空气处理系统完成。室内空气进入空调设备(如风机盘管、空气处理器),通过冷却盘管翅片与盘管内的冷冻水进行热交换,换热后的冷空气由风机系统送回室内,从而消除室内的余热和余湿,维持室内温湿度在一定范围内。室内空气循环的动力来源于风机。

冷冻水循环:在由末端空调设备冷却盘管、冷冻水循环管道、冷冻水泵和制冷机组蒸发器组成的闭式系统内完成。热量被末端空调设备冷却盘管中的冷冻水吸收,冷冻水温度升高。随后,冷冻水通过循环传输至制冷机组蒸发器,与制冷剂进行热交换,将热量传递给制冷剂,同时冷冻水温度降低,再次循环至末端空调设备冷却盘管。冷冻水循环的动力由冷冻水泵提供。

制冷剂循环:在制冷机组(也称制冷机)内部完成,通常在由蒸发器、压缩机、冷凝器、膨胀阀及附件构成的密闭系统内完成。在蒸发器内,制冷剂吸收冷冻水中的热量后变为低温低压气态制冷剂,进入压缩机;经压缩机压缩后变为高温高压气态制冷剂,排出至冷凝器;在冷凝器内与冷却水进行热交换后,冷凝成高温高压液态制冷剂;通过膨胀阀进入蒸发器再次吸收冷冻水中的热量,形成循环。制冷剂循环的动力由压缩机提供。常见的压缩式制冷机组有往复式、涡旋式、螺杆式和离心式等。

冷却水循环:在由冷却塔、冷却水循环管道、冷却水泵和制冷机组冷凝器组成的开式系统内完成。热量被制冷机组冷凝器中的冷却水吸收,冷却水温度升高。随后,冷却水通过循环传输至冷却塔,在冷却塔中与室外空气进行热质交换,将热量以温差和汽化焓的方式传递给空气,冷却水温度降低,再次循环至制冷机组冷凝器。冷却水循环的动力由冷却水泵提供。

室外空气循环:通常由冷却塔完成。通过机械抽吸或增压的室外空气流经冷却塔内部的填料,吸收冷却塔喷淋而下的冷却水中的热量,温度升高、湿度加大,变成高温高湿空气,然后经冷却塔出风口排出,将热量排放到室外大气中。室外空气循环的动力来源于冷却塔风机。冷却塔可为逆流式或横流式,有的采用闭式冷却塔以满足不同工艺要求。

中央空调系统通过上述五大循环的热质交换过程,将室内空气中的热量(包括显热和潜热)搬运至室外空气中,实现建筑室内热湿环境的控制。控制系统的作用在于通过调控各循环中的量和质(如风量、水量、制冷剂流量以及温度、湿度、压力等状态),协调能量在各循环中的传输,使系统供冷量能够按照建筑需求实现合理调节,进而将建筑室内的热湿环境控制在设计目标范围内。

冷源系统通常涉及中央空调系统五大循环中的四个:冷冻水循环、制冷剂循环、冷却水循环和室外空气循环。冷源系统与热源系统的差异主要在于制冷设备和制热设备不同。热源设备可能采用热泵或锅炉等,循环动力设备则都需要水泵。不同的制冷和制热设备决定了冷源系统和热源系统的设计形式不同。

6.1.2　冷源系统

按照冷却形式的不同,冷源系统可以分为水冷式冷源系统和风冷式冷源系统。两者的主要区别在于,水冷式冷源系统通过循环水来冷却制冷机组的冷凝器,而风冷式冷源系统则通过室外循环风来冷却制冷机组的冷凝器。

1. 水冷式冷源系统

水冷式冷源系统主要由冷却水循环系统、制冷机(或制冷机组)以及冷冻水循环系统组成,其原理图如图 6-2 所示。该系统的主要设备包括制冷机、冷冻水泵、冷却水泵和冷却塔等。其中,制冷机、冷冻水泵、冷却水泵通常被安装在专用的设备间,即制冷站内,而制冷站则通常设在建筑物的地下室。至于冷源系统的冷却塔,一般被安装在室外,比如辅助建筑物的屋顶或裙楼的屋顶等位置。

制冷机通过压缩机做功来制备冷冻水,这些冷冻水随后通过水泵被输送到空调末端系统。压缩机做功转换成的热量以及制冷剂在蒸发器中吸收的热量都会进入冷凝器,而高温高压的制冷剂所携带的热量则会通过冷却水循环系统被输送到冷却塔,并最终通过冷却塔排放到室外大气中。如果不考虑各设备做功以及能量输配过程中的热损耗,那么制冷机组的能量方程可以用式(6-1)来表示。其中,$Q_热$ 代表冷源系统的总排热量,$Q_冷$ 代表冷源系统的总制冷量,W 则代表制冷机组压缩机所做的功。

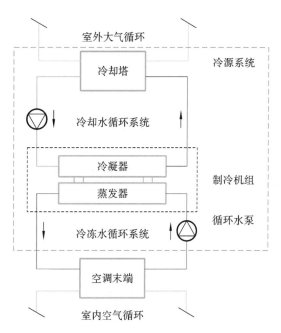

图 6-2　水冷式冷源系统原理图

$$Q_热 = Q_冷 + W \tag{6-1}$$

制冷机组的能源转化效率通常用性能系数 COP(coefficient of performance)来表示,性能系数也就是制冷量与压缩机消耗功率之比,具体计算公式如式(6-2)所示。对于制冷机来说,这个系数也被称为制冷系数。制冷机组的 COP

越大,在提供相同冷量时的能耗就会越低。

$$COP = \frac{Q_{冷}}{W} \tag{6-2}$$

对于整个冷源系统的能源转化效率,通常用系统综合性能系数 $COP_{综}$ 来表示,其计算公式如式(6-3)所示。其中,$W_{总}$ 代表整个冷源系统各设备的总能耗,这主要包括制冷机组能耗、冷冻水泵能耗、冷却水泵能耗以及冷却塔能耗等。

$$COP_{综} = \frac{Q_{冷}}{W_{总}} \tag{6-3}$$

在实际的系统设计中,我们需要尽可能地选择高能效比的制冷机组,并优化系统管网设计,以减少水流阻力,从而降低冷冻水泵和冷却水泵的能耗。另外,在系统运行时,我们还可以通过智能控制系统来对各设备的运行状态进行调节,以实现按需调控。

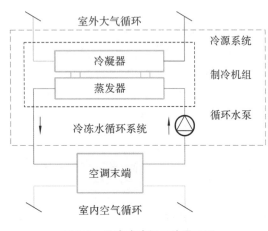

图 6-3 风冷式冷源系统原理图

2. 风冷式冷源系统

风冷式冷源系统相较于水冷式冷源系统来说更为简单,它主要由风冷式制冷机和冷冻水循环系统组成,其原理图如图 6-3 所示。该系统的主要设备包括风冷式制冷机和冷冻水泵等,其中制冷机组已经集成了冷却水循环系统。风冷式冷源系统通常被安装在建筑的屋顶或者建筑附近的地面上,这样有利于制冷机组将热量排放到室外大气中。

风冷式制冷机组的冷凝侧传热温差主要依赖于室外空气的干球温度,因此其 COP 通常会低于水冷式制冷机组。不过,风冷式制冷机组的应用仍然比较广泛,因为它的系统简单且管理起来也相对容易。特别是在南方地区,风冷式制冷机组的应用更为普遍。此外,风冷式热泵机组不仅能制冷还能制热,因此其应用范围更为广泛。

另外值得一提的是,变频多联机(也叫 VRV)系统也属于风冷式冷源系统的一种。在冷冻侧,VRV 系统与末端设备相连,并通过冷媒来传输冷量。当然,VRV 系统通常也同时具备制冷和制热两种工况。

6.1.3 热源系统

建筑中央空调系统的核心热源形式包括锅炉和热泵。在北方地区,城市集中供暖系统尤为常见。

1. 锅炉供热系统

锅炉是民用建筑暖通空调系统中不可或缺的热源设备。依据提供的热媒类型,锅炉可分为热水锅炉和蒸汽锅炉;而根据燃料种类,锅炉又有燃煤锅炉、燃油锅炉、燃气锅炉和电加热锅炉之分。此外,还有冷凝锅炉这一节能型锅炉。鉴于燃煤锅炉对大气的污染严重,它正逐渐被天然气锅炉所取代。公共建筑,如商场、办公楼、酒店和体育场馆等,多采用热水锅炉供暖。医院则较为特殊,部分医院会设置蒸汽锅炉以满足消毒等特殊需求,而且蒸汽锅炉在这些医院中也兼具供暖功能。

热水锅炉还可依据承压情况分为常压锅炉和承压锅炉。常压锅炉又称无压锅炉,其炉体顶部设有通大气口,因此不承压,类似于一个"开口式热水箱"。常压锅炉安全可靠,但当它与供热末端耦合时,需考虑建筑物高度带来的系统静压与循环阻力。为此,通常配备换热器,以隔离不能承压的常压热水锅炉水循环系统与承压的建筑物供热系统。

热水锅炉供热系统原理图如图 6-4 所示。末端设备可以是散热器、地板辐射系统、风机盘管或空气处理机组。该系统设置了两级热水循环泵,包括一次热水循环系统和二次热水循环系统。两者相互独立,仅通过板式换热器进行热量交换。锅炉产生的热量先通过一次热水循环系统输送至板式换热器,再通过换热器传递至二次热水循环系统,最终由二次热水循环系统输送至末端空气处理系统。由于设置了板式换热器,需考虑其热损失和换热效率,因此锅炉的出水温度相对较高,通常为 60～70 ℃。二次热水循环系统的热水供水温度一般可取 60 ℃,供回水设计温差可取 10 ℃。一次热水循环系统的供回水设计温差也一般为 10 ℃。这种间接供热水的系统形式通常适用于大型建筑。

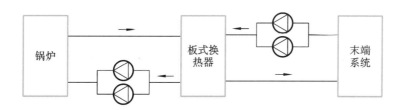

图 6-4　热水锅炉供热系统原理图

承压锅炉作为压力容器,属于特种设备,其设计、制造、安装和使用均受技术监督部门的严格监管。

2. 热泵供热系统

热泵(heat pump)是一种能将低位热源的热能转移到高位热源的装置,是全球备受瞩目的新能源技术。热泵通常从自然界的空气、水或土壤中获取低品位热能,然后通过电力做功,将其提升为可用于供暖或生活热水的高品位热能。热泵的工作原理与蒸汽压缩式制冷系统相似,夏季可制冷降温,冬季可制热供暖。根据热量来源的不同,热泵有多种类型,如风冷热泵(又称空气源热泵)、地源热泵、水源热泵、污水源热泵和太阳能热泵等,其中风冷热泵和地源热泵最为常见。

风冷热泵系统原理图(供热模式)如图 6-5 所示。该系统主要由风冷热泵机组、用户侧循环水泵及管道阀件等组成。风冷热泵机组通常采用涡旋式压缩机和小型螺杆式压缩机,单台制冷和制热量较小,因此在实际工程中常采用多台并联的方式。在制热工况下,与室外大气进行热交换的是蒸发器,与循环水进行热交换的是冷凝器。蒸发器从室外大气中汲取热量,经过压缩机做功提升温度,再通过冷凝器将热量传递至循环水中,然后由循环水输送至末端空气处理系统。在制冷工况下,通过四通阀转换,与室外大气进行热交换的部件变成冷凝器,与循环水进行热交换的变成蒸发器,热量将从循环水流向室外大气。

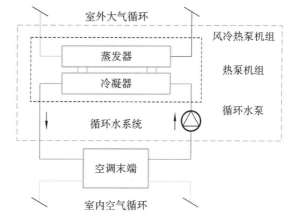

图 6-5　风冷热泵系统原理图(供热模式)

地源热泵系统原理图(供热模式)如图 6-6 所示。该系统主要由热泵机组、用户侧循环水泵、地源侧循环水泵、地埋管换热器及管道阀件等组成。系统可分为地源侧循环水系统和用户侧循环水系统。地源热泵机组多采用中大型螺杆式压缩机。在实际应用中,地源热泵机组的蒸发器和冷凝器需要通过管道阀门进行冷热水的切换。在制冷工况下,蒸发器接入用户侧循环水系统,冷凝器接入地源侧循环水系统,将热量存储在地下土壤中;在制热工况下,冷凝器接入用户侧循环水系统,蒸发器接入地源侧循环水系统,从地下土壤中提取热量。

在实际工程应用中,需充分考虑建筑的属性和使用特点,合理搭配冷源系统和热源系统,以实现系统整体性价比的最大化。常用的冷热源系统形式包括制冷机组＋锅炉系统、制冷机组＋热泵机组以及单独的热泵机组等。

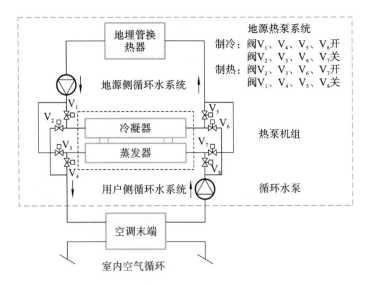

图 6-6　地源热泵系统原理图(供热模式)

综上所述,冷热源系统的主要控制内容包括制冷机组的控制(热泵和锅炉的控制原理与制冷机组相似)、冷却水系统的控制和冷冻水系统(或热水循环系统)的控制。接下来将介绍几种水冷式冷源系统常见的控制原理。

6.2　制冷机组控制方法

建筑中使用的制冷机通常都采用了一体化设计方法,配备了嵌入式的一体化控制柜或控制装置,该装置能够自主对单台制冷机进行启停控制以及冷量调节控制。建筑自动化系统(BA 系统)通常通过与一体化控制柜控制主板上设置的接收外界控制命令的数字量输入端子相连,实现对制冷机的启停控制。BA 系统不仅能通过协议方式与一体化控制柜对接,获取制冷机的运行状态参数,还能通过同样的方式设定制冷机的供水温度或回水温度。一体化控制柜则根据这些设定值对供水温度或回水温度进行精确的温度控制。

中央空调系统的制冷站普遍采用多台制冷机并联的方式,以提供建筑所需的冷量。由于建筑往往处于部分负荷状态,因此必须考虑制冷机的运行台数与实际负荷需求之间的匹配性。在追求节能效果时,还需进一步关注制冷机的供水状态,以确保系统的高效运行。

6.2.1　制冷机组群控

制冷系统通常配置多台制冷机组,并相应地配备多台冷冻水泵、冷却水泵和冷却塔,这些同类设备一般互为备用。当运行中的设备发生故障需停机,或因其他原因无法正常工作时,其他同类设备能够替代故障设备投入运行,确保系统正常工作不受影响。故障设备修复或更换并恢复正常后,可重新加入系统,使系统恢复至最初的工作状态。此外,采用多台设备配置,可以通过调控运行设备的数量来更好地适应建筑负荷的变化,进而实现系统的节能运行。

制冷机组群控是指对所有制冷机组的启停顺序进行控制,也被称为时序控制或序列控制。水系统的序列控制包括水系统的顺序开机控制和顺序关机控制、制冷机组加机控制和减机控制。

1. 一键开关机

水系统顺序开机控制:当发出水系统开机指令时,首先开启与待启动制冷机相连的冷冻水阀、冷却水阀,以及与冷却塔相连的水阀;延时一定时间(例如 2 min),启动相应的冷却塔;再延时一定时间(如 30 s),启动相应的冷却水泵及冷冻水泵;继续延时一定时间(例如 1 min),启动相应的制冷机组(需确认水流开关信号)。延时设置需考虑控制指令发出至执行器接收控制指令的时间,以及执行器的执行时间。一般阀门从全关到全开的时间为 30～120 s。制冷机的润滑系统起润滑作用,润滑油的温度一般要求在 35～50 ℃,启动前需进行预热。制冷机从启动到正常运行通常需要几分钟。

水系统顺序关机控制:当发出水系统关机指令时,首先关闭所有制冷机组;延时一定时间(例如 1 min),关闭所有冷却塔风机;再延时一定时间(如 5 min),关闭所有冷冻水泵和冷却水泵;继续延时一定时间(例如 1 min),关闭所有水阀。制冷机从接收停机指令到完全停机通常需要几分钟,有的甚至需要 10 多分钟。

2. 加减机控制

中央空调系统在全年大部分运行时段都处于部分负荷状态,且最大负荷与最小负荷相差较大。因此,制冷空调系统通常会设置多台制冷机,通过控制制冷机组的运行数量来适应建筑冷量需求的变化。当冷冻站的供冷能力超过建筑实际所需冷量时,需要关闭其中一台正在运行的制冷机。当实际所需冷量超过运行中制冷机组所能提供的最大制冷量时,则需要增开一台制冷机。

制冷机通常为智能设备,具备自动控制功能,可以根据回水温度(通常反映末端负荷状态)的变化自行调整运行负载率,从而维持出水温度恒定。离心式制冷机通常采用进口导叶调节、进口节流调节、转速调节等方式进行容量调节。采用不同的调节方式,制冷机负载调节范围也不同。采用进口节流调节的制冷机,负载调节范围一般在 60％～100％。当建筑负荷减小时,制冷机组的运行负载率也随之降低。当制冷机组的运行负载率降至 60％ 以下时,离心式制冷机组的压缩机容易因发生喘振而停机,这不仅会损坏压缩机,还会导致冷冻水出水温度偏离设定值。控制制冷机组的运行数量,可以使每台主机的运行负载率均保持在安全范围内,有效避免压缩机喘振或温度控制失效的现象。

此外,控制制冷机组的运行数量,还可以延长制冷机组的运行寿命,降低维修费用和故障率。为了延长各设备的使用寿命,通常要求各设备的累计运行时间尽可能相同,即同类设备均衡运行。因此,在启动或关闭设备时,应优先启动累计运行时间最少的设备或关闭累计运行时间最长的设备,以保持设备的均衡运行。因此,控制系统应具备自动统计设备运行时间和均衡运行调度的功能。

制冷机组运行数量(即加减机)的控制方法有多种,如冷冻水回水温度控制法、主机负载率控制法、供水温度控制法、冷量控制法等。

1) 冷冻水回水温度控制法

当制冷机组输出的冷冻水温度一定时,如供水温度为 7 ℃,冷冻水在空调末端(如表冷器)进行热量交换后,水温会升高。因此,冷冻水回水温度的高低基本上反映了系统所需冷量的大小。在冷冻水回水温度控制法中,自控系统可以根据回水温度来控制制冷机组的运行数量,以达到节能的目的。例如,设置回水温度的控制值为 13 ℃ 和 11 ℃。当回水温度超过 13 ℃ 时,说明末端冷量需求增加,需要增开一台制冷机;当回水温度低于 11 ℃ 时,说明末端冷量需求减少,可以关闭一台制冷机。回水温度的设置值与配置的制冷机数量紧密相关,需要在实际工程中不断测试和调整。图 6-7 所示为冷冻水回水温度控制法控制示意图。

2) 主机负载率控制法

根据运行的制冷机组的负载率来控制主机的运行数量。这一负载率可以采用功率(实测功率与额定功率的百分比)或电流(实测电流与额定电流的百分比)来表示。运行的制冷机组实际负载率反映了建筑的冷量需求大小。通过制冷机组运行负载率及装机容量可以大致估算系统供冷量,然后根据估算结果,计算当运行的机组平均负载率处在设定区间内时对应的主机数量。如果制冷机组由多个不同容量的制冷机组成,还需要确定不同容量制冷机的搭配(即通常说的大小主机搭配),再结合每台制冷机的累计运行时间确定需要增开或关闭的制冷机。图 6-8 所示为主机负载率控制法控制示意图。

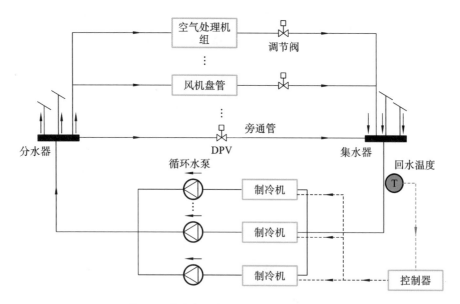

图 6-7　冷冻水回水温度控制法控制示意图

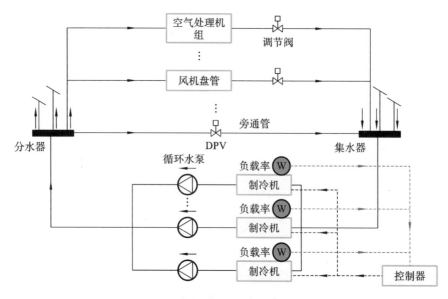

图 6-8　主机负载率控制法控制示意图

　　例如,一个由 3 台制冷机组组成的制冷系统,其中 2 台大制冷机每台制冷量为 1000 RT(冷吨),1 台小制冷机制冷量为 500 RT,机组负载率控制范围为 60%～90%。当前运行 2 台制冷机时,当建筑冷负荷降低时,运行机组的负载率将减小。当平均负载率低于 60%且持续一段时间(如 10 min,以避免因负载率正常波动而造成误判)时,根据预设公式计算得到运行一大一小机组时的平均负载率为 $2 \times 1000 \times 60\% / (1000 + 500) = 80\%$,在控制范围内,因此执行关闭 1 台累计运行时间较长的大制冷机同时开启小制冷机的控制指令。如此可将运行机组的负载率控制在预设范围内。相反,当建筑冷负荷增加时,运行机组的负载率将增加。当平均负载率高于 90%且持续一定时间(如 30 min)时,根据预设公式计算得到运行两大一小机组时的平均负载率为 $2 \times 1000 \times 90\% / (2 \times 1000 + 500) = 72\%$,在控制范围内,因此执行增开一台小制冷机的控制指令。

　　3)供水温度控制法

　　根据冷冻水总管供水温度、供水温度设定值、机组负载率及运行时间来确定是否执行增机或减机指令。图 6-9 所示为供水温度控制法控制示意图。

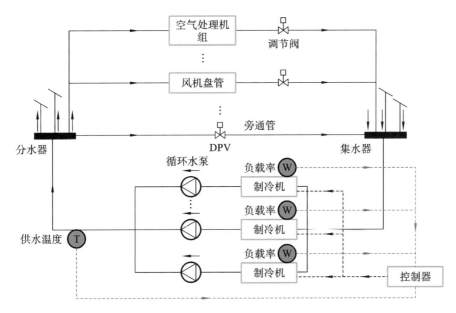

图 6-9 供水温度控制法控制示意图

加机判断逻辑为:检测冷冻水总管供水温度和运行机组的负载率。当冷冻水总管供水温度大于设定值一定值(如 1 ℃)且平均负载率大于设置的加机负载率默认值(如 95%)时,开始累计时间。当中途条件不满足时,累计时间清零;条件再次满足时重新累计时间。当累计时间持续一定时间(如 30 min)时,增开一台制冷机,直至全部制冷机开启。

减机判断逻辑为:检测运行机组的负载率。当平均负载率小于设置的减机负载率默认值(如 60%)且持续一定时间(如 10 min)时,关闭一台制冷机,直到只剩最后一台制冷机运行为止。采用该方法时,当制冷机组为大小搭配设计时,增机时通常优先增开小制冷机,减机时优先减小制冷机。

当判断出需要增机时,控制器按照对应的增机控制策略执行增机过程;当判断出需要减机时,控制器按照对应的减机控制策略执行减机过程。

4)冷量控制法

在冷量控制法中,自控系统根据冷冻水供回水温度与流量计算建筑空调系统的实际供冷量(即间接反映建筑冷量需求的大小),并根据计算结果选择匹配的制冷机组数量并投入运行。同时按照工艺规定启动或关闭配套的辅助设备。该方法需要在冷冻水系统中安装流量计及供回水温度传感器。然而,该方法在实际应用中较少采用,因为准确测量供冷量较为困难。在实际空调系统运行中,供回水实测温差较小(2~4 ℃),温度传感器的较小偏差也可能导致实际测量的冷量相差较大(20%~50%甚至更高)。

6.2.2 制冷机组优化序列控制

制冷机组可根据实际负荷大小进行优化序列控制。当建筑所需冷量不断变化时,制冷机组的压缩机能耗也随之变化。在实际运行中,制冷机组存在一个高效区,这个区域通常在 65%~85% 的负载率范围内(不同制冷机组的高效区可能有所不同)。常见制冷机组的性能曲线如图 6-10 所示。

优化序列控制的目的是,在满足建筑冷量需求的前提下,通过合理控制制冷机组的台数及搭配,尽可能地让每台制冷机组都运行在高效区,从而降低制冷系统的总能耗,如图 6-10 所示。这种方法类似于冷量控制法,同样需要在冷冻水系统中安装流量计,监测供水干管的供水温度和回水干管的回水温度。通过冷冻水供回水温差与流量,可以计算出空调系统的实际供冷量 Q($Q=cm(T_{in}-T_{out})$,单位为 kW,其中 c 为冷冻水的比热容(kJ/(kg·℃)),m 为冷冻水质量流量(kg/s),T_{in} 为冷冻水回水温度,T_{out} 为冷冻水供水温度),这个实际供冷量作为判断建筑实际所需冷量的依据。

优化序列控制方法会根据每台制冷机组的性能曲线,计算出不同制冷机台数及搭配组合在高效区运行时对应的负荷区间,并按照这些负荷区间进行整合重组,将相近的区间进行合并。当系统检测到的负荷从一个区间进入另一个区间时,会进行相应的加机或减机操作,以使系统以最佳的制冷机组组合方式运行。如图 6-11 所示,当系统负荷低于 Q_1 时,仅运行一台机组;当系统负荷高于 Q_1 但低于 Q_2 时,运行两台机组;当系统负荷高于 Q_2 时,则运行三台机组。相反,当负荷由高向低下降时,对应关闭机组。

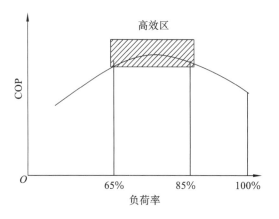

图 6-10　常见制冷机组的性能曲线

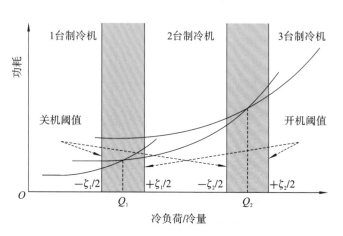

图 6-11　制冷机组优化序列控制示意图

值得注意的是,在实际应用中,为了避免系统在临界负荷点上频繁加机减机,通常会在每个临界负荷点设置负荷/冷量死区(dead band)ζ,即当实际负荷大于临界负荷加上 $\zeta/2$ 时,BA 系统才执行加机操作;当实际负荷小于临界负荷减去 $\zeta/2$ 时,BA 系统才执行减机操作;当实际负荷处在临界负荷死区范围内时,BA 系统维持既有状态不动作。

6.2.3　冷冻水出水温度优化控制

当建筑所需冷量保持不变时,升高冷冻水出水温度将导致制冷机组的功耗减少。具体而言,冷冻水出水温度每升高 1 ℃,制冷机组的 COP(能效比)可提升 2%～3%。制冷机组冷冻水出水温度的控制可以通过调整设定值来实现。因此,根据建筑冷量需求的变化,适时调整冷冻水出水温度的设定值,可以有效提高制冷机组的运行效率,并降低其能耗。

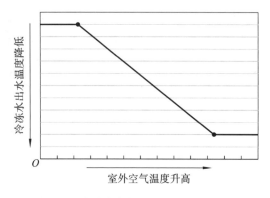

图 6-12　冷冻水出水温度优化设定原理图

在实际工程应用中,以室外空气温度作为调整制冷机组冷冻水出水温度的依据是一种简单且实用的方法。两者之间的对应关系可以参照图 6-12 进行描述。当室外空气温度升高时,建筑的冷负荷相应增加。在冷冻水循环水量保持不变的情况下,降低冷冻水出水温度可以提高系统的供冷量,以满足建筑的冷量需求。此时,冷冻水出水温度的设定值应随室外空气温度的升高而相应降低。此外,较低的冷冻水出水温度还有助于提升系统的除湿能力。相反,当室外空气温度降低时,建筑的冷负荷减少。在冷冻水循环水量不变的情况下,提高冷冻水出水温度可以降低系统的供冷量,以适应建筑的冷量需求。提高冷冻水出水温度可以显著提高制冷机组的运行效率。此时,冷冻水出水温度的设定值应随室外空气温度的降低而相应升高,以达到减少制冷机组运行能耗的目的。

最佳的冷冻水出水温度与室外空气温度之间的关系可以通过模拟计算来获取。虽然这一关系可以根据系统的实际运行数据进行整定,但在实际操作中很难获取足够的运行数据来支持这一整定过程。值得注意的是,当末端空调器未进行独立控制或者建筑的空调负荷主要为室内设备负荷时,在进行冷冻水出水温度设定调控时,还需要考虑室内温度的变化。此时,应以室内温度的变化作为辅助控制变量,对计算的冷冻水出水温度进行修正。

6.3 冷却水系统控制方法

冷却水系统负责将热量从制冷机的冷凝器中排至室外环境。冷却水泵为冷却水的循环提供动力;而冷却塔则负责冷却这些循环水,并将进入制冷机冷凝器的冷却水温度维持在适当的范围内。当系统负荷或室外气象参数发生变化时,需要排出的热量随之改变。通过调节冷却水泵的运行频率、冷却塔的台数以及风机的运行频率,可以确保冷却水流量和冷却水回水温度(相对于主机而言)处于最佳状态,从而有效降低空调系统的运行能耗。

6.3.1 冷却水泵变流量控制

中央空调系统大多时间运行在非满负荷状态,相应地,冷却水系统的水流量也往往处于过剩状态。对冷却水系统实施变流量控制,可以有效降低冷却水泵的运行能耗。但需注意,冷却水流量的减少可能会影响制冷机组的冷却效果,进而增加其能耗。因此,在实施冷却水变流量控制时,需谨慎操作,确保在合理范围内调节冷却水流量。

冷却水泵变流量控制常采用温差控制法,如图6-13所示。该方法根据冷却水的供回水温差来调节冷却水泵的运行频率,通常维持供回水温差在3~5℃之间。控制器会实时测量冷却水供回水干管的温差值,并据此对冷却水泵的运行频率进行动态调整。当空调末端负荷降低时,制冷机组的负载率也会相应下降,所需排放的热量减少。在冷却水泵未进行变速调节的情况下,冷却水供回水干管的温差会减小。此时,冷却水泵的控制器会感知到温差的变化,并与设定值进行比较,输出信号,减小冷却水泵的运行频率,以维持系统的温差在设定值范围内,从而达到降低冷却水泵运行能耗的目的。相反,当空调末端负荷增加时,制冷机组的负载率上升,所需排放的热量增加,冷却水供回水干管的温差会增大。控制器同样会感知到温差的变化,并输出信号,增加冷却水泵的运行频率,以确保制冷机组有足够的冷却水量带走热量。

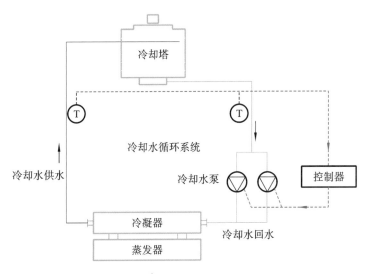

图6-13 冷却水泵变流量控制示意图

在变频调节冷却水泵时,通常会设定一个水泵的最小运行频率。当控制器计算的冷却水泵运行频率低于这个设定值时,会输出最小频率信号,以保证制冷机组所需的最小冷却水流量。

冷却水系统变流量的控制过程是典型的反馈控制过程,常采用 PID 控制器作为控制设备。控制器的目标是维持冷却水供回水干管的温差在设定值范围内,而控制对象则是冷却水泵的运行频率。

6.3.2 冷却塔变风量控制

冷却塔运行控制的主要任务是,根据制冷机组对冷却水温的具体要求,通过调节冷却塔的风量,将冷却水温度控制在合适的范围内。冷却塔风量的调节方式多样,包括风机运行台数的控制、高低速挡位的调节以及风机的变频控制等。对于在工频下运行的冷却塔风机,只能通过调整风机的运行台数来调节风量;而对于采用双速电机的冷却塔风机,则可以通过台数和高低速挡位的协同控制来实现风量的调节;对于变频运行的冷却塔风机,则可以通过台数和频率的协同控制来实现风量的调节。

冷却塔一般通过控制冷却水的回水温度(也就是制冷机冷凝器的冷却水供水温度)来达到其控制目标。冷却水回水温度的高低基本上能够反映出冷却塔的冷却效果。利用冷却水回水温度来控制冷却塔风机(无论是通过风机工作台数的控制还是变速控制),都可以达到节能的效果。具体来说,当冷却水的回水温度高于设定的温度范围时,就会增开一台冷却塔,或者从低速挡切换到高速挡,或者增大冷却塔风机的运行频率,以此来增大冷却塔的风量;而当冷却水的回水温度低于设定的温度范围时,就可以关闭一台冷却塔,或者从高速挡切换到低速挡,或者降低冷却塔风机的运行频率。

冷却塔通过焓差来进行散热。在室外湿球温度比较低的情况下,仅仅依靠冷却水在循环过程中的自然冷却,就可以满足制冷机冷凝器的散热要求。这时,就可以关掉所有冷却塔的风机,只靠自然冷却来实现冷却水的降温,从而达到节能的目的。

制冷机的冷凝器对冷却水的回水温度有一定的要求,并不是越低越好。当冷却水的回水温度过低时,制冷机冷凝器的润滑油会因为冷凝温度过低而出现回油困难的情况,这会影响到制冷机的正常工作。因此,为了保证制冷机组的正常工作,必须满足制冷机组对冷却水回水温度的最低要求,这个温度一般不低于 16 ℃。当然,不同厂家的制冷机对这一温度的要求可能会有所不同。

在实际工程中,我们通常会以冷却水的回水温度(也就是冷却塔的出口水温)作为冷却塔的控制目标。图 6-14 所示的就是冷却塔变风量控制示意图。在这个示意图中,我们给定了一个冷却水回水温度的设定值,然后控制器会根据实时测量的冷却水回水温度,对冷却塔风机的运行频率进行实时的调节。当制冷机组的排热量减少或者室外的湿球温度降低时,在冷却塔风机风量不变的情况下,冷却水的回水温度就会降低。这时,冷却塔的控制器就会感知到温度的变化,并与设定值进行比较,然后输出一个信号用以减小冷却塔风机的运行频率,使得冷却水的回水温度能够维持在设定值,从而达到减少冷却塔运行能耗的目的。同样地,当制冷机组的排热量增加或者室外的湿球温度升高时,冷却塔风机的风量不变,冷却水的回水温度就会升高。这时,控制器就会输出一个信号用以增大冷却塔风机的运行频率,使得冷却水的回水温度能够维持在设定值,从而确保冷却水中的热量能够及时地排放到室外的大气中。

在进行冷却塔变风量控制时,为了保障风机电机的安全运行,通常会设定一个最小运行频率。当冷却塔风机的运行频率降至这个最小值时,冷却塔风机将以最小运行频率持续运行,此时冷却水回水温度的控制将转而依赖于冷却塔的运行台数。同样地,当冷却塔风机的运行频率达到预设的最大值时,风机将以最大运行频率运行,而冷却水回水温度的控制也将切换至冷却塔的运行台数控制。在控制流程中,所有处于运行状态的冷却塔风机通常会采用同步变频的方式,以确保各冷却塔的冷却能力保持一致。

冷却塔变风量的控制同样属于典型的反馈控制,通常采用的控制器是 PID 控制器。该控制器的控制目标是冷却

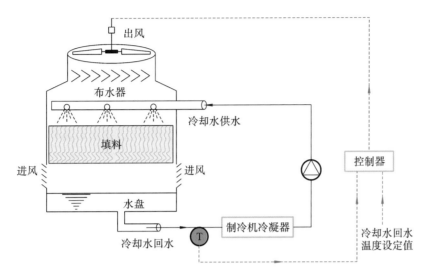

图 6-14　冷却塔变风量控制示意图

水的回水温度维持为设定值,而控制对象则是冷却塔风机的运行频率。

在冷却水回水温度的控制流程中,当冷却能力相同时,如果运行的冷却塔风机台数增多,那么每台风机的运行频率就会相应降低,进而风机的总能耗也会减少。因此,采用多台冷却塔风机低频运行的方式可以显著地降低风机的运行能耗。然而,当采用这种低频多台的运行方式时,可能会引发冷却水回水温度的波动以及冷却塔风机的频繁启停,这些问题都会缩短设备的使用寿命。因此,在实际的工程应用中,我们需要权衡风机运行能耗与风机启停频次之间的关系,以找到最佳的平衡点。

下面以一个具体实例来阐述冷却塔变频及运行台数协同控制的控制逻辑。

1. 变频调节策略

冷却塔风机的运行频率采用 PI 算法进行调节。PI 控制器的输入为实时的冷却水回水温度 T_{clre},输出为冷却塔风机的运行频率 F。风机的运行频率有一个可调节的最大和最小范围,即 (F_{min}, F_{max})。在变频调节过程中,若频率降低至 F_{min},则风机以 F_{min} 持续运行;若频率达到 F_{max},则风机以 F_{max} 持续运行。F_{min} 和 F_{max} 为可变的参数,它们可根据季节变化和已开启设备的数量自动调整。

冷却水回水温度的设定值 $T_{clre,set}$ 可以预设,也可以根据室外的湿球温度进行计算得出。PI 控制器的参数中,比例系数默认为 2,积分时间默认为 20 s。在 PI 控制过程中,还设置了一个死区范围,即当实际的冷却水回水温度 T_{clre} 位于 $(T_{clre,set} - \Delta S_1, T_{clre,set} + \Delta S_1)$ 这个区间内时,PI 控制器会保持上一次的输出值不变;若 T_{clre} 超出这个范围,则 PI 控制器会更新其输出值。死区范围 ΔS_1 是一个可变的参数,其值可根据系统的实际运行情况进行调整(一般默认设置为 0.3 ℃)。

值得注意的是,若反馈的冷却水回水温度 T_{clre} 小于 0 ℃或出现了其他明显的超量程值,则说明反馈的数据有误,此时冷却塔风机的频率会保持上一次的值不变,不进行调节。

2. 加减冷却塔控制策略

在冷却塔的 PI 调节过程中,我们还加入了加减冷却塔的控制策略。这需要设置两个参数:减冷却塔频率 F_{down} 和加冷却塔频率 F_{up}。通常,减冷却塔频率 F_{down} 会被设置为风机的最小运行频率 F_{min};而加冷却塔频率 F_{up} 则位于 F_{min} 与 F_{max} 之间,且一般来说,开启的风机数量越多,F_{up} 的值就越小。

加机逻辑：若已开启的冷却塔风机的平均运行频率大于 F_{up}（例如 40 Hz），并持续一段时间（例如 10 min，这个时间段主要是为了减少测量数据的动态性影响），则按照编号顺序或根据累计运行时间加开一台冷却塔风机（一般优先加开累计运行时间短的风机），新开启的风机的频率与已开启的风机同步。当所有的冷却塔风机都已开启时，不再执行加机操作。

减机逻辑：若实际的冷却水回水温度小于温度设定值 $T_{clre,set}$ 减去一个温度偏差 ΔS_2（例如 $\Delta S_2 = 1\ ℃$），且冷却塔风机的平均运行频率小于 F_{min}，并持续一段时间（例如 10 min），则按照编号顺序或根据累计运行时间关闭一台冷却塔风机（一般优先关闭累计运行时间长的风机）。需要注意的是，用于减少冷却塔风机台数的温度偏差 ΔS_2 需要大于 PI 调节的死区偏差 ΔS_1。

6.3.3 冷却水回水温度优化控制

冷却水进入冷却塔后，与室外空气进行热湿交换，从而降低温度。对于开式冷却塔而言，其内部水的降温过程主要包括水的蒸发换热和气水之间的接触温差换热。因此，冷却塔的换热效果受室外干球温度和相对湿度的影响显著，通常我们采用室外湿球温度来评估冷却塔的冷却能力。室外湿球温度越低，冷却塔的冷却效果越好；室外湿球温度越高，冷却塔的冷却效果越差。冷却水回水温度（即冷却塔出口水温）只能无限接近进入冷却塔入口空气的湿球温度，而无法等于或低于该湿球温度。

当空调负荷保持恒定时，系统所需的排热量也保持不变。随着冷却塔风机转速的不断增加，冷却水回水温度会不断降低，逐渐逼近湿球温度，此时制冷机组的效率会提升，功耗降低，但冷却塔风机的能耗却会增加，如图 6-15 所示。相反，当冷却塔风机转速不断降低时，冷却水回水温度会不断上升，制冷机组的效率会降低，能耗增加，但冷却塔的能耗却会降低。因此，存在一个最佳的冷却水回水温度，能够使制冷机与冷却塔风机的总功耗达到最小。通常，我们将这个最佳的冷却水回水温度设定为制冷机组冷却水回水温度的设定值。然而，随着室外温湿度的不断变化，这个最佳的冷却水回水温度也会随之变化。

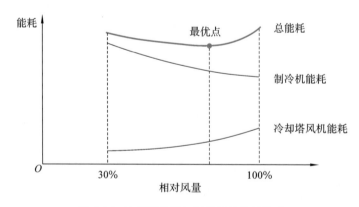

图 6-15　冷却塔风机与制冷机组能耗关系

图 6-16 展示了冷却水回水温度的优化控制示意图。我们以室外湿球温度为依据来设定制冷机组冷却水回水温度的设定值，即维持冷却水回水温度与室外湿球温度的逼近度（approach temperature）。在设计工况下，冷却水回水温度的逼近度一般控制在 2～6 ℃之间。然而，当实际室外湿球温度明显偏离设计工况时，这个最佳逼近度也会随着室外湿球温度的变化而调整，并且这个最佳逼近度还与制冷机的负载率紧密相关。在实际工程中，当室外湿球温度发生变化时，冷却水回水温度优化算法模块会先根据采集的室外湿球温度等信息计算出冷却水回水温度的设定值，并将该设定值发送至控制器。控制器则通过调节冷却塔风机的频率或运行台数来实现对冷却水回水温度的控制。

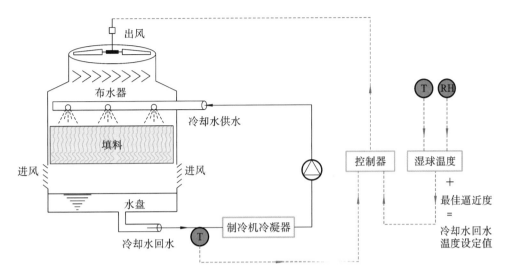

图 6-16　冷却水回水温度优化控制示意图

6.4　一级泵变流量系统控制方法

空调水系统根据水泵的设置方式可分为一级泵系统、二级泵系统以及多级泵系统。一级泵系统是指冷源侧和负荷侧共用一个循环泵组的空调冷水系统;而二级泵系统则是指冷源侧设置一级泵组,负荷侧设置二级泵组的空调冷水系统。

一级泵系统的冷冻水变流量控制可以通过系统最不利环路压差(或者分集水器压差等)控制,或者供回水干管温差控制来实现。具体而言,可以以最不利环路压差(或者分集水器压差等)作为一级泵变速调节的依据,也可以以供回水干管温差作为调节依据。两者的适用性需要根据系统的特性进行详细分析。前者通常适用于末端水阀能够根据负荷需求进行变水量调节的系统,而后者则更适用于应用开关型末端水阀的系统。由于建筑是一个典型的热惯性系统,人对室内环境的微小变化并不十分敏感,因此在一些工程中会采用供回水干管温差来进行水泵的变频调节。

一级泵系统变流量控制示意图如图 6-17 所示。控制器会根据测量的实际压差值,对冷冻水泵的运行频率进行实时调节。控制最不利环路压差是为了确保最不利环路的末端有足够的资用压力。在变水量系统中,一般采用最不利环路压差进行水流量控制,也有很多系统直接采用分水器和集水器之间的压差进行水流量控制。当空调末端需求流量减少时,空调水阀会关小。在冷冻水泵不变速的条件下,环路的压差会增大。此时,控制器会感知压差变化,并与设定值进行比较,产生输出信号以减小冷冻水泵的运行频率,使得环路的压差维持在设定值,从而实现减少冷冻水泵运行能耗的目的。同样地,当空调末端需求流量增加时,空调水阀会开大,环路的压差会减小。此时,控制器会感知压差变化,并与设定值进行比较,产生输出信号以增大冷冻水泵的运行频率,加大水流量并提高扬程,使环路的压差随之升高,满足环路流量支取的需求,从而保证末端有足够的水量可取。

当环路水流量不断减小时,冷冻水泵的运行频率也会不断减小。当水泵的运行频率达到设置的最小频率时,水泵将以最小频率运行,运行频率不再下降。当末端需冷量继续降低时,末端的阀门开度将继续减小。此时,设置在平衡管上的压差旁通阀两端的压差将会持续增大。当增大到预设的最大压差值时,压差旁通阀将会打开,旁通一定的冷冻水,以维持压差旁通阀两端的压差,从而满足制冷机蒸发器的最小流量需求。相反地,当末端需冷量增大时,末端阀门开度将会增大,压差旁通阀两端的压差将会减小。此时,压差旁通阀的开度将会慢慢减小,直至关闭。

当冷冻水系统安装流量计时,旁通阀也可直接根据系统水流量进行控制,即当环路的流量达到设置的冷冻水最小控制流量(该流量应大于制冷机组蒸发器所需的最小流量)时,旁通阀会开启,并根据实时反馈的流量值进行开度

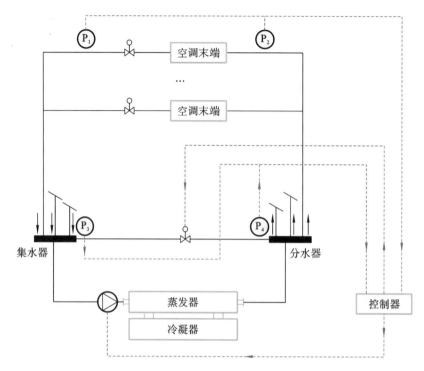

图 6-17 一级泵系统变流量控制示意图

调节,以维持冷冻水的最小控制流量,保证系统的正常运行。当末端所需流量增加(即末端阀门开度加大)时,环路干管水流量将会增大,系统的旁通阀将会关小,直至完全关闭。此时,系统将改为由最不利环路压差进行控制,以确保末端有足够的水量可取。在进行旁通流量控制时,水泵应处于最小运行频率状态。

冷冻水系统变流量的控制过程是一个典型的反馈控制过程,通常采用 PID 控制器来实现。冷冻水泵变频控制的控制目标是冷冻水系统最不利环路压差、供回水干管压差或者供回水干管温差,而控制对象则是冷冻水泵。旁通阀开度控制的控制目标是旁通阀两端的最大压差或系统最小水流量,而控制对象则是旁通阀本身。

图 6-18 展示了某一级泵系统变流量与最小流量控制的分集水器压差、系统流量以及旁通阀开度的关系。该系统在 5:00 至 24:00 期间采用分集水器压差控制,以确保末端有足够的资用压力;在 0:00 至 5:00 期间,制冷机间歇运行,但冷冻水泵一直保持运行。在夜间制冷机运行时,部分末端支路可能会关闭,导致管网阻力加大。为保证蒸发器的最小流量达到 54 m^3/h,此时需要开启旁通阀,以保证蒸发器的流量。

6.5 二级泵变流量系统控制方法

二级泵变流量系统包括冷源侧(一次侧)和负荷侧(二次侧)两个水环路,如图 6-19 所示。该系统的最大特点是,由于不同区域的水系统阻力差异显著,为满足各区域的流量需求并克服水系统阻力,特别设置了二级泵。这些二级泵能够根据末端负荷的变化灵活调节流量。

二级泵系统通常配备有平衡管(亦称盈亏管),其作用是平衡冷源侧环路(一次侧)与负荷侧环路的水量。平衡管是一级泵与二级泵扬程计算的分界,由于一级泵和二级泵是串联运行的,因此需要根据管道阻力来分别确定它们的扬程。在设计状态下,流经平衡管的流量为零。当末端负荷增加时,负荷侧环路的流量可能超过冷源侧环路(一次侧)的流量,此时回水会通过平衡管流向分水器或供水总管;当末端负荷减少时,负荷侧环路的流量可能小于冷源侧环路(一次侧)的流量,于是供水会通过平衡管流向集水器或回水总管。

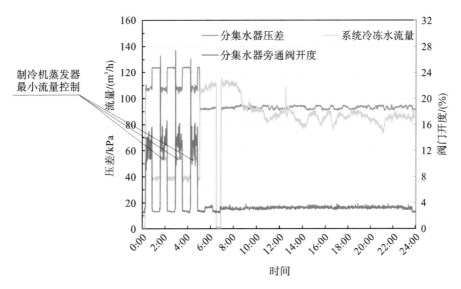

制冷机蒸发器
最小流量控制

图 6-18　某一级泵系统变流量与最小流量控制结果

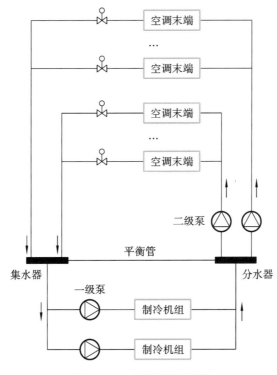

图 6-19　二级泵系统原理图

虽然在《供暖通风与空气调节术语标准》(GB/T 50155—2015)中将二级泵系统定义为"冷源侧设置定流量运行的一级泵组,负荷侧设置二级泵组的变流量空调冷水系统",但在众多实际工程中,一级泵也常采用变流量控制。接下来,我们将分别介绍一级泵定流量、二级泵变流量以及一级泵变流量、二级泵变流量的控制方法。

6.5.1　一级泵定流量、二级泵变流量控制

对于适应水流量变化能力较弱的一些制冷机组产品,需要确保流过蒸发器的流量保持稳定,以防蒸发器结冰,影响制冷机组的正常运行。在实际工程中,常采用一级泵定流量运行、二级泵变流量控制以节约能耗。

在一级泵定流量、二级泵变流量的控制策略中,一级泵通常与制冷机组进行一对一的联锁启停控制,一级水泵以工频运行,冷源侧流量不进行调节;而二级泵则配备变频装置,实现变频运行,其运行频率和启停台数通常根据对应二次支路的供回水压差或温差进行控制,每组二级泵的变流量控制都是相互独立的。图 6-20 展示了一种典型的一级泵定流量、二级泵变流量的控制示意图,即根据二次支路冷冻水供回水干管或最不利环路的压差来调节对应二级泵的运行频率。当空调末端冷量需求减少时,末端阀门会关小,若二级泵保持原速,则二次支路的冷冻水供回水干管或最不利环路的压差会升高。此时,二级泵的控制器会感知到压差的变化,并与设定值进行比较,产生输出信号来降低二级泵的运行频率,从而维持系统的压差在设定值,进而减少二级泵的运行能耗。当空调末端冷量需求增加时,末端阀门会开大,环路压差会减小。此时,二级泵的控制器同样会感知到压差的变化,并产生输出信号来提高二级泵的运行频率,以确保环路的压差维持在设定值,从而保证空调末端有足够的水量资用压力。

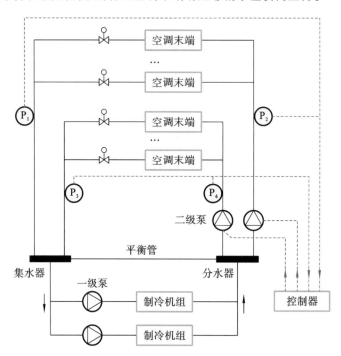

图 6-20 一级泵定流量、二级泵变流量控制示意图

在二级泵系统中,采用温差控制也是一种常用的方法,即根据二次支路冷冻水的供回水温差来调节对应二级泵的运行频率,通常二次支路冷冻水的供回水温差维持在 4~6 ℃。在进行二级泵的变频调节时,为了确保水泵的安全、高效运行,通常需要设置水泵的最小运行频率。

一级泵与制冷机通常也进行一对一的联锁启停控制,制冷机的控制则采用群控方式。在采用一级泵定流量、二级泵变流量的控制方式时,当一级泵运行的总流量小于二级泵的总流量时,集水器的一部分水量会通过平衡管进入分水器(逆向流动),与来自制冷机的冷冻水混合后,再由二级泵送到各个末端。此时,供到末端的冷冻水温度由于回水的混合会高于制冷机的出水温度。相反,当一级泵运行的总流量大于二级泵的总流量时,分水器的一部分水量会通过平衡管进入集水器(正向流动),与来自末端的回水混合后再进入制冷机的蒸发器。

有的一级泵定流量的二级泵系统也采用平衡管的旁通流量来作为制冷机启停的依据。当正向流量接近一个一级泵的额定流量时,说明冷源侧流量过大、供冷过多,此时可以停止运行一台制冷机;而当逆向流量接近一个一级泵的额定流量时,则说明用户负荷侧冷量需求增加、冷源侧供应不足,此时需要加载一台制冷机。

6.5.2 一级泵变流量、二级泵变流量控制

在实际的二级泵变流量系统工程中,大量的冷冻水从分水器流入集水器,导致水泵能耗严重浪费。随着技术进

步和市场需求的变化,许多制冷机组已经能够适应大范围流量的变化(如50%~100%),因此一级泵也可以采用变流量控制以实现节能。相较于一级泵定流量、二级泵变流量的控制策略,一级泵和二级泵均变流量的控制策略虽然更为复杂,但节能效果却更为显著。一级泵变流量的主要目的是,在负荷侧环路(二次侧)所需流量降低时,通过减少冷源侧环路(一次侧)的流量,来降低通过平衡管的旁通水量,从而达到节能的目的。

一级泵的变流量控制可以根据平衡管内的旁通水量来进行,而二级泵的变流量控制则根据对应二次支路的供回水干管压差或温差来进行。在实施一级泵变流量控制时,虽然理想状态是保持正向旁通水量为0,但在实际操作中,通常会设定一个大于0的控制目标值,该值的大小可以通过实际系统调试来确定。图6-21展示了一级泵变流量、二级泵变流量的控制示意图,其中控制器会根据测量的二次支路冷冻水供回水干管或最不利环路的压差,对二级泵的运行频率进行实时调节;同时,还会根据测量的平衡管旁通水量,对一次冷冻泵的运行频率进行实时调节。

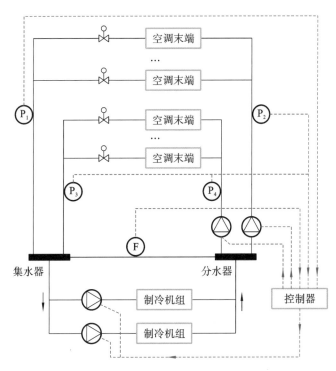

图6-21 一级泵变流量、二级泵变流量控制示意图

当空调末端冷量需求减少时,末端阀门会关小。此时,控制器会感知到压差的变化,并与设定值进行比较,然后产生输出信号来减小二级泵的运行频率,以保持负荷侧环路(二次侧)的压差在设定值范围内。此时,二次侧的水流量将会减少。如果一级泵保持原速运行,那么从分水器通过平衡管流入集水器的旁通水量将会增加。控制器会感知到旁通水量的变化,并与设定值进行比较,然后产生输出信号来减小一级泵的运行频率,以保持平衡管的旁通水量在设定值范围内。

一级泵变流量和二级泵变流量的控制过程都是典型的反馈控制过程,通常使用PID控制器来实现。一级泵变流量控制的输入参数是平衡管的旁通水量,输出控制命令是一级泵的运行频率;而二级泵变流量控制的输入参数是二次侧供回水干管的压差或温差,输出控制命令是二级泵的运行频率。

在实际工程中,一级泵变流量、二级泵变流量系统的控制相对较为复杂。在空调系统刚启动时,很多末端需要根据室内温度的控制需求将阀门开得很大,此时二级泵会根据压差控制的要求提高运行频率,导致逆向旁通水量增加,与制冷机的出水混合后,到达末端的水温会进一步升高。这不仅会导致末端的换热效果恶化,进而需要更多的水流量,而且会导致二级泵在高频率段运行,而且往往所有的二级泵都需要投入运行。按照自动控制的逻辑,系统可能会发出加载制冷机的指令以满足建筑的冷量需求。然而,实际上由于建筑的热惰性较大,室内降温需要一个过程。此时系统发出的可能是一个"虚假"的需要更多水量与冷量的信号。针对这一问题,有学者已经进行了大量的研究工作,例如在平衡管上安装单向阀以防止逆流,或者提出在系统启动后的一段时间内固定二次泵的运行频率与台数,待室内温度控制正常后再进入自动运行状态等解决方案。

6.6 其他系统的控制方法

6.6.1 超高层建筑中央空调板式换热器分区供冷控制

由于高度较大,超高层建筑的水管网系统会产生较大的静压。为了降低对水泵、管道等设备材料的承压要求,在实际工程中常采用分区供冷的方式。这种方式通常是在建筑的中部楼层安装板式换热器,以隔断水系统的静压,并通过板式换热器将冷量从低区传递到高区。图 6-22 展示了超高层建筑中央空调板式换热器分区供冷的原理图。在该系统中,制冷站只需将一次冷冻水供应至板式换热器,经过板式换热器的换热后,再由高区的一级泵将冷冻水循环至高楼层以提供冷量。

超高层建筑中央空调板式换热器分区供冷的控制内容主要包括高区一级泵的变频调节(即板式换热器二次侧流量的调节)和板式换热器一次侧阀门开度的调节。图 6-23 为超高层建筑中央空调板式换热器分区供冷的控制原理图。控制器会根据高区水系统最不利环路的压差(有时也采用温差)来控制高区一级泵的运行频率,同时还会根据二次侧冷冻水的供水温度来调节板式换热器一次侧冷冻水阀门的开度。这两个控制过程是相互独立的。

在进行高区一级泵的变流量控制时,控制器会实时监测板式换热器二次侧的供水温度,并将其与设定值进行比较。当供水温度高于设定值时,控制器会发出控制命令,增大板式换热器一次侧电动阀门的开度,以增加一次侧冷冻水的流量,从而加大板式换热器的换冷量,使二次侧的供水温度维持在设定值。当供水温度低于设定值时,控制器会减小板式换热器一次侧电动阀门的开度,以减少一次侧冷冻水的流量,进而减少板式换热器的换热量,使二次侧的供水温度保持在设定值。

高区一级泵的变频调节和高区板式换热器一次侧电动阀门开度的调节都是典型的反馈控制,通常使用 PID 控制器来实现。其中,高区一级泵变频调节的输入参数是高区冷冻水系统最不利环路的压差(或温差),输出控制命令是高区一级泵的运行频率;而高区板式换热器一次侧电动阀门开度调节的输入参数是高区板式换热器二次侧冷冻水的供水温度,输出控制命令则是高区板式换热器一次侧电动阀门的开度。

6.6.2 锅炉热水供热系统控制

常压热水锅炉在建筑供热系统中应用广泛,为了分隔室内末端设备侧的静压与锅炉的常压,通常需要在锅炉和末端设备之间增设板式换热器。这样,水系统就被分为了一次侧热水系统和二次侧热水系统。图 6-24 展示了锅炉热水供热系统及其控制原理的示意图。

在板式换热器的一次侧,一般会设置电动三通分流阀或者三通合流阀(本图示为三通分流阀),用以调节流过板式换热器的一次侧热水流量,同时确保一次侧热水系统的总水流量保持稳定,从而满足锅炉的水流量需求。该系统的控制内容主要包括板式热交换器二次侧热水泵的变频调节和板式换热器一次热水侧阀门开度的调节,这两个控制过程是相互独立的。

当空调末端的供热需求减少时,在二次侧热水泵保持原速的条件下,末端阀门会关小。此时,控制器会感知到最不利环路的压差变化或者供回水干管的温差变化,并与设定值进行比较,然后输出控制命令来减小二次侧热水泵的运行频率,从而达到节能的目的。当空调末端的供热需求增加时,所需的热水流量也会相应增加。在二次侧热水泵保持原速的条件下,二次侧热水最不利环路的压差会减小或者供回水干管的温差会加大。控制器会感知到这些变化,并与设定值进行比

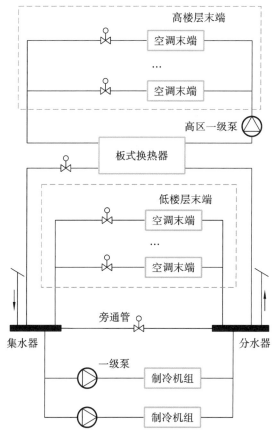

图 6-22　超高层建筑中央空调板式换热器分区供冷原理图

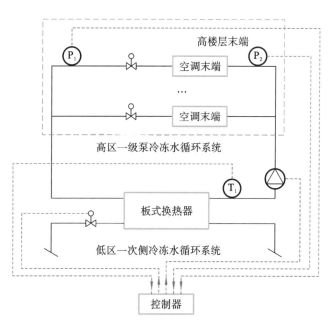

图 6-23　超高层建筑中央空调板式换热器分区供冷控制原理图

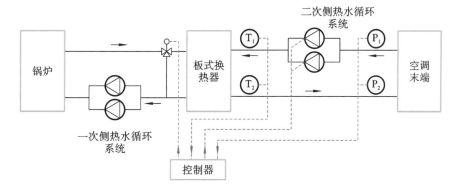

图 6-24　锅炉热水供热系统及其控制原理图

较,然后输出控制指令来增加二次侧热水泵的运行频率,以满足空调末端的供热需求。

在进行二次侧热水泵的变流量控制时,控制器还会同时检测板式换热器二次侧热水的实时供水温度,并与设定值进行比较。当供水温度高于设定值时,控制器会输出控制命令来减小板式换热器一次侧三通阀门的开度,从而减少一次侧进入板式换热器的热水流量,降低换热量,使板式换热器二次侧的供水温度维持在设定值。当供水温度低于设定值时,控制器会输出控制信号来加大板式换热器一次侧三通阀门的开度,从而增加一次侧进入板式换热器的热水流量,提高换热量,使板式换热器二次侧的供水温度保持在设定值。

锅炉供暖系统的二次侧热水泵变频调节和板式换热器一次侧三通阀门开度调节的控制过程都是典型的反馈控制过程,通常采用 PID 控制器来实现。其中,二次侧热水泵变频调节的输入参数是二次侧热水系统最不利环路的压差、供回水干管的压差或者供回水干管的温差,输出控制命令则是二次侧热水泵的运行频率;而板式换热器一次侧三通阀门开度调节的输入参数是板式换热器二次侧热水的供水温度,输出控制命令则是板式换热器一次侧三通阀门的开度。

6.7　本章小结

本章在介绍中央空调冷热源的基础上,进一步阐述了空调冷热源水系统在实际工程中常用的控制方法。主要内容涵盖了制冷机组的群控策略、制冷机组优化序列控制、冷冻水出水温度的优化控制,以及冷却水系统的水泵变流量控制、冷却塔风量控制、一级冷却水回水温度的优化控制方法。此外,还介绍了冷冻水系统的一级泵变流量控制方法。二级泵空调冷冻水系统是一种常用的空调系统,其二级泵通常采用变流量控制,而一级泵则可以选择定流量控制或变流量控制。对于一级泵变流量、二级泵变流量的复杂系统控制,在实际工程应用中,需要充分考虑一级泵与二级泵运行的耦合效应,以及末端设备的应用特性。目前,该领域的研究仍在不断深入。

本章还简要介绍了超高层建筑中央空调板式换热器分区供冷的控制方法。由于超高层建筑高度大,水管网系统产生的静压较大,因此通常在建筑中部楼层设置板式换热器进行水系统的静压隔断,并通过板式换热器将冷量从低区传递至高区。系统的控制涉及板式换热器二次侧末端供水水量的调节以及供水温度的控制,其中供水温度通常通过调节板式换热器一次侧电动阀门的开度来改变一次侧水流量来实现。此外,本章还简要概述了常压热水锅炉在建筑供热系统中的控制方法。

基本过程控制主要包括冷却水泵的变流量控制、冷却塔的变风量控制、一级泵的变流量控制、二级泵的变流量控制以及板式换热器一次侧阀门的开度调节等。PID控制器是冷热源水系统中常用的过程控制器。优化控制则主要包括制冷机组的优化序列控制、冷冻水出水温度的优化控制以及冷却水回水温度的优化控制等。

第 7 章

课程实验实践

空调系统包含大量的风机、水泵、制冷机等动力装置,以及传感器、执行器等测量与控制设备。了解并掌握机电系统的基本操作及控制原理,是将理论应用于实践的重要环节。本章主要介绍动力装置的正反转及互锁控制平台、动力装置手动/自动控制平台、空调模拟系统室内温度控制平台,以及全尺寸中央空调系统控制平台的实验目的、实验装置、基本原理和实验流程等。随着 BIM(建筑信息模型)与数字孪生技术的快速发展,它们已成为建筑自动化的一个重要拓展领域。因此,本章还将进一步介绍一个融合了 IOT(internet of things,物联网)技术的综合大楼空调系统数字孪生系统,并展示该系统的应用。

7.1　动力装置的正反转及互锁控制平台

7.1.1　实验目的

(1) 了解动力装置(如风机或水泵等)强电柜中的主要电气元件,包括接触器、热继电器等;

(2) 掌握动力装置的主电路图及其表示方法;

(3) 通过手动操作,了解并掌握动力装置电动机的正反转及互锁控制;

(4) 能够独立完成电路图的绘制,并根据电气元器件正确连接电气线路,以实现电动机的正反转及互锁控制。

7.1.2　电气原理图

图 7-1 展示了动力装置的正反转及互锁控制平台的电气原理图,该图中包含了断路器、熔断器、交流接触器、热继电器、电动机以及开关电源等电气元件。

(1) 断路器(QF1):用于接通和分断负载电路,尤其适用于控制不频繁启动的电动机。它具备过载保护和过流保护的功能。

(2) 熔断器(FU1~FU7):作为短路和过电流的保护装置,当电流超过其设定值时,熔体会利用自身产生的热量而熔断,从而断开电路。

(3) 交流接触器(KM1、KM2):这是一种通过控制电路来实现主电路通断的开关电器。它用于控制风机或水泵等电动机的启动与停止。当接触器线圈通电后,会产生磁场,吸引动铁芯并带动触点动作,使主电路接通。线圈断电时,电磁吸力消失,动铁芯在弹簧作用下复位,触点也随之复原,主电路断开。此外,交流接触器通常还配备有辅助触点。

(4) 热继电器(FR1):主要用于对异步电动机进行过载保护。当电动机过载时,通过热继电器产生的热量会使金属片发生形变,当形变达到一定程度时,会推动推杆,使控制电路断电,进而使接触器失电,主电路断开,从而实现电动机的过载保护。

(5) 开关电源(V1):是一种将交流电转换为稳定的低压交流电(通常为 24 V AC)的电源设备。

(6) 三相异步电动机(M):三相异步电动机的工作原理基于电磁感应原理。

对于该动力装置的正反转及互锁控制平台电气原理,简要说明如下。

(1) 主电路设计中,采用了两个接触器,其中接触器 KM1 负责控制电动机的正转,而接触器 KM2 则负责控制电动机的反转。

(2) 当接触器 KM1 的主触点闭合时,电动机接线端 U、V、W 接收到的三相电源相序为 A、B、C,电动机按此相序正转;

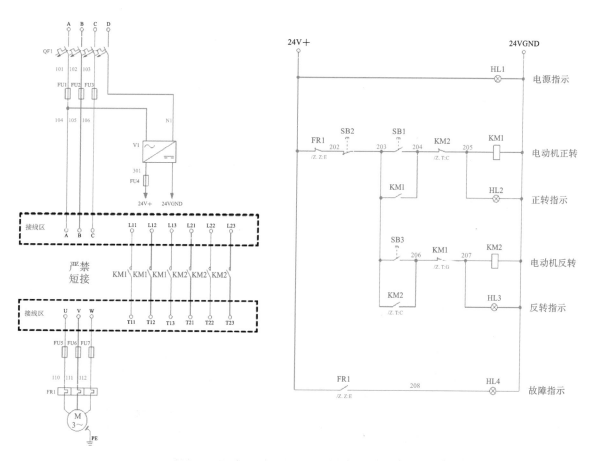

图 7-1　动力装置的正反转及互锁控制平台电气原理图

而当接触器 KM2 的主触点闭合时,电动机接线端 U、V、W 接收到的三相电源相序变为 C、B、A(即 A 和 C 两相对调),此时电动机的旋转方向会相反,实现反转。

(3) 从电路布局可以看出,用于正反转控制的两个接触器 KM1 和 KM2 不能同时通电,否则会导致 A 和 C 两相电源之间发生短路。因此,这两个接触器之间设置了互锁机制。

(4) 当需要电动机正转时,按下正转启动按钮 SB1,接触器 KM1 的线圈得电,其主触点闭合,接通电动机 M 的正转电路,电动机开始正转。

(5) 同时,接触器 KM1 的辅助常开触点闭合形成自锁,确保在松开按钮 SB1 后,接触器 KM1 的线圈仍能保持通电状态(即保持吸合);而接触器 KM1 的辅助常闭触点断开,切断接触器 KM2 线圈回路的电源,确保在 KM1 得电吸合时,KM2 无法得电,从而实现 KM1 和 KM2 之间的互锁。

(6) 当需要停止电动机 M 时,按下停止按钮 SB2,接触器 KM1 的线圈失电释放,其动合触点(常开触点)断开,动断触点(常闭触点)吸合,电路恢复到常态。

(7) 同理,当需要电动机 M 反转时,按下反转按钮 SB3,接触器 KM2 的线圈得电,其主触点闭合,接通电动机 M 的反转电路,电动机开始反转。

(8) 同时,接触器 KM2 的辅助常开触点闭合形成自锁,确保在松开按钮 SB3 后,接触器 KM2 的线圈仍能保持通电状态;而接触器 KM2 的辅助常闭触点则断开,切断接触器 KM1 线圈回路的电源,确保在 KM2 得电吸合时,KM1 无法得电,再次实现 KM1 和 KM2 之间的互锁。

(9) 当需要停止电动机 M 时,应按下按钮 SB1,使接触器 KM2 的线圈失电释放,进而使电动机 M 断电停转。

7.1.3 实验装置与实验流程

图 7-2 为动力装置的正反转及互锁控制平台面板示意图,图 7-3 为平台实物图。

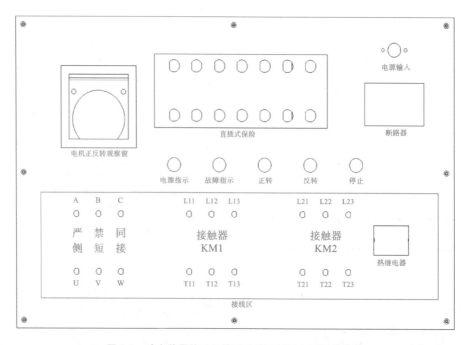

图 7-2 动力装置的正反转及互锁控制平台面板示意图

图 7-3 平台实物图

实验流程分为三个步骤:通电前检查、通电时操作、断电后检查。以下是对各步骤的简要说明。

1. 通电前检查

(1) 熟悉电气原理图及其工作原理。

(2) 检查各电气元件的正确使用方法和功能。

(3) 按照规范正确连接线路,首先接通主电路,然后连接控制电路。

(4) 同组同学需共同确认接线无误,并经指导老师审核同意后,方可进行合闸通电实验(即闭合断路器 QF1)。图 7-4 为面板接线参考图。

2. 通电时操作

(1) 闭合断路器 QF1,接通电源。

(2) 观察电源指示灯是否亮起,确认电源状态正常。

(3) 按下启动按钮 SB1,电动机应正常运行,同时正转指示灯点亮。记录电动机运转方向,视为正向运转。

(4) 按下停止按钮 SB2,电动机应停止运转,正转指示灯熄灭。

(5) 按下反转按钮 SB3,电动机应正常运转,反转指示灯点亮。记录电动机运转方向,视为反向运转。

(6) 电动机正常运行后,可调节热继电器的保护值。通过向下调节,减小保护值以模拟电动机过载情况。此时,热继电器应动作,主电路断开,电动机停止转动。热继电器动作后,需恢复保护值,并按压热继电器上的复位按钮,使电路恢复正常状态。

(7) 实验过程中,若出现异常现象,应立即断开断路器 QF1,切断电源,并分析故障原因。

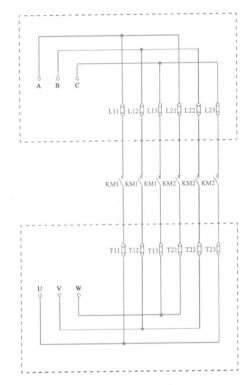

图 7-4 面板接线参考图

3. 断电后检查

(1) 将所有设备按钮和指示灯恢复到停止状态,确保电机停止运转。

(2) 断开设备断路器 QF1,切断电源。

(3) 拆除设备的外接线,整理实验现场,将外接线妥善放置在指定的存放区域。

7.1.4 实验报告及要求

整理实验报告并完成以下习题。

(1) 请绘制电动机正反转的电气原理图。

(2) 请简述实验过程,并分析不同接线顺序下电动机的正反转情况以及互锁机制的工作原理。

(3) 请简述热继电器的工作原理,并描述热继电器过载实验的过程,同时对该实验进行简要分析。

7.2 动力装置手动/自动控制平台

7.2.1 实验目的

(1) 熟悉动力装置强电柜中的主要电气元件,包括接触器、热继电器等;

(2) 掌握动力装置的主电路图、控制回路及其绘制和表示方法;

(3) 了解动力装置的自动控制流程及其工作原理;

(4) 在 PLC 中编写自动控制程序,以实现动力设备的条件控制逻辑。

7.2.2 电气原理图

图 7-5 展示的是动力装置手动/自动控制平台的电气原理图,该图中包含了断路器、熔断器、交流接触器、热继电器、继电器、手动/自动旋钮、三相异步电动机以及开关电源等电气元件。

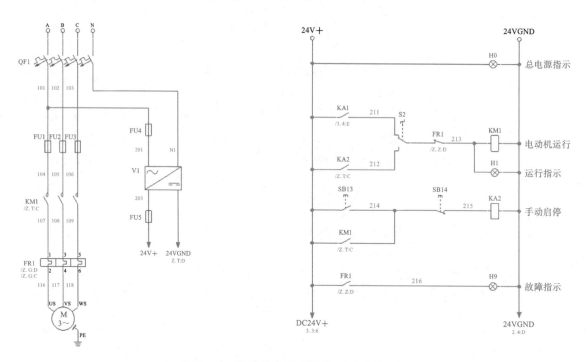

图 7-5　动力装置手动/自动控制平台电气原理图

(1) 断路器(QF1):用于接通和分断负载电路,特别适用于控制不频繁启动的电动机。它具备过载保护和过流保护的功能。

(2) 熔断器(FU1～FU5):作为短路和过电流的保护装置,当电流超过其设定值时,熔体会因自身产生的热量而熔断,从而断开电路。

(3) 交流接触器(KM1):这是一种通过控制电路来控制主电路通断的开关电器。

(4) 继电器(KA1、KA2):它们通过小电流线圈的通电与断电,来控制触点的接通与断开。

(5) 热继电器(FR1):主要用于对异步电动机进行过载保护。

（6）手动/自动旋钮(S2)：这是一种低压开关，用于回路的切换。手动/自动旋钮通常通过左右旋转进行平面操作，适用于电气控制回路中非频繁的接通和分断电路。

（7）开关电源(V1)：这是一种电源设备，能够将交流电转换为稳定的低压直流电(24 V DC)。

（8）三相异步电动机(M)：三相异步电动机的工作原理基于电磁感应原理。

图 7-6 展示的是 PLC 接线原理图，该系统采用了西门子的 S7-200 SMART 型号 PLC。此模块配备了 12 个数字量输入通道和 8 个数字量输出通道。其中，12 个数字量输入通道用于接收手动按钮的通断信号，而 8 个数字量输出通道则用于输出控制指令（包括继电器 KA1 线圈的通断）以及控制指示灯的亮灭。

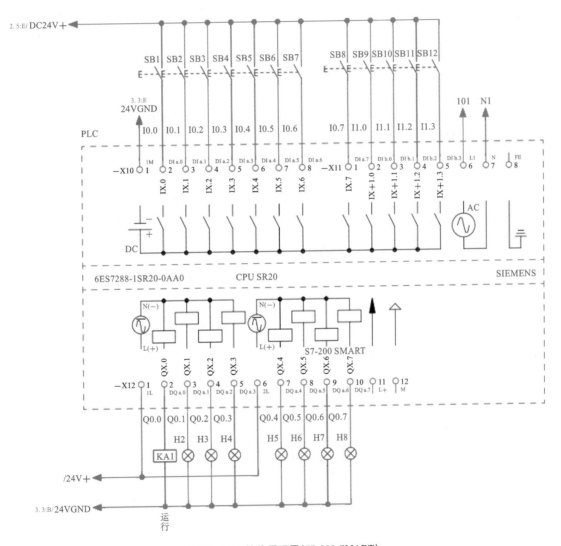

图 7-6　PLC 接线原理图(S7-200 SMART)

该动力装置手动/自动控制平台功能多样，既支持手动控制，也支持自动控制，并且还能够进行电机过载模拟实验。无论是手动控制还是自动控制，都是通过控制 KM1 接触器的通断来实现主电路的闭合与断开，进而控制电动机的启动与停止。

1. 手动模式

（1）将手动/自动旋钮旋转至 S2，此时控制平台处于手动控制模式下，S2 与 212 线号线路接通。自动控制回路在此状态下断开。

(2) 按下启动按钮(SB13),KA2 线圈得电。KA2 的常开触点闭合,+24 V 电压通过 KA2 触点、旋钮 S2、FR1 热继电器的常闭触点,为接触器 KM1 线圈供电,同时 H1 指示灯点亮。KM1 的常开触点闭合,主电路接通,电动机开始通电运行。此外,KM1 的辅助常开触点也闭合,形成电动机手动控制回路的自锁保持。

(3) 松开 SB13 按钮后,电动机仍持续运行。

(4) 按下停止按钮(SB14),KA2 线圈断电。KA2 的闭合触点断开,接触器 KM1 线圈失电,主电路随之断开,电动机停止运行,H1 指示灯熄灭。

2. 自动模式

(1) 将手动/自动旋钮 S2 置于自动控制位置,此时 S2 与 211 线号线路接通。

(2) 通过 PLC 程序控制,Q0.0 输出为 1(即继电器 KA1 线圈通电),KA1 的常开触点闭合。+24 V 电压通过 KA1 触点、旋钮 S2、FR1 热继电器的常闭触点,为接触器 KM1 线圈供电,同时 H1 指示灯点亮。KM1 的常开触点闭合,主电路接通,电动机开始通电运行。

(3) 通过 PLC 程序控制,Q0.0 输出为 0(即继电器 KA1 线圈失电),KA1 的常开触点断开,接触器 KM1 线圈失电,KM1 的常开触点也断开,主电路断开,电动机停止运行。此时,H1 指示灯熄灭。

3. 电机过载模拟实验

通过手动/自动控制,电动机处于正常运转状态。

方法一:调节热继电器 FR1 的电流保护旋钮,逐渐减小电流保护值直至触发电动机过载保护。此时,热继电器 FR1 的常开触点闭合,故障指示灯点亮;常闭触点断开,电动机停止运行。

方法二:按下热继电器 FR1 的 test 按钮,热继电器立即动作,触发电动机过载保护。此时,热继电器 FR1 的常开触点闭合,故障指示灯点亮;常闭触点断开,电动机停止运行。

故障恢复:将热继电器 FR1 的电流保护旋钮旋转至较大的电流值位置,并按下热继电器的 reset 复位按钮。热继电器故障恢复后,故障指示灯熄灭。

7.2.3 实验装置与实验流程

图 7-7 为动力装置手动/自动控制平台面板示意图(I 为按钮输入,Q 为指示灯输出),图 7-8 为平台实物图。

实验流程分为三个步骤:通电前检查、通电时操作和断电后检查。以下是对各步骤的简要说明。

1. 通电前检查

(1) 熟悉电气原理图及其工作原理。

(2) 了解电气元件的正确使用方法。

(3) 提前掌握 STEP 7 编程软件的基本操作。

2. 通电时操作

(1) 闭合 QF1 断路器,确保动力装置手动/自动控制平台和计算机正常上电。

(2) 将旋钮 S2 旋转至手动控制位置,然后按下按钮 SB13,观察电动机是否启动并运行。

(3) 按下停止按钮 SB14,观察电动机是否停止运行。

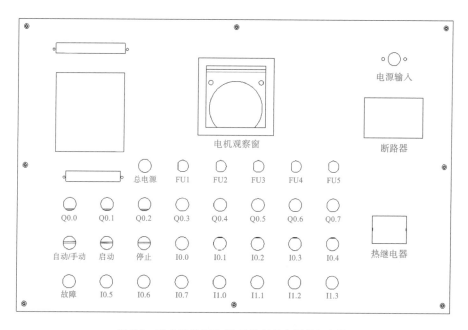

图 7-7　动力装置手动/自动控制平台面板示意图

图 7-8　平台实物图

（4）将旋钮 S2 旋转至自动控制位置。

（5）打开 STEP 7 编程软件。

（6）建立与 S7-200 SMART PLC 的通信连接。

（7）PLC 编程，使输出点 Q0.0 对应的线圈接通（即继电器 KA1 通电），观察电动机是否响应并运行。

（8）PLC 编程，使输出点 Q0.0 对应的线圈断开（即继电器 KA1 断电），观察电动机是否停止运行。

(9) 在实验过程中出现任何异常现象时,应立即断开 QF1 断路器,切断电源,并分析故障原因。

3. 断电后检查

(1) 将设备上的所有按钮复位至停止状态,并确保电动机完全停止运转。

(2) 断开设备的断路器,彻底切断电源。

7.2.4 实验报告及要求

整理实验报告并完成以下习题。

(1) 请绘制动力装置(电动机)的手动/自动控制电气原理图,并对该原理图进行详细解释和说明。

(2) 学习并熟悉西门子 PLC 的 STEP 7 软件的基本操作。通过操作软件中的不同按钮,改变不同地址的输出状态,同时观察电动机的运行状态以及指示灯的点亮情况,以加深对软件应用的理解。

(3) 请简述电动机手动/自动控制过程中可能出现的故障及其分析排除方法。

7.3 空调模拟系统室内温度控制平台

7.3.1 实验目的

(1) 了解室内热过程及空调处理的基本原理;

(2) 掌握室内温度控制的过程及其基本原理;

(3) 利用自动控制程序,实现室内温度的有效控制;

(4) 调节 PID 参数,并研究这些参数对控制效果的具体影响。

7.3.2 电气原理图

图 7-9 和图 7-10 是空调模拟系统室内温度控制平台的电气原理图,图中包含了以下基本电气元件。

(1) 断路器(QF1)。

(2) 熔断器(FU1~FU7)。

(3) 接触器(KM1~KM6)。

(4) 开关电源(V1)。

(5) 旋钮开关:这是一种用于回路切换的低压开关,通常通过左右旋转的平面操作来实现,用于电气控制回路的接通和分断。

(6) 制冷机(DIY1~DIY4):它们采用半导体制冷片进行冷却降温,即通过风扇将制冷片产生的冷气与模拟环境中的空气进行交换,从而达到降温的效果。这些制冷机用于模拟箱体各个壁面向外散热的情况。

(7) 陶瓷加热器(PTC):这是一种加热元件,通过风扇使空气带走 PTC 陶瓷电阻表面的热量,从而达到制热的效果。

(8) 温控器(AIF):它通过温度传感器对箱内空气温度进行自动采集和即时监控。温控器自动控制陶瓷加热器(PTC)

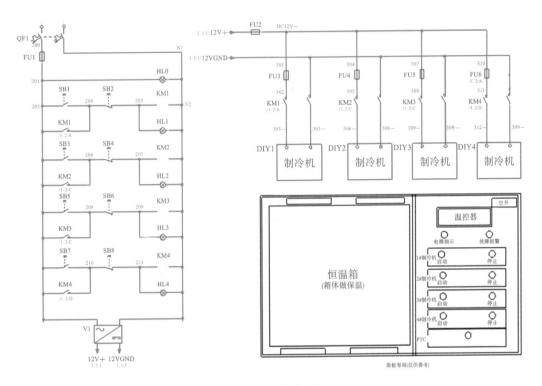

图 7-9　电气原理图一

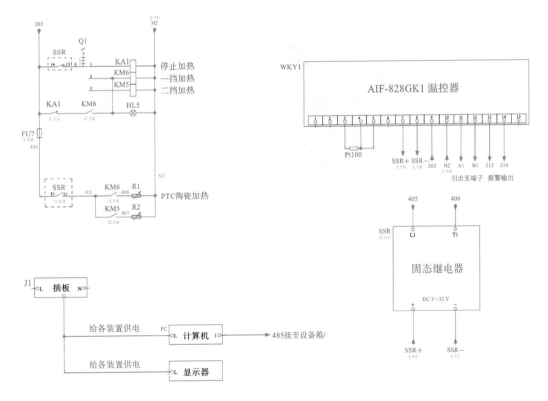

图 7-10　电气原理图二

的加热量,以保持箱体内空气温度的恒定。

（9）固态继电器（SSR）:这是一种无机械接触的开关器件,具备与电磁继电器相同的功能。温控器通过固态继电器控制陶瓷加热器(PTC)的通断,从而实现对加热量的控制。

下面对空调模拟系统室内温度控制平台的电气原理图进行简要说明。在图7-9中,DIY1至DIY4这四台制冷机分别由KM1至KM4接触器控制供电。接触器、接触器的辅助触点、启动按钮以及停止按钮共同构成了自锁电路。这四台制冷机各自由一组独立的自锁电路来控制启动与停止,当制冷机启动时,对应的指示灯会亮起。在图7-10中,旋钮具有两挡位,分别对应KM6吸合以及KM5和KM6同时吸合的情况。当旋钮旋转至第一挡时,KM6的辅助触点闭合,使得KM6接触器的主电路接通。此时,50%的陶瓷加热器(PTC)电源由固态继电器(SSR)的触点来控制。温控器(AIF)通过线号405和406来控制固态继电器(SSR)的通断,进而控制这50%的陶瓷加热器(PTC)电源的通断。当旋钮旋转至第二挡时,KM5和KM6的辅助触点均闭合,使得KM5和KM6接触器的主电路同时接通。此时,温控器(AIF)负责控制100%的陶瓷加热器(PTC)电源的通断。

7.3.3 实验装置与控制流程

空调模拟系统室内温度控制平台装置如图7-11所示。该平台采用亚克力玻璃制作透明观察窗,用保温棉构建一个密闭隔热的环境,以模拟室内环境。该平台利用热电阻创造热环境,并通过制冷机(采用半导体制冷片)模拟箱体围壁散热,从而模拟箱外的冷环境。该平台面板上设有电源指示灯、冷报警指示灯、过热报警指示灯、嵌入式断路器、按钮、温控器、旋钮开关等元件,用户可通过断路器对平台装置进行供电和断电操作。上位机与温控器之间的通信通过RS485通信接口实现。

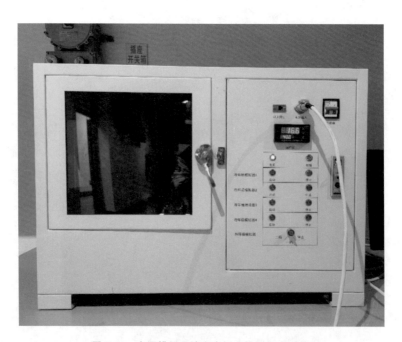

图7-11 空调模拟系统室内温度控制平台装置

装置提供了四挡冷环境模拟器(均采用半导体制冷片),每挡冷环境模拟器都配备有独立的启动/停止按钮用以实现控制;同时,还提供了两挡陶瓷加热器(PTC)切入挡位,分别为50%陶瓷加热器(PTC)切入和全功率陶瓷加热器(PTC)切入。

实验流程简述如下。

(1) 闭合QF1断路器,使控制平台接通电源。

(2) 根据实验需求选择合适的加热和冷却挡位(通常可选择一挡加热和二挡冷却模式或二挡加热和四挡冷却模式),然后启动DIY1和DIY2制冷机(若选择一挡加热),或者启动DIY1至DIY4所有制冷机(若选择二挡加热)。具体挡位的选择应根据实验者对箱体环境温度的设定值来确定。

(3) 启动计算机,双击桌面上的【华科空调模拟软件】图标进入登录界面(计算机与温度控制器的通信已预先设定好,开机后即可自动连通)。

(4) 用户登录后进入主界面,输入给定的温度值以及 K_p、K_i、K_d 参数,然后点击【开始实验】按钮。

(5) 在实验过程中,查看温度数据和曲线图,观测控制系统是否稳定。当控制稳定后,可确定实验完成。此时点击【停止实验】按钮结束实验;如需保存实验数据,请点击【保存实验】按钮。

(6) 点击主界面上的【历史查询】按钮进入历史数据查询界面,查询已保存的实验数据。用户可以选择历史数据进行导出或打印等操作。

(7) 用户可以根据需要重新输入给定的温度值以及不同的 K_p、K_i、K_d 参数值,然后点击【开始实验】按钮进行新的实验观测。通过重复上述步骤,可以观察不同参数对控制结果的影响。

7.3.4　实验报告及要求

整理实验报告并完成下列习题。

(1) 简述供冷工况与供热工况下的室内热过程及空调处理的基本原理。

(2) 简述室内温度的控制过程,并阐述 PID 控制原理。

(3) 通过实验研究,分析 K_p、K_i 参数对控制效果的具体影响。

7.4　全尺寸中央空调系统控制平台

7.4.1　实验目的

(1) 掌握空调系统自动控制原理及其数据通信网络架构;

(2) 利用自动控制程序,实现冷热源系统的联锁启动与联锁关机控制流程;

(3) 通过自动控制程序,实现对冷冻水泵、冷却水泵的变流量控制,以及对冷却塔的变风量控制;

(4) 借助自动控制程序,实现末端空调系统的定风量与变风量控制;

(5) 能够独立完成空调系统自动控制原理图的绘制,并具备绘制自动控制逻辑流程图的能力;

(6) 独立完成系统电气原理图的绘制工作,熟练掌握主要动力设备及传感设备的电缆配置方法以及电气线路的连接技巧。

7.4.2　全尺寸空调系统及原理图

图 7-12 展示了全尺寸中央空调系统控制平台(冷源部分)的实物图,该系统的示意图详见图 7-13,而风系统的平面图则呈现在图 7-14 中。此全尺寸中央空调系统控制平台采用了两台制冷机并联的设计,并配置了一次变水量闭式循环水系统。该系统主要包括两台相同的水-水涡旋式制冷机组、两台冷冻水泵、一个缓冲水箱、两台冷却水泵以及两台冷却塔。缓冲水箱的作用是增加系统的水容量,以确保末端入口能够维持相对稳定的供水温度。

图 7-12　全尺寸中央空调系统控制平台实物图

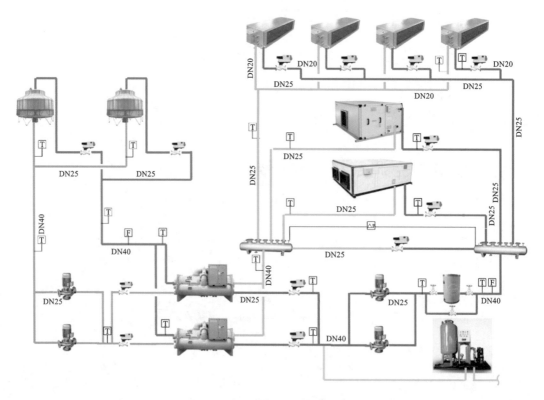

图 7-13　全尺寸中央空调系统示意图

　　末端空气处理系统提供了两种模式:全空气系统和风机盘管加独立新风系统。其中,全空气系统包含一台吊顶式空气处理机组和一台吊顶式新风机组,而风机盘管加独立新风系统则包含四台风机盘管。全空气系统有两种配置形式,一种是配备变风量箱(VAV箱)的变风量系统,另一种则是不带变风量箱,这两种形式可以通过风阀的开关进行切换。

　　空调房间的面积约为 40 m²(可通过加热器和加湿器来模拟室内的冷负荷),其设计冷负荷为 17 kW。冷冻水泵、冷却水泵、空气处理机组的风机、冷却塔风机以及新风机组的风机均采用了变频技术。

　　以下是各主要设备的具体数量和参数。

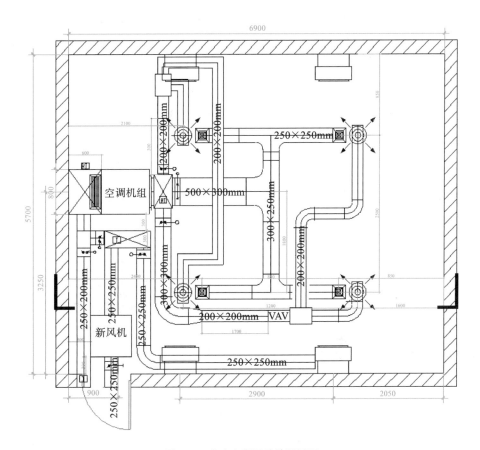

图 7-14　中央空调风系统平面图

(1) 制冷机组共有两台,每台机组的额定制冷量为 10.4 kW,使用的制冷剂类型为 R410A。冷冻水的设计供回水温度分别为 7 ℃和 12 ℃,而冷却水的设计供回水温度则分别为 37 ℃和 32 ℃。机组采用启停控制模式,即根据冷冻水的回水温度来控制压缩机的启动和停止。当机组启动时,会满载运行;而当机组停机时,则不提供制冷量。

(2) 冷冻水泵和冷却水泵各有两台。冷冻水泵的额定水量为 1.79 m³/h,扬程为 28 mH₂O(1 mH₂O＝9806.65 Pa);冷却水泵的额定流量为 2.24 m³/h,扬程为 25 mH₂O。此外,还有两台开式逆流冷却塔,每台冷却塔的额定水流量为 5 m³/h。系统中还配置了一个容量为 0.5 m³ 的保温缓冲水箱。

(3) 全空气处理机组为一台吊顶式机组,其额定风量为 2000 m³/h,额定制冷量为 10 kW,静压为 250 Pa。新风机组同样为吊顶式机组,其额定风量为 1500 m³/h,额定制冷量为 6 kW,静压为 150 Pa。此外,还有四台风机盘管,每台风机盘管的额定风量为 340 m³/h,额定冷量为 2.59 kW,静压为 30 Pa。同时,系统还配备了两个额定风量为 1134 m³/h 的变风量箱。

(4) 系统的水管均采用不锈钢管材,主要水管之间的连接采用卡箍连接,而水管与设备之间的连接则采用丝扣连接。水管干管的管径为 DN40,主机支路、泵支路、冷却塔支路、空气处理机组支路以及新风机组支路的管径均为 DN25,风机盘管支路的管径为 DN20。压力测点引管的管径为 DN15。定压补水管则采用了 DN20 的 PPR 管材。手动水阀均选用铜质材料。在冷冻水泵和冷却水泵吸入端的干管上,还设置了 Y 形过滤器。

7.4.3　自动控制系统及原理图

全尺寸中央空调系统配备了完善的控制平台,其自动控制系统图如图 7-15 所示。该平台集成了中央数据管理平台、系统节能控制柜以及各种传感器和执行器,具备楼宇自控系统的基本功能。具体而言,它可以实现各设备的故障报警及运行状态的监测,同时监测室内温度、送风温度、冷冻水流量、各设备运行功耗等系统运行参数。此外,它还能实现各设备的启停控制,风机、水泵的运行频率调节,阀门的开关控制,以及部分阀门的开度调节等功能。

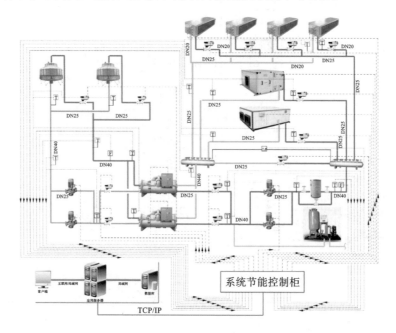

图 7-15　中央空调自动控制系统图

本控制平台配置的用于监测和控制的相关设备如下。

(1) 传感器共计 35 个,包括水管温度传感器 20 个(量程 0～50 ℃,精度 0.1 ℃,信号类型为 AI 4～20 mA);电磁流量计 2 个(管径 DN40,量程 0～8 m³/h,精度 0.5%,信号类型为 AI 4～20 mA);水管压差传感器 1 个(量程 0～260 kPa,精度 0.5%,信号类型为 AI 4～20 mA);风管温度传感器 2 个(分别位于新风系统入口与出口,量程 0～50 ℃,精度 0.1 ℃,信号类型为 AI 4～20 mA;温湿度传感器 3 个(分别安装于空调柜新风管、回风管、送风管,温度量程 0～50 ℃,精度 0.1 ℃,信号类型为 AI 4～20 mA;湿度量程 0～100%,精度未明确标注,信号类型同样为 AI 4～20 mA);风管压传感器 1 个(量程 0～350 Pa,信号类型 4～20 mA);过滤网压差传感器 2 个(信号为开关信号);水流开关 4 个(信号为开关信号)。

(2) 电量仪共 10 个,均采用二线制 RS485 信号接口,遵循 Modbus 协议,精度均为 1%。其中,2 个用于制冷机组,功率量程均为 0～5 kW;4 个用于水泵,功率量程均为 0～1.5 kW;1 个用于冷却塔,功率量程均为 0～1.5 kW;1 个用于空气处理机风机,功率量程为 0～1.5 kW;1 个用于新风机组风机,功率量程为 0～1.5 kW;1 个用于风机盘管,功率量程为 0～1.5 kW。

(3) 电动水阀(含阀门和执行器)共 13 个,其中 DN25 的电动开关阀 6 个,DN20 的电动开关阀 2 个;DN25 的电动调节阀 3 个,DN20 的 2 个。这些阀门的供电电压均为 24 V AC,接收的控制信号为 0～10 V DC。此外,还有电动风阀 4 个,均用于吊顶式空调柜。其中,3 个为开关阀,分别安装于 3 个送风支管上(1 个为普通送风管道开关,另外 2 个为 VAV 支路风管开关);1 个为调节阀,用于调节新风管新风量。这些风阀供电电电压均为 24 VAC,接收的控制信号为 0～10 V DC。

(4) 变频器共 8 个,其中水泵变频器 4 个,容量均为 1.1 kW;空调柜风机变频器 1 个,容量为 1.1 kW;冷却塔变频器 2 个,新风机变频器 1 个,容量均为 0.8 kW。

自动控制系统采用了集散式拓扑结构,如图 7-16 所示。该系统分为三个层次:客户端/配置端(管理层)、服务端(服务层)以及控制器(现场层)。监控管理功能主要集中在服务端,而实时性的控制和调节任务则由现场层的控制柜(内部配备有控制器和数据采集模块等组件)来完成。这三个层次之间采用了统一的、开放的通信协议——TCP/IP 协议。在本控制平台所设计的控制系统中,传统的 PLC 被作为基础,但在与服务端进行通信时,需要先通过网关将 PLC 的 Modbus 协议转换为 TCP/IP 协议。

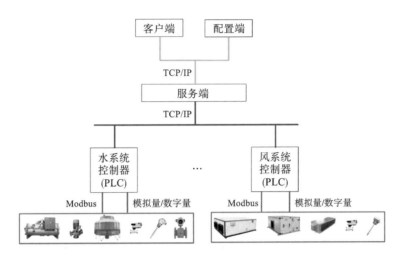

图 7-16　中央空调自动控制系统网络结构图

控制平台的自动控制原理图如图 7-17 所示。其中,水系统监控设备及内容详见表 7-1,而末端风系统的监控设备及内容则详见表 7-2。

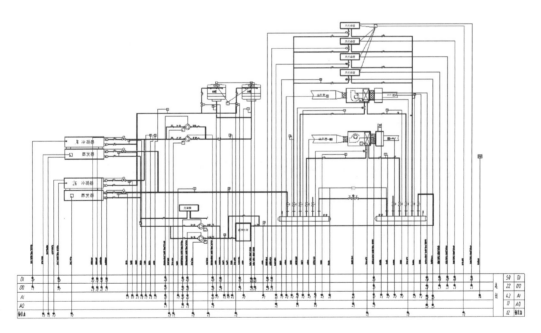

图 7-17　自动控制原理图

表 7-1　水系统监控设备及监控内容

监控设备	数　量	监　控　内　容
制冷机组	2 台	开关控制,手动/自动状态,运行状态,故障状态,冷冻侧进出水温度,冷却侧进出水温度,压缩机功率,电动阀开关控制及信号反馈
冷冻水泵	2 台	开关控制,手动/自动状态,运行状态,故障状态,运行频率的给定及反馈,水泵功率
冷却水泵	2 台	开关控制,手动/自动状态,运行状态,故障状态,运行频率的给定及反馈,水泵功率
冷却塔	2 台	开关控制,手动/自动状态,运行状态,故障状态,冷却塔进水阀开关控制及信号反馈,冷却塔功率
冷冻水系统	1 套	回水干管温度,缓冲水箱进水温度,缓冲水箱出水温度,供回水干管压差,冷冻水流量,旁通阀开度控制及反馈
冷却水系统	1 套	供回水干管温度,冷却水流量

表 7-2　末端风系统监控设备及监控内容

监控设备	数　量	监　控　内　容
全空气系统	1 台	风机启停控制,手动/自动状态,运行状态,故障状态,冷水阀开度控制及反馈,风机运行频率给定及反馈,送风温度,回风温度,过滤网压差报警,送风风量
新风系统	1 台	风机启停控制,手动/自动状态,运行状态,故障状态,冷水阀开度控制及反馈,送风温度,过滤网压差报警,室外温湿度
风机盘管	4 台	运行状态,故障状态,室内温湿度

7.4.4　系统电气图

图 7-18 展示的是控制平台的配电系统实物图,它主要包括水系统配电柜、风系统配电柜以及 PLC 控制柜。水系统配电柜内含制冷机组配电、冷冻水泵变频配电、冷却水泵变频配电和冷却塔风机变频配电等部分;风系统配电柜包括空调机

图 7-18　控制平台配电系统实物图

组风机变频配电、新风机组风机变频配电和风机盘管风机配电等部分;PLC 控制柜则装有 CPU 模块和各种拓展模块,并配备了触摸屏。

图 7-19 呈现的是控制平台配电系统的主配电回路,其中配置了一个塑胶断路器,作为整个配电系统的总开关。此外,主回路上还接有散热风机、通电指示灯、电流电压显示表以及备用电源回路等设备。

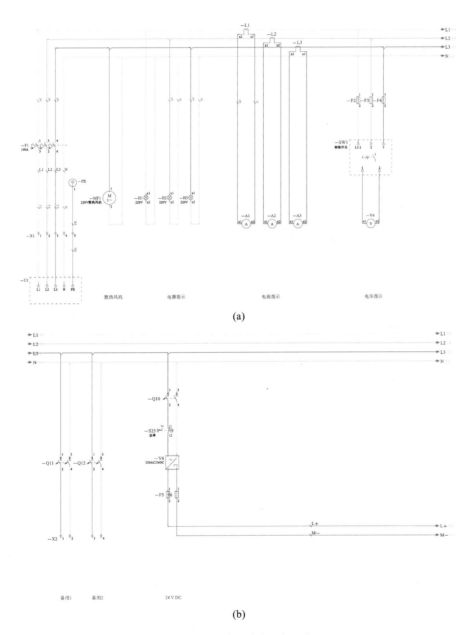

(a)

(b)

图 7-19 配电系统主配电回路

图 7-20 是控制平台水系统各设备的供电电气图,每台设备都配备了独立的空气开关,并且都安装了具有远传功能的多功能电量仪。制冷机组的配电回路还特别设置了接触器,用于控制回路的通断。冷冻水泵、冷却水泵和冷却塔风机则都配备了变频器,以便调节设备的运行频率。

图 7-21 展示的是控制平台空调机组和新风机组风机的供电电气图,每台设备也都设置了独立的空气开关和具有远传功能的多功能电量仪。同时,空调机组和新风机组的风机也都配备了变频器,用于调节设备的运行频率。

图 7-22 则是控制平台 PLC 控制柜的配电回路及各控制器通道接线图。

7.4.5 控制实验

在该全尺寸中央空调系统控制平台上进行的控制实验内容具体如下。

（1）制冷站各设备的一键联锁开关机控制实验。

（2）制冷机组自动加减机控制实验。

（3）冷冻水泵变流量控制实验。

（4）冷却水泵变流量控制实验。

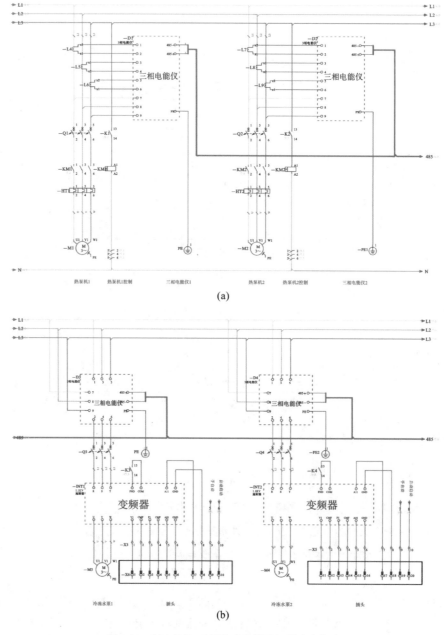

(a)

(b)

图 7-20　制冷机组、水泵和冷却塔风机供电电气图

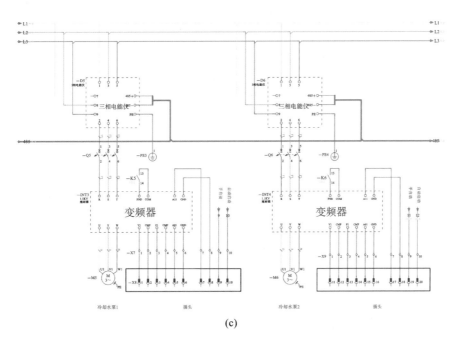

(c)

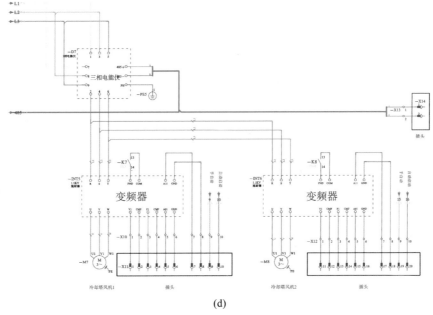

(d)

续图 7-20

(5) 冷却塔变风量控制实验。

(6) 空调机组定风量控制实验。

(7) 空调机组变风量控制实验。

在开展各项实验之前,需要做好以下实验准备工作。

(1) 检查定压补水阀的开启状态,若未打开,则将其打开,并观测定压补水系统是否运行正常。

(2) 确认系统主机支路、水泵支路以及干管上的所有手动阀门是否均已处于开启状态,如有未打开的阀门,则将其打开,以确保冷冻水循环系统和冷却水循环系统均处于畅通无阻的状态。

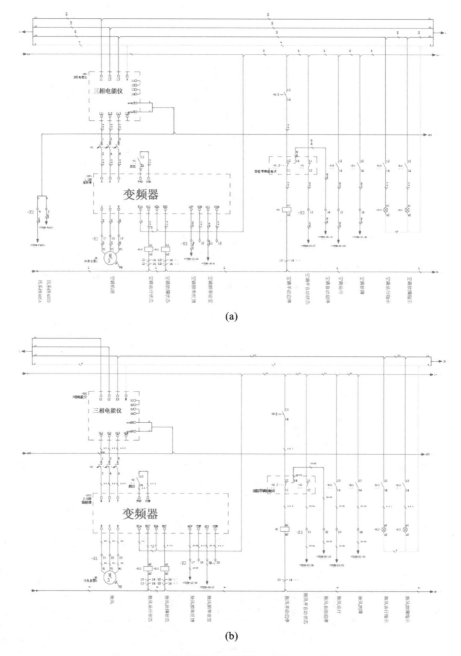

(a)

(b)

图 7-21　空调机组风机和新风机组风机供电电气图

(3) 检查系统排气阀的排气情况,确保系统中尽可能排除所有空气。

(4) 打开主配电柜的总配电开关,并观察配电柜上的电源指示灯是否亮起,若亮起,则说明供电系统正常。

(5) 分别开启各设备的配电空开,包括 PLC 控制柜的配电开关。

(6) 启动服务器和客户端计算机,待设备完全开启后,在客户端计算机桌面上双击控制系统图标,输入正确的账户名和密码,以打开并运行自动控制软件。

(7) 观察软件监控界面上空调系统各设备的状态及传感器读数是否均处于正常范围,若一切正常,则表明实验前的准备工作已完成,可以进行控制实验;若存在异常,则需开展相应的故障排查工作,确保所有设备均处于正常状态后再进行实验。

7.4.5.1　一键联锁开关机控制实验

(1) 水系统顺序开机控制实验。点击软件界面上的手/自动切换键,将系统切换至自动模式,随后点击一键开机按钮。在弹出确认框后,点击确认以继续。系统随即按照预设的开机流程逐一启动相应设备。在此过程中,需仔细观察并记录冷冻水阀、冷却水阀、冷冻水泵、冷却水泵、冷却塔以及制冷机组等设备的开启顺序和间隔时间。同时,需比对软件界面上各设备的状态变化与实际设备的运行状态是否一致。待制冷机组运行后,继续观察5～10 min,若系统运行平稳无异常,则表明开机成功。

(2) 水系统顺序关机控制实验。同样,点击软件界面上的手/自动切换键,将系统切换至自动模式,然后点击一键关机按钮。在弹出确认框后,点击确认以执行关机操作。系统随即按照预设的关机流程逐一关闭相应设备。在此过程中,需详细记录冷冻水阀、冷却水阀、冷冻水泵、冷却水泵、冷却塔以及制冷机组等设备的关闭顺序和间隔时间,并比对软件界面上

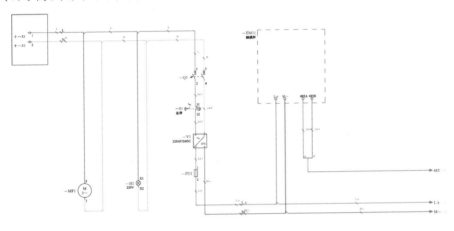

(a)

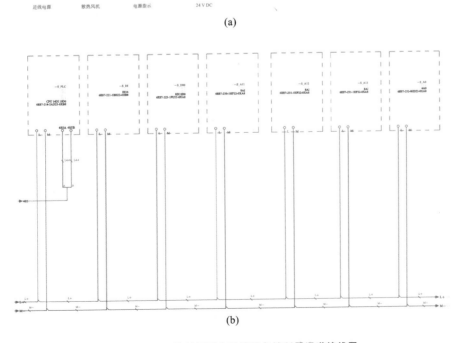

(b)

图 7-22　PLC 控制柜配电回路及各控制器通道接线图

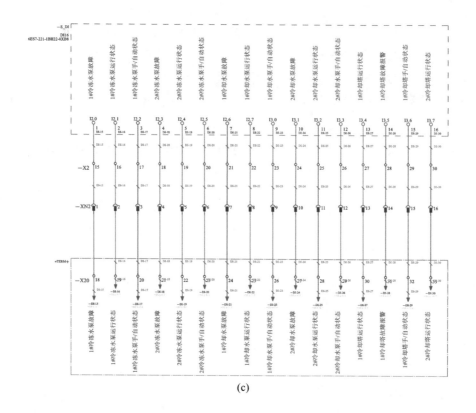

(c)

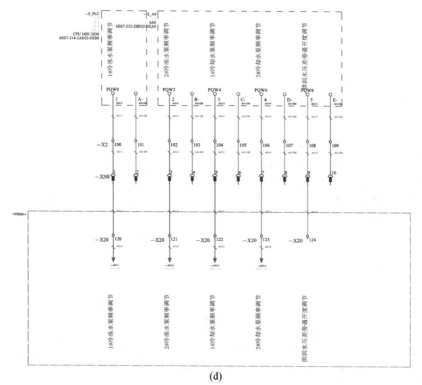

(d)

续图 7-22

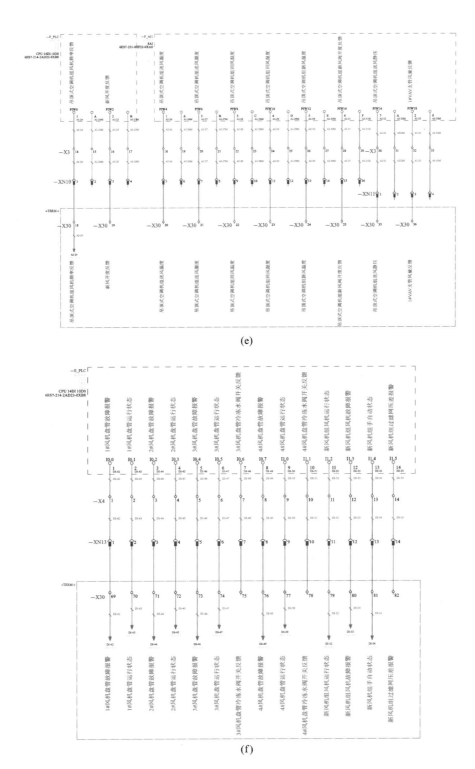

(e)

(f)

续图 7-22

各设备的状态变化与实际设备的状态变化是否一致。待所有设备均按顺序关闭完毕后,继续观察 5～10 min,若系统状态保持稳定无异常,则表明关机成功。

7.4.5.2　制冷机组自动加减机控制实验

本控制平台内置的加减机策略采用的是供水温度控制法,该方法依据冷冻水总管供水温度、供水温度设定值、机组运行时间等因素,来决定是否执行加机或减机的指令。实验的具体流程如下。

(1) 模式切换与系统启动。首先,通过软件系统启动空调机组(涵盖风机及冷冻水阀),并将系统模式切换至自动模式。接着,点击一键开机按钮,系统会自动启动。

(2) 配置加减机策略的相关参数。待系统正常启动并稳定运行后,点击软件上的策略配置选项,选择加减机策略。在对应的参数设置框中,输入加机温差、减机温差、加机持续时间和减机持续时间等参数。

(3) 调节负荷并执行加机策略。参数配置完成后,可手动增大空调机组的风量,以提升供冷量,即增加制冷机组的负荷。同时,观察冷冻水供水温度的变化,直至系统满足加机的条件。当系统开始执行加机操作时,需密切关注加机的过程。待另一台制冷机组启动后,继续观察5～10 min,若系统运行平稳无异常,则表明加机操作成功。此时,应记录各设备的启动顺序及间隔时间。

(4) 调节负荷并执行减机策略。完成加机实验后,即可开始减机实验。手动减小空调机组的风量,以降低供冷量,即减小制冷机组的负荷。同时,观察冷冻水供水温度的变化,直至系统满足减机的条件。当系统开始执行减机操作时,需密切关注减机的过程。待减机流程完成后,继续观察5～10 min,若系统运行平稳无异常,则表明减机操作成功。此时,应记录各设备的关闭顺序及间隔时间。

(5) 实验结束与系统关闭。按照正确的步骤关闭系统。

值得注意的是,本控制平台的制冷机组采用启停控制方式,因此当制冷机组运行时,其负载率固定为100%。因此,在加机和减机的过程中,无须考虑制冷机组的负载率条件。

7.4.5.3　冷冻水泵变流量控制实验

本控制平台内置的冷冻水泵变流量控制策略是定压差控制策略,其采样点位于分集水器之间的压差处,控制算法则运用了 PI 算法。具体而言,该策略会根据实时采集的分集水器间压差与预设的压差设定值,来计算并调节冷冻水泵的运行频率,以确保压差维持在设定值范围内。实验的具体步骤如下。

(1) 模式切换与系统启动。首先,通过软件系统启动空调机组(包括风机及冷冻水阀),并将系统模式切换至自动模式。接着,点击一键开机按钮,系统会自动启动。

(2) 配置冷冻水泵变流量控制策略的相关参数。待系统正常启动并稳定运行后,需点击软件上的策略配置选项,并选择冷冻水泵变流量控制策略。在该策略的对应参数设置框中,需输入压差设定值(通常可根据水泵扬程的一半来设定,但不同系统的设定值可能有所不同)、PI 法的比例参数 K_p、积分时间 T_i、采样周期 T_s,以及控制死区范围 ΔS。同时,还需设置冷冻水泵频率调节的上限值和下限值。

(3) 调节末端水量并执行冷冻水泵变流量控制策略。可通过远程计算机手动操作,增大末端空调机组电动调节水阀的开度,以增加末端水量。此时,需观察分集水器之间的压差变化以及冷冻水泵的频率变化,直至两者均达到稳定状态。在此过程中,需记录压差及冷冻水泵频率的变化情况。同样地,也可通过远程计算机手动操作,减小末端空调机组电动调节水阀的开度,以减少末端水量,并观察记录相应的压差及冷冻水泵频率变化。

(4) 实验结束与系统关闭。按照正确的步骤关闭系统。

7.4.5.4　冷却水泵变流量控制实验

本控制平台内置的冷却水泵变流量控制策略为定温差控制策略,其采样点分别为冷却水的供水温度和回水温度。该策略采用 PI 算法作为控制算法,即根据实时采集的冷却水供水温度和回水温度来计算温差,并将其与预设的温差设定值进行比较,从而计算出冷却水泵的运行频率,以保持温差在设定值范围内。实验的具体步骤如下。

(1) 模式切换与系统启动。首先,通过软件系统启动空调机组(包括风机及冷冻水阀),并将系统模式切换至自动模式。接着,点击一键开机按钮,系统会自动启动。

(2) 配置冷却水泵变流量控制策略的相关参数。待系统正常启动并稳定运行后,点击软件上的策略配置菜单,选择冷却水泵变流量控制策略。在该策略的对应参数设置框中,需输入温差设定值(通常温差设定值在 4～5 ℃之间),并设置 PI 算法的比例参数 K_p、积分时间 T_i、采样周期 T_s,以及控制死区范围 ΔS。同时,还需设置冷却水泵频率调节的上限值和下限值。

(3) 调整温差设定值并执行冷却水泵变流量控制策略。观察实时的冷却水供回水温差,并通过调整温差设定值来执行变流量控制策略。当温差设定值小于当前温差值(且偏差范围大于设置的死区范围)时,观察冷却水泵的频率变化及温差变化,直至两者均达到稳定状态。在此过程中,需记录温差及冷却水泵频率的变化情况。同样地,当温差设定值大于当前温差值时(且偏差范围也大于设置的死区范围),也需进行类似的观察和记录。

(4) 实验结束与系统关闭。按照正确的步骤关闭系统。

值得注意的是,本控制平台的制冷机组采用启停控制方式。当制冷机组运行时,由负荷变化引起的冷却水供回水温差变化相对较小。因此,在本实验中,我们通过调整温差设定值的方式来执行冷却水泵的变流量控制策略。

7.4.5.5 冷却塔变风量控制实验

本控制平台内置的冷却塔变风量控制策略为冷却塔风机频率与台数协同调控策略。该策略采用 PI 算法进行频率调节,即依据实时的冷却水回水温度及其设定值,来调控冷却塔风机的运行频率及运行台数。实验的具体步骤如下。

(1) 模式切换与系统启动。首先,通过软件系统启动空调机组(涵盖风机及冷冻水阀),并将系统模式切换至自动模式。接着,点击一键开机按钮,系统会自动启动。

(2) 配置冷却塔变风量控制策略的相关参数。待系统正常启动并稳定运行后,点击软件上的策略配置菜单,选择冷却塔变风量控制策略。在该策略的对应参数设置框中,需输入冷却水回水温度的设定值,并设置 PI 算法的比例参数 K_p、积分时间 T_i、采样周期 T_s。同时,还需设置 PI 控制的死区范围 ΔS_1,冷却塔风机频率的最大和最小可调节范围(F_{min}, F_{max}),加机和减机的持续时间,以及减机时的温度偏差 ΔS_2(值得注意的是,ΔS_2 需大于 ΔS_1,以确保减机操作的准确性)。

(3) 调整冷却水回水温度设定值并执行冷却塔变风量控制策略。首先,增大冷却水回水温度的设定值,以降低系统的排热量需求。此时,需观察冷却水回水温度的实时变化、冷却塔风机运行频率及运行台数的变化,直至冷却水回水温度稳定在设定值附近并持续 10 min。在此过程中,需记录冷却水回水温度、冷却塔风机运行频率及运行台数的变化情况。接着,减小冷却水回水温度的设定值,以增加系统的排热量需求,并重复上述观察和记录过程。

(4) 实验结束与系统关闭。按照正确的步骤关闭系统。

7.4.5.6 空调机组定风量控制实验

本控制平台内置的空调机组定风量控制策略,旨在通过调节冷冻水阀的开度来维持室内温度在设定值范围内,其中水阀开度的调节采用了 PI 算法。实验的具体流程如下。

(1) 模式切换与系统启动。首先,通过软件系统启动空调机组(包含风机及冷冻水阀),并将系统模式切换至自动模式。随后,点击一键开机按钮,系统便会根据一键开机指令自动启动。

(2) 配置空调机组定风量控制策略的参数。待系统正常启动并稳定运行后,需点击软件上的策略配置菜单,选择空调机组定风量控制策略。在该策略的对应参数设置框中,需输入室内温度设定值,并设置 PI 算法的比例参数 K_p、积分时间 T_i、采样周期 T_s。同时,还需设置 PI 控制的死区范围 ΔS,以及冷冻水阀开度调节的上限值和下限值。

(3)调整室内温度设定值并执行空调机组定风量控制策略。首先,可以提高室内温度设定值以降低系统负荷。此时,需观察室内温度的实时变化以及冷冻水阀开度的变化,直至室内温度稳定在设定值附近并持续 10 min。在此过程中,需记录室内温度及冷冻水阀开度的变化情况。接着,降低室内温度设定值以增加系统负荷,并重复上述观察和记录过程。

(4)实验结束与系统关闭。按照正确的步骤关闭系统。

7.4.5.7　空调机组变风量控制实验

本控制平台内置的空调机组变风量控制策略,旨在通过变风量末端(VAV-box)的风量调节来控制室内温度,利用空调机组风机的频率调节来控制送风静压,并通过冷冻水阀的开度调节来控制送风温度。这三个控制回路均采用 PI 算法作为控制策略。实验的具体步骤如下。

(1)模式切换与系统启动。首先,通过软件系统启动空调机组(包括风机及冷冻水阀)。接着,利用风阀开关将系统切换至变风量系统模式,并将系统模式设置为自动模式。最后,点击一键开机按钮,系统便会根据一键开机指令自动启动。

(2)配置空调机组变风量控制策略的参数。待系统正常启动并稳定运行后,点击软件上的策略配置菜单,选择空调机组变风量控制策略。在该策略的对应参数设置框中,需输入室内温度设定值,并分别设置室内温度控制回路、送风静压控制回路及送风温度控制回路对应的 PI 算法参数(即比例参数 K_p、积分时间 T_i、采样周期 T_s)以及 PI 控制的死区范围 ΔS。同时,还需设置 VAV 风阀开度、风机频率以及冷冻水阀调节的上限值和下限值。

(3)调整室内温度设定值并执行空调机组变风量控制策略。首先,可以提高室内温度设定值以降低系统负荷。此时,需观察室内温度、VAV 风阀开度、风机频率以及冷冻水阀开度的实时变化,直至室内温度稳定在设定值附近并持续 10 min。在此过程中,需详细记录各项参数的变化情况。接着,降低室内温度设定值以增加系统负荷,并重复上述观察和记录过程。

(4)实验结束与系统关闭。按照正确的步骤关闭系统。

7.4.6　控制策略提升

上述控制策略是空调系统自动化中常用的基本策略,其核心在于实现控制功能。随着低碳建筑理念的深入发展,楼宇自动控制系统已承担起节约建筑能耗、降低碳排放的重要使命。优化空调系统运行参数是实现系统节能的主要途径,以下介绍两种常用的参数优化策略,以期对本控制平台的控制策略进行优化。

1. 制冷机组变水温控制实验

冷冻水出水温度每升高 1 ℃,制冷机组的能效比(COP)可提升 2%～3%。因此,在工程实践中,制冷机组变水温控制成为一种广泛应用的节能策略。

制冷机组冷冻水出水温度的控制可通过调整设定值来实现,通常以外界温度作为调整制冷机组冷冻水出水温度的依据。虽然两者之间可以简单采用线性关系进行描述,但由于系统特性和运行工况的差异,所设置的线性关系参数对控制效果具有显著影响。最佳冷冻水出水温度与外界温度的关系理论上可以通过模拟计算得出,但在实际操作中,往往难以获取足够的运行数据进行精确模拟。因此,在实际应用中,可以引入室内温度的变化作为辅助控制变量,对计算的冷冻水出水温度进行修正。在确保室内温度保持在设计范围内的前提下,最大限度地提高制冷机组的运行效率。

2. 冷却塔定逼近度控制实验

冷却塔的运行效率与室外湿球温度密切相关。因此,冷却水最佳回水温度的设定值并非固定不变,而是随着室外湿球温度的变化而调整。

在实践中,常用逼近度来描述冷却水回水温度设定值与室外湿球温度之间的对应关系。在设计工况下,冷却水回水温度的逼近度通常控制在 2~6 ℃之间,具体数值取决于冷却塔的选型参数。因此,在进行冷却塔变风量控制时,可以根据室外湿球温度和逼近度来计算冷却水回水温度的设定值,从而最大限度地降低系统运行的能耗。

7.4.7 实验报告及要求

整理实验报告并完成下列习题。

(1) 简述冷冻水泵根据压差进行变流量控制的优缺点。

(2) 简述冷却塔风机频率与台数协同控制策略的具体逻辑。

(3) 简述空调机组变风量控制过程中,送风温度设定值的高低对系统控制的影响,该如何确定送风温度设定值。

7.5 融合 IOT 的综合大楼空调系统数字孪生及系统状态分析

"融合 IoT 的综合大楼空调系统数字孪生及系统状态分析"项目是本科生参与"设计生命建筑"第二十一届 MDV 中央空调设计应用大赛环控组的参赛项目。该项目构建了一个基于物联网(internet of things, IoT)的实物系统,并开发了一个与之融合的综合大楼空调系统数字孪生平台。该平台利用 BACnet 协议作为通信桥梁,成功实现了空调系统的物联网实物系统与数字孪生平台之间的数据交互。项目内容涵盖了孪生平台对实物系统的实时数据采集与展示,还包括通过决策系统对空调系统状态的分析、故障报警功能,实现了孪生平台对实物系统的远程控制。此项目的实物系统与平台被保留下来,作为后续本科生创新实验的范例。因此,本项目被收录于本书中进行详细介绍。

7.5.1 实验目的

(1) 了解一次回风系统的控制原理图。

(2) 掌握实物系统的控制过程及其基本原理。

(3) 理解物联网实物系统与综合大楼空调系统数字孪生平台之间的数据交互原理。

(4) 深入理解和初步掌握数字孪生技术,通过实验操作,进一步熟悉并掌握数字孪生技术的基本原理及实际应用方法。

(5) 提供一个创新的实验平台,鼓励学生通过实验发挥想象力,提出新颖的想法和解决方案。

7.5.2 实验原理

采用物联网实物系统进行展示,其实物系统的输入与输出原理图如图 7-23 所示。

实物系统的风阀开度、盘管供回水温度、盘管水流量、新风温度、房间 1 室内湿度以及送风温度等均为模拟量输入信号(即 AI 信号),这些信号由面板上的旋钮给定,随后输出到控制面板进行显示,并传递给直接数字控制器(DDC)。最终,DDC 通过 BACnet 协议将这些数据传输给综合大楼空调系统数字孪生平台。送风机和回风机的开启命令为数字输入信号(DI 信号),由控制面板上带有指示灯的按钮产生,并输入 DDC。房间 1、房间 2、房间 3 的温度信号为模拟输出命令(AO 命令),由三个室内温度传感器测得,并将信号输出到控制面板进行显示,再传输给 DDC。盘管水阀开度指令同样为 AO 信号,该指令由数字孪生平台指定,并通过 BACnet 协议传输给 DDC,再由 DDC 输出到控制面板进行显示,具体细节见表 7-3。

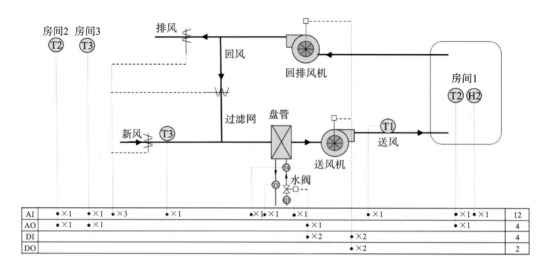

图 7-23　实物系统控制原理图

表 7-3　实物系统点位

序号	名称	DDC 模块点位	信号类型	范围	备注说明
1	排风机启停命令	UI-1	AI	DC 5 V	
2	送风机启停命令	UI-2	AI	DC 5 V	
3	排风阀开度	UI-3	AI	0～10 V 输入	电位器手动调节,仪表同步 0～100 显示
4	回风阀开度	UI-4	AI	0～10 V 输入	电位器手动调节,仪表同步 0～100 显示
5	新风阀开度	UI-5	AI	0～10 V 输入	电位器手动调节,仪表同步 0～100 显示
6	进水温度	UI-6	AI	0～10 V 输入	电位器手动调节,仪表同步 0～50 显示
7	回水温度	UI-7	AI	0～10 V 输入	电位器手动调节,仪表同步 0～50 显示
8	水流量	UI-8	AI	0～10 V 输入	电位器手动调节,仪表同步 0～100 显示
9	新风温度	UI-9	AI	0～10 V 输入	电位器手动调节,仪表同步 0～50 显示
10	室内温度	UI-10	AI	0～10 V 输入	电位器手动调节,仪表同步 0～50 显示
11	送风温度	UI-11	AI	0～10 V 输入	电位器手动调节,仪表同步 0～50 显示
12	排风机启动指示	DO-19	DO	0/1	开关量控制排风机启动按钮的指示灯状态
13	送风机启动指示	DO-20	DO	0/1	开关量控制送风机启动按钮的指示灯状态
14	截止阀上行	DO-21	DO	0/1	控制阀上行(开)
15	截止阀下行	DO-22	DO	0/1	控制阀下行(关)
16	房间 1 水阀开度显示	UO-15	AO	0～10 V	DDC 输出 0～10 V,控制仪表同步 0～100 显示
17	房间 1 室内温度显示	UO-16	AO	0～10 V	DDC 输出 0～10 V,控制仪表同步 0～50 显示
18	房间 2 室内温度显示	UO-17	AO	0～10 V	DDC 输出 0～10 V,控制仪表同步 0～50 显示
19	房间 3 室内温度显示	UO-18	AO	0～10 V	DDC 输出 0～10 V,控制仪表同步 0～50 显示
20	温度传感器 1 输入	UX-1	AI	0～5 V	输入 1～5 V(非并联电阻输入为 4～20 mA),对应
21	温度传感器 2 输入	UX-2	AI	0～5 V	温度为 0～50 ℃,通过内部编程输出给对应房间温度
22	温度传感器 3 输入	UX-3	AI	0～5 V	显示器显示温度值

序号	名称	DDC 模块点位	信号类型	范围	备注说明
信号类型:AI 模拟量输入;AO 模拟量输出;DI 数字量输入;DO 数字量输出					

物联网实物系统与综合大楼空调系统数字孪生平台之间通过 BACnet 协议实现了数据交互。数字孪生平台能够采集实物系统的数据并进行实时展示,同时利用相应的决策系统对系统状态进行分析以及故障报警。此外,数字孪生平台还具备对实物系统的控制功能。图 7-24 展示了该系统的结构图。

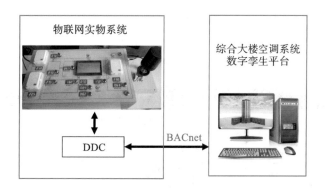

图 7-24　系统结构图

7.5.3　实验装置与介绍

物联网实物系统由实体 DDC(采用美控 DDC)、集控器、展示面板、传感器以及执行器(其中水阀作为执行器的一种)构成。实体 DDC 由 DDC-E0 核心单元及 IO 扩展板组合而成。图 7-25 展示了控制面板的平面布局,而图7-26则呈现了物联网实物系统的全貌。

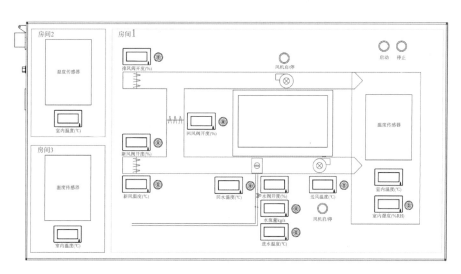

图 7-25　控制面板平面图

综合大楼空调系统数字孪生平台如图 7-27 所示,该平台分为三个核心板块——BIM 模型板块、故障报警板块以及阀门控制板块,旨在实现以下功能。

(1) 借助 BACnet 协议作为数据交互的桥梁,将实时温度数据与 BIM 模型紧密结合。在 BIM 模型上方设置了多个交互按钮,用户点击后能够迅速定位到 BIM 模型中的相关设备位置,并以直观的图表形式展示实时数据,从而确保综合大楼

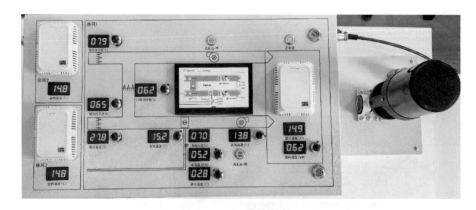

图 7-26　物联网实物系统

图 7-27　综合大楼空调系统数字孪生平台主页

空调系统数字孪生平台能够实时采集并更新物联网实物系统的数据。

（2）阀门控制板块通过 BACnet 协议向物联网实物系统中的 DDC 发送控制指令,精确调节阀门的开度,以此实现综合大楼空调系统数字孪生平台对物联网实物系统的精准控制。

（3）运用先进的优化算法,计算出最优的控制参数,并实时下发控制指令,以确保空调系统能够在安全、高效的状态下运行。

（4）一旦空调系统在运行过程中出现异常状况,故障报警板块会立即发出警报,并清晰地显示报警时间、报警位置以及具体的报警内容,以便及时采取应对措施。

7.5.4　实验内容

实验流程分为三个步骤:通电前检查、通电时操作以及断电后检查。以下是各步骤的简要说明。

1. 通电前检查

（1）熟悉各电气元件,包括 DDC、按钮、温度传感器、控制阀以及电位器旋钮（用于模拟温度信号）等。

（2）检查电源系统连接、计算机与物联网实物系统的连接、控制阀与箱体的连接等,确保所有连接均正确无误。

2. 通电时操作

(1) 为物联网实物系统接通电源,并观察指示灯的显示状态。

(2) 旋转电位器旋钮,按下风机启/停按钮,同时观察数显面板与触摸屏上对应点位的数据变化情况。

(3) 使用网线将计算机与物联网实物系统连接起来,并配置好计算机的 IP 地址,以确保按 BACnet 协议通信正常。

(4) 启动 Python 程序,并在浏览器中打开对应的路由,运行综合大楼空调系统数字孪生平台。

(5) 旋转电位器旋钮,观察综合大楼空调系统数字孪生平台上实时数据曲线的变化情况。

(6) 使用吹风机加热温度传感器附近的空气,模拟室内温度升高的情景。当温度过高时,观察数字孪生平台的故障报警板块是否正常工作。

(7) 点击阀门控制板块的操作按钮,观察物联网实物系统中阀门开度的变化情况。

3. 断电后检查

(1) 关闭综合大楼空调系统数字孪生平台,并停止运行 Python 程序。

(2) 切断物联网实物系统的总电源。

(3) 断开电源线和网线,确保系统完全断电并断开与外部设备的连接。

7.5.5　实验报告及要求

整理实验报告并完成下列习题。

(1) 简述回风系统控制原理。

(2) 简述实物系统控制过程及基本原理。

(3) 简述物联网实物系统与综合大楼空调系统数字孪生平台数据交互原理。

(4) 绘制数据交换流程图。

7.6　本章小结

本章介绍了动力装置的正反转及互锁控制平台、动力装置手动/自动控制平台,以及空调模拟系统室内温度控制平台。对于每个控制平台,都详细阐述了实验目的、电气原理、实验装置以及实验操作步骤。这三个实验构成了建筑自动化系统的基础实验,有助于学生深入理解建筑自动化领域中的基本电气元器件、电气回路及其应用。

本章还进一步介绍了一个完整的常规空调系统控制平台。在该平台上,学生可以进行多种基本控制实验,包括但不限于制冷站各设备的一键联锁开关机控制、制冷机组加减机控制、冷冻水泵和冷却水泵的变流量控制、冷却塔的变风量控制以及空调机组的定风量和变风量控制等。同时,本章详细描述了这些控制实验的具体过程。此外,还介绍了两个优化的空调系统控制策略实验,即制冷机组变水温控制实验和冷却塔定逼近度控制实验。

BIM 与数字孪生技术在建筑与机电系统领域不断渗透。因此,本章还纳入了一个"设计生命建筑"第二十一届 MDV中央空调设计应用大赛环控组的参赛项目,并将其作为本科生的课外实验项目。该项目部分详细介绍了实验目的、基本原理、实验装置以及主要的实验内容等,为学生提供了实践机会,以加深对所学知识的理解。

第 *8* 章

实际工程设计应用案例分析

本章将介绍三个典型的公共建筑空调自动化系统(BAS)实际工程设计案例,即一个酒店的空调 BAS 设计、一个大型公共建筑的变风量空调末端系统 BAS 设计,以及一个地铁车站的空调 BAS 设计。另外,深入介绍了高效机房系统的概念、精细化设计、分布式节能控制系统、调试与云运维,并以实际项目为例介绍高效机房系统设计、具体实施过程及实施效果。

8.1　宾馆酒店类建筑

宾馆酒店类建筑的机电设备主要包括暖通空调系统、送排风系统、给排水系统、照明系统、消防系统、电梯系统和生活热水系统等。其中,暖通空调系统最为复杂,是建筑自动化系统设计的主要对象,涵盖冷热源系统、水系统及末端系统。宾馆酒店类建筑的末端系统多采用风机盘管配合独立新风系统,而在一些大空间场所,如大厅、餐厅、会议室等,则会采用吊顶式或卧式空调机组。本节将以某大型酒店项目为例,详细介绍该类建筑中常规的建筑自动化系统(以暖通空调系统为主)的设计方案。

8.1.1　工程概况

本项目是一个交流中心项目,总建筑面积为 21 万平方米,是一个集酒店、办公、住宅功能于一体的综合性建筑工程。酒店部分的主要机电设备包括制冷站冷源系统、锅炉房热源系统、末端空调系统、送排风系统、消防系统、给排水系统、照明系统、生活热水系统和电梯系统等。

本项目在功能设计上着重强调了建筑的生态性和节能性。根据自动化控制系统的技术要求,我们设计了一套建筑设备智能化集成系统,该系统旨在实现暖通空调、通风、给排水、公共照明、生活热水系统和电梯系统等设备的自动控制。该系统功能包括建筑设备(特别是空调设备)的远程监控集中管理、预定时间表控制、中央空调系统的节能控制以及全面的能源管理等。

8.1.2　系统方案描述

8.1.2.1　系统体系结构

本项目建筑机电(空调)自动化系统的体系结构如图 8-1 所示。该系统网络架构为简洁的二层结构,主要包括现场控制网络层与管理网络层。从体系结构的层次来看,可以划分为现场级、控制级、监控级与管理级。现场级主要涉及现场的执行器、传感器以及各类配电柜等设备。控制级则包括 DDC(直接数字控制器)控制柜与全局控制器等,同时也可称作现场控制层。本项目采用 BACnet 总线结构,通过 BACnet MS/TP 接口进行连接,并遵循 BACnet 协议。控制级与监控级之间通

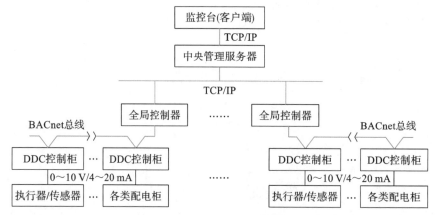

图 8-1　自动化系统体系结构图

过控制器的 RJ45 网口相连,采用 TCP/IP 通信协议进行数据交换。

硬件部分主要由中央管理平台、全局控制器、DDC、传感器、执行机构等组成。建筑自动化系统的中央管理平台(通常被称为主机)设置于一层消防控制室内,并配备了 UPS 不间断电源以确保其稳定运行。DDC 控制柜则安装于各制冷站、锅炉房、空调机房以及其他被控设备用房内,由所在设备房提供电力供应,并为每个 DDC 配备了备用电源。所有全局控制器均具备可相互转换的 I/O 点位,现场控制层预留了至少相当于当前总接设备总量 15% 的设备接口,以满足未来可能的扩容需求。

8.1.2.2　BAS 图

本项目 BAS 图如图 8-2 所示。整个系统配置了一个中央管理平台(即服务端)以及相应的监控台(即客户端)。系统还设置了多个现场 DDC 控制柜,其中,用于冷热源系统控制的 DDC 控制柜安装于制冷站和锅炉房内;用于末端空调系统和照明系统控制的 DDC 控制柜则安装于每一层对应的空调机房内。送排风机监控的 DDC 控制柜被安放在送排风机配电室内,给排水系统监控的 DDC 控制柜则位于给排水系统设备房内,而消防系统设备监控的 DDC 控制柜则设置在相应的消防设备房内。

现场 DDC 负责采集系统运行数据,并通过 BACnet 总线将这些数据传送至全局控制器。全局控制器对数据进行初步处理后,通过以太网将其上传至中央管理平台。中央管理平台进一步对数据进行处理、分析、存储,并通过监控台实时更新展示。借助大数据分析,中央管理平台利用全局节能算法计算出系统的最优运行状态点,并将这些信息发送至全局控制器。全局控制器则根据局部的实时数据,运用局部节能控制算法计算出设备控制信号,并将这些信号发送至 DDC 控制器。DDC 控制器在进行简单的逻辑处理后,将控制指令下发至执行器,完成整个控制过程。系统中,FSU(前端智能控制单元)能够驻留一些简单的算法,并实现协议转换和翻译等功能。

8.1.2.3　系统实现的监控功能

该 BAS 实现冷冻站系统监控、锅炉房系统监控、空调系统监控、送排风系统监控、消防系统监控、给水系统监控、排水系统监控、照明系统监控等。

1. 冷冻站系统监控

(1) 制冷机组:监控其手/自动状态、启停控制、运行状态及故障报警。

(2) 冷冻水泵:监控其手/自动状态、启停控制、运行状态及故障报警,同时监控冷冻水电动蝶阀、水流开关以及供回水温度。

(3) 冷却水泵:监控其手/自动状态、启停控制、运行状态及故障报警,还包括冷却水蝶阀控制、水流开关以及供回水温度的监测。

(4) 冷却塔风机:监控其手/自动状态、启停控制、运行状态及故障报警。

(5) 冷却塔:监控其手/自动状态、启停控制、运行状态及故障报警,同时监测供回水温度、高/低液位以及进出水电动蝶阀的控制。

(6) 冷却水系统:监控总冷却水的供回水温度,并控制旁通电动调节阀。

(7) 冷冻水系统:监控总冷冻水的供回水温度、回水流量、供回水压差,控制旁通电动调节阀,并监测分水器支路的供水温度、流量以及集水器支路的回水温度。

(8) 补水箱:监测水箱的超高、超低液位。

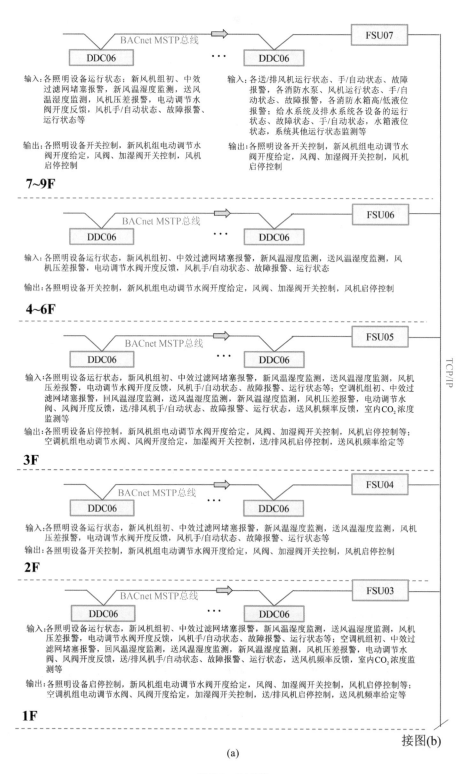

7~9F

输入：各照明设备运行状态；新风机组初、中效过滤网堵塞报警，新风温湿度监测，送风温湿度监测，风机压差报警，电动调节水阀开度反馈，风机手/自动状态、故障报警、运行状态等

输出：各照明设备开关控制，新风机组电动调节水阀开度给定，风阀、加湿阀开关控制，风机启停控制

输入：各送/排风机运行状态、手/自动状态、故障报警，各消防水泵、风机运行状态、手/自动状态、故障报警，各消防水箱高/低液位报警；给水系统及排水系统各设备的运行状态、故障状态、手/自动状态，水箱液位状态，系统其他运行状态监测等

输出：各照明设备开关控制，新风机组电动调节水阀开度给定，风阀、加湿阀开关控制，风机启停控制

4~6F

输入：各照明设备运行状态；新风机组初、中效过滤网堵塞报警，新风温湿度监测，送风温湿度监测，风机压差报警，电动调节水阀开度反馈，风机手/自动状态、故障报警、运行状态

输出：各照明设备开关控制，新风机组电动调节水阀开度给定，风阀、加湿阀开关控制，风机启停控制

3F

输入：各照明设备运行状态；新风机组初、中效过滤网堵塞报警，新风温湿度监测，送风温湿度监测，风机压差报警，电动调节水阀开度反馈，风机手/自动状态、故障报警、运行状态等；空调机组初、中效过滤网堵塞报警，回风温湿度监测，送风温湿度监测，新风温湿度监测，风机压差报警，电动调节水阀、风阀开度反馈，送/排风机手/自动状态、故障报警、运行状态，送风机频率反馈，室内CO_2浓度监测等

输出：各照明设备启停控制，新风机组电动调节水阀开度给定，风阀、加湿阀开关控制，风机启停控制等；空调机组电动调节水阀、风阀开度给定，加湿阀开关控制，送/排风机启停控制，送风机频率给定等

2F

输入：各照明设备运行状态；新风机组初、中效过滤网堵塞报警，新风温湿度监测，送风温湿度监测，风机压差报警，电动调节水阀开度反馈，风机手/自动状态、故障报警、运行状态等

输出：各照明设备开关控制，新风机组电动调节水阀开度给定，风阀、加湿阀开关控制，风机启停控制

1F

输入：各照明设备运行状态；新风机组初、中效过滤网堵塞报警，新风温湿度监测，送风温湿度监测，风机压差报警，电动调节水阀开度反馈，风机手/自动状态、故障报警、运行状态等；空调机组初、中效过滤网堵塞报警，回风温湿度监测，送风温湿度监测，新风温湿度监测，风机压差报警，电动调节水阀、风阀开度反馈，送/排风机手/自动状态、故障报警、运行状态，送风机频率反馈，室内CO_2浓度监测等

输出：各照明设备启停控制，新风机组电动调节水阀开度给定，风阀、加湿阀开关控制，风机启停控制等；空调机组电动调节水阀、风阀开度给定，加湿阀开关控制，送/排风机启停控制，送风机频率给定等

接图(b)

(a)

图 8-2 BAS 图

(9) 补水泵：监控其启停控制、运行状态、故障报警及手/自动状态。

2. 锅炉房系统监控

(1) 燃气锅炉：控制供气调节阀的开度，接收阀位反馈，检测室外温度，并通过通信接口连接锅炉内部运作数据。

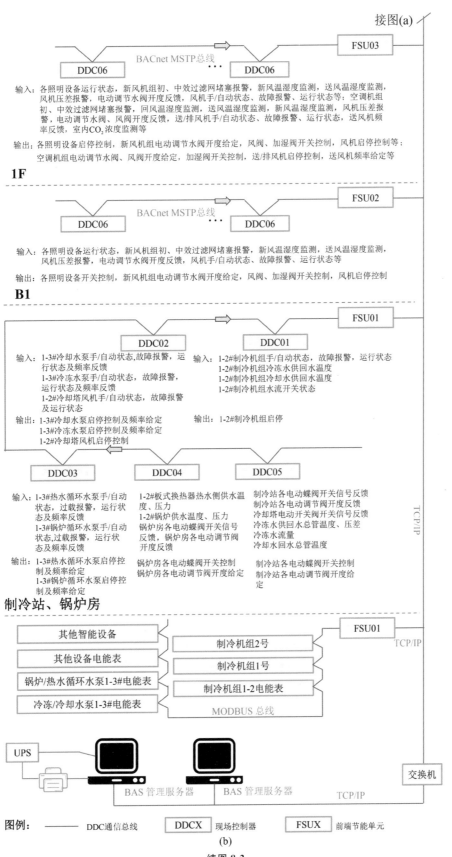

接图(a)

FSU03

DDC06 —— BACnet MSTP总线 ··· —— DDC06

输入：各照明设备运行状态，新风机组初、中效过滤网堵塞报警，新风温湿度监测，送风温湿度监测，风机压差报警，电动调节水阀开度反馈，风机手/自动状态、故障报警、运行状态等；空调机组初、中效过滤网堵塞报警，回风温湿度监测，送风温湿度监测，新风温湿度监测，风机压差报警，电动调节水阀、风阀开度反馈，送/排风机手/自动状态、故障报警、运行状态，送风机频率反馈，室内CO₂浓度监测等

输出：各照明设备启停控制，新风机组电动调节水阀开度给定，风阀、加湿阀开关控制，风机启停控制等；空调机组电动调节水阀、风阀开度给定，加湿阀开关控制，送/排风机启停控制，送风机频率给定等

1F

FSU02

DDC06 —— BACnet MSTP总线 ··· —— DDC06

输入：各照明设备运行状态，新风机组初、中效过滤网堵塞报警，新风温湿度监测，送风温湿度监测，风机压差报警，电动调节水阀开度反馈，风机手/自动状态、故障报警、运行状态等

输出：各照明设备开关控制，新风机组电动调节水阀开度给定，风阀、加湿阀开关控制，风机启停控制

B1

FSU01

DDC02　　　　　DDC01

输入：1-3#冷却水泵手/自动状态,故障报警，运行状态及频率反馈　　　输入：1-2#制冷机组手/自动状态，故障报警，运行状态
1-3#冷冻水泵手/自动状态，故障报警，运行状态及频率反馈　　　1-2#制冷机组冷冻供水回水温度
1-2#冷却塔风机手/自动状态，故障报警及运行状态　　　1-2#制冷机组冷却水供回水温度
　　　1-2#制冷机组水流开关状态

输出：1-3#冷却水泵启停控制及频率给定　　　输出：1-2#制冷机组启停
1-3#冷冻水泵启停控制及频率给定
1-2#冷却塔风机启停控制

DDC03　　　　DDC04　　　　DDC05

输入：1-3#热水循环水泵手/自动状态，过载报警，运行状态及频率反馈　　1-2#板式换热器热水侧供水温度、压力　　制冷站各电动蝶阀开关信号反馈
1-3#锅炉循环水泵手/自动状态，过载报警，运行状态及频率反馈　　1-2#锅炉供水温度、压力 锅炉房各电动蝶阀开关信号反馈，锅炉房各电动调节阀开度反馈　　制冷站各电动调节阀开度反馈 冷却塔电动开关阀开关信号反馈 冷冻水供回水总管温度、压差 冷却水回水总管温度

输出：1-3#热水循环水泵启停控制及频率给定　　锅炉房各电动蝶阀开关控制 锅炉房各电动调节阀开度给定　　制冷站各电动蝶阀开关控制 制冷站各电动调节阀开度给定
1-3#锅炉循环水泵启停控制及频率给定

制冷站、锅炉房

FSU01

其他智能设备　　　　　　制冷机组2号
其他设备电能表　　　　　制冷机组1号
锅炉/热水循环水泵1-3#电能表　　制冷机组1-2电能表
冷冻/冷却水泵1-3#电能表　　MODBUS 总线

TCP/IP

UPS

BAS 管理服务器　　BAS 管理服务器

交换机

TCP/IP

图例：　——— DDC通信总线　　DDCX 现场控制器　　FSUX 前端节能单元

(b)

续图 8-2

（2）热水一次泵：监控其手/自动状态、启停控制、运行状态及故障报警,监控热水蝶阀、水流开关及供回水温度。

（3）补水泵：监控其手/自动状态、启停控制、运行状态及故障报警。

（4）热水系统：监控总热水供回水温度、回水流量,控制旁通电动调节阀,监测分区供水温度、供回水管路压差、热回水管路压差以及水阀控制和阀位反馈。

（5）板式换热机组：控制一次侧供水蝶阀,监测二次侧供水温度,控制回水泵的启停、运行状态、故障报警及手/自动状态。

（6）软化水储水箱、膨胀水箱：监测水箱的超高、超低液位。

（7）真空脱气装置：监控其手/自动状态、启停控制、运行状态及故障报警。

（8）自动过滤装置：监控其手/自动状态、启停控制、运行状态及故障报警。

3. 空调系统监控

（1）新风机组：监控风机手/自动状态、启停控制、运行状态及故障报警。同时,调节新风阀门并接收阀位反馈,监测新风温度、新风湿度、送风温度及送风湿度。此外,还包括加湿阀调节与阀位反馈、过滤器报警（初效、中效）、盘管水阀控制及开关度反馈、防冻报警等功能。

（2）空调机组：监控风机手/自动状态、启停控制、运行状态及故障报警。调节新/回风阀门并接收阀位反馈,监测新风温度、新风湿度、回风温度及回风湿度。同时,还包括送风阀调节、送风温度及湿度监测、加湿阀调节与阀位反馈、初效与中效过滤器报警、盘管水阀控制及开关度反馈、变频器控制（含运行状态、故障报警及频率反馈）等功能。

（3）新风机组（带热回收）：监控送风机与排风机的手/自动状态、启停控制、运行状态及故障报警。调节新风阀门并接收阀位反馈,监测新风温度、新风湿度、送风温度及送风湿度。同时,监控排风阀门调节、新风温度及湿度、初效与中效过滤器报警、新/回风温度差。热回收装置的手/自动状态、启停控制、运行状态、故障报警以及回风中效过滤报警也被纳入监控范围。此外,还包括加湿阀调节与阀位反馈、盘管水阀控制及开关度反馈、变频器控制（含运行状态、故障报警及频率反馈）等功能。

4. 送排风系统监控

（1）送风机：监控风机手/自动状态、启停控制、运行状态及故障报警。

（2）排风机：监控风机手/自动状态、启停控制、运行状态及故障报警。

5. 消防系统监控

（1）消防风机：监控风机手/自动状态、启停控制、运行状态及故障报警。

（2）消防水泵：监控其手/自动状态、运行状态及故障报警。

（3）消防水箱：监测水箱的高液位报警与低液位报警。

6. 给水系统监控

给水系统设备涵盖生活水泵、生活水箱及消防水池,其监测点包括：

（1）生活水泵（含热水泵）：监控水泵的手/自动状态、启停控制、运行状态、故障报警,以及变频器的运行状态、故障报警和频率反馈。

（2）生活水池：监测水池的高液位和超低液位,并设置报警功能。

（3）紫外线消毒器：监控其运行状态和故障报警。

（4）热水罐：监测罐内温度和压力。

(5) 热交换器：监测送回水温度和电磁阀的开度。

(6) 园林绿化水泵：监控其运行状态、故障报警以及手/自动状态。

7. 排水系统监控

排水系统设备包括排水泵和集水井，其监测点有：

(1) 排水泵：监控水泵的手/自动状态、启停控制、运行状态和故障报警。

(2) 集水井：监测井内的超低液位、高液位和超高液位。当一台排水泵运行时，若仍出现高液位报警信号，则另一台水泵应自动启动。

8. 照明系统监控

酒店及公寓客房层的公共走道照明已纳入楼宇控制系统（楼控）进行管理，系统对其进行启停控制、运行状态、故障报警以及手/自动状态的监控。

9. 其他系统监控

网络电话机房内设置了温湿度监测设备，该设备仅具备监测功能而不具备控制功能。监测数据已接入楼宇自动化（BA）系统，实现了24小时的实时监控。

8.1.2.4 能耗管理

为了更有效地管理中央空调系统各动力设备的能耗，并分析系统的运行性能，BAS特提供了能耗分项计量功能。该功能能够针对中央空调系统中的各动力设备进行能耗的分项计量，其配电回路的具体布局如图8-3所示。具体而言，系统将对以下设备进行能耗计量：2台制冷机组、3台冷冻水泵、3台冷却水泵、2台冷却塔风机、3台锅炉循环水泵、3台热水循环水泵，以及末端空调机组的风机等。

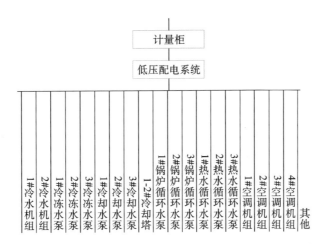

图8-3 暖通空调系统分项计量配电回路

8.1.3 空调系统控制原理图

空调系统由水系统和末端空调风系统两部分组成。接下来，我们将分别介绍这两个系统的控制情况。

8.1.3.1 空调水系统控制

空调冷冻水主要由机房内的制冷机组制备，而空调热水则由机房的锅炉负责制备。这些冷热水通过循环水泵被输送到各个末端设备。中央空调水系统的控制原理图参见图 8-4，依据此原理图，我们可以实现对中央空调水系统的群体控制。具体的群控设备及监控内容已整理在表 8-1 中。

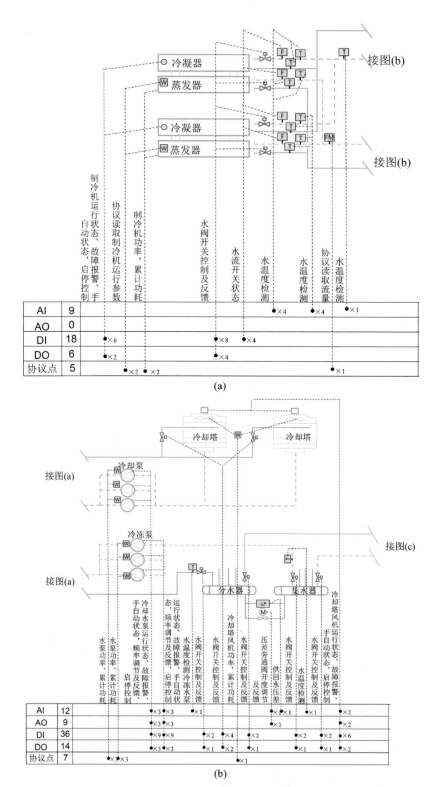

图 8-4　中央空调水系统的控制原理图

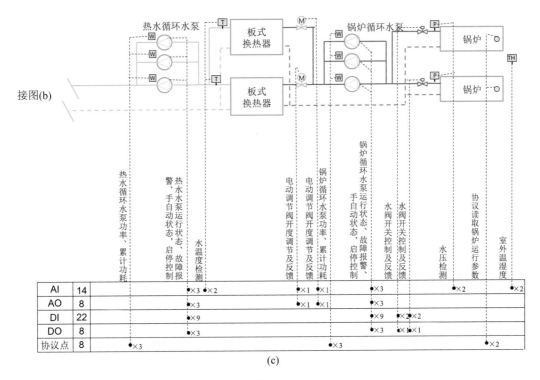

接图(b)

		热水循环水泵功率、累计功耗	热水水泵运行状态、故障报警、手/自动状态、启停控制	水温度检测	电动调节阀开度调节及反馈	锅炉循环水泵开度调节及反馈	锅炉循环水泵功率、累计功耗	锅炉循环水泵运行状态、故障报警、手/自动状态、启停控制	水阀开关控制及反馈	水阀开关控制及反馈	水压检测	协议读取锅炉运行参数	室外温湿度
AI	14		●×3	●×2	●×1	●×1		●×3			●×2		●×2
AO	8		●×3		●×1	●×1							
DI	22		●×9					●×9	●×2	●×1			
DO	8		●×3					●×3	●×1	●×1			
协议点	8	●×3			●×3							●×2	

(c)

续图 8-4

表 8-1　水系统监控设备及内容

监控设备	数量	监控内容
制冷机组	2 台	手/自动状态,开关控制,运行状态,故障状态,冷冻水进出水温度,冷却水进出水温度,水流开关状态,压缩机功率,电动阀开关控制及状态反馈
冷冻水泵(变频)	3 台	手/自动状态,开关控制,运行状态,故障状态,频率给定及反馈,水泵运行功率
冷却水泵(变频)	3 台	手/自动状态,开关控制,运行状态,故障状态,频率给定及反馈,水泵运行功率
冷却塔	2 台	风机手/自动状态,开关控制,运行状态,故障状态,风机运行总功率,冷却塔进水阀开关控制及状态反馈
热水循环水泵(变频)	3 台	手/自动状态,开关控制,运行状态,故障状态,频率给定及反馈,水泵运行功率
锅炉循环水泵(变频)	3 台	手/自动状态,开关控制,运行状态,故障状态,频率给定及反馈,水泵运行功率
冷冻水供回水总管	1 套	供回水温度,供回水压差,旁通阀开度控制及反馈,冷冻水总流量,最不利压差
冷却水供回水总管	1 套	回水温度
热水系统	1 套	板式换热器锅炉侧电动调节阀开度控制及反馈,板式换热器热水侧供水温度,锅炉进水阀开关控制及状态反馈

通过 BA 系统对中央空调水系统的各设备进行群体控制,可以实现以下控制功能:

(1) 各设备具备远程手/自动状态切换功能。在远程手动状态下,可以远程控制各设备的启停、调节水泵的频率以及阀门的开度;在自动状态下,则能按照预设的时间表及控制逻辑自动完成这些操作。

(2)系统能够根据负荷及制冷机的功耗自动启/停制冷机组,并允许重新设定和修改相关的控制参数。同时,根据制冷机组的负载率测量结果,实现对制冷机组启停台数的序列控制,实现群控。

(3)系统可以按照预先编排的时间表,遵循"迟开机早关机"原则或运行时间均等原则等,控制冷冻机组的启停,以达到节能的目的。

(4)系统能够完成电动控制阀、冷却塔风机、冷却水泵、冷冻水泵以及冷冻机组的顺序联锁启动,以及相应的顺序联锁停机。各联动设备的启停程序中包含一个可调整的延迟时间功能,以适应冷冻系统内各装置的特性。

(5)系统通过测量最不利环路供/回水管的压差,控制冷冻水泵的频率,以维持所需的压差。当水泵频率降至最小频率时,系统将切换至旁通阀开度控制,以维持要求的压差。同时,冷却水泵与冷冻水泵将同步进行变频调节。

(6)系统通过测量板式换热器热水侧的供水温度,控制板式换热器锅炉侧电动调节阀的开度,以维持所需的供水温度。

(7)冷冻水泵的最终控制由冷冻水循环泵节能柜负责实施,而冷却水泵的最终控制则由冷却水循环泵节能柜负责实施。

(8)系统能够监测制冷机组、冷冻水泵、冷却水泵以及冷却塔风机的功耗,并累计其运行时间。在此基础上,系统可以开列保养及维修报告,并通过联网功能将这些报告直接传送至相关部门。

(9)系统具备故障报警功能,并能根据故障等级通过短信或邮件方式及时通知管理人员。

8.1.3.2　末端空调风系统控制

末端空调风系统主要由新风机组与风机盘管系统以及空调机组构成,其中,新风机组和空调机组均属于本BA系统的监控范畴。空调机组进一步细分为普通空调机组和带热回收功能的空调机组。新风机组的控制原理图详见图8-5,普通空调机组的控制原理图见图8-6,而带热回收功能的空调机组控制原理图则见图8-7。依据这些原理图,我们可以对末端空调风系统实施集中管理与控制。关于末端空调风系统的监控设备及具体内容,请参见表8-2。

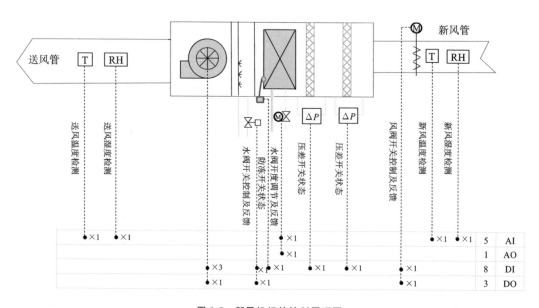

图8-5　新风机组的控制原理图

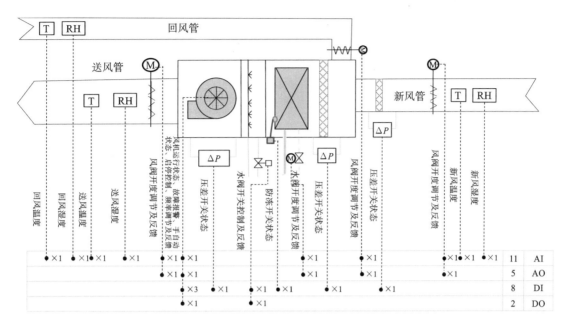

图 8-6　空调机组控制原理图

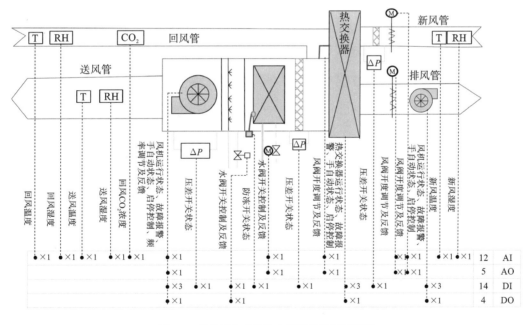

图 8-7　带热回收功能的空调机组控制原理图

表 8-2　末端空调风系统监控设备及内容

监控设备	数 量	监 控 内 容
新风柜	19 台	手/自动状态,风机开关控制,运行状态,故障状态,送风温度,新风温度,新风湿度,初、中效过滤网压差状态,防冻开关状态,加湿阀开关控制及状态反馈,电动水阀开度控制及反馈,风阀开关控制及状态反馈

监控设备	数 量	监 控 内 容
普通空调机组	2台	风机手/自动状态、开关控制、运行状态、故障状态、回风温湿度，CO_2浓度，送风温湿度，新风温湿度，初、中效过滤网压差状态，风机压差状态，防冻开关状态，风机频率控制及反馈，电动水阀开度控制及反馈，加湿阀开关控制及状态反馈，各风阀开度控制及反馈
带热回收功能空调机组	2台	送风机手/自动状态、开关控制、运行状态、故障状态，回风温湿度，CO_2浓度，送风温湿度，新风温湿度，初、中效过滤网压差状态，送风机压差状态，防冻开关状态，送风机频率控制及反馈，电动水阀开度控制及反馈，加湿阀开关控制及状态反馈，排风机开关控制、手/自动状态、运行状态、故障状态，热回收装置开关控制、手/自动状态、运行状态、故障状态，各风阀开度控制及反馈

通过 BA 系统对末端空调风系统的各个设备进行调控，可以实现以下功能：

(1) 各设备具备远程手/自动状态切换的能力。在远程手动模式下，可以远程控制风机的启停、调节电动冷水阀的开度、控制加湿阀的开关以及调整各风阀的开度；而在自动模式下，则能按照预设的时间表及控制逻辑自动完成这些操作。

(2) 系统能够实现风阀、风机、水阀的联锁启动，以及水阀、风机、风阀的联锁停止或关闭，确保设备间的协调运行。

(3) 系统可以根据回风温度自动调节空调机组风机的运行频率，根据回风湿度控制加湿阀的开关，根据送风温度调节电动水阀的开度，以及根据 CO_2 浓度调整新风阀的开度，从而优化室内环境。

(4) 系统能够根据季节的变化，对新风阀、混风阀、排风阀的开度进行联锁控制，以适应不同季节的通风需求。

(5) 系统可以通过监测送风温度来控制新风机组电动水阀的开度，同时根据新风湿度来控制加湿阀的开关，确保室内湿度的适宜性。

(6) 空调机组和新风机组的最终控制分别由各自的节能柜来实施，确保设备的节能运行。

(7) 系统能够监测风机的累计运行时间，并据此开列保养及维修报告。同时，系统还具备风机故障报警功能，能够生成故障报警列表，详细记录故障发生的时间、设备名称及原因等信息，便于及时维修和处理。

8.1.4 控制点表

控制点表是建筑自动化工程师为了便捷地统计各类设备的数量及其所含点位类型而精心设计的表格。表 8-3 展示了本项目中部分点表的样式。该点表全面覆盖了所有受监控的设备及其监控点类型，不仅包括了制冷机组、水泵、风机等动力设备，还涵盖了传感器、电动阀等自动化控制设备。

依据点表中详细统计的各类点位数量(包括模拟量输入 AI、模拟量输出 AO、数字量输入 DI、数字量输出 DO 以及通信协议点)，我们可以相应地配置所需的 DDC 设备清单。进一步结合统计得到的各类传感器数量、电动阀数量，以及与之配套的网关和软件系统信息，一套完整的建筑自动化设备清单设计方案即可圆满完成。

表 8-3　部分建筑自动化系统监控点表

建筑自动化系统（BAS）监控点数表

位置/功能说明		数量	AI（模拟量输入点）										DI（数字量输入点）														AO			DO						协议点		点数小计				
			室外空气温湿度	送风压力	送/回风温度	送风/回风湿度	空气质量CO_2	水流量	风阀/水阀开度回馈	供/回水温度	供/回水管压力	频率反馈	运行/开关状态/信号	跳闸/故障报警/信号	控制模式:手动/自动	风阀/水阀开关状态	风机压差报警/送风状态	初效过滤器堵塞报警	中效过滤器堵塞报警	水流开关状态	电梯上升/下降	电消防联动防冻报警	变压器高温报警	高低液位	高温流量报警	照明开关状态	水阀开度控制	设备变频控制	风阀开度控制	设备启停/开关	风阀开关控制	水阀开关控制	电加热开关控制	电加湿阀开关控制	照明控制	电量仪	设备通信卡	AI	DI	AO	DO	协
制冷站、锅炉房	冷水机组	2								8			2	2	2	8				4										2		4				2	2	8	18	0	6	4
	冷冻水循环泵	3										3	3	3	3													3		3						3		3	9	3	3	3
	冷却水循环泵	3										3	3	3	3													3		3						3		3	9	3	3	3
	冷却塔	2											2	2	2															2	2					2		0	12	0	4	3
	锅炉	2								2			2											2						2								2	4	0	2	2
	锅炉侧循环水泵	3										3	3	3	3													3		3						3		3	9	3	3	0
	热水侧循环水泵	3										3	3	3	3													3		3						3		3	9	3	3	3
	板换	2							2	4	2																2											8	0	2	0	0
	冷冻水系统	1							1		2																1											6	0	1	0	0
	冷却水系统	1							1		2																											1	0	0	0	0
	室外温湿度	1 1 1	2																																			2	0	0	0	0
	小计																																						39	70	15	24	18
末端风系统 B1	新风机组	2			4	2			2				2	2	2		2	2	2			2					2			2				2				8	18	2	2	0
	照明	24																								24									24			0	24	0	24	0
1F	新风机组	2			4	2			2				2	2	2		2	2	2			2					2			2	2			2				8	42	2	30	0
	照明	24																								24									24			0	18	2	6	0
	空调机组	2			4	2	2		8			2	4	2	2		2	2	2			2					2	2	6	4				2			2	18	22	10	6	2
	小计																																					26	64	12	36	2

8.2　大型办公建筑变风量末端系统

大型高档办公建筑的机电设备涵盖了空调系统、送排风系统、给排水系统、照明系统、消防系统、电梯以及生活热水系统等。其中,大部分系统与8.1节所描述的宾馆酒店类建筑相似,主要区别在于高档办公建筑更倾向于采用变风量末端装置(即VAV-BOX),以更灵活地满足个性化的舒适需求。

本节将以某一高档办公建筑项目为实例,详细介绍该建筑楼宇自动化系统中针对变风量末端装置的设计方案。

8.2.1　工程概况

该项目3~10层为标准层,配备了组合式空调机组及变风量末端VAV-BOX设备。每一层VAV系统的设备配置情况如表8-4所示,具体包括:组合式空调机组2台,分别安装于东区和西区各1台;VAV-BOX共计23台,其中东侧13台,西侧10台。此外,东、西两侧还各预留了2个接入点位,以备不时之需。

表8-4　每层变风量系统的设备配置

序　号	名　　称	型号/参数	单　位	数　量	备　注
1	组合式空调机组	风量15000 m³/h	台	2	东西各一台
2	VAV-BOX	10	台	1	东侧13台、西侧10台 (两侧都预留2台的点位,用于备用)
3		9	台	6	
4		8	台	11	
5		7	台	5	
6		预留	台	4	

8.2.2　系统方案描述

8.2.2.1　需求分析

本方案针对3~10层VAV末端自控系统的监测与控制需求,设计了相应的自控方案。本项目中,每层自控系统的具体监测与控制需求详见表8-5。

表8-5　变风量系统的自控需求

序　号	名　称	监　控　内　容
1	组合式空调机组	1. 风机(送风机、排风机):风机手/自动状态、启停控制,风机运行状态、故障状态、运行频率监测,频率控制。 2. 风阀:新风阀开度控制、排风阀开度控制、回风阀开度控制,新风阀开度反馈、排风阀开度反馈、回风阀开度反馈。 3. 水阀(热水阀、冷水阀):水阀开度控制、水阀开度反馈。 4. 加湿器:开关控制、开关状态监测。 5. 过滤网压差报警、新风温湿度、送风温湿度、回风温湿度、末端送风压力、风机能耗、回风 CO_2 浓度监测
2	VAV-BOX	对应每个末端的空间温湿度的监测、每个VAV-BOX的送风量、风阀的开度控制、风阀开度反馈。回风为吊顶集中回风

在实现上述监控功能的基础上,还需实现以下自动节能控制措施:

(1) 对组合式空调机组的送风机和排风机运行频率进行自动调节控制;

(2) 实现风机与新风阀、排风阀、回风阀的自动联锁开关控制;

(3) 对热水阀和冷水阀的开度进行自动调节控制;

(4) 对加湿器的开关进行自动控制;

(5) 对每个 VAV-BOX 的风阀开度进行自动调节控制;

(6) 优化 VAV 系统的运行状态点,以确保系统能够以节能的方式运行。

8.2.2.2 具体设计方案

针对本项目的自控系统设计需求,本方案设计的自控系统网络结构如图 8-8 所示。每个 VAV-BOX 均配备了具有远程传输功能的温控器,这些温控器根据对应室内的温度来调节末端风阀的开度。每台组合式空调机组则配置了 DDC 控制箱,用于监控机组所需的各项参数,并根据送风静压来调节风机的运行频率,根据送风温度来调节水阀的开度,根据回风湿度来控制加湿器的开关,同时实现新风阀、回风阀、排风阀的联锁控制等功能。所有 VAV-BOX 的温控器和组合式空调机组的 DDC 控制箱均连接到全局控制器,再通过以太网接入中央管理服务器,从而实现对每个 VAV-BOX 和每台组合式空调机组运行状态的监测与控制。

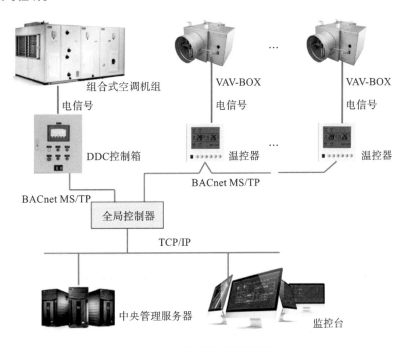

图 8-8　自控系统网络结构图

该空调变风量自控系统的主要监测内容包括:每台组合式空调机组的送风机手/自动状态、运行状态、故障状态、运行频率、能耗状态,排风机的手/自动状态、运行状态、故障状态、运行频率、能耗状态,新风阀、排风阀、回风阀的开度,冷水阀、热水阀的开度,加湿器的开关状态,过滤网的压差报警、防冻报警,以及新风、送风、回风的温湿度,送风静压,回风 CO_2 浓度,还有每个 VAV-BOX 的送风量、风阀开度反馈以及末端对应的室内空间温湿度。

该系统的主要控制内容包括:每台组合式空调机组的送风机启停控制、频率控制,排风机的启停控制、频率控制,新风阀、排风阀、回风阀的开度控制,冷水阀、热水阀的开度控制,加湿器的开关控制,以及每个 VAV-BOX 风阀的开度控制。

所涉及的控制策略涵盖组合式空调机组的控制策略、变风量末端 VAV-BOX 的控制策略以及系统的节能优化策略。

1. 组合式空调机组控制策略

（1）按需风量控制。DDC 控制器依据预设的静压目标值与系统当前的静压值,调节送风机的运行频率,以实现系统按需风量控制,同时确保排风机与送风机同步变频运行。

（2）按需水量控制。DDC 控制器根据预设的送风温度目标值与系统实时的送风温度,调整冷水阀（夏季）/热水阀（冬季）的开度,以满足系统按需水量控制的需求。

（3）新风阀开度控制。DDC 控制器依据预设的回风 CO_2 浓度目标值与系统实时的回风 CO_2 浓度（代表室内 CO_2 浓度）,对新风阀的开度进行调控。

（4）加湿器控制。在供热模式下,DDC 控制器根据预设的回风湿度目标值与系统实时的回风湿度（代表室内湿度）,控制加湿器的开关状态。

2. 变风量末端 VAV-BOX 控制策略

VAV-BOX 的温控器通过比较实时反馈的室内温度与预设温度,产生相应的控制信号（0～10 VDC）,并将该信号输出至变风量末端的风阀,以调节风阀的开度,从而确保室内温度维持在预设值。

3. 系统节能优化策略

在变风量空调系统中,送风温度和送风静压是常见的节能优化状态点。

（1）送风温度优化。根据末端 VAV-BOX 的风量是否达到最小风量要求,为避免过度冷却或产生垂直吹风感,对送风温度进行相应调节。同时,也可根据室外气象参数自动优化送风温度的设定值,以防止送风口结露,并减少冷冻水的浪费。

（2）送风静压优化。根据各末端 VAV-BOX 的风阀开度情况,实时调整送风静压,以尽可能增大 VAV-BOX 风阀的开度（通常保持最不利支路的风阀开度在 90% 左右）,从而减少风系统的阻力损失,降低风机的运行能耗。

8.2.3　控制系统原理图

本项目的 VAV 系统控制主要分为两大部分:一是组合式空调机组的控制,二是 VAV-BOX 的控制。组合式空调机组的控制原理图参见图 8-9,而变风量末端 VAV-BOX 的控制原理图则参见图 8-10。

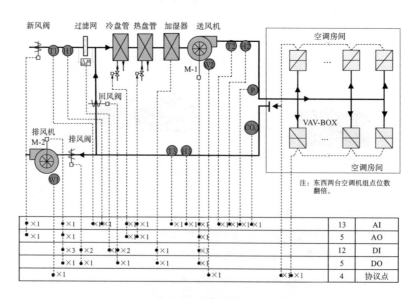

图 8-9　组合式空调机组的控制原理图

借助楼宇自动控制系统,变风量空调系统能够实现以下控制效果:实现 VAV 系统运行的三维可视化监控以及能

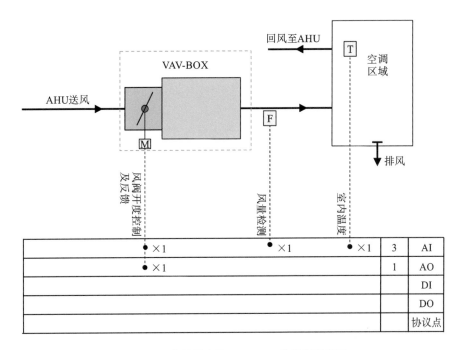

图 8-10　变风量末端 VAV-BOX 的控制原理图

耗的实时监测;确保 VAV 系统的智能化运行,从而提升室内的舒适性;同时,实现 VAV 系统的节能优化运行。

8.3　地铁车站环控系统

近年来,地下轨道交通(地铁)的发展势头迅猛,已成为大多数市民生活和工作中不可或缺的交通工具,为广大市民带来了极大的便利,同时也为城市的快速发展注入了强劲动力。地铁车站作为一个相对封闭的链状狭长地下空间,人员密集,因此必须依靠大规模的通风空调系统来营造适宜的人工环境。此外,地铁车站还需配备公共建筑所必需的给排水系统、电扶梯系统以及照明系统,以满足日常运营需求。另外,由于地铁车站位于地下,对消防安全的要求极高,因此配置了大量的防排烟系统,并要求通风空调系统在火灾发生时能够与防排烟系统协同工作。因此,在进行楼宇自动控制系统(BAS),即环境控制与监控系统设计时,需要充分考虑与消防系统的联动控制。

本节将以武汉地铁某车站为例,详细介绍其楼宇自动控制系统(BAS)的设计内容和设计方法。

8.3.1　工程概况

武汉地铁某车站是一座地下两层标准岛式车站,其中地下一层为站厅层,地下二层为站台层。车站的主要机电设备涵盖了通风空调系统、防排烟系统、给排水系统、照明系统以及电扶梯系统。通风空调系统具体包括冷水系统、大系统(服务于站厅和站台的组合式空调机组)、小系统(服务于车站设备用房及工作人员用房的空调柜)以及隧道通风系统等。在夏季,站厅的设计温度为 30 ℃,站台的设计温度为 28 ℃,而设备用房和管理用房的设计温度则控制在 26～27 ℃ 之间。在通风季节,车站会进行通风作业,以满足卫生条件的要求。

8.3.2　系统方案描述

8.3.2.1　需求分析

本设计方案旨在满足武汉地铁某车站的楼宇自动化控制系统设计要求,为该地铁车站提供一套全面的建筑设备智能化集成系统。该系统将针对暖通空调、通风、给排水、照明、电梯以及防排烟等设备的自动控制进行精心设计。具体功能包括建筑设备的远程监控与集中管理、基于预定时间表的控制策略、中央空调系统的节能优化控制,以及全面的建筑能耗管理。

8.3.2.2 系统设计范围

本楼宇自动化控制系统的设计旨在通过智能化集中管理控制平台,对楼宇设备实施高效的集中管理。该系统能够实时远程监测和控制中央空调系统各设备的运行状态及启停情况,同时依托数据采集和大数据分析技术,实施智能按需供应策略,有效降低系统运行能耗。利用这一智能化平台,可以显著节省人力资源、降低设备故障率、提升设备运行效率、延长设备使用寿命,并减少维护及运营成本,从而提升建筑物的整体运作效率和管理水平。

本系统设计的主要范围涵盖以下方面:

(1)对给排水系统相关设备、公共区域照明设备以及电梯设备等实施监视、控制、测量与记录功能。

(2)与火灾自动报警及消防联动控制系统协同工作,执行必要的联动控制策略。

(3)对通风与空调系统内的各类设备进行远程监测与控制。具体包括:通风风机的运行状态监测与控制;空调系统整体运行状态的监测,制冷机组、冷冻/冷却水泵、冷却塔风机的启停控制及相关阀门的开度控制;冷冻/冷却水泵与冷却塔风机的变频调节;末端空调机组的启停控制、风机变频调节以及冷冻水阀的开度控制。

(4)优化空调区域的热舒适性。通过按需调节各区域空调机组的冷冻水量与风量,精确控制各区域温度,有效避免冷热不均现象。

(5)实施能耗管理。对通风空调系统中的各动力设备能耗进行实时监测与管理,并自动分析系统的能效及运行性能。

8.3.2.3 系统架构

本项目所设计的楼宇自动化控制系统(简称 BAS)的基本架构如图 8-11 所示。

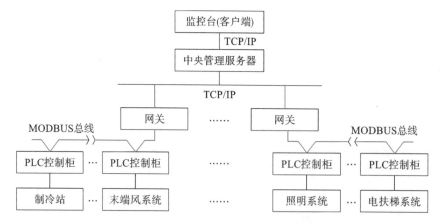

图 8-11 楼宇自动化控制系统的基本架构

该系统网络架构为三层,具体包括现场控制层、数据传输层以及管理层。现场控制层涵盖了现场 PLC 控制柜、各类配电柜以及多种传感器和执行器;数据传输层则包含了中央管理服务器、网关等网络通信关键设备;管理层则体现为监控台。管理层与数据传输层的各个设备单元之间,通过 RJ45 网口实现连接,并采用 TCP/IP 通信协议进行数据的高效交互。而现场控制层则采用了 MODBUS 总线结构,通过 RS485 接口实现连接,并遵循 MODBUS 协议进行通信。

在硬件构成上,该系统主要由中央管理服务器、网关、PLC、传感器以及执行机构等核心部件组成。BAS 的中央管理服务器被部署在车站的车控室内,并配备了 UPS 不间断电源以确保其稳定运行。系统设置了多个现场 PLC 控制柜,其中用于制冷站系统的 PLC 控制柜被安装在制冷站机房内,用于末端空调风系统的 PLC 控制柜则安装在每个相应的空调机组机房内。此外,用于送排风机监控的 PLC 控制柜被放置在送排风机机房,用于给排水系统监控的 PLC 控制柜则位于给排水系统设备房内,而用于消防系统设备监控的 PLC 控制柜则设置在相应的消防设备房内。整个系统配置了一个中央管理服务器,并配备了监控台(即客户端)。为了满足后期可能的扩容需求,现场控制层预留了设备接口,其数量不少于当前总接设备总量的 15%。

现场 PLC 负责采集系统的运行数据,这些数据通过 MODBUS 总线被传输至网关,再由网关通过以太网上传至中央管理服务器。中央管理服务器会对接收到的数据进行处理、分析以及存储,并通过监控台进行实时的更新和展示。基于大数据分析,中央管理服务器会利用全局节能算法来计算并获取系统的最优运行状态点,然后将这些信息发送至现场 PLC 控制器。PLC 控制器则会根据局部的实时数据,利用局部节能控制算法来计算并获取设备的控制信号,最终将这些信号下发至执行器,以完成控制动作。

8.3.2.4　系统实现的监控功能

该系统主要实现制冷站系统监控、空调系统监控、送排风系统监控、消防系统监控、排水系统监控、照明系统监控及电梯系统监控等。

1. 制冷站系统监控

(1) 制冷机组(及其关联阀门等):监控制冷机组的手/自动状态、启停控制、运行状态及故障报警;控制并反馈冷冻水蝶阀、冷却水蝶阀的开关信号;监测冷冻水、冷却水的水流开关信号及供回水温度。

(2) 冷冻水泵:监控手/自动状态、启停控制、运行状态、故障报警,并实现频率控制及其反馈。

(3) 冷却水泵:监控手/自动状态、启停控制、运行状态、故障报警,并实现频率控制及其反馈。

(4) 冷却塔风机:监控手/自动状态、启停控制、运行状态、故障报警,并实现频率控制及其反馈。

(5) 冷却塔:控制进水蝶阀的开关,并反馈其开关信号。

(6) 冷却水系统:监测总冷却水的供回水温度及室外温湿度。

(7) 冷冻水系统:监测总冷冻水的供回水温度、回水流量、供回压差(分集水器间);控制并反馈旁通电动调节阀的信号。

(8) 补水箱:监测水箱的超高、超低液位。

(9) 定压补水装置:监控手/自动状态、启停控制、运行状态、故障报警。

2. 空调系统监控

(1) 空调大系统:监控送风机、回排风机、小新风机的手/自动状态、启停控制、运行状态、故障报警及运行频率;控制并反馈冷冻水阀的开度;监测回风、送风温度及湿度,排风阀、回风阀、全新风阀、小新风阀的开关状态及信号;实现过滤网压差报警。

(2) 空调小系统:监控送风机、回排风机的手/自动状态、启停控制、运行状态、故障报警;控制并反馈冷冻水阀的开度;监测回风、送风温度及湿度,风阀的开关状态及信号;实现过滤网压差报警。小系统风机通常采用工频运行,部分大功率风机采用变频运行。

（3）联锁控制：实现空调送风机、排风机、风阀的联锁控制。

3. 送排风系统监控

（1）送风机、排风机：监控手/自动状态、启停控制、运行状态、故障报警。

（2）排热风机：监控手/自动状态、启停控制、运行状态、故障报警及运行频率；用于车站轨行区排热，通常采用变频控制。

（3）隧道通风风机：监控手/自动状态、启停控制、运行状态、故障报警。

4. 消防系统监控

（1）排烟风机、隧道排烟风机：通常由消防系统（FAS）控制，BAS仅做状态监测，包括手/自动状态、运行状态、故障报警。

（2）消防水泵：同样由消防系统控制，BAS仅做状态监测，包括手/自动状态、运行状态、故障报警。

（3）消防水箱：监测高、低液位报警。

（4）联锁控制：实现风机、风阀与消防系统的联动控制。

5. 排水系统监控

设备包括排水泵、集水井。监测点有：

（1）排水泵：监控手/自动状态、启停控制、运行状态、故障报警；当一台排水泵运行时仍有高液位报警，另一台水泵应自动启动。

（2）集水井：监测超低、高、超高液位。

6. 照明系统监控

实现照明设备的手/自动状态监控、启停控制、运行状态监测及故障报警。

7. 电梯系统监控

监控地铁车站内各扶梯、升降梯的运行状态及故障状态信号。

8.3.2.5　能耗管理

为了更有效地管理地铁车站的主要设备能耗，并分析系统运行性能，本楼宇自动化控制系统在设计时融入了能耗分项计量功能，旨在对通风空调系统的各动力设备以及电梯、照明等设备的能耗进行精确分项计量。系统具体将对以下设备进行能耗计量：2台制冷机组、3台冷冻水泵、3台冷却水泵、2台冷却塔风机、大系统风机、小系统风机、隧道通风风机、排热风机、给排水水泵、照明系统以及电梯等。各机电设备的配电回路如图8-12所示。

8.3.3　控制系统原理图

该系统主要实现以下功能：制冷站水系统监控、空调系统监控、送排风系统监控、消防系统监控、排水系统监控、照明系统监控以及电梯系统监控等。以下将重点介绍制冷站水系统控制、大系统控制以及小系统控制的原理图。至于其他系统，如隧道通风系统、排水系统、照明系统等，它们主要实现的是启停控制，相对而言较为简单。

8.3.3.1　制冷站水系统控制

空调冷冻水由机房的制冷机组集中制备，并通过循环水泵输送到各个末端设备。制冷站水系统的控制原理图如

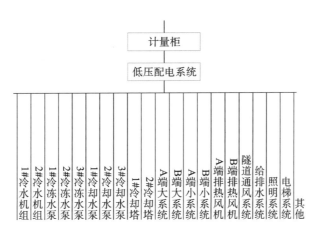

图 8-12　各机电设备配电回路

图 8-13 所示,根据该原理图,我们可以实现对中央空调水系统的群控。群控设备及监控内容详见表 8-6。

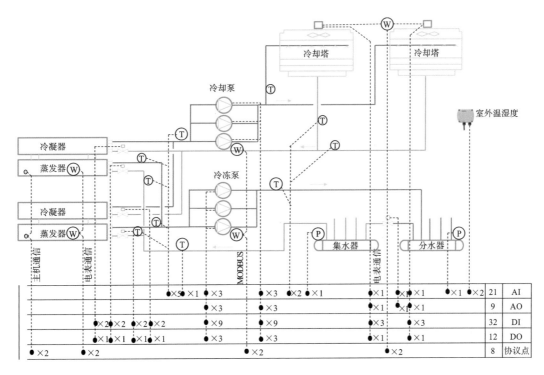

图 8-13　制冷站水系统的控制原理图

表 8-6　制冷站水系统的监控内容

监控设备	数量	监控内容
制冷机组	2 台	手/自动状态、开关控制、运行状态、故障状态,冷冻水进出水温度、冷却水进出水温度,水流开关状态,压缩机功率及功耗,电动阀开关控制、电动阀开关状态反馈
冷冻水泵	3 台	手/自动状态、开关控制、运行状态、故障状态,频率给定及频率反馈,水泵运行功率及功耗
冷却水泵	3 台	手/自动状态、开关控制、运行状态、故障状态,频率给定及频率反馈,水泵运行功率及功耗
冷却塔	2 台	风机手/自动状态、开关控制、运行状态、故障状态,频率给定及频率反馈,冷却塔进水阀开关控制,冷却塔进水阀开关状态反馈,风机运行功率及功耗
冷冻水供回水总管	1 套	供回水温度,供回水压差,旁通阀开度控制、旁通阀开度反馈,冷冻水总流量

监 控 设 备	数 量	监 控 内 容
冷却水供回水总管	1套	供回水温度,室外温湿度

通过 BA 系统对制冷站水系统的各设备进行群控,可实现以下控制功能:

(1)各设备具备远程手/自动状态切换功能。在远程手动状态下,能够远程控制各设备的启停,调节水泵、冷却塔的频率以及阀门的开度;在自动状态下,则能按照时间表及控制逻辑自动完成上述操作。

(2)系统能根据负荷及制冷机功耗自动启/停制冷机组,并允许重新设定和修改控制参数。通过测量制冷机组的负载率(功率),系统能实现对制冷机组启停台数的序列控制,实现群控功能。

(3)根据预先编排的时间表,系统按"迟开机早关机"的原则或运行时间基本相等的原则等控制冷冻机组的启停,以达到延长设备寿命的目的。

(4)系统能完成电动控制阀、冷却塔风机、冷却水泵、冷冻水泵、制冷机组的顺序联锁启动,以及制冷机组、冷冻水泵、冷却水泵、冷却塔风机、电动控制阀的顺序联锁停机。各联动设备的启停程序中包含一个可调整的延迟时间功能,以配合制冷系统内各装置的特性。

(5)系统测量分集水器的压差,并根据该压差控制冷冻水泵的频率,以维持所需的压差。当水泵频率降至最小频率时,将转为以最小频率运行,并通过调整旁通阀的开度来维持要求的压差,保证制冷机蒸发器具有最小流量。冷却水泵与冷冻水泵同步进行变频控制。

(6)系统通过测量冷却水回水温度,控制冷却塔风机的运行频率,以维持设定的冷却水回水温度。

(7)冷冻水泵的最终控制由冷冻水循环泵节能柜实施,冷却水泵的最终控制由冷却水循环泵节能柜实施,冷却塔的最终控制则由冷却塔风机节能柜实施。

(8)系统能监测制冷机组、冷冻水泵、冷却水泵、冷却塔风机的功耗和累计运行时间,并生成保养及维修报告。这些报告可通过联网直接传送至相关部门。

(9)系统具备故障报警功能,并能根据故障等级通过短信或邮件通知管理人员。

8.3.3.2　大系统控制

大系统需要控制的设备涵盖送风机、回排风机、小新风机、各类风阀、水阀等,其控制原理图如图 8-14 所示。值得注意的是,回风阀、排风阀和全新风阀由于尺寸较大,通常需配置两个风阀执行器才能实现控制。

通过 BA 系统,大系统各设备的联锁控制得以实现,具体控制功能列举如下:

(1)各风机具备远程手/自动状态切换功能。在远程手动状态下,可远程控制风机的启停、送风机和回排风机的运行频率、电动水阀的开度及各风阀的开关;而在自动状态下,则能依据时间表及控制逻辑自动调控风机的启停、风机频率、冷水阀门的开度以及各风阀的开关。

(2)系统能完成风阀、风机、水阀的联锁启动,以及相应的联锁关闭操作。

(3)根据回风温度的测量值,系统能调节送风机和回排风机的运行频率;同时,根据送风温度,系统还能控制电动水阀的开度。

(4)系统能根据季节变化自动切换运行模式,并对小新风机、送风机、回排风机以及相关风阀(包括小新风阀、回风阀、排风阀、全新风阀)的开关进行自动联锁控制。

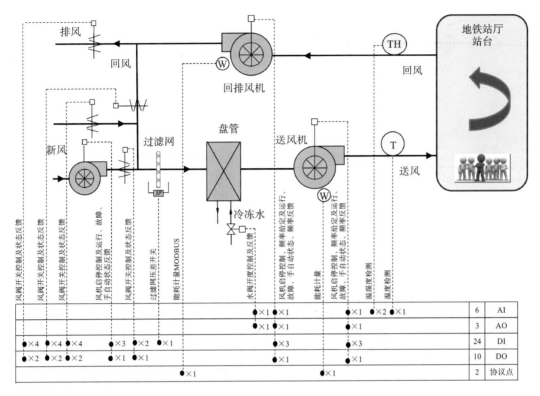

图 8-14　大系统控制原理图

（5）系统与消防系统相关联，一旦接收到火灾信号，将自动执行各风机及各风阀的联锁开关操作。

（6）系统能监测风机的累计运行时间，生成保养及维修报告，并具备风机故障报警功能，同时生成故障报警列表，详细记录故障时间、设备名称、原因等信息。

8.3.3.3　小系统控制

小系统需要控制的设备包括送风机、回排风机、各类风阀和水阀等，通常小系统不设置新风机。控制原理图参见图 8-15。

通过 BA 系统，小系统各设备的联锁控制得以实现，具体控制功能列举如下：

（1）各风机具备远程手/自动状态切换功能。在远程手动状态下，可远程控制风机的启停、电动冷水阀的开度及各风阀的开关；而在自动状态下，则能依据时间表及控制逻辑自动调控风机的启停、冷水阀门的开度以及各风阀的开关。

（2）系统能完成风阀、风机、水阀的联锁启动，以及相应的联锁关闭操作。

（3）系统根据测量的回风温度来控制电动水阀的开度，从而调节室内温度。

（4）系统能根据季节变化自动切换运行模式，并对送风机、回排风机以及相关风阀的开关进行自动联锁控制。

（5）系统与消防系统相关联，一旦接收到火灾信号，将自动执行各风机及各风阀的联锁开关操作。

（6）系统能监测风机的累计运行时间，生成保养及维修报告，并具备风机故障报警功能，同时生成故障报警列表，详细记录故障时间、设备名称、原因等信息。

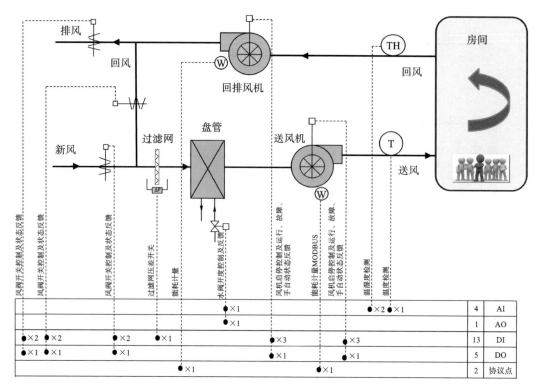

图 8-15　小系统控制原理图

8.3.4　预期控制效果

通过本方案设计的自动控制系统(即环控系统),可实现以下控制效果:该自动控制系统对中央空调系统实施智能按需供应策略,有效降低系统运行能耗。借助这一智能化集中管理控制系统,我们能够节省人力、降低设备故障率、提升设备运行效率、延长设备使用寿命,并减少维护及运营成本,从而提升建筑物的整体运作效率与管理水平。

(1)系统能够实现对环控相关设备及系统的远程监控与故障报警功能,同时能够根据时间及预设逻辑自动开关各设备,从而节省人力、降低设备故障率、提升设备运行效率、延长设备使用寿命,并进一步减少维护及运营成本,提高建筑物的整体运作与管理水平。

(2)系统能够实现对制冷机系统、水系统和风系统的按需调控,有效减少系统能耗浪费,提升系统运行效率,实现节能目标。

(3)系统还能够实现与消防系统的联动控制,能够增强地铁车站运行的安全性。

8.4　高效机房系统

目前,空调制冷机房缺乏统一的设计标准,不同建筑中的机房系统形式多样,这导致了其能效表现存在显著差异。设计的不合理不仅增大了系统阻力,使设备无法充分发挥最佳效能,还使得节能控制策略必须针对不同系统进行定制化开发,为高效制冷机房在行业内的复制推广带来了较大阻碍。采用高效机房的标准化设计思路可以大幅提升实施效率,降低工程成本,同时确保工程效果。通过标准化的暖通系统及自控系统设计架构,实现硬件产品、程序软件、调试流程、运维管理等方面的标准化交付,从而在项目中达到更高的交付效率和效果。

对现有制冷机房的调查分析显示,大多数制冷机房的运行能效低于3.5,如图8-16所示。过高的能耗不仅增加了运行成本,还加剧了环境恶化情况。制冷机房运行效率偏低的问题主要出现在设备选型、施工调试、策略控制及运维保养等阶段。具体而言,首先存在制冷系统供需不匹配的问题,机组长时间在低能效区间运行,这主要是由于建筑设计负荷与实际情况偏差较大以及冷水机组选型不合理;其次,冷水机组的控制逻辑过于简单,无法实现有效的节能策略;再次,水泵选型不当导致能耗过高,同时冷却塔的散热能力不足;最后,制冷机房系统主要依赖人工操作维护,设备无法进行及时有效的故障排查,致使系统长时间处于"带病"运行或低效运行状态。

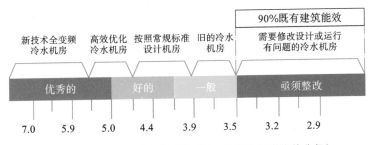

图8-16 制冷机房能效划分(ASHRAE制冷机房能效分级)

高效制冷机房的研究尚处于起步阶段。目前,制冷机房的能效(EERs)定义为在实际运行工况下,通过测量或计量得到的系统某一瞬时或某一时间段内的总制冷量(kW·h)与系统总能耗(kW·h)之间的比值,可表示为以下表达式。其中,系统总能耗涵盖了制冷机组、冷冻水泵、冷却水泵以及冷却塔的耗电量。

$$EERs = Q/(W_j + W_d + W_q + W_t) \tag{8-1}$$

式中:Q——冷水机组总制冷量(kW·h);

W_j——冷水机组耗电量(kW·h);

W_d——冷冻水泵耗电量(kW·h);

W_q——冷却水泵耗电量(kW·h);

W_t——冷却塔耗电量(kW·h)。

ASHRAE(美国供暖、制冷与空调工程师学会)定义的优秀制冷机房标准,以及新加坡规定的大型新建绿色建筑标准,均要求能效比(EERs)大于5.0,这已成为行业内的普遍共识。

8.4.1 高效制冷机房系统标准化设计

图8-17展示的是冷水机组与水泵之间的一对一连接形式(简称"一机一泵"),在高效制冷机房的设计中,这种连接方式应被优先考虑。一机一泵的连接形式具备以下特点:当冷水机组型号各异、换热器压降不同时,水泵的扬程无须统一,从而能够减小水泵电机的配用功率;台数控制相对简单,通过与冷水机组组成一组控制柜,即可实现对水泵的联锁启停控制;此外,其可靠性较好,一旦某台水泵发生故障,仅会对其所服务的冷水机组产生影响。

空调水系统管网的阻力决定了水泵的扬程,这直接关系到水泵的能耗。为了控制管内水流速度、减小比摩阻沿程阻力,水系统最不利环路的各管路比摩阻应小于100 Pa/m;其他支路的比摩阻则宜小于300 Pa/m。在设计工况下,各并联环路之间的阻力损失不平衡率不应超过15%。

制冷机房的阻力主要源自冷水机组、沿程阻力以及局部阻力,而这些阻力会直接影响水泵扬程和功率的选择。因此,系统低阻力优化是降低机房输配系统能耗的有效途径。系统低阻力优化主要体现在以下几个方面:

(1) 低阻力过滤器(可降低1~2 mH₂O):Y形水过滤器的阻力较大,通常为2~4 mH₂O。根据《民用建筑供暖通

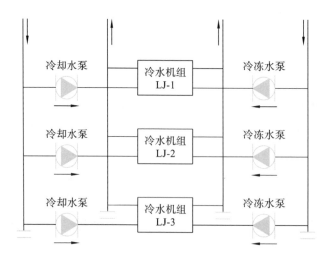

图 8-17　冷水机组与水泵的连接形式(一机一泵)

风与空气调节设计规范　附条文说明[另册]》(GB 50736—2012),水泵入口过滤器的孔径不应大于 3 mm。在高效制冷机房项目中,应选择直角式过滤器,其过滤网为 10 目,过滤器水阻小于 0.5 mH₂O。

(2) 止回阀(可降低 1 mH₂O):当前行业中常用的消声止回阀阻力较大,因此,在高效制冷机房的建设中,应选择低阻力型的止回阀。橡胶瓣止回阀是优选,其水阻小于 0.5 mH₂O。

(3) 优化接管形式(可降低 1 mH₂O):水泵应直接与冷水机组的进出水管相连,以减少系统的弯头。同时,冷水机组和水泵可以共用蝶阀,从而减少蝶阀的数量。此外,应合理使用低阻力弯头、顺水三通等管件,如图 8-18 所示。

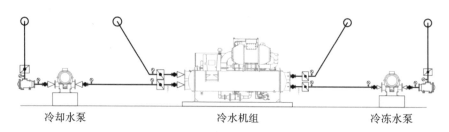

图 8-18　冷水机组与水泵接管的连接形式

　　分集水器是空调水系统中不可或缺的重要部件,其主要功能是向不同的空调区域提供冷却服务。在空调系统开始运行后,分集水器中的各个支路可能会因为末端用户的阀门操作或负荷变化而出现水力失调的现象。传统的解决方案是在分支路上安装静态平衡阀来实现静态水力平衡,然而,静态平衡阀的调试数据并不直观,且在调试结束后其开度会被锁定,因此在负荷变化时,各支路往往无法达到理想的水力平衡状态。

　　针对高效制冷机房的分支路水力平衡问题,我们提出了一种新的解决方案:在分支路上设置电动调节阀和能量计(如图 8-19 所示,这些设备被集成在动态热量平衡柜中)。通过运用先进的控制算法来调节电动调节阀的开度,我们可以确保每个支路的流量与冷量/热量保持平衡,从而实现动态平衡的效果。

8.4.2　设备精细化选型

对于高效制冷机房,机房设备的选型应对相关参数进行适当调整,保证机房高效安全运行,具体如下:

(1) 冷水机组选型冷量=计算冷量;

(2) 冷却塔选型水流量=冷水机组冷凝器流量×1.45;

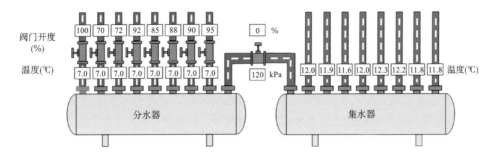

图 8-19　分集水器支路传感器布置

（3）冷冻水泵选型流量＝冷水机组蒸发器流量×1.05；

（4）冷却水泵选型流量＝冷水机组冷凝器流量×1.05；

（5）水泵的选型扬程＝计算扬程×1.1。

8.4.2.1　冷水机组精细化选型

高效制冷机房在冷水机组的选型上，应要求机组在名义工况下的COP（能效比）和IPLV（综合部分负荷性能系数）达到一级能效标准。设计工况下的能效则需根据具体的运行条件进行换算，而制冷量则依据设计工况值来确定。以高效制冷机房中常用的离心式冷水机组为例，其在不同冷却水温下高效运行的负荷区间通常为50%～70%，如图8-20所示。在实际工程中，我们需要对项目全年的冷负荷进行深入分析，并依据负荷段的时间占比来合理配置不同冷量的冷水机组。

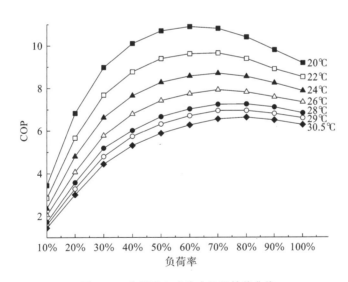

图 8-20　典型离心式冷水机组性能曲线

在进行冷水机组冷量选型时，应以实际项目的负荷数据或仿真模拟数据为依据，综合考虑不同冷却水温和负荷率下的时间占比情况，并结合冷水机组的性能曲线来进行最优选择，而不仅仅依赖于名义工况或设计工况进行选型。值得注意的是，大部分高效制冷机房都采用一次泵变流量系统，因此，需要确保冷水机组的蒸发器和冷凝器在满足负荷工况下的水阻不超过某个限值；同时，水流速度也应保持在换热经济流速区间内，一般取值范围为1.2～2.0 m/s。

在高效制冷机房冷水机组的选型过程中，还应考虑大温差设计、冷却水温的下限值、冷凝器端的温差以及蒸发器、冷凝器的水阻力不大于60 kPa等要求，以确保机组的性能和效率。

8.4.2.2 水泵精细化选型

根据设计工况的冷量和温差来计算冷冻水量和冷却水量,同时根据管路布置来计算管网阻力损失,并据此确定水泵的扬程。当扬程超过控制目标时,可以通过优化管路布局、降低水流速度等措施,使扬程满足限定的要求。

空调系统中常用的水泵类型主要为单级单吸水泵和单级双吸水泵。当单台水泵的流量较大时,建议选择双吸水泵。目前,大部分工程都采用了一次泵变流量系统,在这种系统中,水泵的流量对冷水机组的性能以及水泵的输送功耗有着较大的影响。水泵流量越小,输送能耗就越小,但可能会影响到冷水机组的性能。由于冷水机组的能耗占比较大,因此在进行水泵的变流量调节时,必须以保证冷水机组的性能为前提。同时,水泵电机的能效等级应达到 IE4(对应于《电动机能效限定值及能效等级》(GB 18613—2020)中的 2 级能效)及以上。

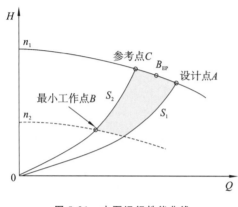

图 8-21 水泵运行性能曲线

以典型的一次泵变流量冷冻水系统为例,如图 8-21 所示,S_1 为设计负荷下的系统曲线,此时阻抗最小;S_2 为变流量的下限,此时负荷最小,系统阻抗最大。n_1 为工频时的水泵曲线,通过变频下限可以绘制出水泵变频曲线 n_2。通过冷水机组允许的最小流量,我们可以找出最小工作点 B,并绘制出系统特性曲线。特性曲线 S_2 与 n_1 曲线的交点 C,是在选型时的效率边界点。选型时,水泵的最佳效率点 B_{EP} 应位于 A 和 C 之间。分析表明,设计点并不一定要处于最高效率点;水泵的最佳效率点 B_{EP} 落在设计点的左侧,这样在变流量运行时更能保证高效率。如果水泵的运行点 A 和 C 都在高效区间内,那么全负荷变流量区域就如图 8-21 中阴影面积所示。此区间的效率也处于点 A 和点 C 的高效区间内。

8.4.2.3 冷却塔精细化选型

冷却塔选型需依据当地环境的湿球温度,并结合其热工性能曲线进行校验,以确保冷却塔的实际出水温度符合要求。高效制冷机房的设备通常按照 3 ℃ 的逼近度要求进行选择,当室外湿球温度为 28 ℃ 时,冷却塔的进出水工况设定为 36 ℃ /31 ℃。

冷却塔所需承担的热量为空调系统冷量与机组压缩机耗电量之和,因此,在选型时应适当增大冷却塔的水流量,一般应满足以下关系:冷却塔水流量＝(1.2～1.3)×冷水机组冷却水流量。对于高效制冷机房,其流量可增大至 1.45 倍于冷水机组冷却水流量。

高效变流量冷却塔的具体要求如下:布水系统需配备变流量喷头,并满足 20％～100％ 的变流量需求;进水系统应采用整体内配管结构,每个模块设置一个进水口,并在塔外预留法兰供施工单位接驳。内配管应设计为轴对称,各支管的水压应能实现自平衡,连接形式应采用便于检修拆卸的卡箍连接。电机应选用全封闭风冷式冷却塔专用的防潮、防水型电机,绝缘等级为 F 级,防护等级为 IP55。此外,可考虑采用永磁同步直驱变频电机替代传统的"电机＋减速器"传动系统,电机转速应控制在不超过 500 r/min。储水盘的储水深度应不小于 200 mm,确保既不会出现停机溢水现象,也不会在开机时出现干盘吸空现象。各冷却塔的储水盘应相互连通,接出水管的出水槽深度应不小于 600 mm,且各机组之间也应实现连通。

8.4.3 高效机房多智能体分布式节能控制系统

8.4.3.1 多智能体分布式节能控制系统架构

多智能体系统(multi-agent system,MAS)的研究始于 20 世纪 70 年代,它是一种实现复杂系统分析和建模的思维方式与工具,现已成为 AI 算法研究的一个重要领域和重点。多智能体系统由众多智能体构成的复杂体系组成,旨在将庞大而复杂的系统分解成小的、相互联系与协作的、更易于管理的部分。每个智能体具备独立意识,能够独立完成任务,同时为了解决更复杂的问题,还能学会与其他智能体协同工作。单智能体由于在能力和资源上的局限性,面对多目标、多任务问题时往往表现不佳。近年来,众多研究机构和学者加大了对多智能体系统的研发力度,以多智能体系统为基础的多智能体协同控制研究逐渐成为研究热点。将多智能体视为一个整体,充分发挥其整体特性,在面对复杂多变的环境时能够迅速响应外界动态变化,灵活应对,高效完成任务,这是多智能体系统的主要研究目标。

中央空调系统是一个典型的大时滞、非线性复杂系统,其特点体现在系统结构的多样性、负荷和环境因素的不确定性以及多参数之间的强耦合性等。用户对中央空调系统的控制要求不断提升,同时对节能减排也给予了高度关注。基于多智能体系统理论提出的面向高效机房应用场景的控制系统架构(即高效机房多智能体分布式控制架构)如图 8-22 所示,相比传统的集散式系统架构,更易于满足用户更高的需求。

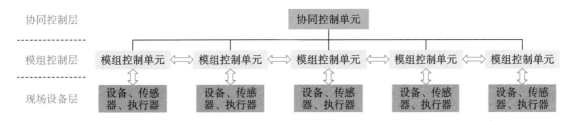

图 8-22 高效机房多智能体分布式控制架构示意图

高效机房多智能体分布式控制架构是一种新型架构,由协同控制层、模组控制层和现场设备层构成。其中,现场设备层包括高效机房中的暖通设备、执行器、传感器等;模组控制层采用分布式控制结构,根据系统结构和工艺划分配置多个模组控制单元,每个模组控制单元都是独立且平等的"个体",分别对相应设备模组进行独立控制,同时模组控制单元之间可实现信息的交流与共享;协同控制层负责控制所有的模组控制单元,获取设备当前运行状态、环境信息等,通过优化算法协调各模组控制单元的控制参数,并将优化结果下发给各模组控制单元执行。通过构建高效机房多智能体分布式控制架构,在保证设备模组独立运行的同时,也加强了模组之间的协同合作,使系统不断趋近于全局最优运行状态。

1. 现场设备层

高效机房依据设备的物理区域和控制关联度,可以划分为不同的设备模组。例如,每台冷水机组与其配套的冷冻水泵、冷却水泵、冷冻水阀、冷却水阀及管路传感器,在控制上紧密关联、相互约束,可以组合成一个设备模组,即高效一体机模组;而安装在机房外的冷却塔、冷却塔阀门及管路传感器,由于通常可以独立控制,受机房内设备控制影响较小,因此可以组合成另一个设备模组,即高效冷却塔模组。每个设备模组间相对独立,功能自主完备,相同功能的设备模组间可实现故障自动代偿,以保障系统的控制鲁棒性。

2. 模组控制层

模组控制层的核心是模组控制单元,它负责管理不同物理区域中的设备模组,在保证设备模组稳定运行的同时,以全局能效最优为目标进行优化控制。模组控制层又可以细分为通信模块、数据库、协调模块与控制模块。模组控制层的逻辑结构如图 8-23 所示。

通信模块同时实现与现场设备、相邻模组控制单元以及协同控制单元的通信。与现场设备通信时,一方面获取现场设备采集的数据,另一方面将控制参数和控制信号下传给现场设备。与相邻模组控制单元通信时,根据相邻模组控制单元的运行状态数据,动态调节本设备模组的运行状态。与协同控制单元通信时,一方面接收协同控制单元发来的控制信号和参数,另一方面将优化控制结果和现场设备的实时状态数据反馈给协同控制单元。通信模块与相邻模组控制单元、协同控制单元通信时,采用标准的现场总线协议(如 Modbus、BACnet 等),通信网络采用工业以太

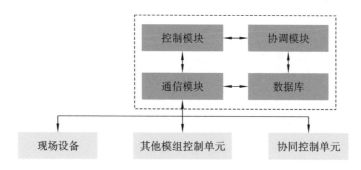

图 8-23　子系统控制层逻辑结构

网,实现层级间数据的高速交换,从而实现全局资源的共享。

协调模块同时对相邻模组控制单元的运行状态与协同控制单元下发的控制参数进行分析处理,在保证本地模组运行稳定的基础上,选择系统全局最优的控制参数并传输给控制模块。当模组发生故障时,协调模块将故障信息发送给具有相同功能的其他模组,完成模组的无扰控制切换。

3. 协同控制层

协同控制层的核心是协同控制单元,如图 8-24 所示。它从系统全局的角度出发,调节各设备模组的运行状态,使系统整体的能效最优。

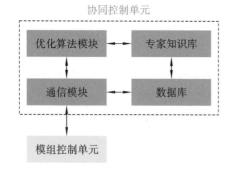

图 8-24　协同控制层逻辑结构

优化算法模块基于机器学习、深度学习等算法,根据采集的现场设备实时运行状态数据,获取使系统全局能效最优的设备控制参数。优化算法模块实现的控制策略算法主要有:

(1) 根据负荷变化制定冷水机组加减载的优化控制策略;

(2) 匹配冷量需求,以保证系统冷量平衡的冷却塔加减载及变频策略;

(3) 根据室外温度的变化自动调节空调冷冻水的出水温度;

(4) 根据供回水总管温差、压差综合控制的水泵变频策略;

(5) 在夜间低负荷工况下,关闭主机、冷却泵和冷却塔,采取水蓄冷控制模式;

(6) 根据供水总管状态参数采取阀门动态平衡控制,保证供水支路的流量平衡,同时降低管网压降。

专家知识库中存放着领域专家知识、控制规则集等,是执行协同优化控制的依据。随着系统的运行和优化控制结果的积累,专家知识库将自动获取新工况下的最优控制参数集合,对控制规则集进行迭代更新。通信模块一方面接收通过模组控制单元上传的现场设备运行状态数据,另一方面将优化算法模块计算获得的参数发给各模组控制单元。

高效机房多智能体分布式控制系统具有自主性、独立性和智能性等特点,最大限度地平衡了效率与资源的问题,从而成功实现了系统的稳定运行和全局优化控制。以一个具体的高效机房为例,按照上述思路构建的高效机房多智能体分布式节能控制系统如图 8-25 所示。

高效机房多智能体分布式控制系统包括三个部分:高效一体机模组(主机+冷冻水泵+冷却水泵+控制柜)、高效冷却塔模组、高效机房多智能体指挥官。高效一体机模组和高效冷却塔模组直接负责主机、水泵、冷却塔等设备的控制。高效一体机模组和高效冷却塔模组两个部分相互独立,互不干涉,可以通过通信获取各自受控设备的运行状态。高效机房多智能体指挥官部分不直接参与设备控制,但可以综合调度多个一体机模组的控制,使所有设备协调

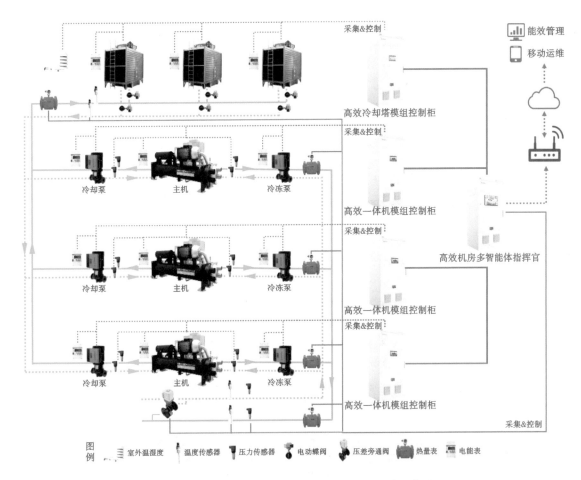

图 8-25 一种高效机房多智能体分布式控制系统示意图

成一个整体,实现制冷机房的高效运行。多智能体分布式架构各控制部分的主要功能如表 8-7 所示。

表 8-7 多智能体分布式架构各控制部分主要功能

控制部分	主要功能
高效一体机模组	一体机模组一键启停、冷却水泵/冷冻水泵频率智能控制、电能采集
高效冷却塔模组	冷却塔轮询启停、冷却塔频率智能控制、电能采集
高效机房多智能体指挥官	系统智能加减载、智能温控、热量表及传感设备采集、能效分析

8.4.3.2 高效一体机模组

高效一体机模组控制柜,如图 8-26 所示,主要控制一台主机、一台冷冻水泵和一台冷却水泵,采集主机冷冻冷却侧的供回水温度传感信号以及受控设备的电耗数据。柜门上集成了一台触摸屏,该触摸屏通过以太网与控制器相连接。内部元器件的排列如下:第一排从左到右依次为总电源断路器、微型断路器、熔断器;第二排为互感器;第三排为2台变频器;第四排从左到右依次为电表、插座、开关电源、控制器;第五排从左到右依次为控制水泵散热风扇的接触器和热继电器、中间继电器、弱电接线端子;最后一排则是水泵电源和散热风机的接线端子。这些元器件及其他辅助电气设备按照电气要求被组装在半封闭式的金属柜体中。

控制器的输入侧接入了冷冻水泵和冷却水泵的运行和故障状态点位、变频器的频率反馈点位,以及机组冷冻侧和冷却侧的供回水压力点位。控制器的输出侧则接入了水泵的启停控制点位和水泵频率控制点位。另外两个一体

 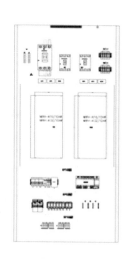

机模组控制柜的内外布局及控制器点位与此类似,它们分别接入第二、三台机组对应的水泵和传感器点位。

一体机模组控制柜的触摸屏上显示内容如图 8-27 所示。左上角为 AI 指挥官控制使能按钮,当该按钮被打开且其余单个设备的手自动切换按钮处于自动模式时,整个系统将由高效机房多智能体指挥官控制柜进行自动控制。中上位置为一体机模组一键启停按钮,当该按钮被打开且单个设备的手自动切换按钮处于自动模式时,系统将按照内部逻辑的启停顺序对高效一体机模组控制柜下的设备进行一键启停控制。当该按钮被关闭且下控单个设备的手自动切换按钮处于手动模式时,可以对下控的水泵和机组进行单台独立启停控制,并手动设定水泵频率和机组目标温度。此外,系统内设备的运行状态也

图 8-26　高效一体机模组控制柜内外部布局示意图

可以直接通过触摸屏显示出来。当设备运行正常时,设备本体显示为绿色;当设备运行出现故障时,设备本体显示为黄色并发出报警信息,故障解除后颜色恢复。触摸屏上还显示了各个设备的耗电量、频率、温度、压力等参数,这使得整个下控设备的运行状态更加直观清晰地呈现在触摸屏上,替代了传统强弱电一体柜上的运行故障指示灯,从而省去了柜门上的大量走线。此外,手自动切换按钮也被置于触摸屏界面上,触摸屏发出的命令通过控制器直接作用于变频器,在手自动切换时能保持上一状态继续运行,这种方式更优地替代了传统强弱电一体柜门上的切换旋钮作用于二次控制回路的方式,保证了系统更加稳定地运行。

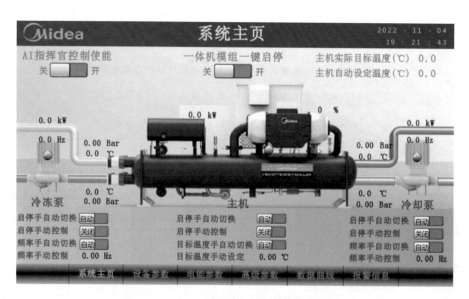

图 8-27　高效一体机模组控制柜触摸屏界面图

高效一体机模组控制主要实现了单个一体机的所有受控设备的一键启停、冷冻水泵和冷却水泵频率的智能控制以及电能采集的功能,如图 8-28、图 8-29、图 8-30 所示。

在一体机一键启动时,一体机控制系统通过通信通知高效冷却塔模组开启对应数量的冷却塔及其蝶阀,并在确认其已开启状态后执行水泵开启→主机开启的启动流程;而在一体机一键关停时,则执行主机关闭→水泵关闭的关停流程,并在确认自身已停止状态后通知高效冷却塔模组关闭对应数量的冷却塔及其蝶阀。在一体机运行中,控制系统通过通信获取其主机蒸发器/冷凝器的供回水温度、压力信息,并根据这些信息对水泵频率进行调节,以确保经

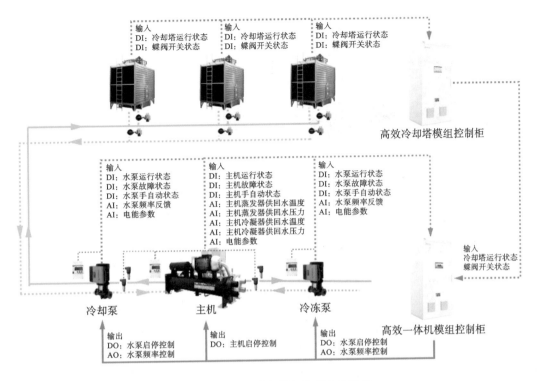

图 8-28 高效一体机模组控制点示意图

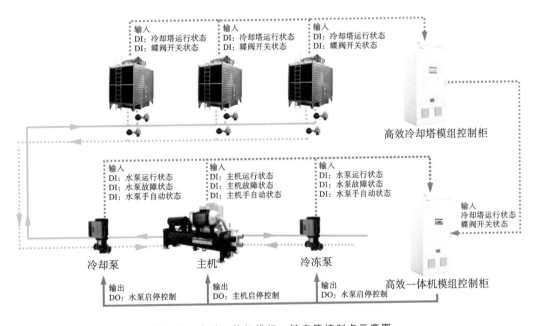

图 8-29 高效一体机模组一键启停控制点示意图

过主机的水流量既不会导致主机断流,又能实时匹配负荷需求。此外,一体机模组控制柜还实时采集主机、冷冻水泵、冷却水泵的电耗数据,这些数据不仅用于自身柜体屏幕上的设备电耗显示,还用于后续多智能体指挥官的能效计算。

8.4.3.3 高效冷却塔模组

高效冷却塔模组控制柜,主要控制三台冷却塔风机及其对应的阀门,同时采集室外温湿度传感信号及冷却塔的

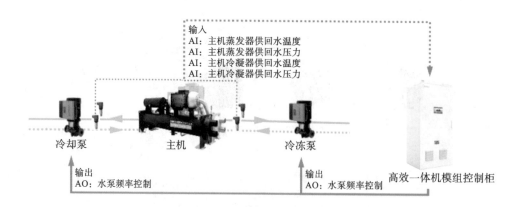

输入
AI：主机蒸发器供回水温度
AI：主机蒸发器供回水压力
AI：主机冷凝器供回水温度
AI：主机冷凝器供回水压力

冷却泵　　　　　主机　　　　　冷冻泵　　　高效一体机模组控制柜

输出　　　　　　　　　　　　　　输出
AO：水泵频率控制　　　　　　　AO：水泵频率控制

图 8-30　高效一体机模组水泵频率控制点示意图

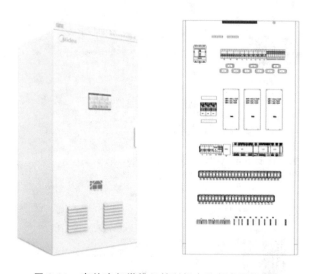

图 8-31　高效冷却塔模组控制柜内外部布局示意图

电耗数据。如图 8-31 所示，柜门上集成了一台触摸屏，该触摸屏通过以太网与控制器相连。内部元器件的排列如下：第一排从左到右依次为总电源断路器、微型断路器、熔断器；第二排为互感器；第三排从左到右依次为三台接触器和热继电器以及三台变频器；第四排则依次为电表、开关电源、控制器；第五、六排为中间继电器；最后一排从左到右依次为冷却塔风机的接线端子和弱电接线端子。

冷却塔模组控制柜的触摸屏上显示内容如图 8-32 所示。左上角显示环境相关参数，中间部分则显示三台冷却塔及其对应阀门的参数和运行状态。右边则显示目标温度的手自动切换按钮和相关参数，当该按钮处于自动模式时，由高效机房多智能体指挥官控制柜进行自动控制；当该按钮处于手动模式时，可以手动设

定目标温度。最下方为三台冷却塔的操作按钮和参数显示区域，当手自动按钮处于自动状态时，由高效机房多智能体指挥官控制柜进行自动控制；当该按钮处于手动状态时，可以对单台风机或一组风机的启停进行独立控制，并手动设定频率。触摸屏上还显示了各个设备的耗电量、频率、温度等参数，这完全替代并优于传统强弱电一体柜面板上的指示灯、旋钮、电表和变频器面板所实现的功能。

高效冷却塔模组控制主要实现了冷却塔的轮询启停、频率智能控制以及电能采集的功能，如图 8-33、图 8-34、图 8-35 所示。

当冷却塔控制系统通过通信获知单个或多个一体机启动/关闭的需求时，它会根据数量对应关系来确定所需的冷却塔数量，并根据运行时长轮询定位具体需要开启/关闭的冷却塔。在冷却塔运行过程中，控制系统通过通信获取各主机的冷凝器回水温度，并结合传感设备获取的室外温度，智能计算出冷却塔的冷却目标温度。最终，控制系统通过温度对冷却塔的频率进行调节，以实现冷却侧换热量实时匹配主机的需求。此外，冷却塔模组控制柜还实时采集各冷却塔的电耗数据，这些数据不仅用于自身柜体屏幕上冷却塔电耗的显示，还用于后续多智能体指挥官的能效计算。

8.4.3.4　高效机房多智能体指挥官

高效机房多智能体指挥官控制柜的内外部布局示意图和触摸屏界面图分别如图 8-36 与图 8-37 所示。柜门上集

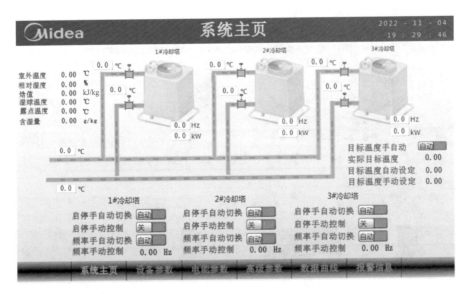

图 8-32　高效冷却塔模组控制柜触摸屏界面图

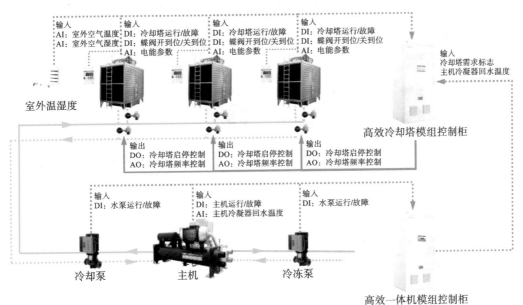

图 8-33　高效冷却塔模组控制点位示意图

成了一台触摸式工控机,用于显示系统整体的运行状况,包括各项参数、能效统计、数据报表、曲线确认、报警记录等,同时也支持人为对系统下发操作命令。内部元器件的排列如下:第一排从左到右依次为断路器、熔断器、开关电源、变压器;第二排从左到右依次为交换机、控制器;第三排为控制器(与第二排不同类型的控制器);最后一排则为接线端子。这些元器件及其他辅助电气设备按照电气要求被组装在半封闭式的金属柜体中。

该控制柜主要负责整个系统的总管温度传感器、水泵前后压力传感器、冷热量表等的数据采集以及机组通信。其余四台控制柜通过以太网的形式与该控制柜内部的交换机进行连接,由该控制柜对整个系统进行统一调度控制。

高效机房多智能体指挥官主要实现了系统智能加减载、智能温控、冷热量表及传感设备数据采集、能效分析的功能,如图 8-38 所示。

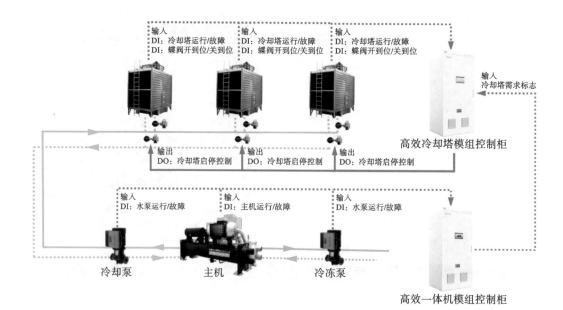

图 8-34　高效冷却塔模组启停控制点位示意图

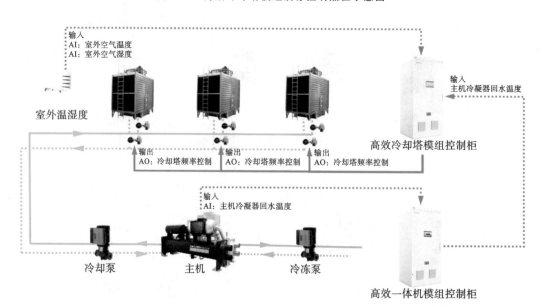

图 8-35　高效冷却塔模组频率控制点位示意图

在高效机房自动运行时,多智能体指挥官通过通信获取各一体机模组、冷却塔模组的关键运行参数(如设备运行状态、主机负荷百分比等)以及冷冻供回水总管温度。结合冷水机组加减载优化控制策略,多智能体指挥官能够完成多个一体机的综合调度,实现匹配负荷需求的智能加减载及智能温控。为保证系统运行的安全稳定性,当不同模组发生故障时,多智能体指挥官系统将按照预定的故障调度切换策略进行应对。此外,指挥官系统还会采集机房各个区域的换热量数据,并结合一体机模组和冷却塔模组的电耗数据,进行设备乃至系统层面的能效分析计算。

多智能体指挥官系统具有高度的灵活性,可以按照一体机模组、冷却塔类型和数量的不同,适用于不同形式的机房系统。同时,该系统还可以与云端进行实时交互,利用云端的大数据进行能效分析及故障检测,并从云端获取优化控制参数,以进一步提升整个机房的运行效果,如表 8-8 所示。

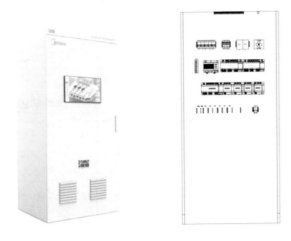

图 8-36 高效机房多智能体指挥官控制柜内外部布局示意图

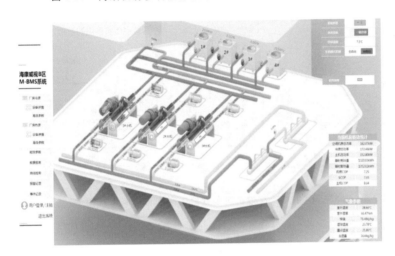

图 8-37 高效机房多智能体指挥官控制柜触摸屏界面图

表 8-8 不同故障发生时系统的处理方式

故 障 类 型	处 理 方 式
高效机房 多智能体指挥官 控制器掉线	一体机模组、冷却塔模组识别指挥官掉线并发出报警,各模组均维持当前运行直至指挥官恢复,在这期间可将各模组切换成手动模式,人为控制开启和关闭
一体机模组 受控设备故障 或控制器掉线	发生故障的一体机模组关闭运行,其他一体机模组不受影响正常运行;多智能体指挥官识别一体机模组故障并报警,同时调度其他待机一体机模组进行递补;冷却塔模组正常轮询切换,保证冷却侧换热实时匹配主机需求
冷却塔模组 受控设备故障 或控制器掉线	若受控设备故障,则对应的冷却塔关闭运行,若模组控制器掉线,则整个模组停止运行;多智能体指挥官识别冷却塔模组故障并报警,而冷却塔可自我调度其他模组进行递补,不受多智能体指挥官是否在线的影响

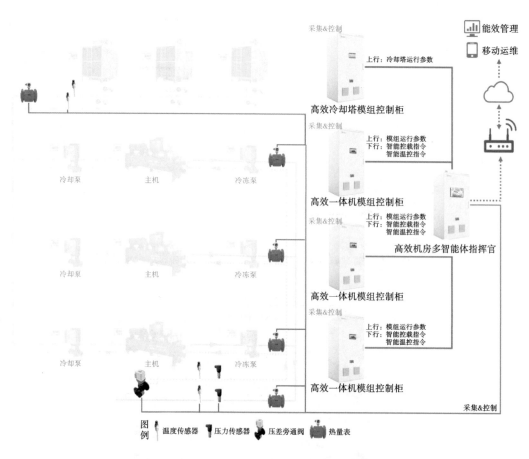

图例: 温度传感器 压力传感器 压差旁通阀 热量表

图 8-38　高效机房多智能体指挥官控制示意图

8.4.4　高效机房调试

8.4.4.1　标准化高效机房远程虚拟调试

由于高效机房项目建设前期,系统设备尚处于调试阶段,现场数据难以获取,因此控制程序必须在现场进行验证和调试。这一过程导致工程调试周期长,且测试工况受到室外气象条件和使用环境的限制。针对当前项目前期缺乏控制程序检验和评价工具,以及工程项目调试周期长、耗费人力物力大的问题,美的楼宇科技研发了高效机房虚拟调试平台。该平台通过软硬件结合的方式,构建了虚拟暖通系统测试环境,能够在项目前期对控制程序进行测试和优化,从而缩短工程项目的调试周期,降低人力物力成本。

高效机房虚拟调试平台的软件系统主要由高效机房系统仿真模型和控制系统操作界面两大部分构成。硬件系统则包括高效机房的信号仿真侧和控制系统侧两大部分,其中信号仿真侧用于仿真主机通信、水泵、水塔电机、阀门及传感器等信号,而控制系统侧则完全还原了高效机房的多智能体指挥官控制器、一体机、冷却塔模组控制柜触摸屏及控制器等真实控制系统,并设置了真实算法及所有接线点位。仿真的高效机房传输的信号会通过真实通信接线与控制系统侧进行实时通信及虚拟运行。

高效机房水系统仿真模型能够根据美的标准化高效机房设计下的一体机模组台数与型号、冷却塔模组台数与型号,快速配置出项目现场的高效机房仿真物理模型。该模型是结合数据驱动技术的半机理混合模型,其平均精度超过 95%。虚拟调试平台仿真模型的温度、压力等参数会转换为与控制系统现场对接一致的 0~10 V 电压信号或 4~20 mA 电流信号,并传输给控制侧。冷水机组、设备电表、热量表等则采用通信连接,通信协议配置完成后即可开启仿真,进行系统数据的查看和分析。

图 8-39 展示了一套完整的虚拟调试平台与信号转换工装。该工装所搭载的系统是服务美的总部二期建筑(建筑面积 20 万平方米)的 4900RT 高效机房及其控制系统整体数字孪生后的缩影,也是美的所有标准化高效机房在数字化调试阶段的标准解决方案。整套工装负责 6 台冷水机组、6 台冷冻泵、6 台冷却泵和 8 台冷却塔所组成的空调系统的控制,是美的总部二期项目控制系统的完整复刻。该系统采用多智能体分布式控制系统,包括多智能体指挥官控制柜、6 个一体机模组(主机+冷冻水泵+冷却水泵)控制柜和 4 个冷却塔模组(2 台塔一个模组)控制柜。多智能体指挥官控制柜内置了高效机房专用的高级算法块,包括实时负荷预测、主机加减载、设备轮询启停、目标温度智能设定等功能。通过仿真侧和控制侧的联动,可以实现仿真水系统模型和真实控制系统之间的测试。

图 8-39 虚拟调试平台与信号转换工装

此外,虚拟调试平台还配备了云能效模块,具备两个功能:一是支持 SSH 隧道的远程加密编程,实现高效机房控制程序的远程下载;二是作为智能网关集成了边缘管理计算平台,通过 MQTT 协议通道将数据周期性或变化值上传至云端。

虚拟调试平台从虚拟的高效机房到控制系统软硬件、再到多智能体分布式控制系统和数据上云隧道的打通,对高效机房业务进行了全链路赋能。一是虚拟调试平台采用的控制系统,包括硬接点位、通信协议等,与项目现场完全一致,测试完成的控制系统可以直接移植到现场,实现远程调试高效机房。仿真模型能够最大程度上模拟现场的真实设备,高效机房的一系列控制参数在虚拟调试平台整定测试完成后,可以直接复制到现场,并实现机房基础能效达到 5.5 以上,经过后期的精细化调试和运维的持续跟进,机房能效会进一步提升。二是虚拟调试平台能够实现近零风险、低成本的调试,无须连接真实的被控设备,避免了控制异常带来的设备损坏风险,并能提前发现现场无法测试的全工况控制盲点。三是虚拟调试平台能显著提高调试效率,通过提前对控制程序上设定的参数进行验证和优化,将现场调试时间缩短 70% 以上,大幅降低了现场程序调试的人力和时间成本。四是通过高效机房虚拟调试平台配置的云能效模块,可以实现项目上云诊断,依靠平台系统进行故障诊断和根因分析。

8.4.4.2 标准化高效机房现场精细化调试

通过标准化高效机房的远程虚拟调试平台,我们可以完成项目冷源系统控制程序的逻辑测试。随后,根据现场设备的实际运行情况进行精细化调试,以确保冷源系统能够节能高效地运行。

1. 传感器校准

管道温度、压力和流量等传感器的安装位置和测量数据的准确性,是控制系统正常运行的基础和前提。冷水机组的能效以及水泵、冷却塔的运行效率,是保障机房COP(能效比)的关键因素。通过观察冷冻水和冷却水系统的压力图(如图8-40与图8-41所示),我们可以大致判断系统的压力分布是否正确。同时,通过多传感器的比对,检查各压力表的压力数据是否存在较大偏差甚至错误。

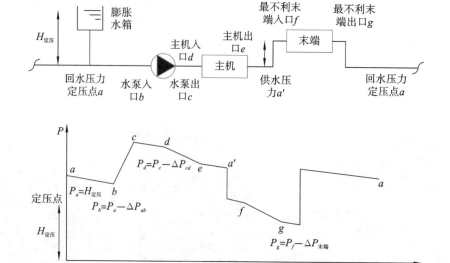

图8-40　冷冻水系统管网压力分布图

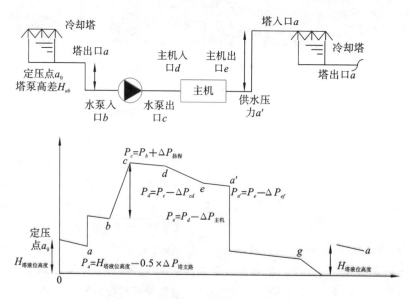

图8-41　冷却水系统管网压力分布图

系统稳定运行时,根据冷冻水和冷却水系统的温度分布图(如图8-42与图8-43所示),我们可以大致判断温度传感器的数据是否正常。

2. 控制系统界面数据校核

在标准化高效机房现场进行精细化调试前,首先要检查组态界面的所有数据点位及功能键是否正常。在水系统主界面,要检查所有设备的开关状态、频率、功率、负荷率等参数,以及各冷冻、冷却进出水温度和压力值是否正常。对于一体机模组和冷却塔模组的主界面,要检查所有功能按键及数据显示是否正常。

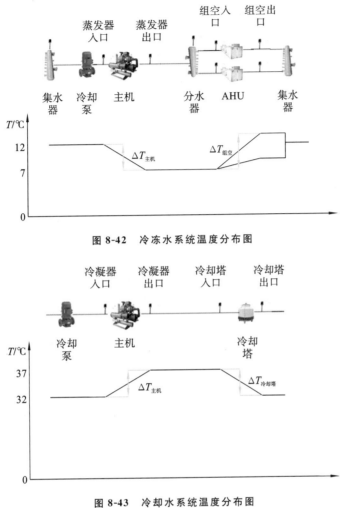

图 8-42 冷冻水系统温度分布图

图 8-43 冷却水系统温度分布图

3. 冷却塔水量调平衡

并联冷却塔需要联动调节各布水管的手动调节阀门开度,以确保布水盘的水量均匀。我们需要验证不同水量下的平衡调节效果及填料布水的均匀性。通过对所有冷却塔系统的手动调节阀进行开度调节,使每台冷却塔的布水盘水量均匀,从而保证冷却塔的散热效果良好。

4. 冷却塔逼近度分析

冷却塔逼近度是指冷却塔出水温度与室外湿球温度的差值。冷却塔的运行效率可以用输送系数来评价。冷却塔运行效率偏低的原因可能是风量不足或冷却水水量不足。在实际运行过程中,风量不足可能是风叶角度过小或风道受阻等导致的;水量不足或布水不均匀可能是布水盘、喷嘴结构或吸水口脏堵等导致的;换热不足可能是热回流或填料面积不足导致的。在实际调试过程中,需要逐一检查并协调厂家配合进行整改。

5. 水泵效率核算

当水泵水流量不足或效率不高时,可能是由于过滤器或主机换热器脏堵导致管网阻力过大。此时,我们需要开启水泵,并在不同频率下测试并记录水泵的流量、扬程,然后与水泵说明书中的性能曲线进行比较,以验证水泵的实际效率是否达标。

6. 系统平衡率校核

系统热平衡率＝(制冷量＋主机功率－放热量)/放热量×100％。当温度和流量传感器检查无误后,再观察系统平衡率。在系统稳定运行时,热平衡系数应小于10%。

·8.4.5 高效机房云端运维

制冷机房的维护保养目前仍主要依赖人工经验或遵循长周期的固定维保时间表,这导致系统常常在低能效状态下长时间运行。为实现系统的高效运行,我们需要借助智能云平台软件对系统状态进行实时监控,从而确保系统能够高效、智能地运维。一套先进的运维管理系统对于保持高效制冷机房的健康高效运行至关重要,它能够解决空调系统传统控制与管理系统中存在的痛点。

(1)该系统能够实现监测终端的高密度数据采集,替代传统的电工抄表方式,从而降低成本。它解决了因电工人工抄录用能数据而导致的效率低、成本高、准确度无法核实的问题。

(2)系统能够自动生成基于大数据分析的能效分析报告,并实现机房能效的自动诊断及报告的自动生成。这解决了传统节能诊断过程费时费力、缺乏历史运行数据支撑、节能率基本依靠估算的问题。

(3)系统实现了能效数据的全面云端在线可视化。这解决了传统机房中实际运行效果难以评估、实时运行情况无法全面了解的问题。

(4)系统能够基于数据分析进行节能挖潜,通过对长时间的运行数据进行统计分析对比,有效地挖掘企业的节能潜力。这解决了现阶段因缺乏有效的数据统计而无法找到节能潜力的问题。

智慧运维云平台为高效机房提供了一站式、超高效的环控系统解决方案和服务。它能够对环控系统进行全方位的管理与监控,实现全域感知数据的可视化,并采用大数据方法对系统运行数据进行深度挖掘,从而节省使用与管理费用。该平台搭载了节能诊断模块,能够基于诊断规则和实时运行效率指标,根据冷水机组、冷冻泵、冷却泵、冷却塔、空调末端等设备的运行数据进行实时诊断,并给出诊断图形和诊断建议。这使得现场运行人员能够有针对性地调整运行策略和设备参数设置,实现全生命周期的运维管理。通过应用更加全面、及时的故障分析与报警系统,该平台能够为用户提供更加稳定的使用体验。

云能效平台能够实现近零代码、低成本、可视化的验证调试。它采用统一的数据标准和设备物模型,保障了数据获取、处理、存储的一致性,使得应用更加高效、可靠、直观。这实现了云能效系统平台的软件整体交付时长减少80%以上。云能效平台具备数据驾驶舱、运行监测、设备监测和能效日历等功能。数据驾驶舱能够呈现项目基本信息、天气预报、机房功耗、瞬时环比、能效实况、系统实况、主机实况等宏观数据指标。运行监测页面按照前面数据指标看板的配置原则,展示系统原理图和核心指标的监测情况。设备监测页面则以直观的方式展示高效机房最受关注的核心设备(包括主机、冷冻泵、冷却塔等)的实时状态。能耗分析功能可以从时间、设备类型、峰谷平等维度分析机房的能耗,并提供能效日历功能,方便用户查看每日的能效指标,并通过对比分析及时发现能效异常。能效分析功能还提供了能效报告功能,运营服务商可以在运营管理报告管理页面根据约定的时间段生成并发布报告。此外,数据分析功能还提供了数据自定义分析的功能,用户可以根据具体的分析需求查询和分析数据。

8.4.6 高效机房应用案例

上海花旗银行大厦、广州地铁7号线站点、深圳鹏城云脑数据中心以及广东揭阳潮汕国际机场等项目,均采纳了高效机房系统设计的理念,并运用了多智能体分布式节能控制系统以及虚拟调试平台。这些项目树立了样板工程的典范,取得了显著的节能减排效果。

8.4.6.1 案例一

该案例介绍的是上海花旗大厦高效机房系统的应用。花旗大厦坐落于上海浦东新区的陆家嘴金融贸易区,高达

180 米,共 42 层,是众多国内外知名企业的聚集地,包括花旗银行中国总部、瑞士银行、洲际酒店中国总部、拜耳集团以及中粮信托等,是上海举足轻重的金融、商业及传媒地标。自大厦投入运营以来,已历经 18 载春秋,其集中能源站因设备老化而面临性能严重下降、系统故障频发、整体能效低下等问题,亟须进行更新升级。2023 年 4 月,花旗大厦的空调系统顺利完成改造并正式启用。

在此次节能改造工程中,高效机房标准化技术、多智能体分布式控制系统以及虚拟调试平台得到了集成应用,取得了显著的节能减碳成效。制冷机房内配备了 3 台 1200RT 美的变频直驱离心冷水机组、1 台 600RT 美的变频磁悬浮离心冷水机组、1 台板式换热器、5 台冷冻泵以及 5 台冷却泵。图 8-44 展示了制冷机房及冷水主机设备的外观,而中央空调系统的主要设备参数则详列于表 8-9 中。

图 8-44　制冷机房及冷水主机

表 8-9　中央空调系统主要设备参数

项　　目	设 备 名 称	型号/编号	台　　数	主要设备参数	备　　注
冷源设备	离心冷水机组	CCWF1200EVS	3 台	制冷量:4200 kW 额定功率:688.7 kW 冷冻水进出口温度:13/7 ℃ 冷却水进出口温度:32/37 ℃	变频直驱
	离心冷水机组	CCWG600EVD	1 台	制冷量:2100 kW 额定功率:356.6 kW 冷冻水进出口温度:13/7 ℃ 冷却水进出口温度:32/37 ℃	变频磁悬浮
	冷冻水泵	SCH200/380-90/4	3 台	流量:650 m³/h 扬程:35 mH₂O 功率:90 kW	变频

续表

项 目	设备名称	型号/编号	台 数	主要设备参数	备 注
冷源设备	冷冻水泵	SCP150/350HA-45/4	2台	流量:320 m³/h 扬程:35 mH₂O 功率:45 kW	变频
	冷却水泵	SCH250/360-90/4	3台	流量:900 m³/h 扬程:28 mH₂O 功率:90 kW	变频
	冷却水泵	SCP150/350HA-45/4	2台	流量:450 m³/h 扬程:28 mH₂O 功率:45 kW	变频
	冷却塔		24台	功率:7.5 kW	风机变频

　　美的高效变频直驱降膜离心机和美的高效磁悬浮离心机能够在全负荷段实现高效变频供冷,尤其在部分负荷下运行表现出色,机组COP(性能系数)更高,从而显著提升整个空调系统的节能效果。机组蒸发器采用二流程大温差设计,特别适用于大温差小流量的工况。同时,冷冻水泵和冷却水泵均采用变频调节运行方式。空调冷冻水供回水系统也采用了大温差、低流量的设计,这不仅能有效降低水泵与管路的初始投资成本,还能减少输配系统的能耗。此外,制冷机房内的管路连接形式也得到了优化,并通过使用低阻力阀件等措施进一步降低了管路阻力。

　　花旗集团大厦的制冷站采用了美的高效机房多智能体分布式节能控制系统,该系统集成了多智能体分布式节能控制算法块,能够提供系统寻优控制策略。在确保空调系统满足末端供冷需求的同时,该系统能够减少系统能耗,达到显著的节能效果。系统寻优控制能够根据历史运行数据和当前空调系统负荷,自动优化设备启停,从而提升系统在当前运行工况下的能效。分布式控制系统与相应的节能控制算法相结合,能够显著提升系统能效,确保空调系统高效稳定运行。花旗集团大厦多智能体分布式节能控制系统的上位机界面如图8-45所示。

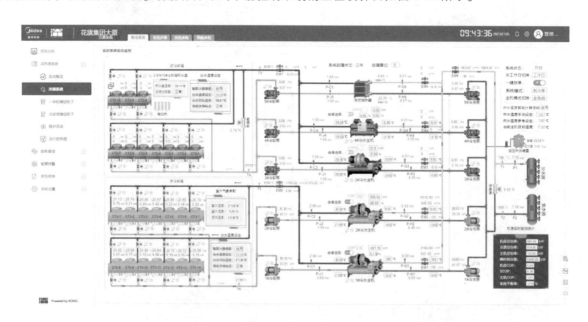

图 8-45　花旗集团大厦多智能体分布式节能控制系统上位机界面

　　多智能体分布式控制系统内置了AI E＋E(能效＋环境)优化算法,通过智能控温、智能启停、智能控载、智能寻优及智能联动等功能,实现了系统的全自动优化运行。冷源系统采用了先进的负荷预测算法,能够实时根据建筑内外环境参数的变化预测主机负荷,并优化主机的开启台数。输配系统的控制逻辑采用了温压双控策略,在控制总管温差的同时,能够保证主机侧压降,有效防止主机出现断流故障。冷却塔侧则采用了智能控温和加减载策略,能够根据系统运行状态自动调整冷却塔的频率和数量,使系统保持在高能效运行状态。

花旗集团大厦还配置了云能效智慧运维平台,通过云端大数据接入,实时上传运行数据,并利用大数据挖掘算法实现能效评估、系统诊断等功能。云能效智慧运维平台的界面如图 8-46 所示。

图 8-46 花旗集团大厦 M-BMS 云能效智慧运维平台

在该项目中,高效机房虚拟调试平台被用于对花旗大厦的控制程序进行远程调试。在项目现场调试之前,就完成了控制程序的验证和优化工作,从而将现场调试时间从常规的 30 天缩短至 9 天,现场调试时长减少了约 70%,同时降低了调试费用约 23.1 万元。这极大地减少了现场程序调试的人力和时间成本。

经过高效机房标准化技术、多智能体分布式控制系统及虚拟调试平台的集成应用,花旗大厦的制冷系统能效从改造前的约 1.0 提升至 5.5 以上的卓越水平。系统运行费用降低了 40% 以上,节约了 270 万千瓦时的电量,并减少了 2600 吨的碳排放。

8.4.6.2 案例二

该案例介绍的是美的 08 空间所应用的高效机房系统。该项目还引入了 iBUILDING 智慧运营中心以及 i 能效平台,以进一步提升运维效率并进行效果诊断评估,确保系统在全生命周期内健康、高效地运行。

美的 08 空间坐落于佛山市顺德区北滘镇新城区,总建筑面积达到 20 万平方米,包括三层地下室、一座 A 座三层建筑单体(面积约 13 万平方米)以及一座由四栋 14 层建筑连接而成的 B 座单体。配套设施包括三层地下停车场、一个占地 1 万平方米的大型食堂和商业餐饮区域,吸引了超过 1 万名事业部管理与科研人才入驻办公,形成了美的集团的核心办公集群。

该项目冷源系统采用了冷水机组,具体配置为 4 台 1000RT 磁悬浮变频离心式冷水机组、2 台 450RT 磁悬浮变频离心式冷水机组以及 16 台空气能涡旋热泵机组。其中,高效机房系统主要由 4 台 1000RT 和 2 台 450RT 的磁悬浮变频离心式冷水机组构成。主要设备的参数可参见表 8-10。除了主机端采用高效节能设备外,冷冻泵及冷却泵也均采用了双吸泵形式,相比常规的端吸泵,其效率更高。此外,该项目的水系统管网中采用了斜 45° 低阻力弯头、低阻力直角过滤器以及橡胶瓣止回阀,有效减小了管网阻力,并对水泵扬程的优化起到了重要作用。

表 8-10　系统主要设备参数

项　目	设备名称	型号/编号	台　数	主要设备参数	备　注
冷源设备	离心冷水机组	CCWG1000EVD	4 台	制冷量:3500 kW 额定功率:559 kW 冷冻水进出口温度:13/7 ℃ 冷却水进出口温度:32/37 ℃	变频磁悬浮
	离心冷水机组	CCWG450EV	2 台	制冷量:1575 kW 额定功率:254 kW 冷冻水进出口温度:13/7 ℃ 冷却水进出口温度:32/37 ℃	变频磁悬浮
	冷冻水泵	DSCL300-32	4 台	流量:751 m³/h 扬程:32 mH₂O 功率:90 kW	变频
	冷冻水泵	DSCL150-360	2 台	流量:383 m³/h 扬程:32 mH₂O 功率:55 kW	变频
	冷却水泵	DSCL300-32	4 台	流量:898 m³/h 扬程:31 mH₂O 功率:110 kW	变频
	冷却水泵	DSCL150-360	2 台	流量:432 m³/h 扬程:31 mH₂O 功率:55 kW	变频
	冷却塔	FH-660L	8 台	功率:18.5 kW	风机变频

　　整个机房采用了装配式机房的设计方案,在项目前期就与 BIM 团队紧密协作,共同构建了一个 1∶1 的全 3D 演示空间,以确保所有管道的走向都井然有序。此外,所有的管道以及钢结构支架都是在工厂预制完成后,直接运输到现场进行安装,并采用法兰连接的方式进行连接。制冷机房的三维模型如图 8-47 所示,而其布置图如图 8-48 所示。

　　该项目采用了美的自主研发的多智能体分布式控制系统,该系统通过多智能体指挥官、高效一体机模组以及高效冷却塔模组的架构,实现了对整个机房设备的智能联动控制。系统内置了高效机房高级算法库,能够实现冷却塔散热自适应最优控制、冷水机组出水温度的智能重设、水泵温压差的智能双控、设备自寻优加减载控制以及主机智能控制等功能,从而确保机房能够稳定且高效地运行。多智能体指挥官搭载了全域协调寻优控制算法,该算法融合了数据驱动、机理模型与进化算法,能够实现水侧与风侧能效的协同优化控制,并在全工况过程中对控制参数进行自学习调优,进而有效提高环控系统的整体能效与控制稳定性。图 8-49 展示了美的总部二期多智能体分布式节能控制系统的上位机界面。

　　此外,该项目还引入了美的 iBUILDING 智慧运营中心,该中心以楼宇数字化平台为基础,构建了一个基于 BIM 模型的建筑空间与设备运维管理中枢。它提供了三维可视化的无人值守机房管理功能,使管理人员能够更直观、清晰地了解建筑信息、实时运行数据以及历史数据等相关信息,从而实现对建筑空间和设备资产的科学管理,并提升运维效率,如图 8-50 所示。同时,现场机房的实时数据也会上传至云能效智慧运维平台,通过电脑或手机即可远程查看各个项目的运行状态和能效状态。

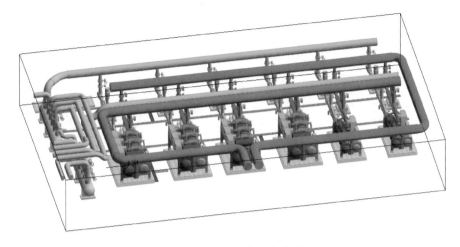

图 8-47　制冷机房三维模型

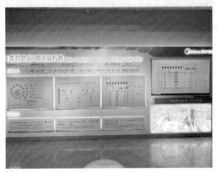

图 8-48　制冷机房现场图

目前,本项目高效机房的能效全年预测值均大于 6.0,与原设计方案的 4.0 能效相比,节能率提升了 32%,每年可节省电费高达 183 万元。

该项目还采用了 i 能效平台。i 能效平台是基于 iBUILDING 数字底座的 SaaS 化产品,专为大型中央空调系统而设计。它通过标准数据模型规范数据语义,并采用"机理模型＋数据智能"的核心技术,提供能效诊断和优化算法服务,为能源托管和节能改造等能源业务进行数字化赋能,从而提高交付效率。同时,i 能效平台将 IT(信息技术)和 OT(运营技术)深度结合,实现中央空调系统的可视化、数据量化和能效优化,帮助客户提升运维管理水平和系统能效水平,实现可持续运营管理。i 能效平台还采用了基于知识图谱的环控系统控制效果诊断评估指标体系,并开发了低代码图形化的产生式推理规则引擎,对控制可靠性、稳定性与节能性进行诊断与根因推理,实现了故障预测、系统健康度评估、节能潜力评估以及运维管理等功能,使得运维成本大幅降低,并保证系统在全生命周期内健康高效地运行。

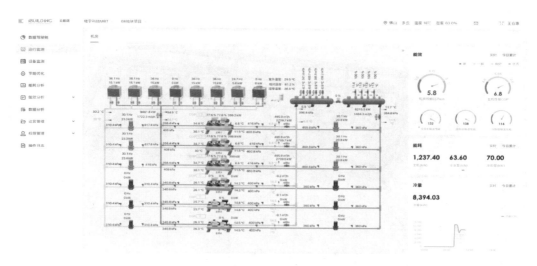

图 8-49　美的 08 空间多智能体分布式节能控制系统上位机界面

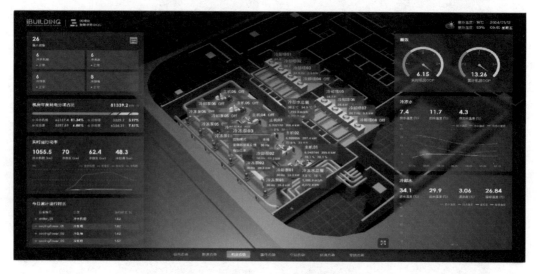

图 8-50　项目三维可视化平台

8.5　本章小结

建筑自动化控制系统是当今公共建筑中不可或缺的系统,它不仅能够大幅节省人力、降低设备故障率、提升设备运行效率、延长设备使用寿命、减少维护成本,进而提高建筑物的整体运作及管理水平,还能有效降低建筑运行能耗,减少能源费用支出,并降低二氧化碳排放量。

本章以酒店、大型办公楼、地铁车站等几种典型的公共建筑为例,详细阐述了建筑自动化控制系统的设计内容和方法。在设计流程中,尽管不同建筑的自动化控制系统存在诸多共性,但同时也展现出较多的个性化差异。因此,大部分建筑自动化控制系统都需要根据建筑的特性和用户的实际需求进行定制化的设计。

此外,本章还深入介绍了高效制冷机房的标准化设计流程,并介绍了一种新型的高效制冷机房多智能体分布式节能控制系统,以及系统的虚拟调试和精细化调试流程。最后,以上海花旗大厦的制冷站和美的 08 空间的高效机房系统应用为例,进行了具体的案例介绍。

第 **9** 章

空调系统能效提升控制改造案例分析

本章将介绍四个典型公共建筑空调系统能效提升控制改造实际工程项目案例,即一个酒店类建筑制冷站节能改造实施过程及效果,一个医院类建筑制冷站节能改造实施过程与效果,一个地铁车站环控系统节能改造实施过程与效果,以及一个综合商场建筑制冷站节能改造实施过程与效果。

9.1 宾馆酒店类建筑

宾馆酒店类建筑是公共建筑中最为常见的一种。作为服务型建筑,这类建筑对室内冷热舒适性的要求较高,其暖通空调系统往往 24 小时不间断运行,因此能耗较大。此外,这类建筑的冷热负荷与客人入住率及室外气象条件密切相关,供冷量和供热量具有很强的可调节性。鉴于此,许多高档宾馆和酒店都配备了建筑自动化控制系统(BA 系统)。这一方面提升了机电系统的管理水平,降低了人力成本;另一方面,通过对暖通空调系统的自动调控,有效降低了系统的运行能耗。

本节将以武汉某酒店的制冷站节能改造项目为例,详细分析该制冷站智能控制系统的改造方案及其控制效果。

9.1.1 工程概况及现状

武汉某酒店是一家集客房、餐饮、会议、休闲及娱乐功能于一体的综合性商务饭店。该酒店中央空调系统的设计室外参数为:夏季空调室外计算干球温度 35.3 ℃,夏季空调室外计算湿球温度 28.4 ℃。空调室内设计参数详见表 9-1。该酒店采用的是水冷式中央空调系统,其系统原理图如图 9-1 所示。

表 9-1　空调室内设计参数

子 项 名 称	夏　季		冬　季		新风量/
	温度 /℃	相对湿度/(%)	温度 /℃	相对湿度/(%)	[m³/(h·人)]
酒店各区域	24~28	40~65	18~24	30~60	≥30

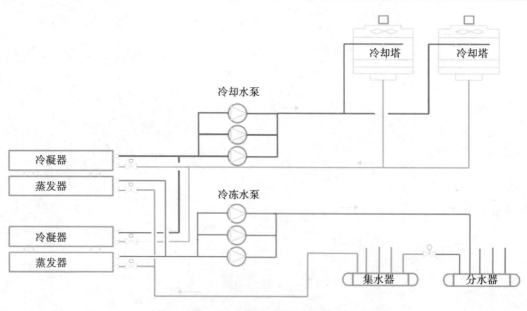

图 9-1　制冷站水系统原理图

该中央空调系统的制冷站配置了 2 台制冷机组,每台机组功率为 280 kW,制冷量为 1594 kW;同时配置了 3 台冷冻水泵,每台功率均为 45 kW;3 台冷却水泵,每台功率同样为 45 kW;以及 2 台冷却塔,每台冷却塔的风机功率为 7.5 kW。值得注意的是,冷冻水泵、冷却水泵及冷却塔风机均未安装变频器,均处于工频运行状态。现场制冷机的图片如图 9-2 所示。

图 9-2 现场制冷机图片

空调末端系统采用了风机盘管加新风系统的组合方式,且每台设备均配备了独立的控制器。

该酒店中央空调制冷站的主要设备装机功率总和达到了 852 kW,具体设备的功率配置详见表 9-2。

表 9-2 制冷站主要设备功率配置

设 备 名 称	单机功率 /kW	主 要 参 数	台 数	总功率 /kW	备 注
制冷机组	280	制冷量:1594 kW	2	560	
冷冻水泵	45	—	3	135	2 用 1 备
冷却水泵	45	—	3	135	2 用 1 备
冷却塔风机	7.5	—	2	15	
总装机功率	852 kW				

改造前,该酒店项目暖通空调系统的运行情况如下:

(1) 缺乏制冷站群控系统,导致制冷机组无法实现自动启停和自动加减机的功能。同时,冷冻水的供水温度需要人为手动调节,且长期维持在一个固定的设定值上。

(2) 虽然制冷机组的冷却侧和冷冻侧支路都装有电动开关阀,但这些阀门并未被投入使用。

(3) 冷冻水泵、冷却水泵以及冷却塔均未安装变频装置,因此无法根据负荷的变化自动调节转速,导致水泵的运行能耗较大,存在较大的浪费现象。

(4) 制冷机支路的电动阀并未与主机的启停进行联锁控制,而是始终保持开启状态。当主机停机时,会出现水流旁通的情况,这不仅会导致能耗的浪费,还会对系统的供冷效果产生不利影响,进一步恶化末端的传热效果。

(5) 制冷站缺乏能耗分项计量系统,因此无法准确掌握各设备的能耗情况,这不利于系统的节能运行和优化管理。

9.1.2 系统方案描述

9.1.2.1 主要改造内容与方案

针对该制冷站的配置及其实际运行情况,该项目实施了硬件升级,并在此基础上增设了一套中央空调节能控制系统。硬件改造的具体内容包括：

（1）增设 1 台冷冻水泵变频配电柜（采用一拖二设计，即单台变频器可切换控制两台水泵的运行）；同时，增加 1 台冷却水泵变频配电柜，亦采用一拖二的设计方式。

（2）安装 1 台冷却塔风机变频配电柜，内置 2 台变频器，分别独立控制两个冷却塔风机的运行。

（3）在室外增设 1 个温湿度传感器，用于实时监测室外空气的温度和湿度；在冷冻水供回水总管上分别安装 1 个温度传感器，分别监测冷冻水的供水温度和回水温度；在冷却水供回水总管上也分别安装 1 个温度传感器，用于监测冷却水的供水温度和回水温度；此外，在低楼层、中楼层和高楼层的典型空调区域内，各增设 1 个 LORA 无线室内温湿度传感器，共 3 个，用于监测这些典型区域的室内温湿度状况。

（4）在冷冻水的分集水器上分别安装 1 个水管压力传感器，用于监测冷冻水的供水压力和回水压力。

（5）安装 2 个制冷机通信卡，这些通信卡与主机控制器建立通信联系，能够读取主机的运行数据，并实现远程的主机启停控制和冷冻水出水温度调节。

（6）利用并测试现有的主机支路电动开关阀。

（7）为制冷机、冷冻水泵、冷却水泵和冷却塔分别增设智能电量仪，共计 5 个，用于精确监测各设备的能耗情况。

在硬件设备改造的基础上，增设中央空调节能控制系统，即可实现对制冷站的自动化控制。该系统同时采用"智能按需供应策略"，实施一体化变水量与变温度的综合控制模式。中央空调节能控制系统的网络架构如图 9-3 所示，相关配置详情如下：

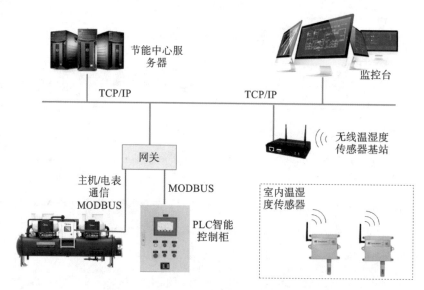

图 9-3　中央空调节能控制系统的网络架构

（1）配置 1 台节能中心服务器（该服务器为基于硬件的软硬一体化设备），其主要功能包括数据存储、数据分析以及全局节能策略的计算。

（2）配备 1 台网关设备（该网关为嵌入式开发的软硬一体化设备），用于实现数据协议的转换（如将 MODBUS 协议转换为 TCP/IP 协议）、数据缓存以及局部节能策略的计算。

（3）设置 1 个监控台（可选用 PC 机作为平台），用于运行系统操作软件，进行实时监控和管理。

（4）安装 1 个 PLC 智能控制柜，该控制柜负责数据采集以及基本控制策略的执行。

中央空调节能控制系统针对制冷站内的各个能耗单元,通过数据采集、传输、大数据分析、优化策略及智能控制等手段,实现系统的节能效果。该系统采用了分级式的节能控制策略,具体分为基本节能策略、局部节能策略和全局节能策略。

基本节能策略:依据设定的时间表,对设备的启停进行自动控制;同时,结合优化的系统运行状态点以及设备的实际运行数据,计算出设备的控制指令,从而实现对系统的节能控制。这一策略被部署在 PLC 智能控制柜中。

局部节能策略:以子系统为单位,对系统的运行状态点进行优化调整,以达到子系统的高效运行目标。由于局部节能策略的计算量相对较小,因此它直接被部署在本地的 PLC 智能控制柜中。

全局节能策略:从整个系统的角度出发,综合考虑室外的气象参数以及建筑的冷量需求,对系统的运行状态点进行优化调整。在确保室内热湿环境得到有效控制的前提下,实现系统的最小能耗运行。全局节能策略被部署在节能中心服务器中。

9.1.2.2　与原设备接口对接

冷冻水泵和冷却水泵增设了变频配电柜,这些配电柜被安装在原水泵配电柜与本地水泵之间。原配电柜直接引出电源线至新增的变频配电柜,电流经过变频器后再接入水泵电机,具体布置如图 9-4 所示。经过改造升级,水泵的控制权不再归属于原配电柜,而是转由新增的变频配电柜负责。同时,原配电柜上的运行状态指示也被迁移到了新增的变频配电柜上。

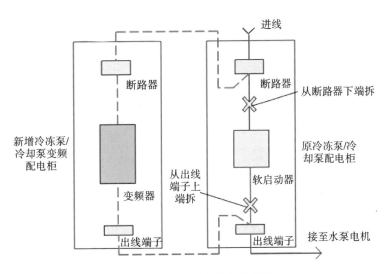

图 9-4　水泵变频柜接入示意图

冷却塔同样增设了变频配电柜,安装位置在原配电柜与本地风机之间。电源线从原配电柜直接引至新增的变频配电柜,经过变频器后再接入风机电机。改造后,风机的控制也改由新增的变频配电柜负责,原配电柜的状态指示也被相应迁移。

改造后的 PLC 智能控制柜通过继电器从制冷站新增的各变频配电柜中收集冷冻水泵、冷却水泵和冷却塔的手动/自动状态、运行状态、故障状态,以及相关阀门的开关状态等信息。同时,PLC 智能控制柜还通过通信电缆与各变频配电柜相连,获取冷冻水泵、冷却水泵及冷却塔风机的运行频率和功耗数据,并向它们发送频率控制信号。

此外,改造后的 PLC 智能控制柜还通过 RS485 接口与制冷机组的通信卡实现连接,从而能够获取制冷机组的内部运行数据。同时,PLC 智能控制柜还能将在线优化的冷冻水供水温度设定值发送至制冷机组,实现更精准的控制。

9.1.2.3　节能控制策略配置

节能控制系统依据建筑的冷量需求,对冷冻水泵、冷却水泵以及冷却塔风机实施变频调节。同时,系统还会根据气象参数对各运行状态点进行在线的优化设定。具体的节能控制策略如下:

(1) 实施冷冻水泵的按需流量控制。系统会根据分集水器之间的压差,自动调节冷冻水泵的运行频率,从而对冷冻水系统实施精确的按需水量控制。在此过程中,冷却水泵会与冷冻水泵进行同步的调节。

(2) 对冷却塔实施按需排热量控制。系统会根据排热量需求(主要参考冷却水回水温度的设定值),通过调节冷却塔风机的运行频率,实现对冷却塔风机的按需风量控制。

(3) 基于气候变化对冷冻水供回水干管压差进行优化。系统会综合考虑室外气象参数以及系统冷冻水供回水的温差,对冷冻水供回水的压差设定值进行优化,从而实现冷冻水泵的深度节能。

(4) 基于气候变化对冷冻水供水温度进行优化。系统会根据室外气象参数以及系统的运行参数,对冷冻水的供水温度进行优化(通过通信卡对制冷机组的冷冻水供水温度进行远程的自动设定),以提高系统的运行效率,确保制冷机组和冷冻水泵的总能耗达到最低。

(5) 基于气候变化对冷却水回水温度进行优化。系统会根据室外气象参数,对冷却水回水的温度设定值进行优化,以提升系统的运行效率,确保制冷机组和冷却塔风机的总能耗达到最低。

9.1.3　控制系统原理图

本项目制冷站控制系统的原理图如图 9-5 所示。鉴于该项目为改造项目,部分线缆的布置存在较大难度。因此,对于室内和室外的温湿度测量,我们采用了无线方式,并设置了无线基站来传输信号。这些无线基站通过 TCP/IP 协议与节能中心服务器进行信息的交换。

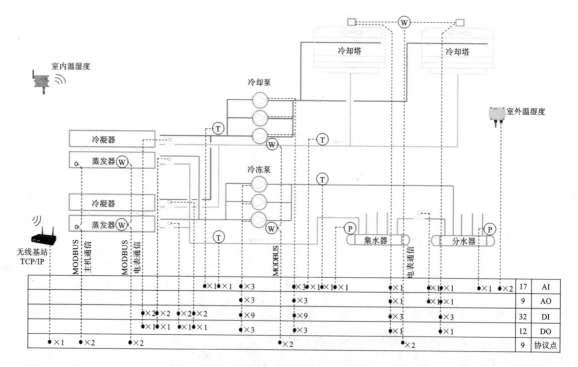

图 9-5　制冷站控制系统原理图

9.1.4 监控功能提升

本制冷站增设了中央空调节能控制系统后,实现了对系统设备的监控。制冷站群控设备及内容如表 9-3 所示。

表 9-3 制冷站群控设备及内容

监 控 设 备	数 量	监 控 内 容
制冷机组	2 台	手/自动状态、开关控制、运行状态、故障状态,机组运行功率与功耗,冷冻侧电动阀开关控制、冷冻侧电动阀开关状态反馈,冷却侧电动阀开关控制、冷却侧电动阀开关状态反馈,机组内部运行参数
冷冻水泵(变频)	2 台	手/自动状态、开关控制、运行状态、故障状态,频率给定及反馈,水泵运行功率与功耗
冷冻水泵(工频)	1 台	手/自动状态、开关控制、运行状态、故障状态,水泵运行功率与功耗
冷却水泵(变频)	2 台	手/自动状态、开关控制、运行状态、故障状态,频率给定及反馈,水泵运行功率与功耗
冷却水泵(工频)	1 台	手/自动状态、开关控制、运行状态、故障状态,水泵运行功率与功耗
冷却塔(变频)	2 台	手/自动状态、开关控制、运行状态、故障状态,频率给定及反馈,冷却塔风机运行功率与功耗
冷却水供回水总管	1 套	供回水温度,室外温湿度
冷冻水供回水总管	1 套	供回水干管温度,供回水干管压力,旁通阀开度控制、旁通阀开度反馈
室内温湿度检测	1 套	低楼层、中楼层和高楼层典型区域温湿度

制冷站具体实现的群控功能概述如下:

(1)具备各设备的远程手/自动状态切换功能。在远程手动状态下,能够远程手动控制各设备的启停;在自动状态下,则能依据预设的时间表及控制逻辑自动对各设备的启停进行调控。

(2)遵循预先设定的时间表,遵循"迟开机早关机"的原则对制冷机组的启停进行控制,旨在延长设备的使用寿命。

(3)实现电动水阀、冷却塔、冷却水泵、冷冻水泵及制冷机组的顺序联锁启动,以及制冷机组、冷冻水泵、冷却水泵、冷却塔、电动水阀的顺序联锁关闭。各联动设备的启停流程中均包含一个可自定义的延迟时间功能,以适应冷冻系统内各装置的运行特性。

(4)根据水系统供回水干管的压差来调节冷冻水泵的运行频率,同时冷却水泵与冷冻水泵实现同步变频。

(5)依据冷却水回水的温度对冷却塔风机的频率进行控制,确保冷却水回水温度维持在预设的范围内。

(6)监测制冷机组、冷冻水泵、冷却水泵及冷却塔风机的实时功率、功耗以及累计运行时间,并据此生成保养及维修报告。这些报告可通过网络直接发送至相关部门。

(7)系统具备故障报警功能,能够根据故障等级通过短信或邮件的方式及时通知管理人员。

9.1.5 节能控制效果

该项目实施后,取得了显著的节能成效。节能率的测试遵循了国家标准《节能量测量和验证技术要求 中央空调系统》(GB/T 31349—2014)中规定的相似日比较法。该方法的核心在于,在中央空调系统负荷大致相同的条件下,交替运行采用节能措施(即节能模式)与不采用节能措施(即既有模式)的系统,分别测量、记录并对比两种模式下的能耗,从而计算出节能率。相似日比较法的优势在于能够排除气候参数、建筑内部负荷及其他不确定因素的干扰,因此被广泛应用于中央空调系统的节能量测量中。

本项目中,节能率测量的设备涵盖了制冷主机、冷冻水泵、冷却水泵以及冷却塔风机。根据节能率测试的标准要求,相似日的主要影响参数及其允许的最大偏差已在表 9-4 中详细列出。经过现场调研并与甲方深入讨论,我们决定以酒店大厅内的温度作为日平均室内温度的衡量指标(鉴于大厅空调全天候运行,大厅内的日平均温度对比结果能够反映整个酒店内的温度对比情况)。

表 9-4　相似日主要影响参数及其允许的最大偏差

参 数 名 称	日平均室外温度	日平均室内温度	日 入 住 率
相似日最大允许偏差	±1 ℃	±0.5 ℃	±10%

系统改造前的运行记录如表 9-5 所示。根据这份记录,我们可以确定制冷站系统的既有模式。其中,节能模式(即节能措施已开启的运行模式)为系统的自动运行模式,系统会根据实际情况自动调整运行状态。

表 9-5　制冷站既有运行记录

时 间 段	运行设备台数	运 行 状 态
5 月 1 日至 5 月 31 日及 10 月 1 日至 10 月 31 日	制冷机组 1 台,冷冻水泵 1 台,冷却水泵 1 台,冷却塔 1 组	每天开,每天运行时间不低于 20 h,冷冻水出水温度手动设定,水泵均工频运行
6 月 1 日至 6 月 30 日及 9 月 1 日至 9 月 30 日	制冷机组 1 台,冷冻水泵 1 台,冷却水泵 1 台,冷却塔 1 组	每天开,每天 24 h 运行,冷冻水出水温度手动设定,水泵均工频运行
7 月 1 日至 8 月 31 日	制冷机组 1 台,冷冻水泵 1 台,冷却水泵 1 台,冷却塔 2 组	每天开,每天 24 h 运行,冷冻水出水温度手动设定,水泵均工频运行

测试时间是在某年的 6 月至 7 月,这一时期处于中高负荷阶段。在中负荷段和高负荷段选取的典型日的节能效果如表 9-6 所示。经过计算,中至高负荷段的 7 组典型日的综合节能率为 30.3%。

表 9-6　既有模式与节能模式运行能耗对比

日　　期	运 行 模 式	每日能耗/(kW·h)	节能量/(kW·h)	节能率/(%)	负 荷 率
6 月 25 日	节能模式	3706	1879	33.6	中负荷
6 月 26 日	既有模式	5585			
7 月 2 日	既有模式	5701	1165	20.4	中负荷
7 月 3 日	节能模式	4536			
7 月 4 日	节能模式	4271	1922	31.0	中负荷
7 月 5 日	既有模式	6193			
7 月 6 日	既有模式	6544	2375	36.3	高负荷
7 月 7 日	节能模式	4169			
7 月 10 日	节能模式	3712	2717	42.3	高负荷
7 月 11 日	既有模式	6429			
7 月 16 日	节能模式	5547	1499	21.3	高负荷
7 月 17 日	既有模式	7046			
7 月 20 日	节能模式	5592	2152	27.8	高负荷
7 月 21 日	既有模式	7744			
综合能耗	既有模式	45242	13709	30.3	中-高负荷
	节能模式	31533			

9.2 医院类建筑

医院属于大型公共建筑,通常拥有较多的楼栋和较大的建筑面积。这类建筑的空调系统大多采用水冷式中央空调系统,且通常需要 24 小时不间断运行,因此能耗较大。另外,中央空调系统作为医院正常运营不可或缺的辅助系统,其安全可靠运行至关重要。因此,建筑智能控制系统在确保医院暖通空调设备正常高效运行方面发挥着重要作用。

本节将以湖北某医院的制冷站节能改造项目为例,对其制冷站智能控制系统的改造方案及控制效果进行深入分析。

9.2.1 工程概况及现状

医院占地面积约 171 亩,总建筑面积约为 53525 平方米,包含住院部、门诊部以及感染病防治三大建筑群。目前,夏季采用水冷式中央空调系统为建筑供冷,冬季则使用天然气锅炉供暖。供冷系统和供暖系统的原理图分别如图 9-6 和图 9-7 所示。空调室内设计参数详见表 9-7。

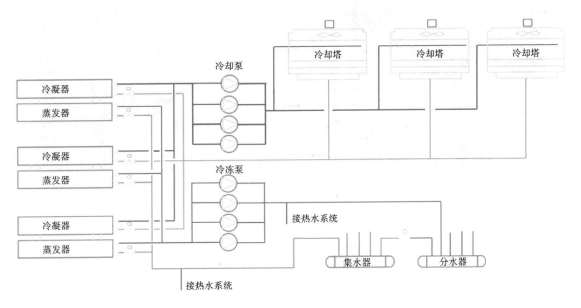

图 9-6 制冷站水系统原理图

表 9-7 空调室内设计参数

子项名称	夏季		冬季		新风量/ [m³/(h·人)]
	温度/℃	相对湿度/(%)	温度/℃	相对湿度/(%)	
医院各楼层	24～28	40～65	18～24	30～60	≥30

该医院水冷式中央空调系统的制冷站配置了 3 台大小相同的制冷机组,每台机组的额定制冷量为 2110 kW,输入功率为 355 kW。此外,还配置了 4 台冷冻水泵(3 台工作,1 台备用)和 4 台冷却水泵(3 台工作,1 台备用),以及 3 台冷却塔。供热方面,医院配备了 2 台燃气锅炉,2 台热水一次泵(1 用 1 备),以及 4 台热水二次泵(2 用 2 备),这些设备在冬季为空调热水系统提供循环动力。空调末端则采用了风机盘管加新风机组的形式。制冷站的现场设备图片如图 9-8 所示。

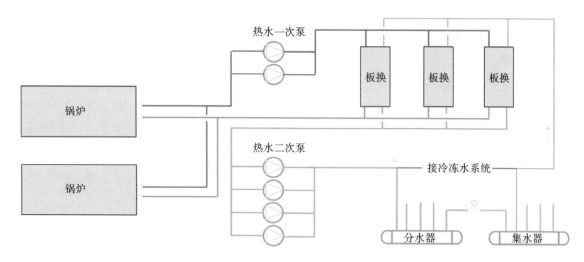

图 9-7　锅炉供热系统原理图

图 9-8　制冷站现场设备图片

该医院中央空调制冷站和锅炉房的主要设备装机功率总和为 1761 kW,具体的设备功率配置详见表 9-8。

表 9-8　医院中央空调制冷站和锅炉房主要设备功率配置

序　号	系 统 类 别	设 备 名 称	单机功率 /kW	参　数	台　数	备　注
1		制冷机组	355	冷量:2110 kW 功率:355 kW	3	2 用 1 备
2	空调冷水系统	冷却水泵	75	额定流量:550 m³ /h 扬程:32 mH₂O	4	3 用 1 备
3		冷冻水泵	55	额定流量:400 m³ /h 扬程:32 mH₂O	4	3 用 1 备
4		冷却塔	15		3	互为备用

续表

序 号	系统类别	设备名称	单机功率/kW	参 数	台 数	备 注
5	热水系统	热水一次泵	22	额定流量:182 m³/h 扬程:28 mH₂O	2	1用1备
6		热水二次泵	22	额定流量:130 m³/h 扬程:32 mH₂O	4	2用2备
7	总计		1761 kW			

该制冷站的冷冻水泵、冷却水泵、冷却塔风机以及热水一次泵均未配置变频器,均以工频方式运行;而热水二次泵虽然配置了变频器,但实际上始终以固定频率运行。制冷机组的冷冻侧支路均配备了电动开关阀。

改造前,该医院暖通空调系统的夏季供冷期为5月10日至10月15日,冬季供热期为12月1日至3月15日,具体运行情况如下:

(1)制冷站虽配备了群控系统,但该系统主要用于监测设备的运行状态,无法实现自动按需控制的功能。

(2)制冷机组无法自动启停或自动加减机,冷冻水的供水温度需要人为手动调节,且长期维持在一个固定的设定值上。

(3)由于冷冻水泵、冷却水泵以及冷却塔均未安装变频装置,因此无法根据负荷的变化自动调节转速,导致水泵的运行能耗较大,存在浪费现象。

(4)制冷机支路的电动阀并未与主机的启停实现联锁控制,因此始终保持开启状态。当制冷机停机时,会出现水流旁通的情况。为了确保系统的水量,冷冻水泵和冷却水泵通常都会常开两台,这不仅造成了能耗的浪费,还不利于系统的供冷效果。

(5)热水一次泵没有安装变频装置,而热水二次泵虽然配置了变频装置,但频率始终固定不变,无法根据负荷的变化自动调节转速,因此也存在明显的能耗浪费问题。

(6)虽然制冷站有整体的能耗计量,但缺乏能耗分项计量,因此无法准确掌握制冷站各设备的能耗情况,这不利于系统的节能运行。

9.2.2 系统方案描述

9.2.2.1 主要改造内容与方案

针对该制冷站与锅炉房的配置及其实际运行情况,该项目不仅增加了部分硬件,还整合了一套中央空调节能控制系统。

硬件改造的具体内容如下:

(1)增加了一台冷冻水泵变频配电柜(内含两台变频器,分别负责控制两个冷冻水泵的运行),而另外两台泵则维持原有的工频运行方式。同时,还增加了一台冷却水泵变频配电柜(内含两台变频器,分别控制两个冷却水泵的运行),剩余两台泵继续以工频方式运行。

(2)增设了一台冷却塔风机变频配电柜,该配电柜内含三台变频器,分别用于控制三个冷却塔风机的运行。

(3)增加了一台热水一次泵变频配电柜,该配电柜采用一拖二的设计,即一台变频器同时连接两台水泵,并通过切换旋钮来选择需要运行的水泵。

（4）为了更精确地监测环境参数，在室外增设了一个温湿度传感器，用于实时监测室外空气的温度和湿度。同时，在冷冻水供回水总管、冷却水供回水总管以及热水一次回路供回水总管上，分别增设了温度传感器，分别用于监测这些管路的供水温度和回水温度。此外，每栋楼还增设了三个 LORA 无线室内温湿度传感器，分别位于低、中、高楼层的典型空调区域，以实时监测这些区域的室内温湿度。

（5）为了监测冷冻水的压力情况，在冷冻水分集水器上分别增设了水管压力传感器，用于分别监测供水压力和回水压力。

（6）为制冷机组增设了三个通信卡，这些通信卡能够与主机控制器进行通信，读取主机的运行数据，并实现对主机的远程启停控制以及设定冷冻水的出水温度。

（7）为锅炉增设了两个通信卡，这些通信卡能够与锅炉控制器进行通信，读取锅炉的运行数据，并实现对锅炉的远程启停控制以及设定热水的出水温度。

（8）为了接收无线传感器的信号以及锅炉通信的无线信号，增设了一个无线基站。

（9）为制冷机、冷冻水泵、冷却水泵、冷却塔、热水一次泵以及热水二次泵分别增设了智能电量仪，共计八个，以便更精确地监测和控制这些设备的能耗。

在利用原有硬件方面，保留了原有的热水二次泵变频装置以及制冷机支路的电动开关阀。

在硬件设备改造的基础上，增加了中央空调节能控制系统，该系统能够实现对制冷站和锅炉房的自动化控制，并采用了"智能按需供应策略"，实施了一体化变水量、变温度的控制模式。本项目中央空调节能控制系统的网络架构如图 9-9 所示，相关配置具体如下：

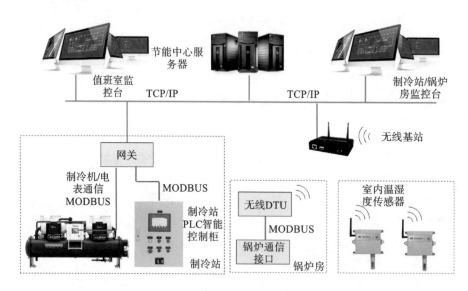

图 9-9　中央空调节能控制系统的网络架构

（1）配备了 1 台节能中心服务器（这是 1 台基于服务器的软硬一体设备），主要用于数据存储、数据分析以及全局节能策略的运算。

（2）配置了 1 台网关（这是 1 台经过嵌入式开发的软硬一体设备），它主要负责数据协议的转换（即将 MODBUS 协议转换为 TCP/IP 协议）、数据的缓存以及局部节能策略的运算。

（3）设置了 2 个监控台（这些监控台可以采用 PC 机），它们的主要作用是运行系统操作软件。

（4）配备了 1 个 PLC 智能控制柜,它主要用于数据采集以及基本控制策略的执行。

该中央空调节能控制系统以制冷站与锅炉房中的各个能耗单元为控制对象,通过数据采集、数据传输、大数据分析、优化策略以及智能控制等技术手段,实现了系统的节能效果。系统采用了分级式的节能控制策略,这些策略包括基本节能策略、局部节能策略以及全局节能策略。值得注意的是,本项目所采用的中央空调节能控制系统的节能控制策略结构与 9.1 节所述的系统基本相同。

9.2.2.2 与原设备接口对接

本项目所涵盖的设备接口对接工作包括:新增的冷冻水泵/冷却水泵变频柜与原配电系统的对接,新增的冷却塔变频柜与原配电系统的对接,新增的热水一次泵变频柜与原配电系统的对接,以及新增的 PLC 智能控制单元与原设备及新增设备之间的接口对接。上述所有设备的接口对接方式均与 9.1 节中所述的方式保持一致。

与 9.1 节所述项目相比,本项目的主要区别在于引入了锅炉系统。鉴于锅炉房与制冷站之间的距离较远,我们采用了 LORA 无线传输技术来实现与锅炉的通信,同时配置了无线基站,使其能够通过 TCP/IP 协议与节能中心服务器进行数据传输与通信。

9.2.2.3 节能控制策略配置

节能控制系统根据建筑物的冷热量需求,对冷冻水泵、冷却水泵、冷却塔风机实施变频调节,同时对热水泵也进行变频调节。此外,系统还会根据气象参数对各运行状态点(例如冷冻水供水温度、锅炉热水出水温度等)进行在线优化设定。具体的节能控制策略如下:

（1）冷冻水泵按需流量控制策略:在夏季,系统会根据末端的水量需求(可参照冷冻水供回水干管的压差)来调节水泵的运行频率,从而实现对冷冻水系统的按需水量控制。同时,冷却水泵会与冷冻水泵进行同步调节。

（2）热水循环泵按需流量控制策略:冬季时,系统会根据末端的水量需求(参考供回水干管的压差)来调节热水循环泵的运行频率,以满足空调热水的按需水量控制。

（3）冷却塔按需排热量控制策略:系统会根据排热量的需求(参考冷却水的回水温度)来调节冷却塔风机的频率,从而实现按需风量控制。

（4）制冷机优化序列控制策略:根据制冷机组的负载率、运行时间及冷冻水的供水温度,系统会优化制冷机组的启停台数及启停顺序,确保各制冷机组运行在能效较高的区域,并对水泵、冷却塔、电动阀等其他设备进行相应的联锁控制。

（5）基于气候变化的冷冻水供回水压差优化策略:系统会根据室外气象参数及系统运行数据来优化冷冻水供回水的压差设定值,以实现冷冻水泵的深度节能。

（6）基于气候变化的冷冻水供水温度优化策略:根据室外气象参数及系统运行数据,系统会优化冷冻水的供水温度(通过通信卡对制冷机组的冷冻水供水温度进行远程自动设定),以提高系统的运行效率,使制冷机组和冷冻水泵的总能耗达到最低。

（7）基于气候变化的冷却水回水温度优化策略:系统会根据室外气象参数及系统运行数据来优化冷却水回水的温度设定值,以提高系统的运行效率,并使制冷机组和冷却塔风机的总能耗达到最低。

（8）基于气候特性的小负荷系统间歇性运行优化控制策略:根据室外气象参数及末端的冷量需求,系统会对制冷机组、冷却水泵、冷却塔采用间歇性启停控制,充分利用冷冻水系统储存的冷量,以降低系统的能耗。

（9）基于气候变化的热水供水温度优化策略:根据室外气象参数及系统运行数据,系统会优化锅炉的热水供水温度(通过通信接口对锅炉的热水供水温度进行远程自动设定),以提高锅炉系统的运行效率,并使锅炉和热水循环泵的总能耗达到最低。

9.2.3 控制系统原理图

本项目制冷站控制系统的原理图如图 9-10 所示,锅炉供暖控制系统的原理图如图 9-11 所示。在这些原理图中,冷冻水供回水总管温度、冷冻水供回水总管压力、旁通阀开度及其控制、室外温湿度以及无线室内温湿度等信号,均为供冷系统和供热系统所共用的设备及控制信号。

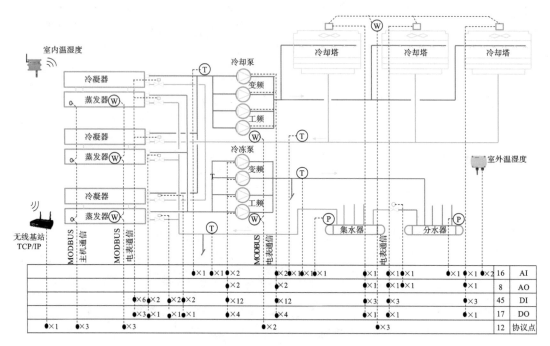

图 9-10 制冷站控制系统原理图

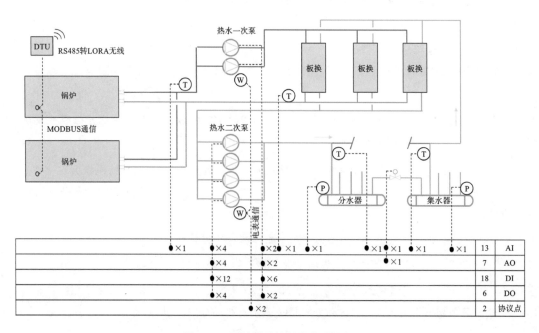

图 9-11 锅炉供暖控制系统原理图

由于该项目属于改造项目,部分线缆的布置存在较大困难。因此,对于室内温湿度测量以及室外空气温湿度测量,采用了无线方式,并设置了无线基站来进行信号的传输。这些无线基站通过TCP/IP协议与节能中心服务器进行信息交换。

9.2.4　监控功能提升

本制冷站与锅炉房增设了中央空调节能控制系统后,实现了对系统设备的监控。主要监控设备与内容如表9-9所示。

表9-9　监控设备与内容

监控设备	数量	监控内容
制冷机组	3台	手/自动状态、开关控制、运行状态、故障状态,机组运行功率与功耗,冷冻侧电动阀开关控制、冷冻侧电动阀开关状态反馈、冷却侧电动阀开关控制、冷却侧电动阀开关状态反馈,制冷机内部运行参数
冷冻水泵(变频)	2台	手/自动状态、开关控制、运行状态、故障状态,频率给定及反馈,水泵运行功率与功耗
冷冻水泵(工频)	2台	手/自动状态、开关控制、运行状态、故障状态,水泵运行功率与功耗
冷却水泵(变频)	2台	手/自动状态、开关控制、运行状态、故障状态,频率给定及反馈,水泵运行功率与功耗
冷却水泵(工频)	2台	手/自动状态、开关控制、运行状态、故障状态,水泵运行功率与功耗
冷却塔(变频)	3台	手/自动状态、开关控制、运行状态、故障状态,频率给定及反馈,风机运行功率与功耗
冷却水供回水总管	1套	供回水温度,室外温湿度
冷冻水供回水总管	1套	供回水干管温度,供水干管压力、回水干管压力(与供热时共用),旁通阀开度控制、旁通阀开度反馈
供热锅炉	2台	运行状态、故障状态、内部运行参数
热水一次泵(变频)	2台	手/自动状态、开关控制、运行状态、故障状态,频率给定及反馈,水泵运行功率与功耗
热水二次泵(变频)	4台	手/自动状态、开关控制、运行状态、故障状态,频率给定及反馈,水泵运行功率与功耗
热水一次供回水总管	1套	供回水温度,供水干管压力、回水干管压力
热水二次供回水总管	1套	供回水干管温度,供水干管压力、回水干管压力(与制冷时共用),旁通阀开度控制、旁通阀开度反馈(同冷冻水共用一套)

制冷站和锅炉房具体实现的监控功能如下:

(1)各设备具备远程手/自动状态切换功能,选择远程手动状态时,能远程手动控制各设备的启停;选择自动状态时,能按照时间表及控制逻辑自动控制各设备的启停。

(2)根据预先编排的时间表,按照"迟开机、早关机"的原则控制制冷机组的启停,以达到延长设备使用寿命的目的。

(3)能完成电动水阀、冷却塔、冷却水泵、冷冻水泵、制冷机组的顺序联锁启动,以及制冷机组、冷冻水泵、冷却水泵、冷却塔、电动水阀的顺序联锁关闭。各联动设备的启停程序中包含一个可调整的延迟时间功能,以配合冷冻系统内各设备的特性。

(4)根据冷冻水系统供回水干管的压差,控制冷冻水泵的运行频率,冷却水泵与冷冻水泵实现同步变频。

(5)根据冷却水回水的温度,控制冷却塔风机的频率,将冷却水回水的温度维持在设定值。

（6）根据热水一次供回水的温差，控制热水一次泵的运行频率；根据热水二次供回水的压差（与冷冻水系统共用设备）控制热水二次泵的运行频率。

（7）根据热水一次泵的运行时间，自动切换一次水泵；根据热水二次泵的运行时间，自动切换二次水泵。

（8）监测制冷机组、冷冻水泵、冷却水泵、冷却塔风机、热水一次泵、热水二次泵的功耗，并累计其运行时间，以开列保养及维修报告。此外，还能通过联网功能将报告直接传送至相关部门。锅炉房配备有天然气用量计量系统。

（9）系统具备故障报警功能，并能根据故障等级，通过短信或邮件方式通知管理人员。

9.2.5　节能控制效果

本项目实施后，取得了显著的节能效果。节能量的认定方法依据国标《节能量测量和验证技术要求 中央空调系统》（GB/T 31349—2014）中的基准能耗法。基准能耗法是通过参考过往年份的系统能耗，设定一个能耗值作为节能改造后的基准能耗。节能改造完成后，只需将系统实际运行能耗与这一基准能耗进行对比，即可计算出节能量和节能率。在应用基准能耗法时，需全面考虑建筑使用属性的变化、空调面积的变化、发热设备的增减、经营状态的变化（如人流量）等因素，并结合这些因素对基准能耗进行相应修正，以确定每年的基准能耗，从而保证节能量认定的准确性。

表 9-10 展示了医院冷热源系统全年的用电能耗分析。本项目所确定的制冷站与锅炉供暖系统（统称冷热源系统）的基准能耗为 195 万千瓦时。经过节能改造并运行一年后，系统总能耗节约了 61.7 万千瓦时，节能率高达 31.6%。在表中，制冷机组、水泵及冷却塔的基准能耗是根据系统实际运行状况及总基准能耗进行合理拆分得出的，其中水泵能耗包含了冷冻水泵、冷却水泵、热水一次泵及热水二次泵的总能耗。

表 9-11 则呈现了医院供暖锅炉全年的用气分析。经确定，锅炉的基准燃气用量为 26 万立方米。通过节能措施，燃气用量节省了 29616 立方米，节能率为 11.4%。

表 9-10　医院冷热源系统全年用电能耗分析

系　　统	全年用电能耗/(kW·h)		节约用电能耗/(kW·h)	节能率/(%)
	基准能耗	节能改造后能耗		
制冷机组	888523	793552	94971	10.7
水泵	983312	500002	483310	49.2
冷却塔	78165	39788	38377	49.1
总能耗	1950000	1333342	616658	31.6

表 9-11　医院供暖锅炉全年燃气能耗分析

系　　统	全年天然气用量/m³		节约天然气/m³	节能率/(%)
	基准能耗	节能改造后能耗		
锅炉	260000	230384	29616	11.4

9.3　地铁车站环控系统

地下轨道交通（地铁）的发展迅猛，已成为大多数市民生活和工作中不可或缺的交通工具，为广大市民带来了极大的便利，同时也为城市的快速发展注入了强劲动力。地铁车站内的热湿环境具有以下几个特点：

（1）地铁车站是一个相对封闭的链状狭长地下空间,人员密集,需要通过通风空调系统来创造适宜的人工环境,以满足运营需求。

（2）列车牵引及制动、设备运行、人员活动、照明、广告等都会产生大量余热,同时土壤和人员还会释放大量湿气,以及粉尘、霉菌等污染物,这些都需要通过通风空调系统进行有效处理和排放。

因此,对于现代地铁车站而言,通风空调系统是至关重要的。目前,地铁车站的通风空调系统设备及其系统容量通常按照远期(建成25年后)的负荷进行设计,这导致近期运行时出现"大马拉小车"的现象,能耗浪费严重。地铁车站的能耗范围在100万～300万千瓦时之间。随着城市轨道交通线路的不断建设,城市用电量显著增长。截至2023年12月,武汉地铁2号线、4号线、3号线、7号线、8号线、11号线一期、16号线二期工程、19号线等已建成并投入运营,共有300座车站,全线网运营总里程达到486千米。预计2024年,武汉地铁车站通风空调系统的全年能耗可高达5亿度电。

地铁车站的空调负荷主要来源于乘客和气候变化,受人流量和站外环境波动的影响较大。因此,地铁车站的空调系统具有很高的可调节性。采用智能节能控制系统可以有效降低通风空调系统的运行能耗。本节将以武汉某地铁车站的环控系统(即通风空调系统)节能控制改造为例,展示地铁车站通风空调系统的节能控制方法及其实施效果。

9.3.1 工程概况及现状

武汉地铁某车站是一座地下两层标准岛式车站,其中地下一层为站厅层,地下二层为站台层。车站的通风空调系统采用了典型的水冷式中央空调系统,冷源由水冷式螺杆制冷机组提供,冷却水则由设置在风亭顶部的冷却塔供给。系统的末端设备主要包括组合式空调器(用于大系统)和空调柜(用于小系统)。在夏季,站厅的设计温度为30℃,站台的设计温度为28℃,而设备和管理用房的设计温度则在26～27℃之间。在通风季节,系统会进行通风以满足卫生要求。

空调水系统制冷站配备了两台螺杆式制冷机组、三台冷冻水泵(两用一备)、三台冷却水泵(两用一备)以及两台冷却塔,这些设备均位于车站地面的风亭上方,系统原理图如图9-12所示。在节能改造前,冷冻水泵、冷却水泵及冷却塔风机均采用固定频率运行。制冷系统采用一对一的运行模式,制冷机、冷冻水泵、冷却水泵及冷却塔实行联动

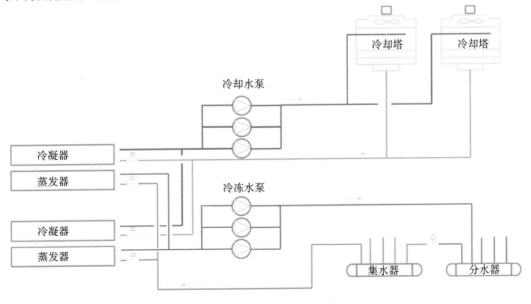

图 9-12　制冷站水系统原理图

运行。

　　站厅层两端的大系统负责为站厅及站台进行空气调节与通风,系统原理图如图 9-13 所示。该系统设置了送风机、回排风机和小新风机,其中送风机和回排风机目前均为定频控制,而小新风机则以工频运行。通风空调小系统则通常采用小型空调柜,为车站的设备用房及工作人员用房提供通风空调。小系统一般配备送风机和回排风机,这些设备均以工频运行,系统原理图如图 9-14 所示。本车站 A 端设置了一个小系统,而 B 端则设置了三个小系统。

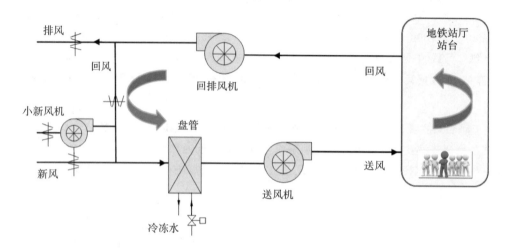

图 9-13　大系统原理图

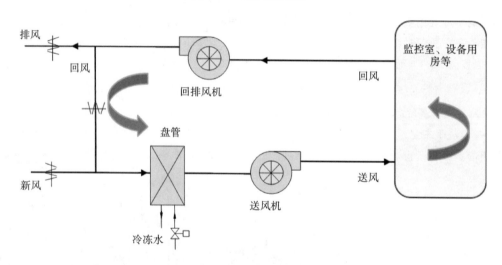

图 9-14　小系统原理图

　　该车站通风空调系统的主要设备装机功率总和为 470.5 kW。随着客流及站外环境气候参数的变化,可以对这部分装机容量进行控制策略的调整,因此具有很大的节能潜力。主要设备的功率配置如表 9-12 所示。

　　该地铁车站通风空调系统节能改造前的运行情况具体描述如下:

　　(1) 大系统方面,回排风机和送风机虽然配备了变频器,但并未启用自动变频功能,因此送风机与回排风机均在固定频率下运行。同时,冷冻水阀为电动阀,但同样未启用自动调节功能,始终处于全开状态。由于缺乏送风温度传感器,送风温度和回风温度均未得到有效控制,导致站台和站厅的热湿环境与设计要求存在偏差。

　　(2) 小系统方面,风机未安装变频器,采用工频运行方式。同时,风水系统也未得到有效控制,虽然设有电动阀,但并未发挥作用,同样处于全开状态。这导致部分设备间的温度过低,有的甚至低至 19 ℃,部分系统送风温度也过低,出风口出现明显的结露现象,存在影响系统安全运行的潜在风险。

表 9-12 车站通风空调系统主要设备功率配置

系统类别	设备名称	单机功率/kW	主要参数	台　数	总功率/kW
制冷机组	制冷机组	104.9	额定制冷量:534.3 kW	2	209.8
大系统	空气处理机组(送风机)	30	风量:50000 m³/h	2	60
	回排风机	15	风量:40000 m³/h	2	30
	小新风机	3	风量:12100 m³/h	2	6
A端空调小系统 A501	空气处理机组	2.2	风量:8000 m³/h	1	2.2
	回排风机	2.2	风量:8000 m³/h	1	2.2
B端空调小系统 B101	空气处理机组	3	风量:12000 m³/h	1	3
	回排风机	3	风量:12000 m³/h	1	3
B端空调小系统 B201	空气处理机组	11	风量:26000 m³/h	1	11
	回排风机	7.5	风量:26000 m³/h	1	7.5
B端空调小系统 B301	空气处理机组	1.5	风量:5200 m³/h	1	1.5
	回排风机	1.8	风量:5200 m³/h	1	1.8
水系统	冷却水泵	18.5	风量:164 m³/h	3	55.5
	冷冻水泵	22	风量:171 m³/h	3	66
	冷却塔风机	5.5	风量:150 m³/h	2	11
总装机功率			470.5 kW		

(3)制冷站方面,冷冻/冷却水泵和冷却塔风机均采用手动启停方式,虽然配备了变频器,但并未设置自动变频的控制策略。因此,这些设备无法根据系统的负荷变化进行实时调节,导致出现大流量小温差的现象,能源浪费严重。此外,群控系统也未对制冷站系统进行整体优化控制,如冷冻水供水温度、冷却水回水温度及冷冻水流量的优化等。这导致系统综合能效比(COP)很低,大系统运行期间的综合 COP 平均值不足 3.0,而在窗口期小系统运行、大系统不运行时,综合 COP 平均值更是仅为 1.1 左右。

9.3.2　系统方案描述

9.3.2.1　主要改造内容与方案

本项目改造范围涵盖了风系统和空调水系统。风系统包含两个大系统和四个小系统,它们在车站内的具体位置分布如图 9-15 所示。智能控制系统网络设计则如图 9-16 所示。此次改造增设的主要控制设备有:水系统(即制冷站)PLC 智能控制柜、A 端大系统 PLC 智能控制柜、B 端大系统 PLC 智能控制柜、B 端小系统 PLC 智能控制柜,以及一体化智能管理平台。其中,水系统 PLC 智能控制柜负责制冷站各设备的智能控制;A 端大系统 PLC 智能控制柜负责 A 端大系统及 A 端小系统 A501 的智能控制;B 端大系统 PLC 智能控制柜负责 B 端大系统及 B 端小系统 B101 的智能控制;B 端小系统 PLC 智能控制柜则负责 B 端小系统 B201 及 B301 的智能控制。一体化智能管理平台则用于对各智能控制柜进行集中统一的管控,并承担数据存储、大数据运算以及系统优化算法的运算任务。

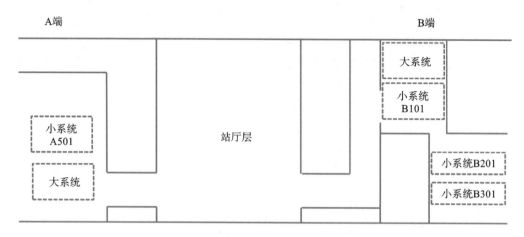

图 9-15　大系统和小系统的分布示意图

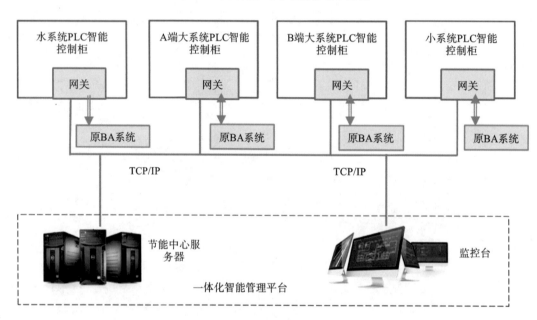

图 9-16　智能控制系统网络设计

　　具体的改造内容详见表 9-13,主要包括各系统的 PLC 智能控制柜、传感器以及电量仪的增设与升级。考虑到小系统 B201 的风机装机功率相对较大且全年运行,节能潜力巨大,因此在节能改造方案中特别增加了小系统 B201 的风机变频配电柜。中央空调及其控制系统的其他部分则保持原有状态不变。升级完成后,BAS(地铁环境与设备系统,简称 BAS)原有的监控功能将得到保持,同时,改造后的各智能控制柜将通过网关向 BAS 提供与原有控制柜相同的数据监控接口,确保能够接收 BAS 下发的指令并向 BAS 上传相关的运行数据。

表 9-13　节能改造主要内容

对　象	改造升级内容	数　量	备　注
大系统	增设 PLC 智能控制柜	2 个	分别用于 A、B 两端的两个大系统,同时用于小系统 A501 和 B101,设有电量仪
	增设风管温度传感器	4 个	分别安装于两个大系统的回风管和送风管,系统原有传感器信号进入 BAS

对　象	改造升级内容	数　量	备　注
小系统 B201	增设 PLC 智能控制柜	1个	同时用于小系统 B301
	新增变频配电柜	1个	用于系统的送风机和回排风机,新增变频配电柜设有变频器和工频旁通,设有电量仪
	增设风管温度传感器	2个	分别安装于系统的回风管和送风管,系统原有传感器信号进入 BAS
小系统 A501、B101、B301	增设风管温度传感器	3个	分别安装于各小系统的回风管,系统原有传感器信号进入 BAS
水系统	原 DDC 控制柜更换为 PLC 智能控制柜	1个	升级现有群控系统,能够实现一体化变水量、变温度优化控制策略
	更换水温度传感器	5个	分别为冷冻水供回水温度传感器、冷却水供回水温度传感器、环境温湿度传感器
	增设智能电量仪	2个	分别用于两台制冷机组的实时功耗和累计功耗测量,并上传至一体化管理平台

1. 水系统(制冷站)改造方案

水系统的控制系统升级分为两个阶段。第一阶段是硬件设备的部分升级,具体为更换部分现有的水温度传感器,更新原有的 DDC 控制柜,并将其升级为 PLC 控制系统。同时,为两台制冷机分别增设智能电量仪,如图 9-17 所示。在 PLC 智能控制柜内部,配备了 PLC 及相关器件、触摸屏等组件。在硬件设备升级的基础上,水系统将采用"智能按需供应策略",实施一体化变水量、变温度的控制模式。

2. 大系统改造方案

大系统的控制系统升级同样分为两个阶段。第一阶段是硬件设备的部分升级,包括增设 PLC 智能控制柜(内置 PLC 及相关器件、触摸屏等),并在大系统的送风管和回风管上分别增设送风温度传感器和回风温度传感器,如图 9-18所示。在硬件设备升级的基础上,大系统将采用"智能按需供应策略",实施风水一体化的控制模式,对现有的风机频率和水阀开度的控制模式进行升级。而各风机的启停控制以及各风阀的开关控制则依然由 BAS 完成。

3. 小系统 B201 改造方案

对于大风量的小系统 B201,其控制系统升级也分为两个阶段。第一阶段是硬件设备的部分升级,具体为增设风机变频配电柜(内置风机变频器),增设 PLC 智能控制柜(内置 PLC 及相关器件、触摸屏等),并在小系统的送风管和回风管上分别增设送风温度传感器和回风温度传感器,如图 9-19 所示。在硬件设备升级的基础上,小系统 B201 将采用"智能按需供应策略",实施风水一体化的控制模式,对现有的风机工频运行和水阀开度的控制模式进行升级。而各风机的启停控制以及各风阀的开关控制则依然由 BAS 完成。

4. 其他小系统改造方案

对于其他小风量的小系统(A501、B101、B301),它们与相邻的系统共用 PLC 智能控制柜,因此不需要增设变频配电柜。仅需要增设 PLC 控制系统进行智能按需水量供应控制,同时在回风管上增设回风温度传感器。这些传感器将根据回风温度对冷水阀的开度进行调节,以实现室内温度的控制。而送风机和回排风机则依然按照现行的工频运行,各风机的启停控制以及各风阀的开关控制则依然由 BAS 完成,如图 9-20 所示。其中,A 端小系统 A501 与 A 端

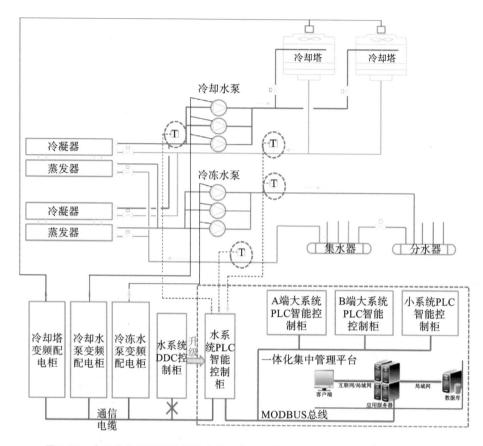

图 9-17　水系统的控制系统改造升级内容及一体化集中管理系统结构（虚线框内）

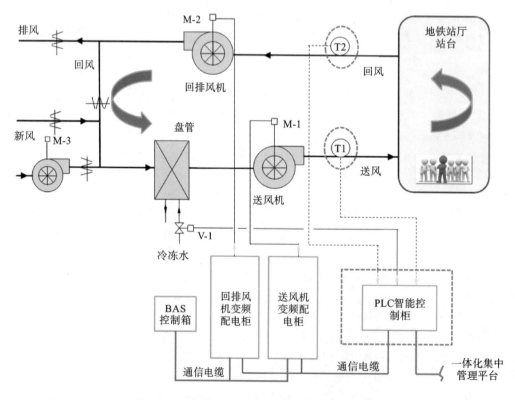

图 9-18　大系统的控制系统改造升级内容（虚线框内）

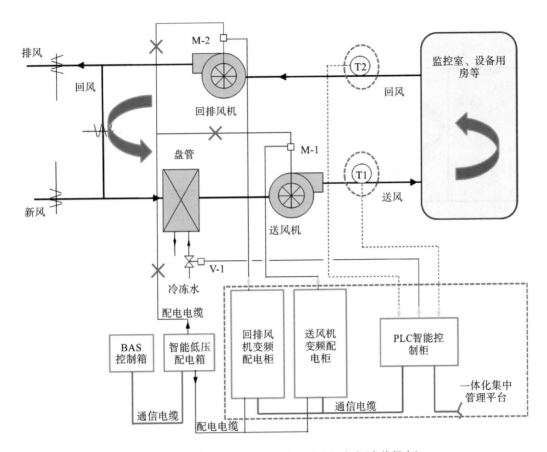

图 9-19 小系统 B201 的控制系统改造升级内容（虚线框内）

大系统共用一个 PLC 智能控制箱，B 端小系统 B101 与 B 端大系统共用一个 PLC 智能控制箱，B 端小系统 B301 则与 B 端小系统 B201 共用一个 PLC 智能控制箱。

5. 一体化智能管理平台

整个控制系统被集成在一起，构建了一个一体化智能控制平台。该平台能够实时监测各个子系统的运行状态，并利用其强大的数据处理系统对系统实时运行数据进行深入分析，从而计算出各系统优化的运行状态点，实现系统的整体优化控制。同时，该平台还具备实时记录和保存通风空调系统运行数据（如传感器测量的温度、能耗等）的功能，并支持数据的拷贝和打印。

在系统升级后，现有的 BAS 对空调风系统的监控功能保持不变。也就是说，风系统各设备的开关操作依然由 BAS 进行控制，各状态点的信息也依然会反馈到 BAS 中。而新增的 PLC 系统则专注于对风机运行频率和冷水阀开度进行调节。同时，水系统会按照原有的数据映射表继续向 BAS 推送相关数据。

9.3.2.2 与 BAS 及原设备接口对接

系统升级后，与原 BAS 的接口主要包括水系统控制系统与 BAS 的接口、大系统控制系统与 BAS 的接口，以及小系统控制系统与 BAS 的接口。

1. 水系统控制系统与 BAS 及原设备接口

水系统原 DDC 系统与 BAS 的通信是通过 RS485 接口实现的，仅向 BAS 提供水系统的运行状态，并不接收 BAS

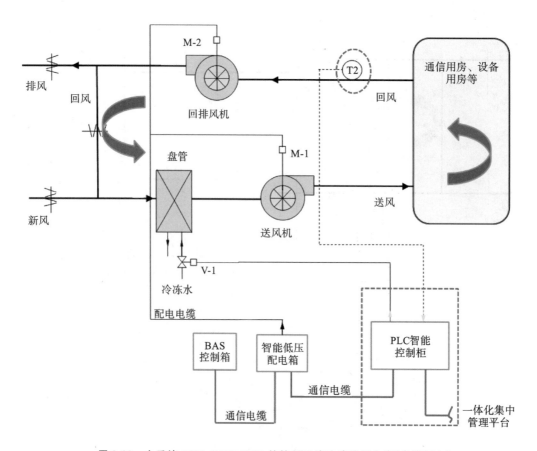

图 9-20　小系统 A501、B101、B301 的控制系统改造升级内容(虚线框内)

的控制信号。系统升级后,PLC 系统保持了原有的通信方式,同样通过 RS485 接口向 BAS 提供水系统的运行状态,而不接收 BAS 的控制信号。

升级后的 PLC 智能控制柜通过继电器从水系统既有的各变频配电柜中获取冷冻水泵、冷却水泵、冷却塔的手/自动状态、运行状态、故障状态以及相关阀门的开关状态等信息。同时,PLC 智能控制柜也通过继电器向各变频配电柜发送冷冻水泵、冷却水泵、冷却塔的启停信号以及相关阀门的开关信号。此外,PLC 智能控制柜还通过通信电缆从各变频配电柜中获取冷冻水泵、冷却水泵、冷却塔风机的运行频率和功耗等信息,并向其发送频率控制信号。

2. 大系统控制系统与 BAS 及原设备接口

大系统原设有变频配电柜和独立的 BAS 控制箱,BAS 与变频配电柜之间通过 RS485 接口进行通信。原系统中,变频配电柜上的各运行控制状态点通过继电器输入风机变频器寄存器,然后 BAS 通过 RS485 接口与变频器连接,读取状态点和参数信息,并发送启停命令和频率控制命令。

系统改造升级后,BAS 不再直接与变频器进行通信,而是由新增的 PLC 控制系统与变频器直接连接。PLC 控制系统通过一体化智能控制平台的网关从 BAS 接收控制指令,并推送变频配电柜的状态信息给 BAS。网关通过 RS485 接口与 BAS 对接,获取启停控制命令,并将其发送到 PLC 的 CPU 模块,由 PLC 的 IO 模块控制变频器的启停。值得注意的是,升级后变频器不再接收 BAS 的频率控制信号,而是由 PLC 控制系统进行控制,但 BAS 依然可以通过网关获取频率信号。

系统风机的启停和风阀的开关依然由 BAS 控制,BAS 依然保留对系统设备运行状态和各信息点的监测功能。新增的 PLC 控制系统根据获取的风机启停命令判断系统当前的运行模式（即空调季模式、过渡季模式和通风模式），并针对不同模式对系统风机的运行频率和水阀开度进行相应的控制。

3. 小系统控制系统与 BAS 等接口

各小系统原设有独立的小型控制箱，由智能低压系统直接控制。BAS 通过 RS485 接口与智能低压系统连接，智能低压系统再通过 RS485 接口与小系统风机的马达保护器连接。马达保护器负责控制风机的启停并获取风机的运行状态点。

系统改造升级后，小系统的风机启停和风阀开关依然由 BAS 控制，BAS 依然保留对系统设备的原有运行状态点的监测功能。新增的 PLC 控制系统根据获取的风机启停命令判断系统当前的运行模式（即空调季模式、过渡季模式和通风模式），并针对不同模式对系统风机的运行频率和水阀开度进行相应的控制。升级过程中，智能低压系统与马达保护器以及 BAS 之间的通信方式和接口保持不变。

9.3.2.3 节能控制策略配置

节能控制系统根据车站的冷量需求，对冷冻水泵、冷却水泵及冷却塔风机实施变频调节。同时，系统还会根据气象参数等条件，对系统运行的各状态点进行优化设定。以下是具体采用的节能控制策略：

（1）冷冻水泵按需流量控制策略：在夏季，系统会根据末端水量需求（主要参考冷冻水分集水器的压差），通过调节水泵的运行频率，实现对冷冻水系统的按需水量控制。在此过程中，冷却水泵会与冷冻水泵进行同步调节。

（2）冷却塔按需排热量控制策略：系统会根据系统排热量的需求（主要参考冷却水的回水温度），通过调节冷却塔风机的频率，实现对冷却塔风机的按需风量控制。

（3）制冷机优化序列控制策略：系统会根据制冷机组的负载率、运行时间以及冷冻水的供水温度，优化制冷机组的启停台数及其启停序列，确保制冷机组在较高效率区域内工作。同时，水泵、冷却塔、电动阀等设备会进行相应的联锁控制。

（4）基于气候变化的冷冻水供回水干管压差优化策略：系统会根据室外气象参数及系统运行数据，对冷冻水供回水压差的设定值进行优化，以实现冷冻水泵的深度节能。

（5）基于气候变化的冷冻水供水温度优化策略：系统会根据室外气象参数及系统运行数据，对冷冻水供水温度进行优化，并通过通信卡对制冷机的冷冻水供水温度进行远程自动设定。这一策略旨在提高系统运行效率，使得制冷机组和冷冻水泵的总能耗达到最低。

（6）基于气候变化的冷却水回水温度优化策略：系统会根据室外气象参数及系统运行数据，对冷却水回水温度的设定值进行优化。这一策略同样旨在提高系统运行效率，使得制冷机组和冷却塔风机的总能耗达到最低。

（7）基于气候特性及系统负荷需求的间歇性运行优化控制策略：系统会根据室外气象参数及末端冷量需求，对制冷机组、冷却水泵、冷却塔等设备采用间歇性启停控制。这一策略充分利用了冷冻水系统储存的冷量，有效减少了系统的能耗。

9.3.3 控制系统原理图

该系统主要实现制冷站系统监控、大系统监控以及小系统监控的功能。以下将重点介绍制冷站系统监控与大系统监控的控制原理图，而小系统的控制原理图则相对简洁，故在此不做详细展开。

1. 水系统控制原理图

水系统控制原理图如图 9-21 所示。通过水系统 PLC 智能控制系统,我们可以实现对制冷机组、冷冻水泵、冷却水泵、冷却塔风机等设备的运行状态、运行能耗的监测,同时能够监测冷冻水供回水温度、冷却水供回水温度以及相关水阀的状态等信息。此外,该系统还能实现制冷机、冷冻水泵、冷却水泵、冷却塔风机的序列控制以及相关水阀的开关控制。利用 PLC 智能控制系统,我们还可以实现水系统的变水量控制以及冷却水回水温度的控制。在变水量控制过程中,PLC 智能控制系统会根据冷冻水分集水器的压力测量值来调节水泵的频率,以实现压差控制。冷却水泵与冷冻水泵则采用同步变频技术。值得注意的是,在控制过程中,当冷冻水泵的频率降至最小运行频率时,水泵将以最低频率运行,此时压差不再作为控制目标。

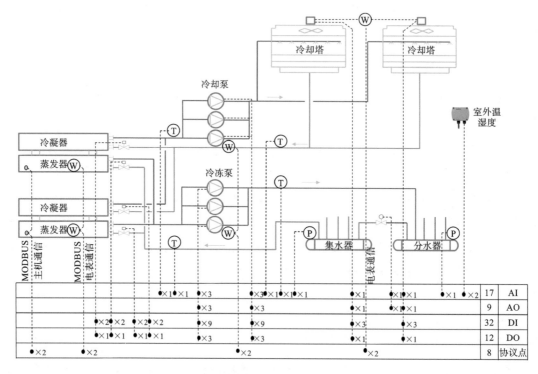

图 9-21　水系统控制原理图

2. 大系统控制原理图

系统升级改造后,通风空调大系统采用了"智能按需供应策略",并实施了风水一体化控制模式,其控制原理图如图 9-22 所示。在空调季,PLC 智能控制系统会将送风温度传感器测量的送风温度与设定的送风温度进行比较,并通过控制算法计算出冷冻水阀的开度,然后将该开度信号发送至冷冻水阀执行器,由执行器完成水阀开度的调节,从而实现送风温度的控制。同样地,PLC 控制系统还会通过测量回风温度来控制送风机的频率,进而实现回风温度的控制。在空调季,回排风机与送风机保持同步变频运行。然而,在控制过程中,当送风机运行频率降至最小运行频率 25 Hz 时,回风温度的控制将转为由冷冻水流量来控制,即通过调节冷冻水阀的开度来控制回风温度,此时送风温度则不再作为控制目标。而在过渡季和通风季,回排风机则按照原有的运行方式运行。

9.3.4　监控功能提升

系统升级后,监控功能有明显提升。节能升级改造前后控制系统的功能差异见表 9-14。

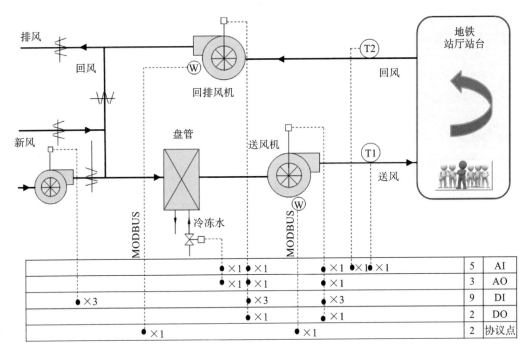

图 9-22 大系统控制原理图

表 9-14 节能升级改造前后控制系统的功能差异

对　象	系统和设备	升　级　前	升级后(采用"智能按需供应策略")
管理平台	管理平台	无平台,现场手动操作	实现无人值守
大系统	控制系统	回风温度与送风温度不控制,风机定频运行,水阀不控制,室内热舒适性差	采用风水一体化对回风温度与送风温度进行控制,风量和水量按需自动调节,室内热舒适性有改善
	温度传感器	无送风温度传感器	有送风温度传感器
小系统 B201	控制系统	回风温度与送风温度不控制,风机工频运行,水阀不控制,室内温度控制不好	采用风水一体化对回风温度与送风温度进行控制,风量和水量按需自动调节,室内温度控制有改善
	配电柜	无变频配电柜,由 BAS 直接控制风机启停	设有工频旁通的变频配电柜,接收 BAS 控制信号,对风机启停进行控制,同时进行变频调节
	温度传感器	无送风温度传感器	有送风温度传感器
小系统 A501、B101、B301	控制系统	回风温度不控制,风机工频运行,水阀不控制,室内温度控制不好	采用按需水量控制模式对回风温度进行控制,水量按需自动调节,室内温度控制有改善
水系统	控制系统	供回水温差/压差不做控制,水泵、冷却塔手动启停且定频运行,冷却水泵与冷冻水泵频率不协调,大流量小温差,能耗浪费严重	采用一体化变水量、变温度优化控制策略,水泵、冷却塔自动控制,且根据系统的冷量需求对冷冻水泵、冷却水泵、冷却塔风机进行节能变频调节
	水温度传感器	既有传感器测量不准,实际值偏差很大	替换传感器,并进行标定,保证测量温度的可靠性
	电量仪	无计量装置	分别为两台制冷机组安装智能电量仪,能够对制冷机组的实时功耗和累计功耗进行监测

9.3.5 节能控制效果

改造完成后,进行了节能效果测试,测试方式采用节能模式与既有模式每隔一天交替运行。测试周期自 7 月 13 日至 7 月 25 日,其中节能运行模式运行了 7 天(具体为 7 月 13 日、15 日、17 日、19 日、21 日、23 日、25 日),既有运行模式同样运行了 7 天(具体为 7 月 12 日、14 日、16 日、18 日、20 日、22 日、24 日)。这种交替运行的测试方式能够有效地减少因连续长时间运行而导致的不同模式下负荷差异过大的影响。节能模式与既有模式下设备运行参数的对比情况详见表 9-15 和表 9-16。

表 9-15　水系统运行参数

运 行 模 式	既 有 模 式	节 能 模 式
冷却塔开启台数	2	2
冷却塔阀开启数	2	2
冷却塔风机频率	45/48 Hz	根据室外气象参数自动调节,最低频率 25 Hz
冷冻水泵频率	45 Hz	根据压差设定值自动调节,最低频率 32 Hz
冷却水泵频率	45 Hz	根据频率匹配自动调节,最低频率 32 Hz
制冷机启停控制	否	是
低负荷启停控制	低负荷段水泵、冷却塔一直保持运行	根据系统部分负荷特性,优化启停周期。制冷机组、冷却水泵、冷却塔间歇运行

表 9-16　风系统运行参数

制冷季运行模式		既 有 模 式	节 能 模 式
A 端大系统	送风机频率	35 Hz	根据回风温度设定值自动调节,最低频率 35 Hz
	回排风机频率	20 Hz	自动匹配调节,最低频率 20 Hz
	新风机频率	工频	工频
	水阀	全开	根据送风温度设定值自动调节
B 端大系统	送风机频率	35 Hz	根据回风温度设定值自动调节,最低频率 35 Hz
	回排风机频率	20 Hz	自动匹配调节,最低频率 20 Hz
	新风机频率	工频	工频
	水阀	全开	根据送风温度设定值自动调节
A 端小系统 A501	送风机频率	工频	工频
	回排风机频率	工频	工频
	水阀	全开	根据回风温度设定值自动调节
B 端小系统 B101	送风机频率	工频	工频
	回排风机频率	工频	工频
	水阀	全开	根据回风温度设定值自动调节
B 端小系统 B201	送风机频率	50 Hz	根据回风温度设定值自动调节,最低频率 30 Hz
	回排风机频率	50 Hz	自动匹配调节,最低频率 30 Hz
	水阀	全开	根据送风温度设定值自动调节

续表

制冷季运行模式		既有模式	节能模式
B端小系统B301	送风机频率	工频	工频
	回排风机频率	工频	工频
	水阀	全开	根据回风温度设定值自动调节

制冷季典型日能耗对比及节能率如图9-23所示。典型日空调系统各设备能耗及节能率对比如表9-17所示。典型周空调系统各设备能耗及节能率对比如表9-18所示。

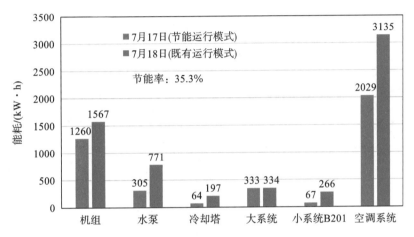

图9-23 制冷季典型日能耗对比及节能率

表9-17 典型日空调系统各设备能耗及节能率对比

系统组成	既有运行模式/(kW·h)	节能运行模式/(kW·h)	节能量/(kW·h)	节能率/(%)
机组	1567	1260	307	19.6
水泵	771	305	466	60.4
冷却塔	197	64	133	67.5
大系统	334	333	1	0.3
小系统B201	266	67	199	74.8
总功耗	3135	2029	1106	35.3

表9-18 典型周空调系统各设备能耗及节能率对比

系统组成	既有模式/(kW·h)	节能模式/(kW·h)	节能量/(kW·h)	节能率/(%)
机组	10225	8799	1426	13.9
水泵	5449	2376	3073	56.4
冷却塔	1346	450	896	66.6
大系统	2285	2359	/	/
小系统B201	1778	458	1320	74.2
总功耗	21093	14442	6651	31.5

9.4　综合商场类建筑

大型综合性商场是典型的公共建筑,通常单体建筑面积庞大,且归类为大空间建筑。这类建筑的空调冷负荷较高,因此多采用水冷式中央空调系统,其装机容量相应较大。中央空调系统是确保商场夏季正常运营不可或缺的部分,但其能耗也相当可观。商场空调系统的日常运行时间一般介于 8~14 h 之间,其负荷受到室外气象条件及人流量的显著影响。在实际操作中,通过对空调系统的运行进行实时调节与控制,可以大幅度降低能耗。因此,建筑智能控制系统在促进商场暖通空调设备的节能运行方面发挥着重要作用。

本节将以夏热冬暖地区的一个大型综合性商场的节能改造项目为例,详细介绍其制冷站智能控制系统的改造方案以及控制效果。

9.4.1　工程概况

该大型综合性商场地上三层,地下二层,拥有跨越南北两区的双层连廊,总建筑面积达到 19 万平方米,并设有 2 个下沉式露天广场。该商场全年采用水冷式中央空调系统提供制冷服务。南区和北区各配备了一个制冷站,其系统原理图分别如图 9-24 和图 9-25 所示。商场中央空调系统的室内设计温度为 26 ℃,相对湿度保持在 65% 以下,新风量标准为 30 m³/(h·人)。

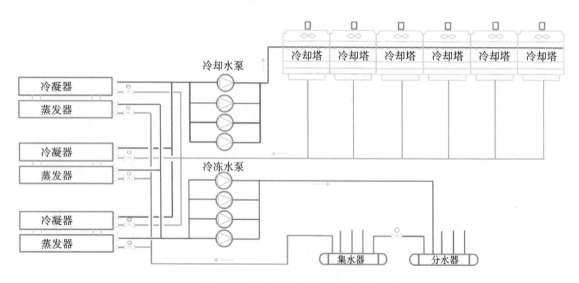

图 9-24　南区制冷站水系统原理图

南区制冷站配置了 3 台离心机,总制冷量为 1500 RT,单台压缩机功率为 330 kW。与之配套的有 4 台冷冻水泵(功率 45 kW,3 用 1 备)、4 台冷却水泵(功率 45 kW,3 用 1 备)以及 6 台冷却塔(风机功率 7.5 kW)。北区制冷站则配置了 4 台离心机组,其中包括 2 台单台制冷量为 1000 RT、压缩机功率为 617 kW 的机组和 2 台单台制冷量为 500 RT、压缩机功率为 378 kW 的机组。北区对应的冷冻水泵和冷却水泵分别有 6 台(3 台 90 kW,2 用 1 备;3 台 55 kW,2 用 1 备),且 4 台机组共用冷却塔,其中 11 kW 风机 4 台,7.5 kW 风机 8 台。南区和北区的末端均采用空调风柜。

在改造前,南区和北区的冷冻水泵、冷却水泵均配备了变频器,但冷却塔风机和末端空调柜风机均未配置变频器。制冷机组支路虽配有电动开关阀,末端空调柜水管也配置了调节阀,但并未进行开关与阀位控制。

该商场中央空调系统主要为供冷模式,夏季供冷期为 4 月 1 日至 11 月 30 日,每天平均运行 12 h;冬季供冷期为

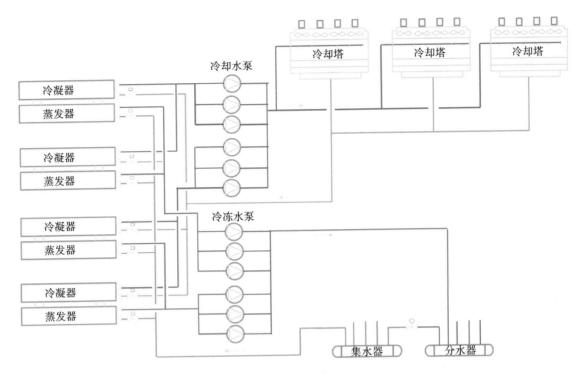

图 9-25　北区制冷站水系统原理图

12 月 1 日至 3 月 31 日,每天平均运行 5 h。然而,其既有运行状况并不理想。制冷站未配备群控系统,无法监测设备运行状态,也无法实现自动按需控制。制冷机组不能自动启停或自动加减机,冷冻水供水温度需人为手动调节。冷冻水泵和冷却水泵均定频运行,整个水系统无法根据末端水量需求进行自动调节。冷却塔风机未配备变频器,以工频运行,导致能耗较高。此外,制冷站无能耗分项计量,无法准确掌握各设备的能耗情况。因此,全年中央空调制冷站系统的能耗超过了 600 万千瓦时。

9.4.2　系统方案描述

9.4.2.1　主要改造内容与方案

根据系统的实际运行状况及潜在的节能效益,同时综合考量改造的成本与效益,我们提出了以下改造内容:南区和北区将分别增加部分硬件,并共同引入一套中央空调节能控制系统。

南区制冷站的硬件改造具体包括:

(1) 增设 1 台冷却塔风机变频配电柜,内含 4 个 7.5 kW 变频器,用于调控南区现有的 4 台 7.5 kW 冷却塔风机,其余 2 台冷却塔则维持原有的工频运行状态;

(2) 保留并利用原有的冷冻水泵及冷却水泵变频配电柜,以及制冷机的冷冻水与冷却水支路电动开关阀;

(3) 新增冷冻水供回水温度传感器 2 个、冷却水供回水温度传感器 2 个、冷冻水供回水干管压力传感器 2 个,以及室外温湿度传感器 1 个;

(4) 为制冷机组增设通信接口,并开发相应的接口协议 3 套;

(5) 安装导轨式智能电量仪 6 个,分别用于 3 台制冷机组、1 台冷冻水泵、1 台冷却水泵以及 1 台冷却塔风机的电量计量;

（6）引入 1 套 LORA 无线室内温湿度采集系统，包括 1 个无线信号接收基站、多个温湿度传感器及无线信号终端。

北区制冷站的硬件改造则包括：

（1）增设 2 台冷却塔风机变频配电柜，其中 1 台配备 4 个 11 kW 变频器，用于控制 4 台 11 kW 冷却塔风机，另 1 台配备 4 个 7.5 kW 变频器，用于控制 4 台 7.5 kW 冷却塔风机。值得注意的是，这 4 台冷却塔在改造后仍维持工频运行。

（2）同样保留并利用原有的冷冻水泵及冷却水泵变频配电柜，以及制冷机的冷冻水与冷却水支路电动开关阀。

（3）新增与南区相同的各类传感器，包括冷冻水供回水温度传感器 2 个、冷却水供回水温度传感器 2 个、冷冻水供回水干管压力传感器 2 个，以及室外温湿度传感器 1 个。

（4）为制冷机组增设通信接口，并开发接口协议 4 套。

（5）安装导轨式智能电量仪 7 个，分别用于 4 台制冷机组、1 台冷冻水泵、1 台冷却水泵以及 1 台冷却塔风机的电量计量。

（6）同样引入 1 套 LORA 无线室内温湿度采集系统。

在硬件设备改造的基础上，引入了中央空调节能控制系统，该系统能够实现对南区和北区制冷站的自动化控制，并采用"智能按需供应策略"，实施一体化变水量、变温度的控制模式。本项目中央空调节能控制系统的网络架构如图 9-26 所示，其主要配置如下：

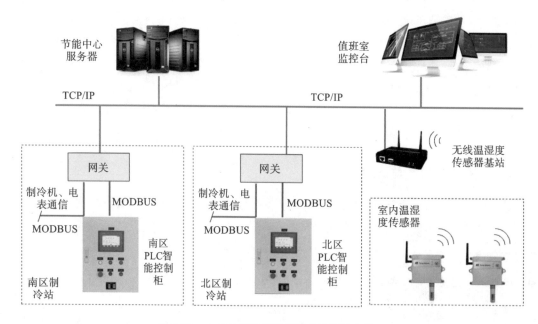

图 9-26 中央空调节能控制系统的网络架构

（1）配置 1 台节能中心服务器（基于服务器的软硬一体设备），该服务器负责数据存储、数据分析以及全局节能策略的运算；

（2）配备 2 台网关（嵌入式开发的软硬一体设备），这些网关用于数据协议的转换（将 MODBUS 协议转换为 TCP/IP 协议）、数据缓存以及局部节能策略的运算；

（3）设置 1 个监控台（可使用 PC 机），用于运行系统操作软件；

（4）在南区和北区制冷站机房分别安装 2 个 PLC 智能控制柜,这些控制柜负责数据采集和基本控制策略的执行。

本项目所采用的中央空调节能控制系统包含了基本节能策略、局部节能策略以及全局节能策略。新增的冷却塔风机变频配电柜被放置在冷却塔原配电箱旁,而新增的制冷站 PLC 智能控制柜则被安置在制冷站配电房内。此外,增设的网关被安装在 PLC 智能控制柜内部,而增设的节能中心服务器和监控台则被放置在中央空调系统的监控室内。

9.4.2.2 与原设备接口对接

本项目所涉及的接口对接工作包括新增冷却塔变频柜与原配电系统的对接,以及新增 PLC 智能控制单元与原设备及新增设备之间的接口对接。所有设备的接口对接方式均遵循 9.1 节中的描述。

9.4.2.3 节能控制策略配置

本项目具体采用的节能控制策略如下:

（1）冷冻水泵按需流量控制策略:在夏季,根据末端设备的水量需求（参考冷冻水供回水干管的温差）,通过调节水泵的运行频率,对冷冻水系统实施按需水量控制。同时,冷却水泵与冷冻水泵进行同步调节。

（2）冷却塔按需排热量控制策略:根据系统的排热量需求（参考冷却水的回水温度）,通过调节冷却塔风机的运行频率,实现对冷却塔风机按需风量的控制。

（3）基于气候变化的冷冻水供回水干管温差优化策略:根据室外的气象参数以及系统的运行数据,优化冷冻水供回水温差的设定值,从而实现冷冻水泵的深度节能。

（4）基于气候变化的冷冻水供水温度优化策略:根据室外的气象参数以及系统的运行数据,优化冷冻水的供水温度。通过通信卡对制冷机组的冷冻水供水温度进行远程自动设定,以提高系统的运行效率。

（5）基于气候变化的冷却水回水温度优化策略:根据室外的气象参数以及系统的运行数据,优化冷却水回水温度的设定值,旨在提高系统的运行效率,使得制冷机组和冷却塔风机的总能耗达到最低。

（6）基于气候特性的小负荷系统间歇性运行优化控制策略:根据室外的气象参数以及末端设备的冷量需求,对制冷机组、冷却水泵、冷却塔实施间歇性启停控制。这一策略充分利用冷冻水系统储存的冷量,以减少系统的能耗。

9.4.3 系统原理图

本项目南区制冷站控制系统原理图如图 9-27 所示,北区制冷站控制系统原理图如图 9-28 所示。南区和北区制冷站的控制相对独立。

在室内环境已完成建设的区域进行布线是极为困难的,因此室内温湿度测量采用了无线方式,并通过设置无线基站来传输信号。这些无线基站通过 TCP/IP 协议与节能中心服务器进行信息交换。需要指出的是,无线传输的可靠性相较于有线传输要稍低一些,可能会出现信号受阻或信号丢失的情况,从而增加了维护工作的负担。

9.4.4 监控功能提升

本项目采用中央空调节能控制系统后,控制功能得到了显著提升,实现了如表 9-19 所列出的智能监控功能。

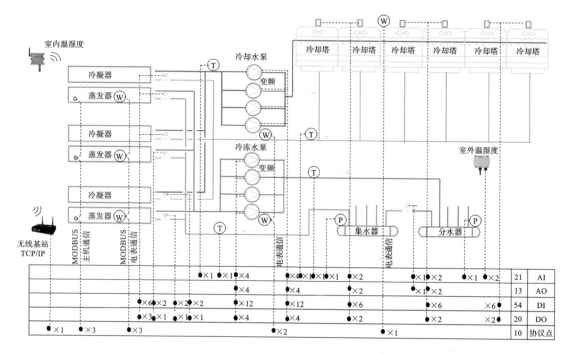

图 9-27　南区制冷站控制系统原理图

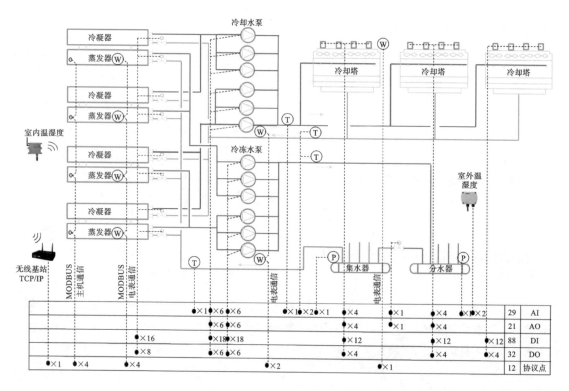

图 9-28　北区制冷站控制系统原理图

表 9-19　南区和北区制冷站监控设备及监控内容

	监控设备	数　量	监控内容
北区	制冷机组	4 台	手/自动状态、开关控制、运行状态、故障状态,制冷机功率及功耗,冷冻侧/冷却侧供回水温度、冷冻侧/冷却侧电动阀开关控制及状态反馈
	冷冻水泵	6 台	手/自动状态、开关控制、运行状态、故障状态,频率给定及反馈,水泵运行功率及功耗
	冷却水泵	6 台	手/自动状态、开关控制、运行状态、故障状态,频率给定及反馈,水泵运行功率及功耗
	冷却塔(变频)	8 台	风机手/自动状态、开关控制、运行状态、故障状态,风机运行功率与功耗,风机运行频率给定及反馈
	冷却塔(工频)	4 台	风机手/自动状态、开关控制、运行状态、故障状态,风机运行功率与功耗
	冷却水供回水总管	1 套	供回水温度,室外温湿度
	冷冻水供回水总管	1 套	供回水干管温度,供回水干管压差
	无线基站	1 套	典型室内环境温度与湿度测量
南区	制冷机组	3 台	手/自动状态、开关控制、运行状态、故障状态,制冷机功率及功耗,冷冻侧/冷却侧供回水温度,冷冻侧/冷却侧电动阀开关控制及状态反馈
	冷冻水泵	4 台	手/自动状态、开关控制、运行状态、故障状态,频率给定及反馈,水泵运行功率及功耗
	冷却水泵	4 台	手/自动状态、开关控制、运行状态、故障状态,频率给定及反馈,水泵运行功率及功耗
	冷却塔(变频)	4 台	风机手/自动状态、开关控制、运行状态、故障状态,风机运行功率与功耗,风机运行频率给定及反馈
	冷却塔(工频)	2 台	风机手/自动状态、开关控制、运行状态、故障状态,风机运行功率与功耗
	冷却水供回水总管	1 套	供回水温度,室外温湿度
	冷冻水供回水总管	1 套	供回水干管温度,供回水干管压差
	无线基站	1 套	典型室内环境温度与湿度测量

两个制冷站通过中央空调节能控制系统具体实现的群控功能如下:

(1) 具备各设备的远程手/自动状态切换功能,能够在选择远程手动状态时远程手动控制各设备的启停,而在选择自动状态时则能按照预设的时间表及控制逻辑自动控制各设备的启停。

(2) 根据预先设定的时间表,遵循"迟开机早关机"的原则来控制制冷机组的启停,旨在延长设备的使用寿命。

(3) 实现电动水阀、冷却塔、冷却水泵、冷冻水泵、制冷机组的顺序联锁启动,以及制冷机组、冷冻水泵、冷却水泵、冷却塔、电动水阀的顺序联锁关闭。各联动设备的启停程序中包含一个可调整的延时功能,以适应冷冻系统内各装置的特性。

(4) 根据冷冻水系统供回水干管的压差与温差来调节冷冻水泵的运行频率,同时冷却水泵与冷冻水泵实现同步变频。

(5) 根据冷却水的回水温度来调节冷却塔风机的频率,以保持冷却水回水温度在设定值范围内。

(6) 冷冻水泵的最终控制由冷冻水泵变频配电柜执行,冷却水泵的最终控制由冷却水泵变频配电柜执行,而冷却塔的最终控制则由冷却塔风机变频配电柜执行。

(7) 系统能够监测制冷机组、冷冻水泵、冷却水泵、冷却塔风机的实时功率与能耗,累计运行时间,并生成保养及维修报告。这些报告可以通过网络直接传送至相关部门。

（8）系统具备故障报警功能,能够根据故障等级通过短信或邮件方式及时通知管理人员。

9.4.5 节能控制效果

本项目所采用的节能量认定方法依据的是国家标准《节能量测量和验证技术要求 中央空调系统》(GB/T 31349—2014)中的基准能耗法。表 9-20 详细列出了节能改造前后,南区和北区制冷站的能耗对比情况以及所取得的节能效果。经过节能改造并启用智能监控系统后,南区和北区制冷站的电能消耗显著降低,全年共节省了 129.4 万千瓦时的电能,节能率高达 21.5％。

表 9-20　南区和北区制冷站全年用电能耗分析

区　　域	系　　统	全年能耗/(kW·h)		节约能耗/(kW·h)	节能率/(％)
		既有运行方式	节能运行方式		
北区	制冷机组	/	2352056	279209	10.6
	水泵	/	497700	444776	47.1
	冷却塔	/	136130	112040	45.1
	小计	3821911	2985886	836025	21.9
南区	制冷机组	/	1425405	169208	10.6
	水泵	/	270128	249922	48
	冷却塔	/	47723	39088	45
	小计	2201474	1743256	458218	20.8
南区＋北区	总能耗	6023385	4729142	1294241	21.5

9.5　本章小结

公共建筑作为人们日常生活中不可或缺的服务性设施,其运行能耗占据了整体建筑能耗的 27％以上,而在公共建筑能耗中,空调系统能耗更是超过 40％,部分甚至高达 60％。建筑智能控制系统是提升中央空调系统运行效率、降低建筑能耗的有效手段。本章以酒店、医院、地铁车站、商场等几种典型的公共建筑中央空调系统的节能改造为例,阐述了空调系统运行的普遍现状以及针对性的改造方案,并深入分析了改造后的控制策略及节能效果。从各类公共建筑节能改造的实际案例来看,通过建筑智能控制系统优化中央空调系统各设备的运行状态,能够显著减少系统的运行能耗。

第 *10* 章

传感器与执行器选型

传感器与执行器是 BAS 在现场进行数据采集与控制执行的重要器件或装置。本章主要介绍温度传感器、温湿度传感器、压力/压差传感器、流量计、风速仪、室内空气品质测量仪等传感器的典型产品及选型参数。同时,也介绍了电动球阀、电动蝶阀以及风机盘管控制阀的典型产品及选型参数。虽然静态流量平衡阀与动态流量平衡阀不属于直接的控制类器件,且往往容易被忽视,但它们的重要性不容忽视,因此本章也介绍了一些常用产品及其选型参数。

10.1 水管温度传感器

水管温度传感器用于楼控 HVAC 系统中水管温度的测量。虽然有外贴片式温度传感器可用于测量管道外表温度以估算管道内流体温度,但实际上测量偏差较大,因此一般用于改造工程中。对于新的工程项目,通常采用插入式温度传感器,如图 10-1 所示,这些传感器可以直接插入管道,也可以采用套管方式安装。套管式温度传感器便于维护保养。

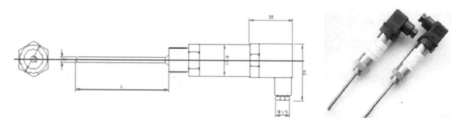

图 10-1 套管式温度传感器示意图

美控产品采用高精度 A 级 RTD(resistance temperature detector)或 NTC(negative temperature coefficient)热敏电阻作为传感元件,具备完善的回路保护及高效数字电路设计,使得产品具有高精度、快速响应、强稳定性等特点。多种规格长度的探针与精巧的 IP65 高防护等级外壳相结合,使产品不仅能满足不同规格管径的要求,而且体积更小、安装更为便捷;产品支持多种供电方式,并提供多种输出信号供用户选择,适用于各种不同系统。主要性能指标如表 10-1 所示,选型参数如表 10-2 所示。

表 10-1 水管管道式温度传感器性能指标

产品名称	水管管道式温度传感器
测量范围	0~50 ℃、0~100 ℃、−20~80 ℃、−40~60 ℃(可定制)
测量精度	±0.2 ℃(@25 ℃);±0.5 ℃(全量程)
变送精度	±0.1 ℃(满量程)
输出信号	4~20 mA、0~10 V、RS485
探针长度	100 mm、150 mm、200 mm、300 mm(可定制)
响应时间	$T_{90} \leqslant 10$ s
工作电源	24 V AC/DC、24 V DC(两线制)
工作环境	−25~70 ℃ & 0~95%RH,无冷凝
外壳材料	ABS+PC
防护等级	IP65
防火等级	V-0 参考 UL94 标准

表 10-2　水管管道式温度传感器选型参数表

型　号	产品名称	规　格	精　度
KSA23A-100-13H	水管温度传感器	−20～80 ℃/4～20 mA,感温探头 100 mm,电源 24 V AC/DC	±0.3 ℃@25 ℃
KSA23V-100-13H	水管温度传感器	−20～80 ℃/0～10 V,感温探头 100 mm,电源 24 V AC/DC	±0.3 ℃@25 ℃
KSA23A-150-13H	水管温度传感器	−20～80 ℃/4～20 mA,感温探头 150 mm,电源 24 V AC/DC	±0.3 ℃@25 ℃
KSA23V-150-13H	水管温度传感器	−20～80 ℃/0～10 V,感温探头 150 mm,电源 24 V AC/DC	±0.3 ℃@25 ℃
KSA23A-200-13H	水管温度传感器	−20～80 ℃/4～20 mA,感温探头 200 mm,电源 24 V AC/DC	±0.3 ℃@25 ℃
KSA23V-200-13H	水管温度传感器	−20～80 ℃/0～10 V,感温探头 200 mm,电源 24 V AC/DC	±0.3 ℃@25 ℃
KSA201-100-H	水管温度传感器	温度传感器感温探头 100 mmPT1000 电阻输出	±0.2 ℃@25 ℃
KSA201-150-H	水管温度传感器	温度传感器感温探头 150 mmPT1000 电阻输出	±0.2 ℃@25 ℃
KSA201-200-H	水管温度传感器	温度传感器感温探头 200 mmPT1000 电阻输出	±0.2 ℃@25 ℃
KSA203-100-H	水管温度传感器	温度传感器感温探头 100 mmNTC10k 电阻输出	±0.2 ℃
KSA203-150-H	水管温度传感器	温度传感器感温探头 150 mmNTC10k 电阻输出	±0.2 ℃
KSA203-200-H	水管温度传感器	温度传感器感温探头 200 mmNTC10k 电阻输出	±0.2 ℃

10.2　风道式温度传感器

风道式温度传感器用于楼控 HVAC 系统中风管空气温度的测量。风道式温度传感器通过插入式方式测量风管内空气的温度,其实物图如图 10-2 所示。在安装传感器时,首先需要在管道上打孔,然后使用螺丝将传感器的安装底座固定在管道上,接着将传感器安装在底座上,并用螺丝刀紧固。

美控的风道式温度传感器同样采用了高精度 A 级 RTD 或 NTC 作为传感元件,支持多种供电方式,并提供多种输出信号供用户选择。其主要性能指标如表 10-1 所示,选型参数则如表 10-3 所示。

图 10-2　风道式温度传感器实物图

表 10-3　风道式温度传感器选型参数表

型　号	产品名称	规　格	精　度
KSA13A-100-13H	风管温度传感器	−20～80 ℃/4～20 mA,感温探头 100 mm,电源 24 V AC/DC	±0.3 ℃@25 ℃
KSA13V-100-13H	风管温度传感器	−20～80 ℃/0～10 V,感温探头 100 mm,电源 24 V AC/DC	±0.3 ℃@25 ℃
KSA13A-150-13H	风管温度传感器	−20～80 ℃/4～20 mA,感温探头 150 mm,电源 24 V AC/DC	±0.3 ℃@25 ℃
KSA13V-150-13H	风管温度传感器	−20～80 ℃/0～10 V,感温探头 150 mm,电源 24 V AC/DC	±0.3 ℃@25 ℃
KSA13A-200-13H	风管温度传感器	−20～80 ℃/4～20 mA,感温探头 200 mm,电源 24 V AC/DC	±0.3 ℃@25 ℃
KSA13V-200-13H	风管温度传感器	−20～80 ℃/0～10 V,感温探头 200 mm,电源 24 V AC/DC	±0.3 ℃@25 ℃
KSA13A-300-13H	风管温度传感器	−20～80 ℃/4～20 mA,感温探头 300 mm,电源 24 V AC/DC	±0.3 ℃@25 ℃
KSA13V-300-13H	风管温度传感器	−20～80 ℃/0～10 V,感温探头 300 mm,电源 24 V AC/DC	±0.3 ℃@25 ℃
KSA101-100-H	风管温度传感器	温度传感器感温探头 100 mmPT1000 电阻输出	±0.2 ℃@25 ℃

续表

型 号	产品名称	规 格	精 度
KSA101-150-H	风管温度传感器	温度传感器感温探头 150 mmPT1000 电阻输出	±0.2 ℃@25 ℃
KSA101-200-H	风管温度传感器	温度传感器感温探头 200 mmPT1000 电阻输出	±0.2 ℃@25 ℃
KSA101-300-H	风管温度传感器	温度传感器感温探头 300 mmPT1000 电阻输出	±0.2 ℃@25 ℃
KSA103-100-H	风管温度传感器	温度传感器感温探头 100 mmNTC10k 电阻输出	±0.2 ℃@25 ℃
KSA103-150-H	风管温度传感器	温度传感器感温探头 150 mmNTC10k 电阻输出	±0.2 ℃@25 ℃
KSA103-200-H	风管温度传感器	温度传感器感温探头 200 mmNTC10k 电阻输出	±0.2 ℃@25 ℃
KSA103-300-H	风管温度传感器	温度传感器感温探头 300 mmNTC10k 电阻输出	±0.2 ℃@25 ℃

10.3 浸入式温度传感器

图 10-3 浸入式温度传感器实物图

在 HVAC 系统中,有时需要测量水池或水箱中水的温度,这时就需要使用浸入式温度传感器。美控的浸入式温度传感器配备了分体式不锈钢探头及专业的防水防腐线缆,是专为测量各类水箱或水池温度而设计的产品。该产品采用高精度 A 级 RTD 作为传感元件,并结合特殊的电路板防潮工艺设计,使得产品具有高度的可靠性、快速的测量响应、出色的稳定性以及便捷的安装特性。同时,它还提供了多种供电方式和输出信号选择。其实物图如图 10-3 所示,主要性能指标参见表 10-4,选型参数参见表 10-5。

表 10-4 浸入式温度传感器性能指标

产品名称	浸入式温度传感器
传感元件	热电阻,PT1000,A 级
测量范围	0～50 ℃、0～100 ℃、−20～80 ℃、−40～60 ℃
输出信号	4～20 mA、0～10 V、0～5 V、RS485
工作电源	24 V AC/DC,当 24 V DC 供电 4～20 mA 输出时,可同时兼容两线制与三线制接线方式
线缆长度	见选型表或定制
工作环境	−25～70 ℃&0～95%RH,无冷凝
存储环境	−40～70 ℃&0～95%RH,无冷凝
外壳材料	ABS+PC
显示类型	LCD(−10～60 ℃,无凝露环境下使用)
防护等级	IP65
防火等级	V-0 参考 UL94 标准

表 10-5 浸入式温度传感器选型参数表

型 号	产品名称	产品描述
KSAT3A-2000-1H	风管温湿度传感器	−20～80 ℃,4～20 mA 输出;线缆 2 m

10.4 室内外空气温度传感器

10.4.1 室内型温度传感器

美控室内型温度传感器产品具备体积小巧、外形美观、安装简便等特点；产品支持多样化的供电方式，并能根据不同系统的需求选择相应的信号输出。该产品广泛应用于各类商业楼宇、实验室、电子厂房、机场、车站、博物馆、体育馆等智能建筑的 HVAC 控制系统中，同时也适用于需要对温度进行监测的各种电子设备箱、电控柜、机房/机柜、通信基站等独立设备。其实物图如图 10-4 所示，主要性能指标参见表 10-6，选型参数参见表 10-7。

图 10-4　室内型温度传感器实物图

表 10-6　室内型温度传感器性能指标

产品名称	室内型温度传感器
传感元件	PT1000、PT100 或其他各类型热电阻
测量范围	0～50 ℃、−20～80 ℃、−40～60 ℃
测量精度	±0.2 ℃（@25 ℃）
变送精度	±0.1 ℃（满量程）
输出信号	4～20 mA、0～10 V、RS485
输出负载	电流输出：12 V DC 供电，R_L≤250 Ω 24 V DC 供电，R_L≤500 Ω 电压输出：R_L≥10 kΩ
响应时间	T_{90}≤10 s
工作电源	24 V AC/DC、24 V DC（两线制）、12 V DC（两线制）
工作环境	−25～70 ℃&0～90%RH，无冷凝
显示类型	LCD 显示（−10～60 ℃，无凝露环境下使用）
外壳材料	防火 ABS
防护等级	IP30
防火等级	V-0 参考 UL94 标准

表 10-7　室内型温度传感器选型参数表

型　号	产品名称	规　格	精　度
KSA34A-13H	室内温度传感器	0～50 ℃/4～20 mA，电源 24 V DC	±0.3 ℃@25 ℃
KSA34V-13H	室内温度传感器	0～50 ℃/0～10 V，电源 24 V DC	±0.3 ℃@25 ℃
KSA301-H	室内温度传感器	室内温度传感器 PT1000 电阻输出	±0.2 ℃@25 ℃

10.4.2　室外型温度传感器

美控室外型温度传感器是一款专为户外或对 IP 防护等级有较高要求的室内环境设计的温度测量产品。用户可根据现场环境的实际情况选择适配的防护罩,以进一步提升防护效果。该产品采用高精度 A 级 RTD 或 NTC 作为传感元件,并融合了完善的回路保护及高效数字电路设计,使得产品具有高精度、高 IP 防护等级、强稳定性以及安装便捷等特点。同时,它支持多种供电方式和输出信号选择。实物图如图 10-5 所示,主要性能指标参见表 10-8,选型参数参见表 10-9。

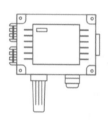

图 10-5　室外型温度传感器实物图

表 10-8　室外型温度传感器性能指标

产品名称	室外型温度传感器
传感元件	传感器:热电阻,见选型表 变送器:PT1000,A 级
测量范围	0～50 ℃、0～100 ℃、－20～80 ℃、－40～60 ℃
输出信号	4～20 mA、0～10 V、0～5 V、RS485
工作电源	24 V AC/DC
显示类型	LCD(－10～60 ℃,无凝露环境下使用)
测量精度	±0.5 ℃(@25 ℃);±1 ℃(全量程)
工作环境	－25～70 ℃ & 0～95％RH,无冷凝
外壳材料	ABS+PC
防护等级	IP65
防火等级	V-0 参考 UL94 标准
产品认证	CE

表 10-9　室外型温度传感器选型参数表

型　号	产品名称	规　格	精　度
KSD43E-13H	室外温湿度传感器	－20～80 ℃ & 0～100％RH,双电流/电压输出,24 V AC/DC	±3％RH & 0.4 ℃
KSD431E-13H	室外温湿度传感器	湿度:电压/电流输出。温度:PT1000 电阻输出,24 V AC/DC	±3％RH & 0.4 ℃
KSD43A-12H	室外温湿度传感器	－20～80 ℃ & 0～100％RH,4～20 mA 双电流输出,24 V AC/DC	±2％RH & 0.2 ℃@25 ℃
KSD43V-12H	室外温湿度传感器	－20～80 ℃ & 0～100％RH,0～10 V 双电压输出,24 V AC/DC	±2％RH & 0.2 ℃@25 ℃
KSD431A-12H	室外温湿度传感器	湿度:4～20 mA 电流输出。温度:PT1000 电阻输出,24 V AC/DC	±2％RH & 0.2 ℃@25 ℃

续表

型 号	产品名称	规 格	精 度
KSD431V-12H	室外温湿度传感器	湿度:0～10 V电压输出。温度:PT1000电阻输出,24 V AC/DC	±2%RH & 0.2 ℃@25 ℃

10.5 湿度传感器

江森自控电子式湿度传感器采用了先进的控制技术和感湿元件。HT-9000系列湿度传感器能够测量 0 至 100%RH(无冷凝)的相对湿度范围,具有宽广的适用温度范围、快速的测量响应、良好的稳定性以及卓越的性能,非常适用于冷冻及 HVAC 领域,可用来测量风管内或室内的空气湿度。该系列湿度传感器采用了聚合电容材料作为感湿元件,其电容值会随着湿度的变化而成比例地改变。感测元件与内置的变送器被整合为一体,并由薄膜进行保护,有效避免了

图 10-6　湿度传感器实物图

被污染的风险。实物图如图 10-6 所示,主要性能指标参见表 10-10,应特别注意的是,该湿度传感器需要外接电源进行供电。选型参数参见表 10-11,此外,该湿度传感器还配备了测温元件,能够输出温度测量信号。

表 10-10　湿度传感器性能指标

产品名称	江森 HT-9000 系列电子湿度传感器
供电电源	12～30 V DC;(1±15%)×24 V AC
使用相对湿度范围	0～100%
使用温度范围	0～40 ℃、0～60 ℃
湿度输出	0～10 V DC

表 10-11　湿度传感器选型参数表

型 号	湿度范围	温度范围/℃	外壳,IP30	湿度输出	温度输出
HT-9000-UD1		—			—
HT-9001-UD1		0～40			0～10 V DC
HT-9002-UD1		0～60			0～10 V DC
HT-9003-UD1		0～40	风管探头长度 153 mm		NTC K2
HT-9005-UD1		0～60			PT100
HT-9006-UD1		0～60			PT1000
HT-9009-UD1	0～100%	0～60		0～10 V DC	A99
HT-9000-UD2		—			—
HT-9001-UD2		0～40			0～10 V DC
HT-9002-UD2		0～60	风管探头长度 230 mm		0～10 V DC
HT-9003-UD2		0～40			NTC K2
HT-9005-UD2		0～60			PT100
HT-9006-UD2		0～60			PT1000
HT-9009-UD2		0～60			A99

10.6　室内外温湿度传感器

图 10-7　室内型温湿度传感器实物图

10.6.1　室内型温湿度传感器

美控室内型温湿度传感器体积小巧、安装便捷,提供了多种供电方式和输出信号供用户选择。此外,用户还可以根据现场实际需求配置 LCD 显示屏或高 IP 等级的外壳防护。该产品被广泛应用于各类商业楼宇、实验室、电子厂房、机场、车站、博物馆、体育馆等智能建筑的 HVAC 控制系统中,同时也适用于需要对温湿度进行监测的各种电子设备箱、电源柜、基站/机房/机柜、空调箱等独立设备。实物图如图 10-7所示,主要性能指标参见表 10-12,选型参数参见表 10-13。

表 10-12　室内型温湿度传感器性能指标

产品名称	室内型温湿度传感器
测量范围	温度:0～50 ℃、0～100 ℃、−20～80 ℃、−40～60 ℃ 湿度:0～100％RH
测量精度	温度:±0.2/0.4 ℃(@25 ℃) 湿度:±2％、±3％、±5％(@25 ℃＆20％～80％RH)
输出信号	4～20 mA、0～10 V、0～5 V、RS485
输出负载	电流输出:12 V DC 供电,R_L≤250 Ω 24 V DC 供电,R_L≤500 Ω 电压输出:R_L≥10 kΩ
外壳材料	防火 ABS
防护等级	IP30
防火等级	V-0 参考 UL94 标准
显示类型	LCD 显示(−10～60 ℃,无凝露环境下使用)
工作环境	−25～70 ℃＆0～95％RH,无冷凝
存储环境	−40～70 ℃＆0～95％RH,无冷凝

表 10-13　室内型温湿度传感器选型参数表

型　号	产品名称	规　格	精　度
KSD34A-13H	室内温湿度传感器	0～50 ℃＆0～100％RH,4～20 mA 双电流输出,24 V DC 两线制	±3％RH＆0.4 ℃
KSD34V-13H	室内温湿度传感器	0～50 ℃＆0～100％RH,0～10 V 双电压输出,24 V DC	±3％RH＆0.4 ℃
KSD34A-13LH	室内温湿度传感器	0～50 ℃＆0～100％RH,4～20 mA 双电流输出,24 V DC,带 LCD 显示	±3％RH＆0.4 ℃

型　号	产品名称	规　格	精　度
KSD34V-13LH	室内温湿度传感器	0～50 ℃&0～100％RH,0～10 V 双电压输出,24 V DC,带 LCD 显示	±3％RH&0.4 ℃
KSD341A-13H	室内温湿度传感器	湿度:电流输出。温度:PT1000 电阻输出,24 V DC	±3％RH&0.4 ℃
KSD341V-13H	室内温湿度传感器	湿度:电压输出。温度:PT1000 电阻输出,24 V DC	±3％RH&0.4 ℃
KSD34M-13H	室内温湿度传感器	温度、湿度:Modbus 输出,24 V DC	±3％RH&0.4 ℃
KSD34A-12H	室内温湿度传感器	0～50 ℃&0～100％RH,4～20 mA 双电流输出,24 V DC	±2％RH&0.2 ℃@25 ℃
KSD34V-12H	室内温湿度传感器	0～50 ℃&0～100％RH,0～10 V 双电压输出,24 V DC	±2％RH&0.2 ℃@25 ℃
KSD341A-12H	室内温湿度传感器	湿度:4～20 mA 电流输出。温度:PT1000 电阻输出,24 V DC	±2％RH&0.2 ℃@25 ℃
KSD341V-12H	室内温湿度传感器	湿度:0～10 V 电压输出。温度:PT1000 电阻输出,24 V DC	±2％RH&0.2 ℃@25 ℃

10.6.2　风管型温湿度传感器

美控风管型温湿度传感器采用高精度数字芯片作为核心传感元件,具有测量精度高、响应速度快、抗干扰能力强以及长期稳定性好等特点。它提供了多种供电方式和输出信号选择,用户还可以根据实际需求配置 LCD 显示屏。该传感器被广泛应用于各类商业楼宇、实验室、电子厂房、机场、轨道交通站点、博物馆、体育馆等智能建筑的 HVAC 控制系统中,用于新风、送风及回风系统的温湿度测量。实物图如图 10-8 所示,主要性能指标参见表 10-14,选型参数参见表 10-15。

图 10-8　风管型温湿度传感器实物图

表 10-14　风管型温湿度传感器性能指标

产品名称	风管型温湿度传感器
测量范围	温度:0～50 ℃、0～100 ℃、-20～80 ℃、-40～60 ℃ 湿度:0～100％RH
测量精度	温度:±0.2/0.4 ℃(@25 ℃) 湿度:±2％、±3％、±5％(@25 ℃&20％～80％RH)

续表

输出信号	4~20 mA、0~10 V、0~5 V、RS485/RS232
工作电源	24 V AC/DC、24 V DC(两线制)
工作环境	−40~80 ℃ & 0~95％RH,无冷凝(LCD:0~50 ℃)
存储环境	−40~70 ℃ & 0~95％RH,无冷凝
外壳材料	防火 ABS+PC
防护等级	IP65
防火等级	V-0 参考 UL94 标准
产品认证	CE

表 10-15　风管型温湿度传感器选型参数表

型　　号	产品名称	规　　格	精　　度
KSD13E-13H	风管温湿度传感器	−20~80 ℃ & 0~100％RH,双电流/电压输出,24 V AC/DC	±3％RH & 0.4 ℃
KSD131E-13H	风管温湿度传感器	湿度:电压/电流输出。温度:PT1000 电阻输出,24 V AC/DC	±3％RH & 0.4 ℃
KSD13A-12H	风管温湿度传感器	−20~80 ℃ & 0~100％RH,4~20 mA 双电流输出,24 V AC/DC	±2％RH & 0.2 ℃@25 ℃
KSD13V-12H	风管温湿度传感器	−20~80 ℃ & 0~100％RH,0~10 V 双电压输出,24 V AC/DC	±2％RH & 0.2 ℃@25 ℃
KSD131A-12H	风管温湿度传感器	湿度:4~20 mA 电流输出。温度:PT1000 电阻输出,24 V AC/DC	±2％RH & 0.2 ℃@25 ℃
KSD131V-12H	风管温湿度传感器	湿度:0~10 V 电压输出。温度:PT1000 电阻输出,24 V AC/DC	±2％RH & 0.2 ℃@25 ℃

图 10-9　室外型温湿度传感器实物图

10.6.3　室外型温湿度传感器

美控室外型温湿度传感器采用高精度数字芯片作为核心传感元件,具备高防护等级、高精度、强抗干扰能力以及长期稳定性好等特点。它提供了多种供电方式和输出信号选项,同时还可根据实际需求配置 LCD 显示屏。该传感器被广泛应用于各类商业楼宇、实验室、电子厂房、轨道交通站点、机场、车站、博物馆、体育馆等场所的 HVAC 控制系统中,特别是户外环境以及其他环境恶劣或对防护等级有较高要求的场所进行温湿度测量。实物图如图 10-9 所示,主要性能指标参见表 10-16,选型参数参见表 10-17。

表 10-16　室外型温湿度传感器性能指标

产品名称	室外型温湿度传感器
测量范围	温度:0~50 ℃、0~100 ℃、−20~80 ℃、−40~60 ℃ 湿度:0~100％RH

续表

测量精度	温度：±0.3 ℃（@25 ℃） 湿度：±2%、±3%、±5%（@25 ℃ & 20%～80%RH）
响应时间	$T_{90}\leqslant10$ s
工作电源	24 V AC/DC、24 V DC(两线制)
工作环境	−40～80 ℃ & 0～95%RH,无冷凝(LCD:0～50 ℃)
外壳材料	防火 ABS+PC
防护等级	IP65
防火等级	V-0 参考 UL94 标准
产品认证	CE

表 10-17　室外型温湿度传感器选型参数表

型　号	产品名称	规　格	精　度
KSD43E-13H	室外温湿度传感器	−20～80 ℃ & 0～100%RH,双电流/电压输出,24 V AC/DC	±3%RH & 0.4 ℃
KSD431E-13H	室外温湿度传感器	湿度:电压/电流输出。温度:PT1000 电阻输出,24 V AC/DC	±3%RH & 0.4 ℃
KSD43A-12H	室外温湿度传感器	−20～80 ℃ & 0～100%RH,4～20 mA 双电流输出,24 V AC/DC	±2%RH & 0.2 ℃@25 ℃
KSD43V-12H	室外温湿度传感器	−20～80 ℃ & 0～100%RH,0～10 V 双电压输出,24 V AC/DC	±2%RH & 0.2 ℃@25 ℃
KSD431A-12H	室外温湿度传感器	湿度:4～20 mA 电流输出。温度:PT1000 电阻输出,24 V AC/DC	±2%RH & 0.2 ℃@25 ℃
KSD431V-12H	室外温湿度传感器	湿度:0～10 V 电压输出。温度:PT1000 电阻输出,24 V AC/DC	±2%RH & 0.2 ℃@25 ℃

10.7　空气压力压差传感器

美控 KSAD 系列气体压差变送器采用了高精度进口传感器芯体及先进的数字化技术,能够精准测量正压、负压及差压,提供了多种压力范围和输出信号供用户选择。该产品具有压力响应灵敏、长期输出稳定、温度性能卓越等特点。KSAD 系列广泛应用于 HVAC、BAS 中的空气流量监测,同时也被广泛应用于能源管理系统、VAV 系统及风扇控制、环境污染控制的静态管路、洁净室压力控制、烟雾罩控制、烘箱增压以及锅炉通风控制等领域。其应用介质包括空气以及非易燃、非腐蚀性的气体,且对潮湿、粉尘、结露及油污环境不敏感。实物图如图 10-10 所示,主要性能指标参见表 10-18,选型参数参见表 10-19。

图 10-10　气体压差变送器实物图

表 10-18　KSAD 系列气体压差变送器性能指标

产品名称	KSAD 系列气体压差变送器
传感元件	进口压力芯体
应用介质	空气或中性气体
测量精度	$\pm 1\% F_s$、$\pm 3\% F_s$
输出信号	4～20 mA(两线制)、0～10 V、RS485
工作电源	24 V DC
响应时间	1 s
外壳材质	工业塑料,UL94-V0 阻燃标准
外形尺寸	83 mm×58 mm×33 mm(长×宽×高)
压力接口	6 mm 金属接口
工作温度	－10～85 ℃
补偿温度	－10～60 ℃
稳定系统	$\pm 0.5\% F_s$/Year
产品温漂	$\pm 0.01\% F_s$/℃
过载压力	10 倍 F_s 压力
破坏压力	15 倍 F_s 压力
防护等级	IP54

表 10-19　KSAD 系列气体压差变送器选型表

型　号	产品名称	规　格	精　度
KSAD14A-13H	空气压差传感器	0～100 Pa/4～20 mA,24 V DC	$\pm 3\% F_s$
KSAD14V-13H	空气压差传感器	0～100 Pa/0～10 V,24 V DC	$\pm 3\% F_s$
KSAD14A-13LH	空气压差传感器	0～100 Pa/4～20 mA,24 V DC,LCD 显示	$\pm 3\% F_s$
KSAD14V-13LH	空气压差传感器	0～100 Pa/0～10 V,24 V DC,LCD 显示	$\pm 3\% F_s$
KSAD14A-23H	空气压差传感器	0～200 Pa/4～20 mA,24 V DC	$\pm 3\% F_s$
KSAD14V-23H	空气压差传感器	0～200 Pa/0～10 V,24 V DC	$\pm 3\% F_s$
KSAD14A-23LH	空气压差传感器	0～200 Pa/4～20 mA,24 V DC,LCD 显示	$\pm 3\% F_s$
KSAD14V-23LH	空气压差传感器	0～200 Pa/0～10 V,24 V DC,LCD 显示	$\pm 3\% F_s$
KSAD14A-53H	空气压差传感器	0～500 Pa/4～20 mA,24 V DC	$\pm 3\% F_s$
KSAD14V-53H	空气压差传感器	0～500 Pa/0～10 V,24 V DC	$\pm 3\% F_s$
KSAD14A-53LH	空气压差传感器	0～500 Pa/4～20 mA,24 V DC,LCD 显示	$\pm 3\% F_s$
KSAD14V-53LH	空气压差传感器	0～500 Pa/0～10 V,24 V DC,LCD 显示	$\pm 3\% F_s$
KSAD14A-12H	空气压差传感器	0～1000 Pa/4～20 mA,24 V DC	$\pm 2\% F_s$
KSAD14V-12H	空气压差传感器	0～1000 Pa/0～10 V,24 V DC	$\pm 2\% F_s$
KSAD14A-12LH	空气压差传感器	0～1000 Pa/4～20 mA,24 V DC,LCD 显示	$\pm 2\% F_s$
KSAD14V-12LH	空气压差传感器	0～1000 Pa/0～10 V,24 V DC,LCD 显示	$\pm 2\% F_s$
KSAD1-A-10	空气压差传感器配件	每套含 1.5 m 软管＋接头,10 件装	/

此外,霍尼韦尔的 DPT 系列微差压变送器被用于测量差压或表压,提供低至＋/－50 Pa,高到 0～10 kPa 的多种量程产品,广泛适用于 HVAC 系统、智能楼宇能源管理以及 VAV 系统和风阀的控制。实物图如图 10-11 所示,主要性能指标请参考表 10-20。以 DPT0050U2-A 型号为例,该压差传感器表示的量程范围为－50～50 Pa,具有双向测量功能,输出信号为 4～20 mA 的电流信号,用于测量空气压差。

图 10-11 空气压差传感器实物图

表 10-20 空气压差传感器性能指标

产品名称	霍尼韦尔 DPT 系列空气压差传感器
供电电压(电压型)	12～30 V AC/DC
供电电压(电流型)	9～30 V DC
输出阻抗(电压型)	100 Ω
负载范围(电流型)	0～800 Ω
精度(RSS)(恒温下)	±1.0%F_s
工作温度	0～50 ℃
工作湿度	0～95%RH(不凝露)
储存温度	－10～70 ℃
响应时间	<20 ms(63%F_s)
测量介质	空气或无腐蚀性不导电气体
压力接口	3/16″(4.8 mm)外径接口

10.8 液体压力压差传感器

图 10-12 KSX 系列液体压力变送器实物图

10.8.1 液体压力变送器

美控 KSX 系列液体压力变送器,采用整体不锈钢压力感应模组与高性能数字电路技术的结合,赋予了产品体积小、结构紧凑、重量轻以及安装、使用方便等优点。它提供多种压力量程及单位选择,适用于测量对不锈钢无腐蚀及损坏的各类液体或蒸汽压力,广泛应用于石油、化工、冶金、电力、轻工、机械以及 HVAC 等领域。为方便安装及电气连接,产品提供多种螺纹连接规格,用户还可根据需求选配 LCD 或 LED 显示屏。实物图见图 10-12,主要性能指标参见表 10-21,选型参数请查阅表 10-22。KSX 系列压力变送器的压力测量范围最小可达 10 kPa,最大则达 200 MPa,具体型号需根据实际测量需求确定。

表 10-21 KSX 系列液体压力变送器性能指标

产品名称	KSX 系列液体压力变送器
测量范围	－0.1～200 MPa

续表

过载能力	$200\%F_s$
测量精度	$\pm0.25\%F_s$、$\pm0.5\%F_s$
稳定性	$\pm0.1\%F_s$/Year
输出信号	$4\sim20$ mA(两线制)、$0\sim10$ V、$0\sim5$ V、RS485
工作电源	$12\sim30$ V DC(标定:24 V DC)
工作环境	$-20\sim80$ ℃ & $0\sim95\%$RH,无冷凝
存储环境	$-30\sim80$ ℃ & $0\sim95\%$RH,无冷凝
压力类型	平膜压力(FPW),通用型压力(PW)
测量介质	水或水蒸气,以及其他对不锈钢无腐蚀的液体及气体
产品应用	空调和制冷设备、供水系统、液压系统、空气压缩机等
整体材质	膜片 S316 不锈钢;过程连接 S304 不锈钢
防护等级	IP65

表 10-22 KSX 系列液体压力变送器选型参数表

型 号	产品名称	规 格	精 度
KSX24A-15H	水管压力传感器	$0\sim1.6$ MPa/$4\sim20$ mA,安装接口 G1/2,24 V DC	$\pm0.5\%F_s$

霍尼韦尔 HSP-W 系列压力传感器主要用于中央空调水系统,同时也适用于温度、承压和接头材料性能相匹配的液体或气体的压力测量。传感器下端的标准螺纹结构便于直接安装在管道上,高精度传感元器件直接与介质接触,实现精确的压力测量。主要性能指标参见表 10-23。HSP-W110MA 型号表示这是一款精度为 1%,量程为 $0\sim10$ bar,输出信号为 $4\sim20$ mA 电流信号,且采用 G1/4 管道接口的压力传感器。

表 10-23 压力传感器性能指标

产品名称	HSP-W 系列压力传感器
精度	$\pm0.5\%F_s$ 和 $\pm1\%F_s$
工作介质	液体
介质温度	$-40\sim125$ ℃
工作环境	$-20\sim125$ ℃
响应时间	$\geqslant10$ ms
输出信号	$0\sim10$ V,$4\sim20$ mA
电源	$14\sim30$ V DC($0\sim10$ V DC 输出);$8\sim30$ V DC($4\sim20$ mA 输出)
接线	DIN43650A 1 m 延长线

10.8.2 液体压差变送器

美控 KSXD 系列液体压差变送器采用整体不锈钢压力感应模组与高性能防护电路技术的结合,具有出色的抗电磁干扰和防雷击能力。产品体积小巧、结构紧凑,安装及使用方便,适用于测量对不锈钢无腐蚀及损坏的各种液体或气体的压差。它广泛应用于石油、化工、冶金、电力、轻工、机械等多个领域,包括污水处理、矿井风压检测、水电站水位差监测、城市防洪排涝系统、水下工程、地下水监测、节水灌溉以及中央空调末端控制等。实物图见图 10-13,主要性能指标参见表 10-24,选型参数请查阅表 10-25。KSXD 系列压差变送器的具体型号可根据实际测量需求来确定。

图 10-13　KSXD 系列液体压差
变送器实物图

表 10-24　KSXD 系列液体压差变送器性能指标

产品名称	KSXD 系列液体压差变送器
测量范围	$(0\sim\pm5)\,kPa\sim\pm5000\,kPa$
过载能力	1.5 倍额定压力
测量精度	$\pm0.25\%F_s$、$\pm0.5\%F_s$、$\pm1\%F_s$
稳定性	$\pm0.1\%F_s/Year$
输出信号	$4\sim20\,mA$(两线制)、$0\sim10\,V$、$0\sim5\,V$、RS485
工作电源	$12\sim30\,V\,DC$
工作环境	$-40\sim80\,℃$
存储环境	$-30\sim80\,℃$ & $0\sim95\%RH$,无冷凝
压力接口	详见选型表
测量介质	水或水蒸气,以及其他对不锈钢无腐蚀的液体及气体
电气强度	500 V@60 s
电磁兼容	电磁放射 EN50081-1/-2;电磁灵敏度 EN50082-2
防雷等级	空气传导耐压 8000 V;外壳、电缆传导耐压 4000 V
防护等级	IP65
产品认证	CE

表 10-25　KSXD 系列液体压差变送器选型参数表

型　号	产品名称	规　格	精　度
KSXD24A-15H	水管压差传感器	$0\sim1.6\,MPa/4\sim20\,mA$,安装接口 G1/2,24 V DC	$\pm0.5\%F_s$

10.9　流量计

流量计是一种用于测量流体流量的仪表,能够指示和记录某一瞬间的流体流量值。常见的流量计类型包括液体涡轮流量计、涡街流量计、电磁流量计和超声波流量计等。在空调系统中,水流量的测量通常采用电磁流量计或超声波流量计。美控 MEF 系列电磁流量计,凭借其良好的线性、稳定的性能、高精度和低功耗等优点,特别适用于测量瞬时流量,并被广泛应用于空调水系统的测量中。实物图如图 10-14 所示,该流量计既可以是一体式设计,也可以是分离式设计。其主要性能指标参见表 10-26。对于空调水系统而言,选择内衬材料为氟塑料 F4(即聚四氟乙烯 PTFE)和电极材料为 316L 不锈钢的流量计即可满足需求。

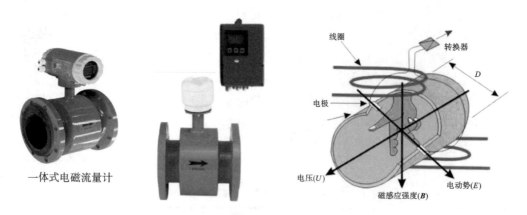

一体式电磁流量计

图 10-14　电磁流量计实物及原理图

表 10-26　流量计性能指标

仪表种类	MEF 电磁流量计,MEFR 电磁热量表						
公称通径/mm	015	DN15	125	DN125	601	DN600	202	DN2000
	020	DN20	151	DN150	701	DN700	222	DN2200
	025	DN25	201	DN200	801	DN800	242	DN2400
	032	DN32	251	DN250	901	DN900	262	DN2600
	040	DN40	301	DN300	102	DN1000	282	DN2800
	050	DN50	351	DN350	122	DN1200	302	DN3000
	065	DN65	401	DN400	142	DN1400	322	DN3200
	080	DN80	451	DN450	162	DN1600		
	101	DN100	501	DN500	182	DN1800		
结构类型	F	分体式					
	Y	一体式					
	C	插入式					
公称压力/MPa	16××	1.6 MPa					
		特殊压力定制					
衬里材料	R	氯丁橡胶(最高耐温 80 ℃)、硅氟橡胶(最高耐温 250 ℃)					
	F	氟塑料 F4、F46、PFA					
	P	聚氨酯					
	C	氧化铝陶瓷					
电极材料	1	不锈钢 316L					
	2	钽					
	3	钛					
	4	哈氏合金 B					

续表

电极材料	5	哈氏合金 C	
	6	铂铱合金	
	7	不锈钢涂覆碳化钨	
表体法兰及外壳材料	AB	不锈钢	
		碳钢	
壳体防护	L	IP65	
	M	IP67	
	H	IP68	
电源	1	85~265 V　45~400 Hz	
	2	11~40 V DC	
		3　锂电池	
输出信号	H	HART 协议	
	R	RS485、电流、脉冲	
	G	GPRS	
精度等级		B	0.5%

10.10　冷热量表

冷热量表是一种通过测量进出水的温度及水流量来进行计算,从而得出热量或冷量的仪表。常见的冷热量表类型包括管段式电磁热量表、插入式电磁热量表以及超声波外夹式热量表等,它们在形式上又可分为一体式和分体式,广泛应用于供暖、换热、化工等行业。管段式电磁热量表通常具有测量更可靠、易于维护的特点。管段式电磁热量表的实物图如图 10-15 所示,其主要性能指标参见表 10-26。

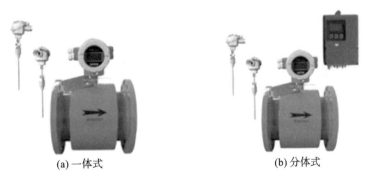

(a) 一体式　　　　　　　　　　(b) 分体式

图 10-15　冷热量表实物图

10.11　风速传感器

美控 KSAS 系列空气流速变送器产品基于"热力学原理"对风速(即空气流速)进行检测、调节与控制,能将空气流速转换成 4~20 mA 或 0~10 V 的信号输出,从而实现对新风机组和送风机组中空气流速的有效监控、调整与控

图 10-16　风速传感器实物图

制。KSAS 系列空气流速变送器采用微处理器设计,确保了输出信号的线性度,并运用了温度补偿设计,以校正温度改变对测量结果的影响。其可测量的风速范围包括 0～2 m/s、0～10 m/s 或 0～20 m/s,现场可选。KSAS 系列产品广泛应用于 HVAC、BAS、纺织工业、通风控制、矿井通风等领域的空气流速监测。实物图见图 10-16,主要性能指标参见表 10-27,选型参数参见表 10-28。

表 10-27　KSAS 系列空气流速变送器性能指标

产品名称	KSAS 系列空气流速变送器
应用介质	干燥空气或非腐蚀性气体
测量范围	0～2 /10 /20 m/s(现场可选)
输出信号	4～20 mA /0～10 V DC
精度	$5\%F_s \pm 5\%$ 读数
输出信号	4～20 mA、0～10 V(现场可选)
工作电源	24 V AC/DC
产品认证	CE、ROHS
原产地	芬兰
校准预热	10 min(@ 22 ℃)
工作环境	0～50 ℃ & 0～95％RH,无冷凝
外壳材质	ABS, IP54(NEMA 3)
显示类型	LCD(可选)
探头规格	$\phi 10 \times 210$ mm
插入深度	50～180 mm
安装方式	法兰固定安装

表 10-28　KSAS 系列空气流速变送器选型参数表

型　号	产品名称	规　格	精　度
KSAS13E-1H	空气流速变送器	0～2 /10 /20 m/s,输出信号 4～20 mA、0～10 V,电源 24 V AC/DC	$5\%F_s \pm 5\%$ 读数

10.12　CO_2 传感器

美控 KSC 系列二氧化碳传感器,采用高精度 NDIR(非色散红外)数字式探测器作为传感元件,具备精度高、长期稳定性好等显著优点。它能提供多种供电方式和输出信号,用户还可根据实际需求配置 LCD 显示屏。该传感器广泛应用于商业楼宇、实验室、电子厂房、机场、车站、博物馆、体育馆等各类智能建筑的 HVAC 控制系统,用于测量室内或回风系统中的 CO_2 浓度。实物图见图 10-17,主要性能指标参见表 10-29(请注意,传感器需供电才能工作),选型参数参见表 10-30。

图 10-17　二氧化碳传感器实物图

表 10-29　KSC 系列二氧化碳传感器性能指标

产品名称	KSC 系列二氧化碳传感器
传感元件	NDIR 传感器，带 ABC 自校验功能
测量范围	0～2000 ppm(标准)
输出信号	4～20 mA、0～10 V、0～5 V、RS485
响应时间	$T_{90} \leqslant 10$ s(30 cc/min，慢流速空气)
预热时间	<180 s
精度漂移	<±10 ppm/Year
工作电源	24 V AC/DC
工作环境	0～50 ℃ & 0～95％RH，无冷凝
外壳材料	防火 ABS+PC
防护等级	IP30(室内型)，IP65(管道型)
防火等级	V-0 参考 UL94 标准
显示类型	LCD 显示
产品认证	CE

表 10-30　二氧化碳传感器选型参数表

型　号	产品名称	规　格	精　度
KSC13E-1H	风管 CO_2 传感器	0～2000 ppm，电压/电流输出，24 V AC/DC	±50 ppm±5％读数
KSC13E-1HH	风管 CO_2 传感器	0～2000 ppm，电压/电流输出，24 V AC/DC	±30 ppm±3％读数
KSC33E-1H	室内 CO_2 传感器	0～2000 ppm，电压/电流输出，24 V AC/DC	±50 ppm±5％读数
KSC33E-1LH	室内 CO_2 传感器	0～2000 ppm，电压/电流输出，24 V AC/DC，带 LCD 显示	±50 ppm±5％读数
KSC33E-1HH	室内 CO_2 传感器	0～2000 ppm，电压/电流输出，24 V AC/DC	±30 ppm±3％读数

　　德国欧门氏 MCD 系列 CO_2 传感器具有良好的长期稳定性和可靠性，且响应速度较快。它能根据使用情况对通风系统进行启停控制，广泛应用于工厂车间、净化间、实验室及商用建筑等多种场所。主要性能指标参见表 10-31。以 MCDW01000 为例，它表示为一款室内型 CO_2 变送器，具备 4～20 mA 和 0～10 V DC 输出，测量范围为 0～2000 ppm，不带继电器输出功能，且未配备 LCD 显示屏。

表 10-31　MCD 系列 CO_2 传感器性能指标

产品名称	MCD 系列 CO_2 传感器
测量原理	主动气体扩散

续表

精度	75 ppm 或 10％读数,取大值(可选 3％)
响应时间	＜10 s(30 cc/min 慢流速空气)
漂移	＜±10 ppm/Year
量程	0～2000 ppm 或其他(0～5000 ppm)
输出	4～20 mA,0～10 V DC,RS485/Modbus
外形尺寸	80 mm×29 mm×123 mm
继电器	2×SPST,1 A/30 V DC,0.5 A/125 V AC
负载	≤600 Ω(电流),≥2 kΩ(电压)
电源	18～30 V AC/DC
显示	大屏幕 LCD 数字显示(MCMW 可选)
显示精度	1 ppm
工作环境	0～50 ℃,0～95％RH(非冷凝)
储运环境	−20～80 ℃,0～95％RH(非冷凝)

10.13 CO 传感器

根据建筑通风、节能及相关标准的规定,在车库、机动车维修车间及操作间等建筑物内部,通风系统应根据实际使用情况进行启停控制,或者根据一氧化碳(CO)浓度进行自动调节运行。

美控 KSCO 系列一氧化碳传感器,采用了高精度且环保的电化学传感器元件,并结合了高性能的数字技术,使得产品具有检测精度高、长期稳定性好等诸多优点。它能提供多种供电方式和输出信号,用户还可以根据实际需求配置 LCD 显示屏。该传感器广泛应用于人防设施、地下管廊、地下车库、车站、操作间、实验室、电子厂房等多种智能建筑环境中,用于一氧化碳的测量与控制,并能有效监控通风系统,从而降低能源消耗。主要性能指标参见表 10-32,选型参数参见表 10-33。

表 10-32 一氧化碳传感器性能指标

产品名称	KSCO 系列一氧化碳传感器
传感元件	环保型电化学气体传感器
测量范围	0～400 ppm(标准)
测量精度	＜5％
输出信号	4～20 mA,0～10 V,0～5 V,RS485/RS232、SPDT
响应时间	T_{90}≤60 s
预热时间	＜180 s
工作电源	15～28 V AC/15～36 V DC
工作环境	−10～60 ℃&0～95％RH,无冷凝
外壳材料	防火 ABS+PC
防护等级	IP30(室内型),IP65(管道型)

防火等级	V-0 参考 UL94 标准
显示类型	LCD 显示
产品认证	CE

表 10-33　KSCO 系列一氧化碳传感器选型参数表

型　号	产品名称	规　格	精　度
KSCO33E-4H	室内 CO 传感器	0～400 ppm,电压/电流输出,24 V AC/DC	$\pm5\%F_s$

10.14　甲醛传感器

根据国家强制性标准规定,室内甲醛含量应满足以下标准:在关闭门窗 1 小时后,每立方米室内空气中的甲醛释放量不得超过 0.08 mg(即 60 ppb);当甲醛浓度达到 0.1～2.0 mg(即 75～1500 ppb)时,约有 50% 的正常人能闻到异味;若甲醛浓度达到 2.0～5.0 mg(即 1.5～3.75 ppm),将强烈刺激眼睛和气管,引发打喷嚏、咳嗽等症状;当甲醛浓度超过 10 mg(即 7.5 ppm)时,可能导致呼吸困难;若浓度达到 50 mg 以上,则可能引发肺炎等严重疾病,甚至危及生命。

美控 KSPA 系列甲醛传感器是专为监测甲醛污染而设计的气体探测器。它采用进口的高灵敏度电化学检测模组,结合先进的微检测技术,并经过工厂严格校准,能够直接将环境中的甲醛含量转换为浓度值,并通过标准化信号输出,适用于各种检测体系。实物图见图 10-18,主要性能指标参见表 10-34(请注意,传感器需供电才能工作),选型参数参见表 10-35。

图 10-18　甲醛传感器实物图

表 10-34　甲醛传感器性能指标

产品名称	KSPA 系列甲醛传感器
传感元件	电化学传感器
测量范围	0～2 ppm(0～2000 ppb)
测量精度	$\pm5\%F_s$
使用寿命	3～5 年(正常使用)
工作电源	$(1\pm15\%)\times24$ V AC/DC
输出信号	4～20 mA/0～10 V/RS485/继电器 SPST
响应时间	$T_{90}<60$ s
预热时间	<120 s
工作环境	0～50 ℃ & 10%～95%RH,无冷凝
储运环境	−20～70 ℃ & 10%～90%RH,无冷凝
显示方式	LCD 显示

续表

外壳防护等级	IP30（室内型）；IP65（风管型）
电磁兼容标准	EMC 参考 GB/T 17626，EN61000-6-2，EN61000-6-3

表 10-35　KSPA 系列甲醛传感器选型参数表

型　　号	产品名称	规　　格	精　　度
KSPA33E-1H	室内甲醛传感器	0～2000 ppb，电压/电流输出，24 V AC/DC	$\pm 5\% F_{s}$
KSPA33E-1LH	室内甲醛传感器	0～2000 ppb，电压/电流输出，24 V AC/DC，带 LCD 显示	$\pm 5\% F_{s}$

10.15　$PM_{2.5}/PM_{10}$ 传感器

美控 KSPM 系列 $PM_{2.5}$ 传感器是一款激光型粉尘探测器，它利用激光光源照射采样气体时产生的光散射数量及脉冲强度，能够精确测量空气中单位体积内 $PM_{2.5}$ 颗粒物的数量，并通过先进的数学算法和科学标定，输出颗粒物的质量浓度（单位为 $\mu g/m^3$）。KSPM 系列 $PM_{2.5}$ 传感器具有灵敏度高、响应速度快、使用寿命长、外形美观、安装使用方便等显著特点。它适用于空气净化系统、新风系统等领域，广泛应用于现代建筑、智能空调系统、机柜、机站，以及地铁、机场、学校等多种场所。主要性能指标参见表 10-36，选型参数参见表 10-37。

表 10-36　$PM_{2.5}$ 传感器性能指标

产品名称	KSPM 系列 $PM_{2.5}$ 传感器
传感元件	$PM_{2.5}$ 激光传感器，检测颗粒直径 0.3～10 mm（$PM_{2.5}$）
测量原理	激光散射原理
测量范围	0～500 $\mu g/m^3$（$PM_{2.5}$） 0～1000 $\mu g/m^3$（PM_{10}）
测量精度	$\pm 10\%$ 读数@ 25 ℃/50%RH
工作电源	$(1\pm 15\%)\times 24$ V AC/DC
输出信号	4～20 mA/0～10 V/RS485/继电器 SPST
响应时间	$T_{90}<1$ s
预热时间	＜60 s
工作环境	0～50 ℃ & 10%～95%RH，无冷凝
储运环境	-20～70 ℃ & 10%～90%RH，无冷凝
显示方式	LCD 显示
外壳防护等级	IP30（室内型）；IP65（风管型）
电磁兼容标准	EMC 参考 GB/T 17626，EN61000-6-2，EN61000-6-3

表 10-37　KSPM 系列 $PM_{2.5}$ 传感器选型参数表

型　　号	产品名称	规　　格	精　　度
KSPM13E-1H	风管 $PM_{2.5}$ 传感器	0～500 $\mu g/m^3$，电压/电流输出，24 V AC/DC	$\pm 10\%$ 读数@ 25 ℃/50%RH
KSPM33E-1H	室内 $PM_{2.5}$ 传感器	0～500 $\mu g/m^3$，电压/电流输出，24 V AC/DC	$\pm 10\%$ 读数@ 25 ℃/50%RH

型　号	产品名称	规　　格	精　度
KSPM43E-1H	室外 PM$_{2.5}$ 传感器	$0\sim500\ \mu g/m^3$，电压/电流输出，24 V AC/DC	$\pm10\%$读数@ 25 ℃/50%RH
KSPM13E-1LH	风管 PM$_{2.5}$ 传感器	$0\sim500\ \mu g/m^3$，电压/电流输出，24 V AC/DC，带 LCD 显示	$\pm10\%$读数@ 25 ℃/50%RH
KSPM33E-1LH	室内 PM$_{2.5}$ 传感器	$0\sim500\ \mu g/m^3$，电压/电流输出，24 V AC/DC，带 LCD 显示	$\pm10\%$读数@ 25 ℃/50%RH
KSPM43E-1LH	室外 PM$_{2.5}$ 传感器	$0\sim500\ \mu g/m^3$，电压/电流输出，24 V AC/DC，带 LCD 显示	$\pm10\%$读数@ 25 ℃/50%RH

10.16　液位传感器

美控 KSLP 系列投入式液位传感器，采用了进口的压力敏感元件，基于液体静压与该液体高度成正比的原理，将压力信号转换成电信号。再经过温度补偿与线性修正处理，最终转换成标准的电信号输出。KSLP 系列投入式液位传感器广泛适用于石油化工、冶金、电力、制药、给排水、环保等系统和行业的各种介质液位测量。其精巧的结构设计、

图 10-19　KSLP 系列投入式液位传感器实物图

简单的调校过程以及灵活的安装方式，为用户提供了极大的使用便利。实物图见图 10-19，主要性能指标参见表 10-38，选型参数参见表 10-39。

表 10-38　投入式液位传感器性能指标

产品名称	KSLP 系列投入式液位传感器
测量范围	$0\sim200$ m
输出信号	$4\sim20$ mA、$0\sim10$ V、$0\sim5$ V、RS485
工作电源	$9\sim32$ V DC
测量精度	$\pm0.5\%F_s$
稳定性	$\pm0.1\%F_s$/Year
工作温度	$-20\sim80$ ℃
防护等级	IP65

表 10-39　KSLP 系列投入式液位传感器选型参数表

型　号	产品名称	规　　格	精　度
KSLP24A-5H	投入式液位传感器	$0\sim5$ m/$4\sim20$ mA，24 V DC	$\pm0.5\%F_s$

霍尼韦尔（Honeywell）L8000T 系列液位传感器，通过内置的压力传感器将检测到的压力值转换为液位值，并通过标准电信号进行输出。该系列传感器主要应用于 HVAC 系统、地下管廊、污水处理厂、水池、水井等领域。主要性能指标参见表 10-40。该系列液位传感器共有 7 种型号，其后 3 位数字代表传感器的量程。例如，L8000T001 中，L8000T 为液位传感器系列名称，而 001 则表示该传感器的量程为 1 m。

表 10-40　霍尼韦尔投入式液位传感器性能指标

参　数	技　术　指　标
测量范围	1 m，2 m，3 m，5 m，10 m，20 m，50 m

续表

参　数	技　术　指　标
测量介质	水、油
介质温度	$-10\sim80$ ℃
输出信号	$4\sim20$ mA
综合精度	$\pm0.2\%F_s$，$\pm0.25\%F_s$
工作电源	$15\sim28$ V DC

10.17　液位开关

　　浮球液位开关的工作原理为浮力的物理原理。当液位上升或下降时,浮球会相应地上升或下沉。当液位的变动达到预设位置时,这一动作会触发开关的闭合或断开,从而发出电控信号,进而控制相关设备的启停。浮球液位开关通常由浮球、传感器检测管、干簧管、连接法兰等部件构成。其优点在于没有易磨损的部件,因此具有较高的可靠性和耐久性。此外,浮球液位开关通常不需要频繁维护,因为它不含如弹簧或阀门等易损活动部件。

图 10-20　浮球液位开关实物图

　　美控 KSQ 系列浮球液位开关采用微动开关或水银开关作为感应单元,通过塑胶注塑一体成型工艺制造,结构坚固且性能稳定可靠。同时,它还具有无毒、耐腐蚀的特点,安装方便。对于长距离多点控制、沉水泵控制、有波动的液体或有杂质的液体控制效果极佳,当然一般液体也可使用。其连接电缆采用特种材料制成,具有耐油、耐酸、耐碱等优越的抗腐蚀能力,且电缆线长度可根据客户需求进行定制。实物图见图 10-20,主要性能指标参见表 10-41,选型参数参见表 10-42。

表 10-41　浮球液位开关性能指标

产品名称	KSQ 系列浮球液位开关
触点额定值	8 A@250 V AC
额定功率	1 kW
控制精度	±0.05 m
工作寿命	＞50000 次
适用介质	清水、污水、油类或其他中低浓度酸碱液体
电缆长度	见选型表,特殊长度可定制
工作温度	$-10\sim80$ ℃
防护等级	IP68

表 10-42　KSQ 系列浮球液位开关选型参数表

型　号	产品名称	规　格
KSQ200-5H	浮球开关	SPDT,5 m

霍尼韦尔(Honeywell)HSL-LS系列浮球液位开关主要用于水位控制。该开关内置微动开关,浮球通常悬挂于水面上方。当液面上升并浸没浮球时,浮球会发生倾斜,从而触发微动开关动作,发出控制信号。实物图见图10-21,主要性能指标参见表10-43,选型参数参见表10-44。

图 10-21　霍尼韦尔浮球液位开关实物图

表 10-43　霍尼韦尔浮球液位开关性能指标

参　　数	技　术　指　标
适用介质	污水、废水、含有固体杂质的液体等
介质温度	最高 80 ℃
触点容量	5(3)A,250 V 5 A 为阻性负载条件,3 A 为感性负载条件
引线长度	5 m、10 m、20 m 可选
外壳材料	聚丙烯(PP)

表 10-44　霍尼韦尔浮球液位开关选型参数表

型　　号	规　　格	开关电气特性
HSL-LS05	SPDT,电缆长度 5 m	5(3)A,250 V
HSL-LS10	SPDT,电缆长度 10 m	5(3)A,250 V
HSL-LS20	SPDT,电缆长度 20 m	5(3)A,250 V

10.18　水流开关

水流开关是用于空调水系统水循环控制、水泵开关控制等过程中的一种传感器件,它能在达到一定流量后将水流转换为开关式电信号。在中央空调水机的主管道上,水流开关的作用是检测主管道内的水流是否正常。若水泵出现故障或管道堵塞导致水流过小,水流开关会触发动作,向主机发送"不开机"的信号,以保护主机免受损害。根据水流开关的内部结构,我们可以将其分为靶式、活塞式、挡板式、转子式、压差式、叶轮式等多种类型,其中靶式水流开关的应用尤为广泛。

美控 KSXQ 系列靶式水流开关以其坚固可靠的结构和优异的性能脱颖而出。它可安装在水管中,适用于对铜无腐蚀性的液体。其高精度、高可靠性的 SPDT(单刀双掷)输出,使得该产品在冷冻水、冷却水系统及其他流体的联锁保护控制中得到了广泛应用。当液体流量超过或低于整定流量时,开关的一个回路会关闭,另一个回路会打开。该产品的典型应用包括制冷/制热中央空调或换热系统中,用于冷/热水循环水泵的水流检测,以保护水泵或机组的正常工作。实物图见图10-22,主要性能指标参见表10-45,选型参数参见表10-46。图10-23展示了管道流量增加与减少时触点的通断情况及接线图。

表 10-45　靶式水流开关性能指标

产品名称	KSXQ 系列靶式水流开关
电气开关	SPDT,10 A/250 V AC
接头尺寸	1″
耐压等级	AC1500 V/1 min
触点寿命	1×10^6 次
工作压力	10 kgf/cm²(1000 kPa)
最高压力	17.5 kgf/cm²(1750 kPa)
流体温度	5～80 ℃
靶片材质	不锈钢

表 10-46　KSXQ 系列靶式水流开关选型参数表

型　号	产品名称	规　格
KSXQ200-H	水流开关	SPDT,1″

图 10-22　靶式水流开关实物图

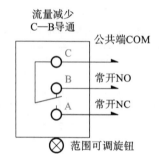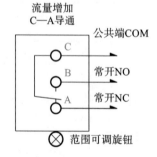

图 10-23　靶式水流开关接线图

霍尼韦尔(Honeywell)WFS 靶式水流开关同样具备单刀双掷输出功能,可安装在水管中,适用于对铜无腐蚀性的液体。当液体流量超过或低于调整速率时,该开关能够关闭一个回路,同时打开另一个回路。其典型应用场所包括需要联锁作用或断流保护的场景。主要性能指标参见表 10-47,选型参数参见表 10-48。

表 10-47　霍尼韦尔靶式水流开关性能指标

参　数	技术指标
介质温度	−20～110 ℃
电气参数	250 V,2.5 A(AC);230 V,0.15 A(DC)
流体最大允许流速	3 m/s
靶片材质	不锈钢

表 10-48　霍尼韦尔靶式水流开关选型参数表

型　　号	运 行 压 力	最高承受压力
WFS-8001-H	1 MPa	1.75 MPa
WFS-8002-H	2 MPa	3.2 MPa

10.19　空气压差开关

美控 KSS 系列气体压差开关是一种专门用于探测气体压力和压差的设备，它能够检测过滤网阻塞情况并发出报警，或者监测空调机组中风机的启/停状态。该产品安装简便，反应灵敏，其动作范围可通过旋钮进行自由设定，完全能够满足各类新风机组（MAU）或空气处理机组（AHU）的滤网压差报警要求。它广泛应用于监测各类空气过滤网和通风设备状态的领域。实物图见图 10-24，主要性能指标参见表 10-49，选型参数参见表 10-50。

图 10-24　气体压差开关实物图

表 10-49　气体压差开关性能指标

产 品 名 称	KSS 系列气体压差开关
测量范围	300 Pa、400 Pa、500 Pa、1000 Pa、2500 Pa
输出方式	单刀双掷 SPDT，2 A/250 V AC，1 A/30 V DC
电气连接	端子连接
压力连接	内径 6 mm 塑料软管
安装支架	可选配
安装方式	标准安装——竖直安装（压力接口方向与水平面垂直） 特殊安装——水平安装（压力接口方向与水平面平行）
开关寿命	10^6 次以上
可重复性	±2%
最大开关频率	6 次/min
工作环境	−40～85 ℃，无冷凝
整机材质	PC 壳体，PC 上盖，硅胶膜片，银触点
防护等级	IP54

表 10-50　KSS 系列气体压差开关选型参数表

开 关 型 号	开关动作范围	回 差 值
KSS100-2H	30～300 Pa	(10±5) Pa
KSS100-3H	40～400 Pa	(20±8) Pa
KSS100-1H	50～500 Pa	(30±10) Pa
KSS100-4H	100～1000 Pa	(50±10) Pa
KSS100-5H	500～2500 Pa	(80±50) Pa

霍尼韦尔（Honeywell）DPSN 系列压差开关被广泛应用于监视风道中的过滤网、风机和空气流的状态。该产品可

根据现场实际需求,通过直观地旋转设定旋钮来设定所需的检测压力值,并确保压力测量值的准确性。当空气流量发生变化时,此开关能够敏锐地检测到压差的变化(无论是动压还是通过固定节流圈产生的压降)。由两个传感孔检测到的压差会作用于压差开关薄膜的两侧,当薄膜受到压力差作用而发生移动时,会触发开关动作。主要性能指标参见表 10-51,选型参数参见表 10-52。

表 10-51　霍尼韦尔气体压差开关性能指标

参　数	技 术 指 标
最大承压	10 kPa
适用介质	空气、非易燃非腐蚀性气体
工作温度	−20～85 ℃
开关类型	单刀双掷 SPDT
电气参数	1.0 A(max),250 V(max)

表 10-52　霍尼韦尔气体压差开关选型参数表

型　号	调节范围	控制回差
DPSN200A	20～200 Pa	10 Pa
DPSN400A	40～400 Pa	20 Pa
DPSN1000A	200～1000 Pa	100 Pa
DPSN2500A	500～2500 Pa	150 Pa

10.20　防冻开关

防冻开关在 HVAC 系统中用于热/冷盘管、冷冻等设备的低温保护。通常,防冻开关被安装在过滤器的前方,一旦室外温度降至防冻开关的设定值以下,它就会自动断开,并发出信号以关闭新风阀、停用风机,并开启热水阀门,从而保护盘管免受冻裂的风险。而当温度回升至适当的水平时,防冻开关又会自动重新开启,使系统恢复正常运行。在中央空调和新风系统中,防冻开关通常被安装在表冷器的背风面,用于检测盘管表面的温度,或者直接插入热交换器中测量介质(如水)的温度。当盘管表面温度低于 5 ℃时,系统会发出报警或关闭新风阀,同时开启热水阀,以防止盘管内结冰,从而保护水管不受损害。

图 10-25　防冻开关实物图

美控防冻开关 KSF 系列产品是一种恒温防冻保护开关,它通过铜制毛细管传感器来检测平均温度值,以防止因温度波动而导致的过滤器、风扇、盘管等设备的损坏。当温度达到预设的设定点时,该开关会输出一个干接点信号。该控制器结构紧凑、性能可靠,并具有固定的回差和可调的温度设定点。实物图见图 10-25,主要性能指标参见表 10-53,选型参数参见表 10-54。

表 10-53　防冻开关 KSF 系列性能指标

产品名称	美控防冻开关 KSF 系列
工作环境	−10～70 ℃,＜95％RH,非结露

续表

敏感元件工作温度范围	$-30\sim80\ ℃$
电气触点	单刀双掷开关(常开/常闭)
电气连接	螺丝端子×3,1.5 mm² 电线
敏感元件	铜毛细管,直径 $\phi2.5\ mm$
防护等级	IP54
触点寿命	$\geqslant10^5$ 次
触点容量	250 V AC 8 A

表 10-54　美控防冻开关 KSF 系列选型参数表

型　号	产品名称	规　格
KSF100-3000-H	防冻开关	设定范围 $1\sim7.5\ ℃$,温度回差 $2\sim4\ ℃$,长度 3 m

西门子(SIEMENS)防冻恒温保护器 QAF81,被广泛应用于通风空调系统中,用于监测 LTHW 加热盘管的空气侧温度,以防止结冰。该保护器具有较小的转换温差和良好的重复性。实物图见图 10-26,主要性能指标参见表 10-55,选型参数参见表 10-56。

图 10-26　防冻恒温保护器实物图

表 10-55　西门子防冻恒温保护器性能指标

参　数	技术指标	参　数	技术指标
温度范围	$-5\sim+15\ ℃$	毛细管长度	3 m,6 m
节点容量	250 V,10(2)A(AC)	开关动作	单刀双掷
容许介质	空气	复位机制	QAF81.3,QAF81.6 自动 QAF81.6M 手动
毛细管介质	氟利昂 R134a	电气连接	3 个螺钉终端,1.5 mm²

表 10-56　西门子防冻恒温保护器性能指标

型　号	开关动作	复位方式	毛细管长度	感温极限
QAF81.3	单刀双掷	自动复位	3 m	70 ℃
QAF81.6	单刀双掷	自动复位	6 m	70 ℃
QAF81.6M	单刀双掷	带有 lock out 和手动复位	6 m	70 ℃

10.21　静态流量平衡阀

　　静态流量平衡阀具备数字手轮开度指示、开度锁定简便以及关断功能等特点,广泛应用于空调、采暖及工艺水系统中,用于实现系统的静态水力平衡。其工作原理是通过在水系统的不同位置安装该阀门,并利用手轮设定不同的开度,从而改变管网中的阻力分布,达到循环水系统支路或末端之间的静态水力平衡,确保各支路或末端的水流量符合设计要求。此外,静态流量平衡阀还具备测量功能,有助于对系统进行故障诊断。

　　美控静态流量平衡阀的实物图如图 10-27 所示,而其选型参数则详细列在表 10-57 中。在安装时,若静态流量平衡阀与弯头或变径处相连,需保持一定的直管段安装距离,具体应遵循阀前 5 倍管径(5D)、阀后 2 倍管径(2D)的原则;若与水泵连接,则应遵循 10 倍管径(10D)的原则。

图 10-27　静态流量平衡阀实物图

表 10-57　静态平衡阀产品型号及参数表

产品名称	产品型号	口径	规格参数
静态平衡阀 (法兰接口)	SP45F-16	DN50	1. 材质:球墨铸铁 2. 承压能力:1.6 MPa 3. 介质:空调水 4. 温度:1～80 ℃
		DN65	
		DN80	
		DN100	
		DN125	
		DN150	
		DN200	
		DN250	
静态平衡阀 (螺纹接口)	MPH04LT.20	DN20	1. 材质:铜质 2. 承压能力:1.6 MPa 3. 介质:空调水 4. 温度:1～80 ℃
	MPH04LT.25	DN25	
	MPH04LT.32	DN32	
	MPH04LT.40	DN40	
	MPH04LT.50	DN50	

10.22　动态流量平衡阀

　　动态流量平衡阀是一种能够在一定压差范围内维持水系统管道流量恒定的阀门。该阀门通过感知阀门前后的压差变化,自动调整阀体内活动部件的位置,从而改变流通面积,确保流通流量保持不变。在工作压差范围内,动态流量平衡阀能够精确地控制管路流量,使整个水系统始终保持平衡状态,无须人工进行额外调节,从而大大节省了人力。

图 10-28 展示了阀芯动作示意图及流量恒定原理,而图 10-29 则展示了欧文托普动态流量平衡阀的实物图。

$$Q = C_v \cdot A \sqrt{\Delta P}$$

图 10-28 阀芯动作示意图及流量恒定原理

 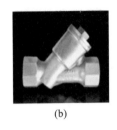 

(a) (b) (c)

图 10-29 动态流量平衡阀实物图

图 10-29(a)所示为带手轮可设定流量的动态流量平衡阀(HydromatQ 型),这是一种不需外加能量即可工作的比例式流量调节器。它专为采暖和空调系统而设计,能够在一定范围内保持系统流量的恒定,从而确保系统的水力平衡。该阀门内置断流装置和注水/排空球阀,手轮上可清晰直观地读取预设定数值。它能够有效地屏蔽系统因流量变化而产生的波动,例如在空调系统中,当其他用户打开或关闭空调时,它不会对本房间的流量造成影响,从而保持室内温度的稳定。此外,该阀门还具备现场可调功能,可根据需要调节阀门流量,而无须更换阀芯;同时,锁定功能可确保在设置完成后锁定设置,防止人为改变设定,确保设备的稳定运行。

图 10-29(b)所示为小口径的螺纹连接动态流量平衡阀(Flowsetter 型),该阀门同样能够在一定压差范围内维持水系统管道的流量恒定。在工作压差范围内,它可以精确地控制管路流量,使系统保持平衡状态,不需人工调节。该阀门的流量在出厂时就已根据设计要求设定好,现场无法重新调整设定。

图 10-29(c)所示为大口径的法兰连接动态流量平衡阀(Flowsetter 型),其主要功能特点包括:在工作压差范围内精确控制管路流量,保持系统平衡;防止因流量过大而对设备造成损耗,提高设备的耐用性和安全性;由于采用动态流量平衡阀可准确控制各支路流量,因此在水泵、末端空气处理设备、制冷主机等设备选型时,无须考虑其富余容量,从而节省投资并降低能耗。同样地,该阀门的流量在出厂时就已根据设计要求设定好,现场无法重新调整设定。

表 10-58 为欧文托普动态流量平衡阀 HydromatQ 型的选型参数表,表 10-59 为螺纹连接 Flowsetter 型的选型参数表,而表 10-60 则为法兰连接 Flowsetter 型的选型参数表。

表 10-58 动态流量平衡阀 HydromatQ 型选型参数表

规格		外形尺寸 /mm		流量范围 /	重量 /
DN	D	L	H	(kg /h)	kg
15	1/2″	80	131	100～800	1.831
20	3/4″	84	133	100～1200	1.975
25	1″	97.5	136	200～1900	2.008
32	11/4″	110	145	300～3000	2.448
40	11/2″	120	150	400～4000	3.02

表 10-59　动态流量平衡阀螺纹连接 Flowsetter 型选型参数表

规格		外形尺寸 /mm		压差范围 /kPa	流量范围 /（m³/h）	重量 /kg
DN	D	L	H			
15	1/2″	105	69	15～150	0.40～2.63	0.72
				20～200	0.47～3.10	
				30～300	0.47～3.24	
				80～800	0.83～5.80	
20	3/4″	105	69	15～150	0.40～2.63	0.68
				20～200	0.47～3.10	
				30～300	0.47～3.24	
				80～800	0.83～5.80	
25	1″	117	69	15～150	0.40～2.63	0.85
				20～200	0.47～3.10	
				30～300	0.47～3.24	
				80～800	0.83～5.80	
32	11/4″	156	90	15～150	0.40～4.32	1.30
				20～200	0.47～5.04	
				30～300	0.47～5.58	
				80～800	0.83～9.22	
40	11/2″	171	90	15～150	0.40～4.32	1.80
				20～200	0.47～5.04	
				30～300	0.47～5.58	
				80～800	0.83～9.22	

表 10-60　动态流量平衡阀法兰连接 Flowsetter 型选型参数表

DN	B	L	压差范围 /kPa	流量范围 /（m³/h）	重量 /kg
50	125	239	15～150	1.8～29.52	16
			22～210	2.27～36.36	
			33～330	2.56～45.54	
			90～900	4.54～74.59	
65	145	239	15～150	1.8～29.52	19
			22～210	2.27～36.36	
			33～330	2.56～45.54	
			90～900	4.54～74.59	
80	160	239	15～150	1.8～29.52	22
			22～210	2.27～36.36	
			33～330	2.56～45.54	
			90～900	4.54～74.59	

续表

DN	B	L	压差范围 / kPa	流量范围 / （m³ /h）	重量 / kg
100	190	365	15～150	1.80～29.52	38
			22～210	2.27～72.72	
			33～330	2.56～91.08	
			90～900	4.54～149.18	
125	220	365	15～150	1.80～88.56	46
			22～210	2.27～109.08	
			33～330	2.56～136.62	
			90～900	4.54～149.18	
150	250	410	15～150	1.8～147.60	66
			22～210	2.27～181.80	
			33～330	2.56～227.70	
			90～900	4.54～372.95	
200	310	410	15～150	1.8～236.16	96
			22～210	2.27～290.88	
			33～330	2.56～364.32	
			90～900	4.54～596.72	

10.23　动态流量平衡控制调节阀

10.23.1　动态流量平衡电动调节阀

动态流量平衡电动调节阀，即动态流量平衡控制调节阀，是区别于传统电动调节阀的新一代产品，它集动态平衡与电动调节功能于一体。该阀门的实物图及原理图如图 10-30 所示。在系统负荷波动较大的流量系统中，当系统压力发生变化时，动态平衡电动调节阀能够确保阀芯两端的压差（$P_1 - P_2$）保持不变，从而保证电动调节部分拥有 100% 的阀权度。其简要工作原理如下：

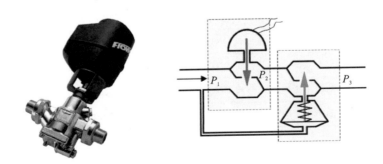

图 10-30　动态流量平衡控制调节阀实物图及原理图

（1）当进口压力 P_1 升高时，压差（$P_1 - P_2$）随之增大，此时膜片会推动 P_2 与 P_3 之间的阀芯向上移动，减小向 P_3 的流通面积，进而减小流量，使 P_2 的压力升高，最终保持（$P_1 - P_2$）不变。

（2）当进口压力 P_1 降低时，压差（P_1-P_2）随之减小，膜片在弹簧力的作用下会拉回 P_2 与 P_3 之间的阀芯，使其向下移动，增大向 P_3 的流通面积，进而增加流量，使 P_2 的压力同步下降，最终保持（P_1-P_2）不变。

（3）无论系统压力如何变化，通过膜片和阀芯的调节作用，都能保持 P_1 与 P_2 间的压差始终恒定，这使得 P_1 与 P_2 之间的调节阀芯具备良好的调节能力，阀权度达到 100%。因此，这种电动阀具有强大的抗干扰能力和动态平衡功能。但需要注意的是，阀门两端的压力必须保持在工作压差范围内，否则阀门将失去调节能力，仅作为一个静态阻力件存在。

动态流量平衡电动调节阀主要适用于暖通空调系统末端的空调设备（如空调箱、新风机组、空气处理机等）的温度控制，特别是在系统负荷波动较大的变流量系统中，其优势更为显著。图 10-31 展示了美控动态平衡电动调节阀的实物图。表 10-61 则详细列出了该阀门的型号及参数，包括工作压力为 1.6 MPa、控制流量误差小于 5%、工作温度为 0～100 ℃、接收的控制信号为 0～10 V DC 或 4～20 mA DC、供电电源为 24 V AC 或 220 V AC 等。

图 10-31　动态流量平衡电动调节阀实物图

表 10-61　动态流量平衡电动调节阀型号及参数表

产品型号	名　称	阀门形式 二通规格	压差范围 / kPa	流量范围 / （m³/h）
DBS020-T1-M	动态平衡电动二通阀 DN20	DN20	25～250	0.45～1.76
DBS025-T1-M	动态平衡电动二通阀 DN25	DN25	25～250	0.45～1.76
DBM032-M3E-M	动态平衡电动调节阀 DN32	DN32	30～300	0.5～4.7
DBM040-M3E-M	动态平衡电动调节阀 DN40	DN40	30～300	1～7.7
DBM050-M3E-M	动态平衡电动调节阀 DN50	DN50	30～300	2～12.1
DBM065-M3E-M	动态平衡电动调节阀 DN65	DN65	30～300	3～20.4
DBM080-M3E-M	动态平衡电动调节阀 DN80	DN80	30～300	5～30.8
DBM100-M3E-M	动态平衡电动调节阀 DN100	DN100	30～300	10～45.3
DBM125-M3E-M	动态平衡电动调节阀 DN125	DN125	30～300	15～70.7
DBM150-M3E-M	动态平衡电动调节阀 DN150	DN150	30～300	20～101.8
DBM200-M3E-M	动态平衡电动调节阀 DN200	DN200	30～300	50～360

10.23.2　DIM 系列智慧阀

美控 DIM 系列智慧阀（电子式动态平衡电动调节阀）是一款集电动调节阀功能于一体，实现压力、压差、温度、流量智能化控制的仪表。它不仅能够实现智能化的开度控制，还能显示并控制流量、压力、压差、温度等参数。其一体化结构不仅提高了工作效率,还降低了成本。此外,该智慧阀还提供了数字通信接口,如 RS485/GPRS/NB-IOT,支持远程数据上传和控制。因此,它广泛应用于楼宇供暖系统的水力平衡控制、工业及农业领域的节能定向设定等流体控制场景。

图 10-32 展示了美控 DIM 系列智慧阀的实物图。关于该智慧阀的主要性能指标,请参见表 10-62;而选型参数则详细列在表 10-63 中。

图 10-32　智慧阀实物图

表 10-62　DIM 系列智慧阀性能指标

主要技术参数	技术指标
工作介质	冷冻水、低温热水、冷却水
公称压力	PN1.6 MPa
介质温度	0～100 ℃
阀体材料	铸铁(≥DN40 法兰型)
阀芯材料	不锈钢或铝合金配流板
工作电源	DC24 V 50/60 Hz(≤DN200)
平均功耗	72 W
行程时间	≤150 s
控制信号	0～10 V DC 或 4～20 mA(选配)
阀位反馈	0～10 V DC 或 4～20 mA(选配)
通信	RS485/GPRS/NB-IOT
执行器防护等级	IP65
工作环境	－10～50 ℃,＜95％RH(不结露)
角行程	90°

表 10-63　DIM 系列智慧阀选型参数表

标称规格	DN/PN	标称流量系数 K_{vs}/(m³/h)	$P=25$ kPa 压损时最大平衡流量/(m³/h)	工作压差/kPa
DN40		19	7	16～300
DN50		47	19	16～300
DN65		56	22	16～300
DN80	16	77	31	16～300
DN100		150	60	16～300
DN125		286	114	16～300
DN150		306	122	16～300
DN200		423	169	16～300

10.24　电动风阀执行器

欧门氏 M5NM、M10NM 系列电动风阀驱动器(亦称电动风阀执行器)是专为暖通系统中的风门控制而精心设计的。它们采用了直流无刷电机,具备恒扭矩、体积小、精度高、寿命长的优点,因此被广泛应用于采暖、通风、空调、制冷等楼宇自控系统中。图 10-33 展示了电动风阀执行器的实物图。

图 10-33　M5NM 系列电动风阀执行器实物图

该系列驱动器提供了两种型号以供选择:第一种是(数字)开关型/3 位浮点式输入(即开关量控制);第二种是 0/2～10 V、0/4～20 mA 比例式输入(即模拟量控制)。此外,用户还可以在工作电压方面做出选择,包括 24 V AC/24 V DC 或 100～240 V AC 50/60 Hz 两种。为了满足不同的应用需求,该驱动器还提供了可选配的功能,如 10 kΩ 电阻反馈(-F1)或任意位置干接点反馈(-F2)。更为先进的是,该驱动器支持一拖多/主从控制功能。

关于该系列驱动器的主要性能指标,请参见表 10-64;而选型参数则详细列在表 10-65 中。

表 10-64　风阀执行器电气/环境参数

性　能	参　数
工作电压	24 V AC/24 V DC;100～240 V AC 50/60 Hz
额定功率	5 V·A(运行)、2.5 V·A(保持)
驱动轴尺寸	6～17 mm 方轴/圆轴
控制信号	0/2～10 V DC、0/4～20 mA(通过拨码开关设定)
反馈信号	0/2～10 V DC、0/4～20 mA(通过拨码开关设定)
环境温度	工作:－30～＋50 ℃。储运:－40～＋80 ℃
运行时间	150 s/95、75 s/95(通过拨码开关设定)
环境相对湿度	0～95％ RH
防护等级	IP54
外壳材料	ABS 工程塑料
净重	350 g

表 10-65　风阀执行器选型表

型　号	描　述
M5NM-D245Nm	(1±15％)×24 V AC/V DC (开关型)双位浮点型/三位浮点型控制 带 0.5 m 线
M5NM-D24-F15Nm	(1±15％)×24 V AC/V DC (开关型)双位浮点型/三位浮点型控制 带 10 kΩ 电阻反馈,带 0.5 m 线
M5NM-D24-F25Nm	(1±15％)×24 V AC/V DC (开关型)双位浮点型/三位浮点型控制 带 1 个可调辅助开关,带 0.5 m 线
M5NM-X245Nm	(1±15％)×24 V AC/V DC 0/2～10 V DC、0/4～20 mA 比例调节型控制 带 0.5 m 线

型　号	描　述
M5NM-D2305Nm	$(1+15\%)\times(100\sim230)$ V AC (开关型)双位浮点型/三位浮点型控制 带 0.5 m 线
M5NM-D230-F15Nm	$(1+15\%)\times(100\sim230)$ V AC (开关型)双位浮点型/三位浮点型控制 带 10 kΩ 电阻反馈,带 0.5 m 线
M5NM-X2305Nm	$(1+15\%)\times(100\sim230)$ V AC $0/2\sim10$ V、$0/4\sim20$ mA 比例调节型控制 带 0.5 m 线
M5NM-D230-F25Nm	$(1+15\%)\times(100\sim230)$ V AC (开关型)双位浮点型/三位浮点型控制 带 1 个可调辅助开关,带 0.5 m 线

10.25　电动球阀

10.25.1　电动球阀 DVQ 系列

美控 DVQ 系列电动球阀专为采暖、通风及空调
(HVAC)系统设计,能够根据控制器的指令精准调节
热水、冷水或蒸汽的流量。该系列球阀的 DN15-50 规
格采用内螺纹连接方式,而 DN65-DN150 规格则采用
球墨铸铁法兰连接。此外,该系列阀体可配备多种执
行器,以实现开关控制、浮点控制及比例控制等多种控
制方式。

图 10-34 展示了美控 DVQ 系列电动球阀的实物
图。关于该系列球阀的主要性能指标,请参见表
10-66;而选型参数则详细列在表 10-67 中。

图 10-34　电动球阀 DVQ 实物图

表 10-66　电动球阀 DVQ 系列阀性能指标

主要技术参数	技术指标
额定工作压力	1.6 MPa
关断压力	1.36 MPa
最大工作压差	0.35 MPa
最大安静工作压差	0.25 MPa

主要技术参数	技术指标
控制信号	0(2)～10 V DC,0(4)～20 mA
反馈信号	0(2)～10 V DC,0(4)～20 mA
介质	冷、热水,最大浓度50%的乙二醇溶液
介质温度	−5～95 ℃

表 10-67　电动球阀 DVQ 系列阀选型参数表

产品型号	产品名称	参数描述
DVQ025-T3-A	开关型电动二通球阀 DN25	PN16,黄铜阀体,不锈钢阀芯,$K_{vs}=16$ 浮点型,24 V AC/24 V DC
DVQ032-T3-A	开关型电动二通球阀 DN32	PN16,黄铜阀体,不锈钢阀芯,$K_{vs}=25$ 浮点型,24 V AC/24 V DC
DVQ040-T3-A	开关型电动二通球阀 DN40	PN16,黄铜阀体,不锈钢阀芯,$K_{vs}=40$ 浮点型,24 V AC/24 V DC
DVQ050-T3-A	开关型电动二通球阀 DN50	PN16,黄铜阀体,不锈钢阀芯,$K_{vs}=63$ 浮点型,24 V AC/24 V DC
DVQ065-T3-A	开关型电动二通球阀 DN65	PN16,球墨铸铁阀体,不锈钢阀芯 $K_{vs}=63$ 浮点型,24 V AC/24 V DC
DVQ080-T3-A	开关型电动二通球阀 DN80	PN16,球墨铸铁阀体,不锈钢阀芯 $K_{vs}=100$ 浮点型,24 V AC/24 V DC
DVQ100-T3-A	开关型电动二通球阀 DN100	PN16,球墨铸铁阀体,不锈钢阀芯 $K_{vs}=160$ 浮点型,24 V AC/24 V DC
DVQ125-T3-A	开关型电动二通球阀 DN125	PN16,球墨铸铁阀体,不锈钢阀芯 $K_{vs}=250$ 浮点型,24 V AC/24 V DC
DVQ150-T3-A	开关型电动二通球阀 DN150	PN16,球墨铸铁阀体,不锈钢阀芯 $K_{vs}=400$ 浮点型,24 V AC/24 V DC
DVQ015-M3E-A	调节型电动二通球阀 DN15	PN16,黄铜阀体,不锈钢阀芯,$K_{vs}=6.3$ 调节型,24 V AC/24 V DC 输入/反馈信号:0(2)～10 V/0(4)～20 mA

产品型号	产品名称	参数描述
DVQ020-M3E-A	调节型电动二通球阀 DN20	PN16,黄铜阀体,不锈钢阀芯,$K_{vs}=10$ 调节型,24 V AC/24 V DC 输入/反馈信号:0(2)~10 V/0(4)~20 mA
DVQ025-M3E-A	调节型电动二通球阀 DN25	PN16,黄铜阀体,不锈钢阀芯,$K_{vs}=16$ 调节型,24 V AC/24 V DC 输入/反馈信号:0(2)~10 V/0(4)~20 mA
DVQ032-M3E-A	调节型电动二通球阀 DN32	PN16,黄铜阀体,不锈钢阀芯,$K_{vs}=25$ 调节型,24 V AC/24 V DC 输入/反馈信号:0(2)~10 V/0(4)~20 mA
DVQ040-M3E-A	调节型电动二通球阀 DN40	PN16,黄铜阀体,不锈钢阀芯,$K_{vs}=40$ 调节型,24 V AC/24 V DC 输入/反馈信号:0(2)~10 V/0(4)~20 mA
DVQ050-M3E-A	调节型电动二通球阀 DN50	PN16,黄铜阀体,不锈钢阀芯,$K_{vs}=63$ 调节型,24 V AC/24 V DC 输入/反馈信号:0(2)~10 V/0(4)~20 mA
DVQ065-M3E-A	调节型电动二通球阀 DN65	PN16,球墨铸铁阀体,不锈钢阀芯 $K_{vs}=63$ 调节型,24 V AC/24 V DC 输入/反馈信号:0(2)~10 V/0(4)~20 mA
DVQ080-M3E-A	调节型电动二通球阀 DN80	PN16,球墨铸铁阀体,不锈钢阀芯 $K_{vs}=100$ 调节型,24 V AC/24 V DC 输入/反馈信号:0(2)~10 V/0(4)~20 mA
DVQ100-M3E-A	调节型电动二通球阀 DN100	PN16,球墨铸铁阀体,不锈钢阀芯 $K_{vs}=160$ 调节型,24 V AC/24 V DC 输入/反馈信号:0(2)~10 V/0(4)~20 mA
DVQ125-M3E-A	调节型电动二通球阀 DN125	PN16,球墨铸铁阀体,不锈钢阀芯 $K_{vs}=250$ 调节型,24 V AC/24 V DC 输入/反馈信号:0(2)~10 V/0(4)~20 mA
DVQ150-M3E-A	调节型电动二通球阀 DN150	PN16,球墨铸铁阀体,不锈钢阀芯 $K_{vs}=400$ 调节型,24 V AC/24 V DC 输入/反馈信号:0(2)~10 V/0(4)~20 mA

10.25.2　DDF 系列 FCU 电动二通截止阀

美控 DDF-GxJA1 系列开关式电动阀由 DFQ-JA1 系列阀门驱动器和 DDF-G 系列铜阀门组合而成。该电动阀主要用于控制冷水或热水空调系统管道的启闭,进而实现对室温的调节。其驱动器由单向磁滞同步马达驱动,并配备

阀门弹簧复位机构。在非工作状态下,阀门保持常闭;当需要调节室温时,温控器会发出开启信号,使驱动器接通交流电源并驱动阀门开启,允许冷水或热水流入风机盘管,为房间提供制冷或制热效果。一旦室温达到温控器设定的温度值,温控器将切断阀门的电源,复位弹簧随即驱动阀门关闭,从而阻止水流继续进入风机盘管。通过阀门的反复启闭,室温得以始终维持在温控设定的范围内。

DFQ-JA1 系列电动阀的驱动器与阀门之间采用螺纹连接方式,这种设计允许用户在阀门安装完成后再安装驱动器,从而实现了现场装配的灵活性和便捷性。该系列产品不仅可靠耐用、工作噪声低,而且体积小巧,非常适合在隐蔽式风机盘管装置内,尤其是在高温高湿环境中使用。

图 10-35　DDF 系列 FCU 电动二通截止阀实物图

图 10-35 展示了美控 DDF-GxJA1 系列电动二通截止阀的实物图。关于该系列电动阀的主要性能指标,请参见表 10-68;而选型参数则详细列在表 10-69 中。

表 10-68　DDF 系列 FCU 电动二通截止阀性能指标

阀门口径 （英寸）	DDF-G-215＋ DFQ-JA1-220	DDF-G-220＋ DFQ-JA1-220	DDF-G-225＋ DFQ-JA1-220
阀门形式	二通		
工作电压	标配 220 V AC、50 /60 Hz;可选 24 V AC 50 /60 Hz		
功率消耗	＜7 W		
堵转阻力	≥95 mN /m		
防护等级	IP45		
阀体材料	锻造黄铜		
液体温度	1～95 ℃		
适合介质	冷冻 /热水		
工作环境	5～60 ℃,10％～95％RH 不结露		
承压	1.6 MPa		

表 10-69　DDF 系列 FCU 电动二通截止阀选型参数表

DN 通径	螺纹尺寸	K_v 值	最大关闭压差 /kPa
DN15	G1 /2	1.5	250
DN20	G3 /4	2.1	250
DN25	G1	3.3	100

10.25.3 DQF 系列 FCU 电动二通球阀

美控 DQF 系列球阀由阀体和驱动器两大部件构成,具有结构简单、工作可靠、流体通过能力强以及节能环保等显著优点。它广泛应用于采暖系统、中央空调系统、太阳能热水系统以及水处理系统中,用于冷热水的通断控制;同时,也适用于低压水蒸气的通断控制。

图 10-36 展示了美控 DQF 系列电动二通球阀的实物图。关于该系列球阀的主要性能指标,请参见表 10-70;选型时所需参考的参数则详细列在表 10-71 中。

图 10-36　DQF 系列 FCU 电动二通球阀实物图

表 10-70　DQF 系列 FCU 电动二通球阀性能指标

阀门口径 (英寸)	DQF-D-215＋ DQQ-D1K3-220	DQF-D-220＋ DQQ-D1K3-220	DQF-D-225＋ DQQ-D1K3-220
阀门形式	二通		
工作电压	220 V AC 50/60 Hz/24 V AC 50/60 Hz		
开关时间	35 s(50 Hz)/35 s(60 Hz)		
工作环境	5～60 ℃,10％～95％RH 不结露		
阀体耐压	PN16(1.6 MPa)		
功率消耗	5 V·A(仅阀门改变位置时)		
防护等级	IP55		
阀体材料	304 不锈钢		
液体温度	1～95 ℃		
球心材料	304 不锈钢		

表 10-71　DQF 系列 FCU 电动二通球阀选型参数表

DN 通径	螺纹尺寸	K_{vs} 值	最大关闭压差/kPa
DN15	G1/2	1.5	250
DN20	G3/4	2.1	250
DN25	G1	3.3	100

图 10-37 电动蝶阀实物图

10.26 电动蝶阀

美控 DVB 系列电动蝶阀广泛应用于商业建筑、现代工厂、公共设施及城市管网，该系列产品具备开关量、模拟量等多种控制功能，能够切换多种控制信号及反馈信号，以满足不同现场需求。图 10-37 为该系列电动蝶阀的实物图。主要性能指标如表 10-72 所示，选型参数则如表 10-73 所示。

表 10-72 电动蝶阀性能指标

产品	DVB 电动蝶阀系列
应用	用于暖通及制冷系统管道介质的通断和调节
蝶阀	
介质及温度适用范围	水 /−10～100 ℃ /非持续流可到 120 ℃
规格范围	DN50～DN900
公称压力	1.6 MPa
材质	阀体材质:球墨铸铁 /其他
	阀座材质:EPDM /其他
	阀杆材质:不锈钢 /其他
	阀板材质:球墨铸铁覆尼龙 /其他
法兰标准	ISO 7005-2
电动执行器	
电源	(1±10%)×220 V AC 50 Hz/60 Hz
扭矩	见选型指定事项
运行时间	见选型指定事项
功耗	见选型指定事项
输入信号	开关信号或 4～20 mA /0～10 V DC /2～10 V DC
输出信号	到位无源反馈信号或 4～20 mA /0～10 V DC /2～10 V DC
防护等级	IP67
环境温度	−25～70 ℃
蜗轮蜗杆传动	高效节能且具有自锁性
防结露	内置加热器
壳体材质	ADC12
表面涂层	静电粉末喷涂

表 10-73　电动蝶阀选型参数表

口　径	开关型执行器型号	调节型执行器型号	执行器扭矩/（N·m）	运行时间/（s/90°）	功率/W	关闭压差/kPa	运行时间/（s/90°）	功耗/（VA）
DN50	DVB050-T1-L	DVB050-M1E-L	50	30	20	1600	30	20
DN65	DVB065-T1-L	DVB065-M1E-L	50	30	20	1600	30	20
DN80	DVB080-T1-L	DVB080-M1E-L	50	30	20	1600	30	20
DN100	DVB100-T1-L	DVB100-M1E-L	100	30	23	1600	30	23
DN125	DVB125-T1-L	DVB125-M1E-L	100	30	23	1600	30	23
DN150	DVB150-T1-L	DVB150-M1E-L	160	30	25	1600	30	25
DN200	DVB200-T1-L	DVB200-M1E-L	500	30	90	1600	30	90
DN250	DVB250-T1-L	DVB250-M1E-L	500	30	90	1600	30	90
DN300	DVB300-T1-L	DVB300-M1E-L	1000	50	100	1600	50	100
DN350	DVB350-T1-L	DVB350-M1E-L	1000	50	100	1600	50	100
DN400	DVB400-T1-L	DVB400-M1E-L	2000	100	100	1600	100	100
DN450	DVB450-T1-L	DVB450-M1E-L	2000	100	100	1600	100	100
DN500	DVB500-T1-L	DVB500-M1E-L	2000	100	120	1600	60	120
DN600	DVB600-T1-L	DVB600-M1E-L	3000	60	200	1600	70	200
DN700	DVB700-TH-L	DVB700-MHE-L	7500	35	230	1600	80	980
DN800	DVB800-TH-L	DVB800-MHE-L	7500	35	230	1600	105	980
DN900	DVB900-TH-L	DVB900-MHE-L	12000	40	280	1600	105	1050

美控 DVB 系列开关型电动蝶阀通过开关电路实现阀门的开启和关闭操作，并输出一组指示阀门状态的信号，同时给出全开或全闭的无源位置信号。接线图如图 10-38 所示。而调节型电动蝶阀则是通过外部工业仪表或控制器输入的标准信号来控制阀门的开闭角度，并同步反馈输出相应的标准信号。

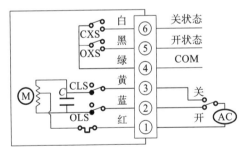

图 10-38　开关型接线图

接线说明：

（1）端子 1 接电源零线；

（2）当电源相线与端子 2 接通时，执行"开"操作，直至行程开关 OLS 动作；

（3）当电源相线与端子 3 接通时，执行"关"操作，直至行程开关 CLS 动作；

（4）端子 4 为无源触点公共端；

（5）当"开"操作到位时，端子 5 输出"全开信号"；

（6）当"关"操作到位时，端子 6 输出"全关信号"。

10.27　温控器

空调末端的风机盘管通常采用温控器进行控制，这些温控器往往是独立设置的，并不纳入集中监控系统。然而，随着技术的飞速发展和节能需求的日益增长,目前市场上已有部分温控器配备了网络接口,使得远程控制变得十分便捷,并能轻松地融入集中监控系统。

美控 86A 系列 Modbus 联网温控器是专为控制空调系统末端的风机盘管设备而设计的,它支持 Modbus 联网和远程控制功能,适用于两管制、四管制风盘系统以及空调地暖二合一系统的控制。此外,该温控器还支持二通阀、三通阀,并允许用户对温度、风速、定时进行设定,以及快速设定节能模式等。它广泛应用于家庭、学校、办公楼、写字楼、医院及酒店等多种场所的温度控制。图 10-39 展示了 86A 系列 Modbus 联网温控器的实物图。不同末端形式的安装接线示意图如图 10-40 所示,而主要性能指标则如表 10-74 所示。

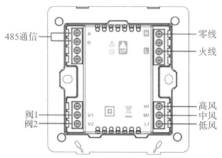

图 10-39　Modbus 联网温控器实物图

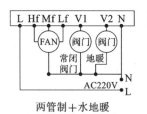

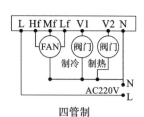

两管制+水地暖　　　两管制(常闭)　　　两管制(常开)　　　四管制

图 10-40　86A 系列 Modbus 联网温控器安装接线示意图

表 10-74　Modbus 联网温控器性能指标

产品名称	86A 系列 Modbus 联网温控器
外观描述	触摸按键,边缘圆角
显示	LCD 液晶
前盖尺寸	86 mm×86 mm×9 mm
功能特点	Modbus 联网
空调类型	两管制风机盘管、四管制风机盘管、水地暖
风速挡位	三挡风
供电电源	220 V AC 50 Hz
负载电流	阻性负载<2 A,感性负载<1 A
自耗功率	<2 W
设定温度范围	17~30 ℃
控温精度	±0.5 ℃
显示精度	±0.1 ℃

美控 86YM 系列联网机械温控器与 86A 系列 Modbus 联网温控器在功能上相似,主要区别在于其面板采用了机

械按键,且界面设置与接线布置有所不同。然而,在功能特点、所服务的空调末端类型、风速挡位设置、供电电源、设定温度范围以及控温精度等方面,两者保持一致。图10-41展示了86YM系列联网机械温控器的实物图及其内部布线图。

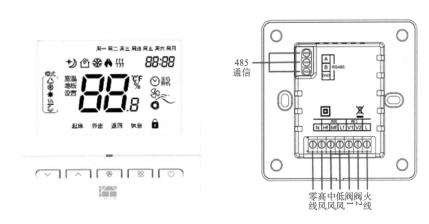

图10-41 联网机械温控器实物图及内部布线图

10.28 多功能电量仪

电量仪是建筑机电系统中用于电量测量的重要设备,如图10-42所示。它们分为高端电子式多功能电量仪、中端电子式普通电量仪以及低端电量仪。高端电子式多功能电量仪功能强大,能够监测和计量三相电流、电压、有功功率、功率因数、有功电能、最大需量以及总谐波含量。它配备了LED显示屏,可同时展示多行数据,并具有数据远传功能。此外,它还具备符合行业标准的通信接口,采用标准开放的协议或遵循《多功能电能表通信协议》(DL/T 645—2007)的相关规定。其精度等级方面,有功不低于1.0级,无功不低于2.0级。中端电子式普通电量仪则具有监测三相(或单相)电流及有功功率,并计量三相(或单相)有功电能的功能。它同样具备数据远传功能和符合行业标准的通信接口,采用标准开放的协议或遵循《多功能电能表通信协议》(DL/T 645—2007)的相关规定,精度等级不低于1.0级。而低端电量仪,如机械式电能表,功能相对简单,仅可计量总耗电量,并且不具备数据远传功能。

图10-42 多功能电量仪实物图

N2B-600P系列多功能电量监测仪采用了先进的微处理器和数字信号处理技术,具备多功能、高精度、超小型设计、安装便捷、接线灵活以及高安全性等特点。它适用于电能量管理系统、智能化楼宇、小区电力监控等多种场合。该电量监测仪还提供了4路数字量(开关量)输入、2路数字量输出,并支持最多2路模拟量输入接口和最多2路RS485接口。N2B-600P系列多功能电量监测仪的性能指标如表10-75所示,其适用条件则如表10-76所示。

表10-75 N2B-600P系列多功能电量监测仪性能指标

电压输入参数		电流输入参数	
输入电压范围	0～600 V AC	额定电流范围	0～5 A
允许频率范围	40～65 Hz	经过CT测量电流范围	一次侧电流最大9999 A

续表

电压输入参数		电流输入参数	
经过 PT 测量电压	一次侧电压最高 9999 kV	输入电流允许过载	3 倍额定值(连续)
PT 回路消耗	小于 0.5 VA	CT 回路消耗	小于 0.5 VA
测量形式	交流采样	测量形式	交流采样
数字量输入(DI)		数字量输出(DO)	
输入形式	有源节点或无源节点	输出形式	继电器空接点(常开)
输入阻抗	>20 kΩ	最大开关电压	277 V AC,30 V DC
输入电压范围	24 V DC/110 V AC 20±10%	最大开关电流	10 A
最大输入电流	20 mA	隔离耐压	2 kV AC

表 10-76　N2B-600P 系列多功能电量监测仪适用条件

适用性条件	
外形尺寸	96 mm×96 mm×110 mm
工作温度范围	0～45 ℃(推荐)、10～55 ℃(极限)、25～70 ℃(存储温度范围)
湿度范围	5%～95%(不结露)
工作电源	AC 85～265 V 50 Hz 或 DC 100～250 V
防护等级	IP20
重量	400 g

图 10-43 展示了 N2B-600P 系列多功能电量监测仪的型号示意图。以该系列中的 N2B-600P-25P1T1I1A11 型号为例进行说明：它代表输入电压为 220 V，输入电流为 5 A，配备 1 路 RS485 通信接口，1 路模拟量输出，1 路开入量，2路继电器开出量，以及有功电能脉冲输出。

N2B-600P-□□□□□□□　电能脉冲输出 1:有功; 2:无功; 3:有功和无功; 0:无

输入电压 2:220 V; 5:110 V; 0:其他　数字量输出 A1:2路继电器; A0:无

输入电流 5:5 A; 1:1 A; 0:其他　数字量输入 I1:1路; I0:无

RS485通信 P1:1路; P2:2路; P0:无　模拟量输出 T1:1路; T2:2路; T0:无

图 10-43　多功能电量仪型号示意图

10.29　本章小结

楼宇自控对于提升楼宇的管理水平、改善室内环境质量以及提高能源使用效率具有重要意义。传感器与执行器是楼宇控制系统的关键现场组件。本章以民族品牌为主，介绍美控的传感器、电动执行器、电动控制阀、温控器等产品，同时也适量介绍了部分国际品牌的产品，如欧文托普的流量平衡阀、霍尼韦尔的液位开关与空气压差开关等。

第 *11* 章

常用控制器

目前,BAS 控制器在楼宇中主要可分为两种类型:一种是 DDC(直接数字控制器);另一种是 PLC(可编程逻辑控制器)。DDC 得到广泛使用,而 PLC 则在有特殊需求的楼宇场景中有所应用。本章简要对比了 DDC 与 PLC 的各自特性,重点介绍了民族品牌美控的 DDC 系统,同时对国际品牌的 PLC 进行了较为详细的介绍,并对在楼宇中应用较多的西门子、霍尼韦尔以及江森自控的 DDC 进行了简要说明。

11.1　概述

DDC(direct digital controller)是一种集成了计算机技术和楼宇自控技术的设备,用于实现对建筑内部各种设备和系统的数字化控制。它通过采集传感器数据并进行数字化处理,生成相应的控制指令,然后通过执行机构实现对楼宇设备的精确调控。

该技术起源于 20 世纪 60 年代,当时的建筑控制系统主要采用模拟控制方法。随着计算机和数字技术的不断发展,人们逐渐认识到数字化控制系统在提高建筑设备控制精度、便捷性和效率方面的重要性,于是 DDC 技术被引入楼宇自控领域。在 20 世纪 70 年代和 80 年代,DDC 技术开始逐渐普及并广泛应用于建筑自控系统中,逐步取代了传统的模拟控制系统。通过数字化处理和计算机控制,DDC 系统大幅提升了建筑设备的控制精度和响应速度,并实现了更为灵活多样的控制方式。这一时期,DDC 技术得到了广泛的推广和应用。

随着计算机技术和通信技术的持续进步,以及对于能源管理和环境监控需求的不断增加,DDC 技术在 20 世纪 90 年代进入快速发展阶段。数字化控制系统不断完善和创新,如引入了互联网技术、智能算法以及先进的能源管理功能,使得 DDC 系统更加智能化、可靠且节能。

进入 21 世纪以来,随着物联网、人工智能等技术的蓬勃发展,DDC 技术也在不断演进和创新。智能化、自动化的楼宇控制系统已成为建筑行业的发展趋势,DDC 系统在智能建筑、绿色建筑等领域发挥着越来越重要的作用。

目前,市场上众多知名厂家都在生产 DDC,如江森自控(Johnson Controls)、霍尼韦尔(Honeywell)、西门子(Siemens)以及国内的美控、浙大中控、海林等。

PLC(programmable logic controller)是一种具有微处理器的数字运算控制器,专门用于自动化控制。它由 CPU、指令及数据内存、输入输出接口、电源以及数字模拟转换单元等功能单元组成。内部存储着执行逻辑运算、顺序控制、定时、计数和算术运算等操作的指令,通过数字式或模拟式的输入输出来控制各种类型的机械设备或生产过程。

PLC 是专为工业环境应用而设计的数字运算操作电子系统,产生于 20 世纪 60 年代。随着计算机、网络技术、人工智能的快速发展,PLC 已与计算机和网络等深度融合,向高集成度、高可靠性、高性能的方向发展,以满足复杂控制需求。同时,PLC 也向智能化、个性化、定制化的方向发展,以适应不同行业与不同领域的控制需求。PLC 采用数字电路,对环境干扰有很好的抵抗力,稳定性好,因此广泛应用于工业系统。PLC 的生产厂商众多,如西门子、施耐德电气、三菱电机以及国内的台达、汇川技术、傲拓科技等。

DDC 主要用于楼宇自控系统或工业自动化领域,对建筑设备或工业生产过程进行控制和调节;而 PLC 则通常用于工业自动化领域中的机械设备、生产线等离散控制过程。DDC 采用直接数字控制方式,通过数字信号对设备进行精确控制;而 PLC 则基于逻辑控制程序,通过运行其内部的程序来完成逻辑判断和控制输出。在处理模拟量方面,PLC 可能不及 DDC,但 PLC 的编程自由度更大,对工程师的要求也更高。

DDC 与 PLC 的优缺点对比如表 11-1 所示。总体来说,DDC 更适用于连续控制和复杂逻辑场景,而 PLC 则更适用于离散控制和简单的逻辑控制任务。根据具体应用场景和控制需求,选择合适的控制器类型可以更好地实现控制目标。在民用建筑自控系统中,多采用 DDC 产品,主要用于对各种参数进行实时监测和控制,成本相对较低。然而,也有一些特殊场合因需求而采用 PLC,如部分地铁车站的环控系统,但成本相对较高。

表 11-1　DDC 与 PLC 优缺点对比

设　备	优　　点	缺　　点
DDC	1. 输入输出通道功能丰富、配置灵活、集成度高、造价低。 2. 软件有丰富的内置控制模块,采用组态方式。 3. 构建大型网络和分布式控制系统时,简单且成本较低,控制器间组建网络及建立通信便捷。 4. 部分品牌控制器无须安装调试软件,通过 Web 方式调试,方便快捷	1. 本身的抗干扰能力问题和分级分布式结构的局限性,限制了其应用范围。 2. 程序模式相对固定,好多程序都固化在 DDC 里面,因此在选择上有相对的局限性,进行二次开发的难度较大
PLC	1. 控制响应时间快。 2. 软件编写程序灵活多变,可自由编程,易于二次开发,以适应不同的环境和工作要求。 3. 与组态软件通信简单,配置方便。 4. 软件安装环境要求不高。 5. 运行可靠,使用与维护均很方便,抗干扰能力强,在工业环境中运行稳定	1. 模拟量处理集成度偏低。 2. 现场需要有装有调试软件的计算机才能进行调试。 3. 控制器间组建网络成本高、难度大。 4. 成本相对较高,主要原因是其功能强大且复杂,以及工业环境设计的防护等级要求较高

11.2　美控 DDC

美控智慧建筑有限公司(以下简称"美控")作为我国的民族品牌,专注于楼宇自控系统产品的研发与生产。作为美的集团楼宇科技事业部的重要组成部分,美控依托美的集团在全球范围内的研发、制造及服务能力,在智慧建筑领域开展了一系列创新实践。美控充分利用先进的信息技术、通信技术、人工智能和物联网技术,结合中国建筑运营的实际需求,自主研发了包括核心硬件 DDC 在内的系列产品,并开发了配套软件,内置了节能算法。

美控的 DDC 广泛应用于交通、医疗、商业等各类大型建筑,以及会议室、零售门店等小型场景空间。通过提供智慧建筑解决方案,美控致力于为建筑行业注入新的活力,并引领中国楼宇自控行业的新发展方向。通过持续的创新和实践,美控努力将智能化设计和施工服务融入建筑生命周期管理,为客户提供更加智能、高效的楼宇控制解决方案,推动智慧建筑的发展和应用。

美控 DDC 主要面向楼宇自动化市场,对楼宇的暖通空调系统、给排水系统、照明系统等进行分布式监控,实现楼宇机电设备的自动化运行及监视。该控制器具备可编程功能,能够适配各种不同的应用场景。根据作用和用途的不同,DDC 系列产品可以分为 DDC-E0、DDC-M0、IO、EM、DDC-E0 Plus 及 DDC-E0 Lite 等型号。

(1) DDC-E0:作为现场级控制器,主要应用于楼宇自控末端控制以及小型机房自控系统。

(2) DDC-M0:作为网络控制器,是楼宇自控系统的网络主控制器,适用于大型机房或逻辑较复杂的机房自控系统。

(3) IO:作为 IO 扩展模块,与 DDC 配套使用,用于弥补控制器 IO 点位不足的情况,使项目方案配置更加灵活。

(4) EM:作为 DDC 的扩展模块,能够满足各种需求的应用场景,如 IOT、LoRa 等。

(5) DDC-E0 Plus:作为现场级控制器,适用于复杂逻辑场景,常用于普通机房和高效机房群控,内置算法及节能模块。

（6）DDC-E0 Lite：作为现场级控制器，适用于末端控制及一对一强弱电一体末端控制柜。

表11-2详细列出了美控DDC（即 KONG DDC）系列产品的技术参数。

表 11-2　KONG DDC 系列产品主要技术参数

产品型号			DDC-E0 Lite	DDC-E0	DDC-E0 Plus	DDC-M0
			MKG3112-Y12	MKG3122/Y22	MKG3222-Y22	MKG41-BTW23
CPU			Cortex-M3,120 MHz			四核64位 ARM Cortex-A35,1.5 GHz
内存			2MB SRAM	2MB SRAM	4MB SRAM	1GB DDR3 1600 MHz
Flash			16 MB	16 MB	16 MB	8GB
输入输出(I/O)	UI	数量	6个 (UI1～UI6)	12个 (UI1～UI12)	12个 (UI1～UI12)	KONG BUS 扩展
	UX	数量	2个 (UX13,UX14)	2个 (UX13,UX14)	2个 (UX13,UX14)	
	DO		2个 (DO19,DO20)	4个 (DO19～DO22)	4个 (DO19～DO22)	
	UO	数量	2个 (UO15,UO16)	4个 (UO15～UO18)	4个 (UO15～UO18)	
		分辨率	12 bit	16 bit	16 bit	
支持 KONG BUS IO 扩展模块数量			3	16	31	31
485总线	485数量		2	2	2	3
通信	以太网		单网口	双网口	双网口	双网口
高级功能块			末端模块	末端模块	末端模块＋机房模块	末端模块＋机房模块
应用场景			末端 AHU，一对一强弱电一体柜	末端 AHU，小型制冷机房（风冷热泵）	机房群控（水冷/风冷系统）	大型制冷机房，集成，网关

11.2.1　KONG DDC-E0

KONG DDC-E0 产品是美控楼宇自动化系统的基本组成单元，适应物联网应用场景，具备以下技术特点。

（1）时效性：采用高速实时系统，当运行 2000 个逻辑块时，响应时间小于 30 毫秒，且能支持超过 10 个 PID 逻辑块。

（2）Web 端功能：支持远程在线图形化编程与调试。

（3）热部署能力：允许用户程序进行热部署，无须重启设备即可生效。

（4）节能算法：内嵌暖通节能算法库，提升系统能效。

（5）IO 模块扩展性：支持可扩展 IO 模块，软件定义 IO 可无缝调用，并通过 KONG BUS 实现板级高速连接。

(6) 网络支持:支持 IP 环网链路,但需配合具有防回环功能的交换机使用。

(7) 通信协议:支持 BACnet/IP、BACnet MS/TP、Modbus RTU 主从通信协议。

(8) RTC 时钟:RTC 时钟在掉电情况下可保持 180 天,无须外置电容或电池储能。

(9) 固件升级:支持 OTA 固件管理升级,方便系统维护。

KONG DDC-E0 的技术参数详见表 11-3,而 KONG DDC-E0/E0 Plus 的接口描述则如图 11-1 所示。

表 11-3　KONG DDC-E0 技术参数

硬　件	数　量	说　明
功耗	/	18 V·A
供电	/	24 V AC/DC
程序设置点	/	BACnet/IP 对象 500 个 Modbus RTU 从站 500 点位 BACnet/IP 日程 8 个 BACnet MS/TP 设备 32 台,对象 250 个 Modbus RTU 主站 250 个×2 掉电存储点 200 个 IO=设备 16×IO/EM 点
通用输入 UI	12	支持 0~10 V、4~20 mA 输入(AI) NTC10K、PT1000、Ni1000 模拟输入(AI) 无源干接点数字信号输入(DI) 软件选择输出类型,无须硬件配置
通用输入输出 UX	2	支持无源干接点数字信号输入(DI) 0~10 V、4~20 mA、NTC10K、PT1000、Ni1000(AI) 0~10 V 电压输出(AO) 软件选择输出类型,无须硬件配置
数字输出 DO	4	继电器无源输出
通用输出 UO	4	支持 0~10 V,4~20 mA(AO) 12 V/100 mA(DO) 软件选择输出类型,无须硬件配置
以太网	2	10/100 以太网口 支持菊花链式通信
RS485	2	隔离,软件激活终端电阻 1 路 Modbus RTU 主站 1 路 BACnet MS/TP 或 Modbus RTU 从站
KONG 总线	1	供电+超高速通信
时钟	1	RTC 芯片

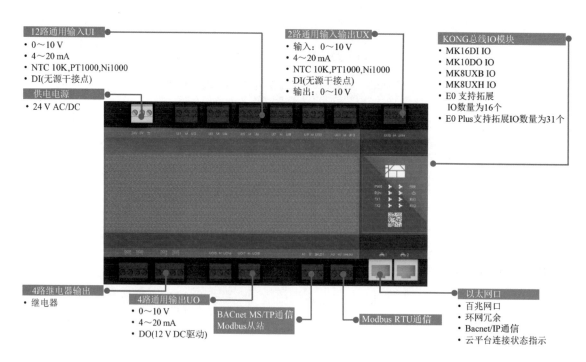

12路通用输入UI
- 0~10 V
- 4~20 mA
- NTC 10K,PT1000,Ni1000
- DI(无源干接点)

供电电源
- 24 V AC/DC

2路通用输入输出UX
- 输入：0~10 V
- 4~20 mA
- NTC 10K,PT1000,Ni1000
- DI(无源干接点)
- 输出：0~10 V

KONG总线IO模块
- MK16DI IO
- MK10DO IO
- MK8UXB IO
- MK8UXH IO
- E0 支持拓展
  IO数量为16个
- E0 Plus支持拓展IO数量为31个

4路继电器输出
- 继电器

4路通用输出UO
- 0~10 V
- 4~20 mA
- DO(12 V DC驱动)

BACnet MS/TP通信
Modbus从站

Modbus RTU通信

以太网口
- 百兆网口
- 环网冗余
- Bacnet/IP通信
- 云平台连接状态指示

图 11-1　KONG DDC-E0/E0 Plus 接口描述

11.2.2　KONG DDC-E0 Lite

KONG DDC-E0 Lite 源自 KONG DDC-E0,但 IO 点位相对较少,更适合应用于中小型系统。KONG DDC-E0 Lite 的接口描述如图 11-2 所示。

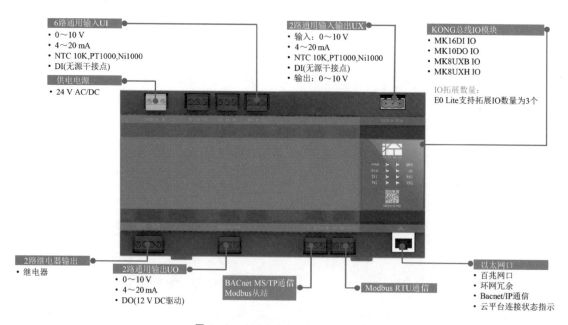

6路通用输入UI
- 0~10 V
- 4~20 mA
- NTC 10K,PT1000,Ni1000
- DI(无源干接点)

供电电源
- 24 V AC/DC

2路通用输入输出UX
- 输入：0~10 V
- 4~20 mA
- NTC 10K,PT1000,Ni1000
- DI(无源干接点)
- 输出：0~10 V

KONG总线IO模块
- MK16DI IO
- MK10DO IO
- MK8UXB IO
- MK8UXH IO

IO拓展数量：
E0 Lite支持拓展IO数量为3个

2路继电器输出
- 继电器

2路通用输出UO
- 0~10 V
- 4~20 mA
- DO(12 V DC驱动)

BACnet MS/TP通信
Modbus从站

Modbus RTU通信

以太网口
- 百兆网口
- 环网冗余
- Bacnet/IP通信
- 云平台连接状态指示

图 11-2　KONG DDC-E0 Lite 接口描述

11.2.3　KONG IO

为了配合 KONG DDC-E0,美控研发了一系列 IO 扩展模块,包括 16 通道数字量输入模块（MK16DI）、10 通道数字量输出模块(MK10DO),以及通用输入输出模块(MK8UXB、MK8UXH)等高精度模块。KONG DDC-E0 与这些 IO 扩展模块可以通过板级直连的方式进行连接,以满足现场灵活配置的需求。扩展模块使用的电源为(1±20%)× 24 V AC,50/60 Hz,或者(1±10%)×24 V DC。当 DDC 与 IO 扩展模块直接连接时,在满足相应的通信速率条件下, 线距可以达到 500 m。数字量扩展模块的接线示意图如图 11-3 所示。

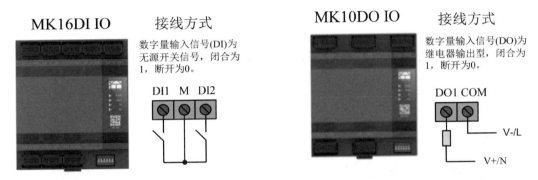

图 11-3　IO 扩展模块接线示意图

表 11-4、表 11-5 所示分别是 MK8UXB IO 模块与 MK8UXH IO 高精度模块的技术参数。

表 11-4　MK8UXB IO 模块技术参数

信 号 类 型	范　　围	精　　度
NTC 10K	−20～70 ℃	±1 ℃
电流输入	0～20 mA/4～20 mA	0.1 mA@20 mA
直流电压输入	0～10 V	50 mV@10 V
数字输入	无源干接点信号 接触阻抗:最大 200 Ω(闭合),最小 50 kΩ(断开)	
电压输出	DC 0～10 V	100 mV@10 V

表 11-5　MK8UXH IO 高精度模块技术参数

输 入 参 数		
信 号 类 型	范　　围	精　　度
NTC 10K type2 B25/50:3935,3950 NTC 10K type3 B25/50:3630	−20～70 ℃	±0.5 ℃@25 ℃
NTC100K	−20～70 ℃	±0.5 ℃@25 ℃
Pt1000/Ni1000	−20～70 ℃	±0.2 ℃@0 ℃
电压输入	0～10 V	±25 mV@10 V
数字输入	无源干接点信号,接触阻抗:最大 200 Ω(闭合),最小 50 kΩ(断开)	
电流输入	0～20 mA/4～20 mA	0.1 mA@20 mA
输 出 参 数		
信 号 类 型	范　　围	精　　度
电压输出	DC 0～10 V(输出最大电流量 2 mA)	±25 mV@10 V
电流输出	DC 0～20 mA/4～20 mA	±0.15 mA@20 mA 负载阻抗: 最大 350 Ω

11.2.4 KONG Touch-7 触控屏

Kong Touch-7 是一款配备 7 英寸(1 英寸=25.4 毫米)触控屏面板的设备,配置有 1024×600 像素的高清电容触摸屏。其设计更加轻薄,用户可根据室内装饰风格自由选择明装或暗装方式。根据产品的功能和用途,Kong Touch-7 可实现与 VRF 系统、梯控系统、医疗手术系统等设备的接入。KONG Touch-7 触控屏的实物图片如图 11-4 所示。

图 11-4 KONG Touch-7 触控屏实物图

通过现场设置的触摸屏,用户可以轻松掌握设备的运行状态。KONG Touch-7 具备以下技术特点:

(1)后端基于 Linux 平台,稳定可靠,能够支持部署 Node.js 应用程序和 Web 端的 HTML5 应用,从而快速满足各种垂直行业的需求;

(2)采用电容触控屏,分辨率为 1024×600 像素,显示效果高清,界面设计美观大方、清新简约,同时操作逻辑也简单明了;

(3)支持云端迭代升级,同时也支持通过 USB 存储设备进行本地升级。

11.2.5 KONG EM

KONG EM-4G 扩展控制器是一款云网关设备,它能够实现边缘网关的测点数据采集功能,测点配置灵活,并且支持 BACnet IP 以及 Modbus TCP/RTU 等通信协议。该设备能够协助楼宇项目工程将数据上传到云平台,实现远程数据监控,为大数据分析提供丰富的数据来源。

KONG EM-4G 扩展控制器的主要用途是采集底层终端设备的数据,它兼容 BACnet 楼宇通信协议和 Modbus 工业通信协议。同时,该设备可以通过 4G 信号、有线外网等上行方式,将采集到的数据上传到云平台。此外,它还支持接收云平台向下发送的控制命令,从而实现实时数据采集、数据监控、远程诊断以及远程控制等功能。

KONG EM-4G 扩展控制器内置了 Web Server 界面,支持 MQTT 参数设置、网关 IP 地址配置、云服务器设置、工作模式选择、测点表导入、终端设备设置、数据查询以及版本号查询等操作。该设备能够采集和上传的点位数量高达 2000 点。图 11-5 展示了 KONG EM-4G 扩展控制器的实物图。该设备还提供了以太网与 RS485 接口,具体接口信息如表 11-6 所示。

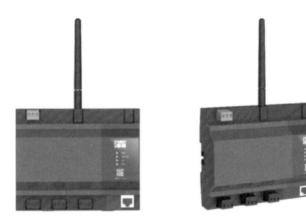

图 11-5　KONG EM-4G 扩展控制器实物图

表 11-6　KONG EM-4G 通信接口

接　口	标　识	应　用	技 术 参 数
以太网接口	⊞ 1	设备参数配置（Web） 设备固件升级（Web） 调试 通信支持（BACnet、Modbus TCP）	端口：RJ45，屏蔽 速率：10 /100 Mb /s
RS485-1	A1 B1 E	通信支持（Modbus RTU）	接口类型：RS 485 接口 带隔离 速率：4800 /9600 /38400（b /s）
RS485-2	A2 B2 E	预留	—
RS485-3	A3 B3 E	预留	—

11.2.6　KONG DDC-M0

KONG DDC-M0 是一款超级控制器，凭借其高达 1 万个对象点的强大处理能力，能够作为大型楼宇控制系统的网络引擎。同时，它还具有兼容多种通信协议的特点，可作为边缘网关使用，尤其适用于物联网时代的多种场景，在赋予建筑新生命的过程中发挥着独特作用。

KONG DDC-M0 的实物图片如图 11-6 所示，具体参数则如表 11-7 所列。该产品并未设置数字量或模拟量的输入 /输出接口，而是专注于提供强大的数据处理能力和通信对接功能。

图 11-6　KONG DDC-M0 实物图

表 11-7　KONG DDC-M0 产品参数

技 术 参 数	说明
DO	/

技 术 参 数	说 明
AO	/
AI	/
DI	/
RJ45 接口	2 个
RS485 接口	4 个
WLAN	√
扩展 I/O 私有总线	31 个扩展 I/O 模块
处理器	四核 64 位 ARM Cortex-A35,1.5G Hz;GPU 为 Mali-G31 MP2
RAM	1GB DDR3 1600 MHz
Flash	8GB eMMC 5.1
USB	USB type A
其他	WiFi,Bluetooth,ZigBee
用户角色管理	√
生态	开发者中心
监控管理软件	通过 Web 访问
架构方式	B/S 架构
编程	模块化
BACnet 路由	√
BACnet 日程	√
事件、报警	√
趋势记录	√

11.2.7 KONG DDC 应用架构

KONG DDC 系列产品,包括 DDC-E0、DDC-M0、IO、EM、DDC-E0 Plus 及 DDC-E0 Lite 等,均可通过网络集成至 KONG NZ 零境系统中。该系列控制器的应用系统架构如图 11-7 所示。

DDC-E0、DDC-E0 Plus 及 DDC-E0 Lite 通过有线 BACnet/IP 协议连接至零境系统。这些控制器可根据实际需求采用 IO 扩展模块进行功能扩展,同时也可通过 Modbus RTU 或 BACnet MS/TP 协议与第三方产品进行通信对接。

KONG EM-4G 作为一款小型云网关,支持 BACnet/IP 及 Modbus TCP/RTU 通信协议,能够将楼宇项目工程数据上传至云平台。而 KONG DDC-M0 则是一个超级控制器,可通过 4G 网络进行数据传输并与零境系统对接。DDC-M0 同样支持 IO 扩展模块,且能够直接通过 MDVV8 与美的多联机系统实现对接。此外,它也可以通过 Modbus RTU 或 BACnet MS/TP 协议集成第三方产品。

在应用层方面,还设有开发者社区、云能效平台以及 APP 小程序等丰富资源。

11.2.8 KONG DDS 系列

DDS(direct digital sphere)智慧空间感知控制系统运用了智能载波 KONG BUS Ⅱ通信协议,该总线自带电源且支持无极性布线。DDS 模块及传感器无须额外布线,使得调试过程更加便捷,同时也降低了安装成本。DDS 控制器兼容 WiFi、NFC 功能,用户只需通过 KONG 大师手机 APP 进行快速配置与编程,即可轻松完成产品的配置和逻辑

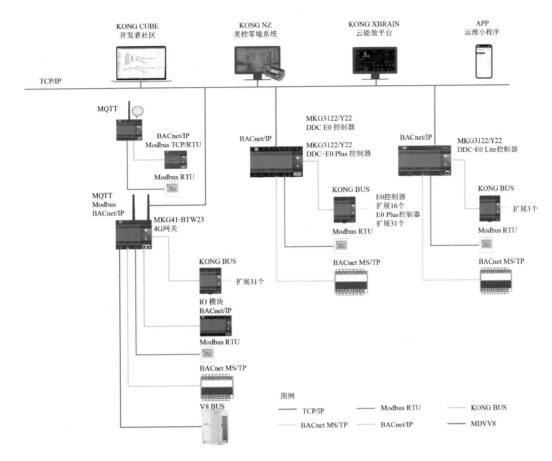

图 11-7　KONG DDC 系列控制器应用系统架构

部署。

　　DDS 系列产品涵盖了 S0 控制器、S0 Lite 控制器、Power SIO 4511 模块、Pocket SIO 0011 模块以及智慧传感器等,具体参数请参见表 11-8。该系列产品支持 BACnet/IP 协议,能够无缝连接至楼宇自控系统。同时,DDS 系列产品之间采用 KONG BUS Ⅱ 载波通信进行联动,具有安装方式灵活、调试简便等诸多优点。系统架构图如图 11-8 所示,而典型应用场景则如图 11-9 所示。

表 11-8　KONG DDS 产品参数

产　品	说　　　明
DDS S0 控制器	电源:24 V AC
	点位:2DI,2AO,2AI
	功能:KONG BUS Ⅱ 总线(供电),1 个 LAN 口(BACnet/IP),NFC,WiFi,电子纸屏幕
DDS S0 Lite 控制器	电源:24 V AC
	点位:2DI,2AO,2AI
	功能:KONG BUS Ⅱ 总线(供电),1 个 LAN 口(BACnet/IP),NFC,WiFi
DDS Power SIO 4511 模块	电源:24 V AC
	点位:4DI,5DO,1AO,1AI
	功能:KONG BUS Ⅱ 总线,NFC

续表

产　品	说　明
DDS Pocket SIO 0011 模块	点位：1AO,1AI 功能：KONG BUS Ⅱ总线（受电），NFC
DDS 温湿度传感器（壁挂/风管）	温度范围－40～60 ℃，湿度范围 0～100％RH，KONG BUS Ⅱ总线（受电），NFC

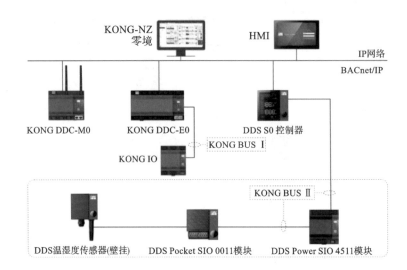

图 11-8　KONG DDS 应用系统架构

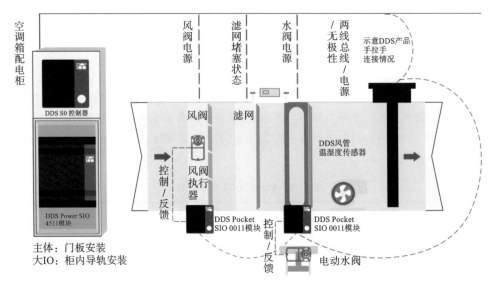

图 11-9　KONG DDS 典型应用场景

11.3　西门子 PLC

　　一个 PLC 主要包括以下组成部分：中央处理器（CPU）、输入输出（I/O）模块、存储器、设备接口以及电源等。小型 PLC 通常将这些硬件集成在一起，用户购买后可直接使用，极为便利；而中大型 PLC 则主要采用模块化设计，其电源、CPU、I/O 模块等均需单独购买，并通过机架进行有机组合。在编程过程中，有时还需要进行硬件组态的配置。

西门子的 PLC 产品系列丰富,主要包括 S7-200、S7-1200、S7-300、S7-400 等。这些产品体积小巧、运行速度快、标准化程度高,并具备网络通信能力,功能强大且可靠性高。S7 系列 PLC 产品可根据性能需求进行分类,如微型 PLC(如 S7-200)、满足小规模性能要求的 PLC(如 S7-300)以及满足中高性能要求的 PLC(如 S7-400)等。

S7-200 是西门子推出的一款小型 PLC 产品。其 CPU 模块设计灵活,能够满足不同行业、不同客户以及不同设备的多样化需求。此外,根据实际应用场景,S7-200 还可进行模块扩展,以进一步提升其功能性和适应性。

11.3.1 S7-200 CPU

S7-200 PLC 的硬件外观如图 11-10 所示,配备了 CPU 状态 LED 指示灯、输入输出(I/O)状态 LED 指示灯、接线端子、通信接口、模式选择开关以及扩展端口等组件。S7-200 系列 CPU 包括 CPU 221、CPU 222、CPU 224、CPU 224XP 以及 CPU 226 等型号。各型号模块具备不同数量的数字量与模拟量通道,其中部分型号不支持连接扩展模块,而部分型号则支持,且可连接的扩展模块数量也有所不同。此外,所有 S7-200 系列 PLC 均配备有 RS485 接口。S7-200 系列 PLC 的性能参数详见表 11-9,而常用型号规格则如表 11-10 所示。

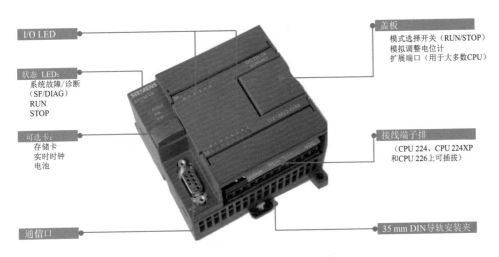

图 11-10　S7-200 PLC 硬件外表

表 11-9　S7-200 系列 CPU 的基本性能

特　　性		CPU 221	CPU 222	CPU 224	CPU 224XP	CPU 226
程序存储器	可在运行模式下编辑	4096 B	4096 B	8192 B	12288 B	16384 B
	不可在运行模式下编辑	4096 B	4096 B	12288 B	16384 B	24576 B
数据存储区		2048 B	2048 B	8192 B	10240 B	10240 B
掉电保护时间		50 h	50 h	100 h	100 h	100 h
本机 I/O	数字量	6 入 /4 出	8 入 /6 出	14 入 /10 出	14 入 /10 出	24 入 /16 出
	模拟量	—	—	—	2 入 /1 出	—
扩展模块数量		0 个模块	2 个模块	7 个模块	7 个模块	7 个模块
模拟电位器		1	1	2	2	2
实时时钟		配时钟卡	配时钟卡	内置	内置	内置
通信口		1 个 RS 485 接口	1 个 RS 485 接口	1 个 RS 485 接口	2 个 RS 485 接口	2 个 RS 485 接口
浮点数运算		有				

续表

特　　　性	CPU 221	CPU 222	CPU 224	CPU 224XP	CPU 226
I/O 映像区	256(128 入 /128 出)				
布尔指令执行速度	0.22 μs/指令				

表 11-10　S7-200 系列 PLC 常用型号规格

CPU 模板	CPU 供电	数字量输入	数字量输出	通信口	模拟量输入	模拟量输出
CPU 221	24 V DC	6×24 V DC	4×24 V DC	1 个	否	否
CPU 221	120～240 V AC	6×24 V DC	4×继电器	1 个	否	否
CPU 222	24 V DC	8×24 V DC	6×24 V DC	1 个	否	否
CPU 222	120～240 V AC	8×24 V DC	6×继电器	1 个	否	否
CPU 224	24 V DC	14×24 V DC	10×24 V DC	1 个	否	否
CPU 224	120～240 V AC	14×24 V DC	10×继电器	1 个	否	否
CPU 224XP	24 V DC	14×24 V DC	10×24 V DC	2 个	2 个	1 个
CPU 224XP	120～240 V AC	14×24 V DC	10×继电器	2 个	2 个	1 个
CPU 226	24 V DC	24×24 V DC	16×24 V DC	2 个	否	否
CPU 226	120～240 V AC	24×24 V DC	16×继电器	2 个	否	否

　　S7-200 系列 CPU 均设计有数字量输入输出通道。每个输入通道均与一个内部信号相关联,当内部信号得电时,PLC 程序中的常开点将接通,常闭点则断开;当内部信号失电时,常开点将断开,常闭点则接通。输入通道的接线方式如图 11-11 所示。

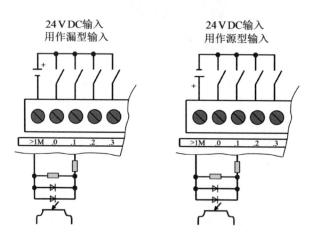

图 11-11　输入通道接线图

　　在 PLC 内部程序中,当输出通道线圈被接通时,对应的输出点内部继电器将闭合,从而使得对应的 COM 端与输出端子导通。相反,当输出通道线圈断开时,对应的输出点内部触点将断开,COM 端与输出端子之间的连接也随之断开。CPU 221 DC/DC/DC 中央处理单元与 CPU 221 AC/DC/继电器中央处理单元的输出通道接线方式如图 11-12 所示。

　　采用 24 V DC 电源的 CPU 224XP 模块配备了 14 个数字量输入通道(24 V DC)、10 个数字量输出通道(24 V DC)、2 个模拟量输入通道以及 1 个模拟量输出通道。图 11-13 展示了该型号 CPU 中央处理单元的参考接线图。

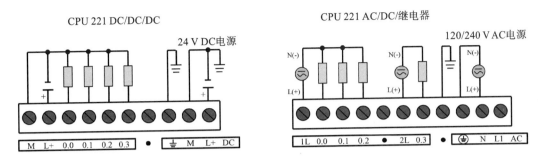

图 11-12　S7-200 中央处理单元 CPU 221 输出点接线图

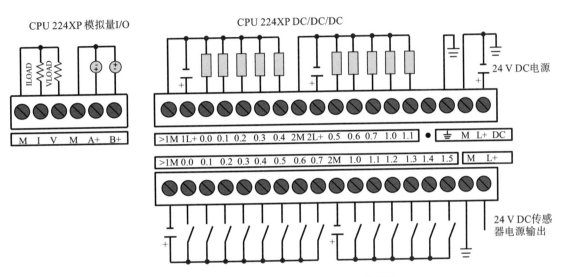

图 11-13　S7-200 中央处理单元 CPU 224XP 参考接线图

如需了解其他型号 S7-200 CPU 中央处理单元的接线方式,请参考相关手册。

11.3.2　S7-200 扩展模块

当 PLC 自身的 I/O 点数不足时,为了节省成本而无须更换点数更多的 PLC,可以选择购买扩展 I/O 模块来补充 PLC 的点数。这些扩展模块主要包括 EM 221 数字量输入模块、EM 222 数字量输出模块、EM 223 数字量组合模块、EM 231 模拟量模块等。表 11-11 详细列出了 S7-200 系列数字量扩展模块的技术参数。

表 11-11　S7-200 系列数字量扩展模块技术参数表

扩 展 模 块	数字量输入	数字量输出
EM 221 数字输入 8×24 V DC	8×24 V DC	—
EM 221 数字输入 8×120 /230 V AC	8×120 /230 V AC	—
EM 221 数字输入 16×24 V DC	16×24 V DC	—
EM 222 数字输出 4×24 V DC-5 A	—	4×24 V DC-10 A
EM 222 数字输出 4×继电器-10 A	—	4×继电器-10 A
EM 222 数字输出 8×24 V DC	—	8×24 V DC-0.75 A
EM 222 数字输出 8×继电器	—	8×继电器-2 A
EM 222 数字输出 8×120 /230 V AC	—	8×120 /230 V AC

续表

扩 展 模 块	数字量输入	数字量输出
EM 223 24 V DC 数字组合 4 输入 /4 输出	4×24 V DC	4×24 V DC-0.75 A
EM 223 24 V DC 数字组合 4 输入 /4 继电器输出	4×24 V DC	4×继电器-2 A
EM 223 24 V DC 数字组合 8 输入 /8 输出	8×24 V DC	8×24 V DC-0.75 A
EM 223 24 V DC 数字组合 8 输入 /8 继电器输出	8×24 V DC	8×继电器-2 A
EM 223 24 V DC 数字组合 16 输入 /16 输出	16×24 V DC	16×24 V DC-0.75 A
EM 223 24 V DC 数字组合 16 输入 /16 继电器输出	16×24 V DC	16×继电器-2 A
EM 223 24 V DC 数字组合 32 输入 /32 输出	32×24 V DC	24×24 V DC-0.75 A
EM 223 24 V DC 数字组合 32 输入 /32 继电器输出	32×24 V DC	24×继电器-2 A

表 11-12 所示为 S7-200 系列主要模拟量扩展模块的技术参数。图 11-14 展示了 EM 232 与 EM 235 模块的接线示意图。

表 11-12 S7-200 系列主要模拟量扩展模块技术参数表

扩展模块	技术参考
EM231	24 V DC 模拟量输入热电阻, 2 输入
	24 V DC 模拟量输入, 4 输入
	24 V DC 模拟量输入热电偶, 4 输入
EM232	24 V DC 模拟量输出, 2 输出
EM235	24 V DC 模拟量组合, 4 输入 /1 输出

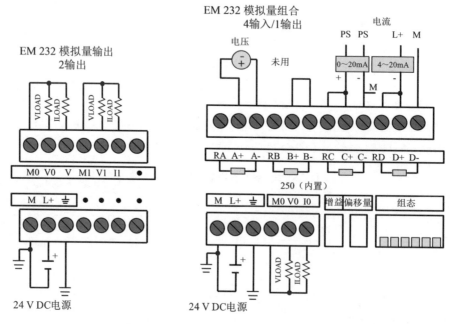

图 11-14 S7-200 模拟量模块接线示意图

在选型过程中, 各个模块的电源消耗也是一个重要的考虑因素。S7-200 CPU 为扩展模块提供的电流是有限的。因此, 如果扩展模块消耗的电量超出了 CPU 模块所能提供的电流范围, 就需要额外配置电源模块。表 11-13 列出了

S7-200 系列不同 CPU 模块的扩展模块能力,而表 11-14 则详细说明了各个扩展模块所需的电流。

表 11-13   S7-200 系列 CPU 扩展能力

CPU 型号	CPU 221	CPU 222	CPU 224	CPU 226
最大扩展电流 /mA	0	340	660	1000
最大扩展模块数/块	0	2	7	7

表 11-14   S7-200 系列扩展模块电力消耗参考数据

模 块 编 号	扩展模块	模块消耗电流 /mA
1	EM 221 DI 8×24VDC	30
2	EM 222 DO 8×24VDC	50
3	EM 222 DO 8×继电器	40
4	EM 223 DI 4 /DO 4×24VDC	40
5	EM 223 DI 4 /DO 4×24VDC /继电器	40
6	EM 223 DI 8 /DO 8×24VDC	80
7	EM 223 DI 8 /DO 8×24VDC /继电器	80
8	EM 223 DI 16 /DO 16×24VDC	160
9	EM 223 DI 16 /DO 16×24VDC /继电器	150
10	EM 231 AI 4×12 位	20
11	EM 231 AI 4×热电偶	60
12	EM 231 AI 2×RTD	60
13	EM 232 AO 2×12 位	20
14	EM 235 AI 4×AO 1×12 位	30

11.4   其他 DDC

本节将简要介绍楼宇控制中常用的,包括西门子、霍尼韦尔和江森三个品牌的 DDC。

在控制器领域,西门子不仅提供 PLC,还推出了 DDC 产品。其产品系列包括模块化 PXC 系列控制器、紧凑型 PXC 系列控制器以及 PXC Modular 等。此外,西门子还提供了可扩展的输入输出模块,如 TX-I/O 系列通用型输入输出模块。在市场上,西门子 DDC 产品中应用最为广泛的是 PXC 系列控制器,它是一种网络型现场控制器。PXC 系列控制器的主要型号有 PXC4 系列、PXC5 系列以及 PXC 紧凑型系列。

PXC4 系列控制器主要用于楼宇控制系统及 HVAC 控制系统,其图形化编程界面使得操作更为便捷。PXC4 系列控制器实物图如图11-15所示。PXC4 系列控制器设有 2 个以太网端口,内置以太网交换功能,可通过 RJ45 以太网 IP 端口与网络交换机进行连接通信,进而实现与监控主机的通信,构建 BAS 网络。该系列控制器共有 16 个输入输出端口,其中通用输入输出端口 12 个。继电器数字输出端口 4 个。若需要更多端口,PXC4 系列控制器可通过配置 TX-I/O 通用型输入输出模块进行扩展,最多可扩展至 40 个 I/O 端口。

PXC 紧凑型系列控制器则包括 PXC-16、PXC-24 和 PXC-36 三款。其中,PXC-16 控制器拥有 16 个 I/O 点,PXC-24 控制器有 24 个 I/O 点,而 PXC-36 控制器则配备了 36 个 I/O 点。值得一提的是,PXC-36 控制器还支持扩展 4 个

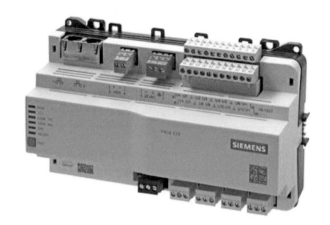

图 11-15　PXC4 系列控制器实物图

TX-I/O 通用型输入输出模块,以满足更多样化的控制需求。

霍尼韦尔同样提供 DDC,以下是对其 PUC 系列 BACnet/IP 通用控制器、扩展模块以及 PVB 系列 VAV 控制器的简要介绍。PUC 系列 BACnet/IP 通用控制器具备自由编程的功能,能够灵活应对各种 HVAC 应用需求,其实物图如图 11-16 所示。

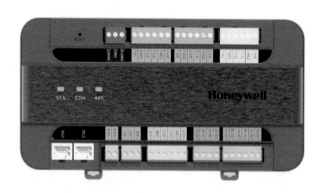

图 11-16　PUC 系列 BACnet/IP 通用控制器实物图

PUC8445 是一款可编程的通用控制器,属于霍尼韦尔 PUC 系列中支持以太网通信的 BACnet/IP 控制器。该系列中常用的型号 PUCC8445-PB1,是一种网络型现场控制器,配备了两个 RJ45 的 IP 端口,自带输入输出点。通过 RJ45 的 IP 端口,它可以与网络交换机进行连接通信,进而实现与监控主机的通信,构建 BAS 网络。此外,该控制器还拥有一个 RS485 端口,可用于连接扩展模块,最多可支持连接 2 个 IO 扩展模块,采用 18~22 AWG 双绞屏蔽线进行连接。PUC5533-EM2 是专为 PUCC8445-PB1 控制器配置的 IO 扩展模块,它提供了 16 个 I/O 点,包括 5 个通用输入(UI)、5 个数字量输入(DI)、3 个模拟量输出(AO)和 3 个数字量输出(DO),通过 RS485 总线与控制器实现连接。

PVB 系列 VAV 控制器则是一款完全可编程的控制器,其不同的 I/O 点数配置能够满足各种变风量 VAV 末端的应用需求。该系列控制器自带一个压差传感器和风阀执行器,其中压差传感器用于监测风管静压,而风阀执行器则用于调节风量。PVB0000AS-E 和 PVB4022AS-E 是 PVB 系列中的新型控制器,它们采用了 BACnet MS/TP 通信协议,并通过 RS485 总线进行网络传输。理论上,每一条 BACnet MS/TP 总线上可以连接 64 个控制器,但在实际项目中,为了确保系统的稳定性和可靠性,建议 PVB0000AS-E 和 PVB4022AS-E 控制器的数量不超过 30 个。同时,在每一条总线的末端需要连接终端电阻,且该电阻的特性阻抗应与安装线缆相匹配。

江森自控的 EasyIO 楼宇自控系统控制平台功能强大,能够用于控制单个应用至整个系统、单台设备至整个工厂以及单个空间至整栋楼宇的范围。该平台所配备的现场控制器主要包括 FS 系列控制器和 FW 系列控制器,这两大系列控制器均可配置 FD 系列和 FC 系列的 IO 扩展模块。接下来,我们将简要介绍 FS 系列控制器及与其配套的 FD 系列扩展模块。

FS 系列控制器的主要型号有 FS-20 和 FS-32,两者均为先进的 IP 控制器。具体而言,FS-20 配备了 12 个通用输入(UI)、6 个通用输出(UO)以及 2 个数字量输出(DO);而 FS-32 则更为强大,拥有 16 个通用输入(UI)、8 个通用输出(UO)和 8 个数字量输出(DO)。FS-32 控制器的实物图可参考图 11-17。

图 11-17　FS-32 控制器实物图

为了进一步增强 FS 系列控制器的功能,我们可以选择配置 FD-20i 扩展模块,它能够有效地增加控制器的输入点数。FD-20i 扩展模块提供了 20 个输入点,并支持 BACnet MS/TP 和 Modbus RTU 两种通信方式,同时配备了一个 RS485 端口。在输入方面,它包括 10 个数字量输入(DI)和 10 个通用输入(UI),能够兼容基于电阻的温度传感器或无源干接点等不同类型的输入信号。

11.5　本章小结

楼宇自控对于提升楼宇管理水平、改善室内环境质量以及提高能源使用效率具有重要意义。现场控制器作为楼宇控制系统的核心组件,通常选用 DDC 或 PLC。在民用建筑自控系统中,DDC 因成本相对较低而广受欢迎,主要用于实时监测和控制各种参数。然而,在某些特殊场合,如部分地铁车站的环控系统,由于特殊要求,可能会采用 PLC。本章主要介绍民族品牌美控的 DDC 系列产品,包括 DDC-E0、DDC-M0、IO、EM、DDC-E0 Plus 及 DDC-E0 Lite 等型号,并展示了这些产品在实际工程应用中的系统架构。美控 DDC 系列产品配备了成套完整的软件平台,涵盖了开发者社区、零境软件、云能效平台以及 KONG 大师配置工具等,为用户提供了全方位的技术支持和服务。

该系统架构不仅能够集成美控的 DDC 系统和美的多联机系统,还能通过 EM 或 DDC-M0 模块,采用有线或无线方式,实现对采用 Modbus 或 BACnet MS/TP 通信协议的第三方产品的集成。这种灵活的集成方式为用户提供了更多的选择和便利。此外,本章还进一步介绍了西门子 PLC 等其他品牌的控制器。

第 *12* 章

系统软件介绍与案例

美控 DDC 软件平台以及 STEP 7-Micro/WIN 编程软件是建筑自动化领域的两个常用软件工具。本章旨在通过简要的平台介绍、功能描述、编程流程以及实际案例分析,为读者提供一个初步的自动化控制系统开发与应用指南。

12.1　美控 DDC 软件平台与编程

12.1.1　平台介绍

美控以自主研发的 DDC 为核心,内置节能算法与性能诊断算法,能够实现对建筑设施的节能运行与预测性性能诊断。该控制器采用 RTC(real-time clock chip)芯片,支持在断电后 180 天内保持时钟运行。美控 DDC 还拥有高灵活性的拓扑结构,并采用广泛兼容的通信协议、自适应的供电策略以及可软件配置的 I/O 模式。

美控 DDC 配备了"零代码开发模式"编程平台,通过标准化组件及流程,实现了可视化编程与快速部署。借助 OTA(over-the-air)远程在线升级功能,用户可以在任何时间、任何地点进行灵活迭代。该平台采用图形化编程工具,用户只需通过拖拽、连线等方式,即可快速构建自己的控制逻辑,实现自动化控制与智能化管理。

美控 DDC 软件平台的特点如下。

(1) 开放性和可扩展性:平台支持多种通信协议和设备接口,能够轻松连接并通信各种品牌和型号的设备。同时,平台采用模块化设计,可根据实际需求进行功能扩展和定制。

(2) 易用性和灵活性:平台提供友好的用户界面和直观的图形化编程工具,使用户能够快速上手,并轻松实现各种复杂的控制逻辑。

12.1.2　功能描述

设备通过 HTTPS 协议及自签名证书的形式进行 Web 访问,其功能包括参数配置、设备管理、逻辑编程以及数据实时监控,均通过 Web 页面实现。当计算机与设备连接后,在浏览器(推荐使用 Chrome)中输入设备的 IP 地址,即可出现登录页面。用户需输入正确的账号和密码后,方能跳转至主页面。若在浏览器中输入设备的默认地址 https://192.168.100.185 并成功连接,再输入账号(默认为 admin)和密码(默认为 123AB@ab)后,即可进入设备的编程页面。

平台主页面(见图 12-1)各区域功能的简要介绍如下。

(1) 工具栏:实现子流程和功能模块的快捷操作。

(2) 标签栏:用于切换不同的工作区流程。

(3) 工作区:程序编辑的主要区域,用户可以在此编辑和修改程序。

(4) 状态栏:显示设备的在线/离线状态,以及实时的时间信息。

(5) 导航栏:展示程序中的主流程,以及主流程下的模块实例和子流程实例,并可实现定位、启用/禁用功能。

(6) 信息属性栏:显示实例的属性和使用说明,支持对部分实例进行在线测试。

(7) 部署及编译按钮:用于将程序暂存或部署至控制器,并验证程序是否通过编译。

(8) 账号管理:提供账号密码修改、登出等功能。

(9) 菜单选项:展开后可显示更多菜单选项,如流程的导入、导出,相关参数选项的设置,日程设定等。

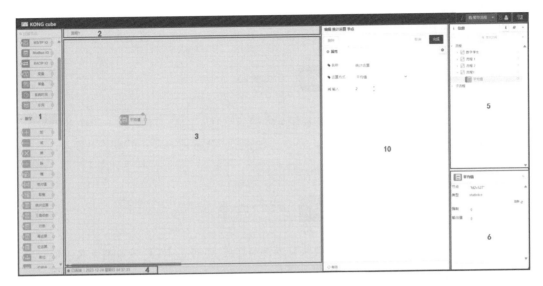

图 12-1　平台主页面

（10）参数配置窗口：通过左键双击标签栏中的流程或工作区中的实例，即可打开参数配置窗口，对流程、子流程以及实例的参数进行配置。

12.1.3　常用功能模块

工具栏中包含功能模块和子流程模块，用户可以将这些模块拖拽至工作区，以生成实例进行逻辑编程。对于模块输入端的数据，模块会依据规定的数据类型进行运算处理。若输入端的数据类型不符合规定，且在具体模块中未做特殊说明，则按照以下规则执行。

布尔值：0 代表 false，而 1 或非 0 数值则自动转换为 true。

整型数：布尔值 false 转换为 0、true 转换为 1；对于浮点数，将自动进行向下取整处理。

数值类型（泛指整型及浮点数等）：布尔值 false 转换为 0、true 转换为 1。注意，此条规则与整型数转换规则在布尔值部分重合，但强调了对数值类型的通用处理。

功能模块主要分为四大类：变量模块、数学运算模块、逻辑运算模块以及其他模块（包括定时、累计、应用等模块）。

变量模块进一步细分为以下九项：物理输入、物理输出、BACIP IO、MS/TP IO、Modbus IO、变量、常量、系统时间以及引用。

（1）物理输入（physical input）。物理输入模块用于创建控制器及其通过 KONG 总线接入的扩展 IO 模块上具备输入功能的端口，并实现对这些端口的配置与调用。

（2）物理输出（physical output）。物理输出模块用于创建控制器及其通过 KONG 总线接入的扩展 IO 模块上具备输出功能的端口，并实现对这些端口的配置与调用。

（3）BACIP IO（BACnet/IP）。BACIP IO 模块可以调用位于控制器所在 BACnet IP 网络上的其他设备的 BACnet 点位对象。通过该模块的实例对象，用户可以实现对 BACnet IP 设备点位对象的读写操作。

（4）MS/TP IO（BACnet MS/TP）。MS/TP IO 模块可以调用 BACnet MS/TP 总线上设备的 BACnet 点位对象。通过该模块的实例对象，并借助 RS 485-1 接口，用户可以对该接口下连接的 BACnet MS/TP 设备的点位对象进行读写操作。

（5）Modbus IO（Modbus RTU）。Modbus IO 模块可以读写相应 Modbus RTU 设备的点位。通过该模块的实例对象，并借助 RS 485-2 接口，用户可以对该接口连接的 Modbus RTU 设备的点位对象进行读写操作。

（6）变量（variable）。变量模块为可读写变量模块，并能将其实例映射为 BACnet 的 Analog Value 或 Binary Value 类型的对象。当变量被映射为 BACnet 对象后，程序将对其执行优先级为 16 的写操作。

（7）常量（constant）。常量模块以一个固定的数值作为输出值。

（8）系统时间（system time）。系统时间模块用于输出设备的系统实时时间。

（9）引用（reference）。引用模块用于调用实例对象中某一输出端口的值。

数学运算模块包括加法、减法、乘法、除法、取模、绝对值、取整、统计运算、三角函数、对数、幂运算、位运算、取位、位组合等十四项。

对加法模块及位运算模块的简要介绍如下。

（1）加法运算（add）。加法运算模块对输入信号进行加法运算。

（2）位运算（bit operation）。位运算模块用于将运算对象以二进制形式进行运算，包括位与、位或、位异或、位非运算。

逻辑运算模块包括线性变换、限值、布尔运算、比较判断、数据锁存、触发开关、通道选择、RS 触发器、SR 触发器、边沿触发、回差控制等十一项。

（1）线性变换（linear converter）。线性变换模块对输入的目标对象进行线性转换。

（2）限值（limit）。限值模块对输入数值进行最大值或最小值的输出限制。

（3）布尔运算（Boolean operation）。布尔运算模块，也称逻辑运算模块，用于对多个布尔值输入信号进行与、或、非、异或等运算。

（4）比较判断（comparator）。比较判断模块将两个数值进行比较运算，包括大于（＞）、小于（＜）、等于（＝）、大于等于（≥）、小于等于（≤）、不等于（≠）的比较。若比较成立，则输出结果为 1（true）；若比较不成立，则输出结果为 0（false）。

（5）数据锁存（latch）。数据锁存模块能够保持输入信号在某一时刻的数值并作为输出。

（6）触发开关（toggle）。触发开关模块在检测到输入信号有上升沿时，使输出信号的开关状态发生转换（如 1 变为 0,0 变为 1）。一旦复位信号被置位（即变为 1），输出信号就会复位（变为 0）。

（7）通道选择（selector）。通道选择模块根据通道选择的值，将对应通道中的输入数值作为输出通道的值进行输出。

（8）RS触发器（RS flip-flop）。RS触发器即置位优先触发器。当"置位"输入为true(1)时，"输出"保持true(1)；当"置位"输入为false(0)、"复位"输入为false(0)时，"输出"保持上一刻的状态不变；当"置位"输入为false(0)、复位输入为true(1)时，"输出"复位为false(0)。

RS触发器

（9）SR触发器（SR flip-flop）。SR触发器即复位优先触发器。当"复位"输入为true(1)时，"输出"保持false(0)；当"置位"输入为false(0)、"复位"输入为false(0)时，"输出"保持上一刻的状态不变；当"置位"输入为true(1)、"复位"输入为false(0)时，"输出"变为true(1)。

SR触发器

（10）边沿触发（edge trigger）。边沿触发模块在检测到输入状态发生变化时，会产生一个程序周期的脉冲输出信号。

边沿触发

（11）回差控制（hysteresis）。回差控制模块实现具有回差特性的开关输出。

回差控制

其他模块包括延时开、延时关、定时脉冲、计数器、累加器、运行时间、PID控制器、焓值、湿球温度、露点温度、含湿量、备注等十二项。

（1）延时开（delay on）。延时开模块用于在延时一段时间后输出开信号。当输入信号变为置位状态（true）时，模块会延时一定时间后输出真信号（true）。

延时开

（2）延时关（delay off）。延时关模块用于在延时一段时间后输出关信号。当输入信号变为复位状态（false）时，模块会延时一定时间后输出假信号（false）。

延时关

（3）定时脉冲（timed pulse）。定时脉冲模块可以生成设定脉冲宽度的脉冲信号。

定时脉冲

（4）计数器（counter）。计数器模块用于计算输入信号的脉冲数量（上升沿触发），每检测到一个脉冲，计数结果加一。

（5）累加器（accumulator）。累加器模块按照设定的累加周期，将"输入"的数值作为增量进行累加运算。

（6）运行时间（run time）。运行时间模块用于累计输入信号为 true（1）的时间，常用于累计设备的运行时长。该模块具有数据掉电保持功能。

（7）PID 控制器（PID controller）。PID 控制器模块根据控制目标的设定值及其实际反馈值，输出执行机构的控制值。

（8）焓值（enthalpy）。焓值模块根据干球温度（℃）和相对湿度（％RH）计算相关热力学参数中的焓值（单位为 kJ/kg）。

（9）湿球温度（wet bulb temperature）。湿球温度模块根据干球温度（℃）和相对湿度（％RH）计算相关热力学参数中的湿球温度（单位为℃）。

（10）露点温度（dew point temperature）。露点温度模块根据干球温度（℃）和相对湿度（％RH）计算相关热力学参数中的露点温度（单位为℃）。

（11）含湿量（moisture content）。含湿量模块根据干球温度（℃）和相对湿度（％RH）计算相关热力学参数中的含湿量（单位为 g/kg）。

（12）备注（comment）。备注模块用于添加注释内容，说明程序相关信息等。

12.1.4　编程流程

（1）通过网线将 DDC 与计算机连接起来。DDC 的默认 IP 地址为 192.168.100.185，需要配置计算机的 IP 地址,使其与 DDC 的 IP 地址处于同一网段内,具体如图 12-2 所示。

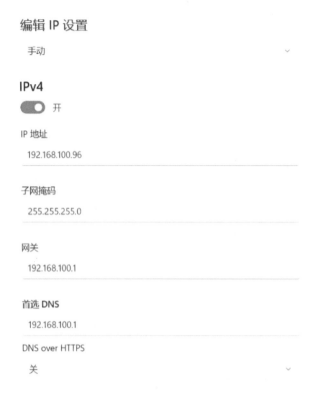

图 12-2　网段配置

(2) 在浏览器中访问 192.168.100.185,即可进入 DDC 的编程界面,详细如图 12-3 所示。

图 12-3　美控 DDC 编程界面

(3) 新建一个流程,将物理输入、物理输出等模块拖拽到工作区域中。双击这些模块,并根据 DDC 的点位分布进行相应的配置。以送风机启动为例进行说明,具体如图 12-4、图 12-5 所示。将输入输出模块进行连接,送风机的启动命令会从 1 号 DI 点位传递至 19 号 DO 点位,详细如图 12-6 所示。

图 12-4　送风机启动物理输入模块

图 12-5　送风机启动物理输出模块

图 12-6　风机启动程序

（4）配置通信点位。以 BACnet 协议为例，新增一个变量模块用于接收送风机的启动状态。双击变量模块，进行 BACnet 协议的相关配置，具体如图 12-7 所示。

图 12-7 BACnet 通信点配置

（5）将变量模块与送风机启动状态模块进行连接，送风机的启动命令会通过 BACnet 协议传输到信道中。具体如图 12-8 所示。

图 12-8 连接变量模块与送风机启动状态模块

12.1.5 编程实例

本小节给出两个应用案例，一个是主机负荷计算程序，另一个是简单定时控制程序。

1. 主机负荷计算程序

夏季、冬季主机负荷分别由式（12-1）、式（12-2）确定：

$$Q_{s,z} = 4.18 \cdot (t_h - t_g) \cdot q / 3.6 \tag{12-1}$$

$$Q_{w,z} = 4.18 \cdot (t_g - t_h) \cdot q / 3.6 \tag{12-2}$$

式中：$Q_{s,z}$——夏季主机负荷（kW）；

$Q_{w,z}$——冬季主机负荷（kW）；

t_h——冷冻水回水温度（℃）；

t_g——冷冻水供水温度（℃）；

q——冷冻水流量（m³/h）。

主机负荷计算程序需求说明：该程序需通过输入的参数——季节、供水温度、回水温度以及水流量，来计算得出主机负荷。根据计算公式，用户需在工作区内拖拽出所需的功能模块，包括变量、常量、引用、减法、乘法、除法以及通道选择模块。接下来，双击每个功能模块以配置相关的参数，并根据输入输出方向将这些功能模块连接起来。

具体步骤如下。

（1）设置四个变量，分别用于存储季节设定参数（其中 0 代表夏季，1 代表冬季）、供水温度、回水温度以及水流量数据。这些变量将通过引用模块进行调用。

（2）配置通道选择模块，使其根据季节设定参数来判断当前季节。

（3）使用减法模块计算供水温度与回水温度之间的温差。

（4）将温差、一个常量（代表比热值）以及水流量通过乘法模块进行相乘运算。

（5）将乘法模块的输出结果除以 3.6，以得到主机负荷值。

（6）设置一个变量模块，用于接收并存储计算得出的主机负荷值。

具体的程序流程如图 12-9 所示。

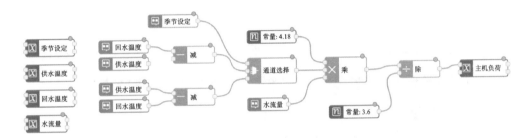

图 12-9　主机负荷计算程序流程

2. 简单定时控制程序

主机启停控制要求明确如下：每天早上 9 点至 12 点期间主机需开机运行，其余时间则保持关机状态。

系统时间模块负责获取当前的实时时间，而变量模块则用于存储预设的开机与关机时间。通过比较系统时间与这些预设的开机、关机时间，可以确定主机的启停状态。接着，设置一个变量模块来接收并存储表示主机启停状态的信号。

美控 DDC 软件平台功能强大，集成了众多高级暖通算法封装模块，例如组合式空气处理装置的风机频率控制算法封装模块和水阀开度控制算法封装模块等。有关这些具体模块的详细介绍，请参见附录 B。

简单定时控制程序流程如图 12-10 所示。

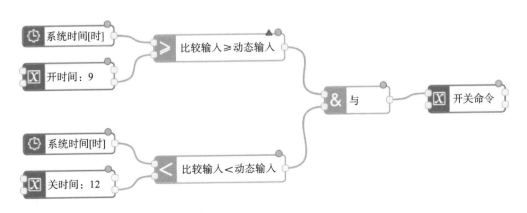

图 12-10　简单定时控制程序流程

12.2 STEP 7-Micro/WIN 编程软件与编程

12.2.1 软件介绍

STEP 7-Micro/WIN 编程软件专为 S7-200 系列 PLC 设计,用于编程、调试和监控。其编程界面和帮助文档大多已实现汉化,是一款优质的开发、编程和监控软件。STEP 7-Micro/WIN 编程软件内置了三种程序编辑器——梯形图(LD)、指令表(IL)和功能块图(FBD)编辑器,同时还配备了便捷的在线帮助功能,便于用户快速获取所需帮助。梯形图(LD)沿用了继电器触点、线圈、连线等图形与符号,是应用最广泛的编程语言。指令表(IL)类似于计算机汇编语言,但更加通俗易懂,且是编程语言中较早应用的类型。有些梯形图和其他语言无法表达的程序,只能使用指令表进行编程。功能块图(FBD)在西门子 PLC 中也有广泛应用。此外,还有顺序功能图(SFC)和结构化文本(ST)等编程语言可供选择。

在使用前,需要在计算机上安装 STEP 7-Micro/WIN 编程软件。打开软件后(见图 12-11),界面主要包括菜单栏、操作栏、指令树及程序编辑器区域等部分。接下来,需要进一步设置编程软件与 S7-200 系列 PLC 的通信连接。

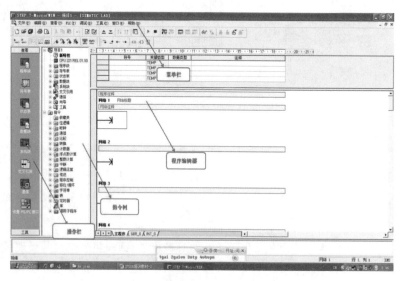

图 12-11 STEP 7-Micro/WIN 软件界面

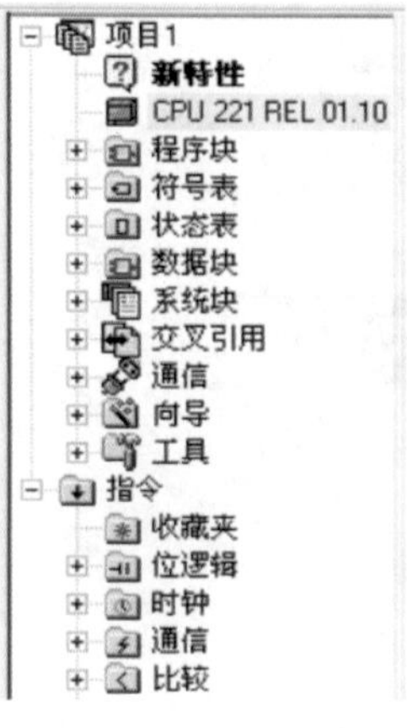

整个编程操作涵盖新建与保存、程序编辑、程序的下载与上载以及程序的监控操作等几个关键步骤,同时还可以进行状态表的监控。

1. 新建与保存

创建一个新的程序文件,可以通过"文件"菜单中的"新建"命令来完成。图 12-12 展示了新建程序后的指令树。如需修改 CPU 类型,只需右击 CPU 图标即可。保存项目则可使用"文件"菜单中的"保存"命令。

2. 程序编辑

编辑程序是 STEP 7-Micro/WIN 编程软件的核心功能。通过指令树中的相应指令标记,或直接在梯形图中定义元件符号和注释,即可进行程序编辑,如图 12-13所示。

图 12-12 新建程序的指令树

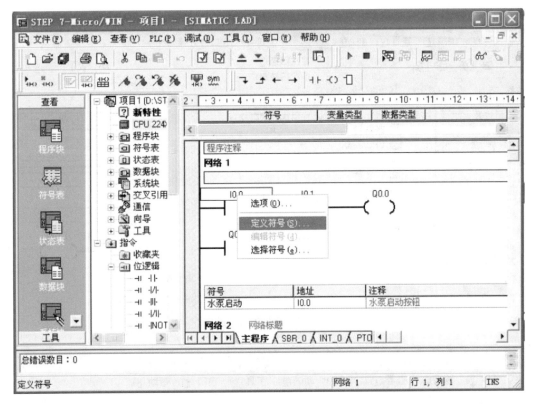

图 12-13　程序编辑

3. 程序的下载与上载

　　编辑完成的程序需进行编译。若编译过程中发现错误,输出窗口将给出相应提示。编译无误后,按照之前设置的通信步骤,点击下载按钮即可完成程序下载,输出窗口会显示下载成功的提示。同样,在编程界面设置好通信参数后,点击上载按钮即可上载程序,如图 12-14 所示。

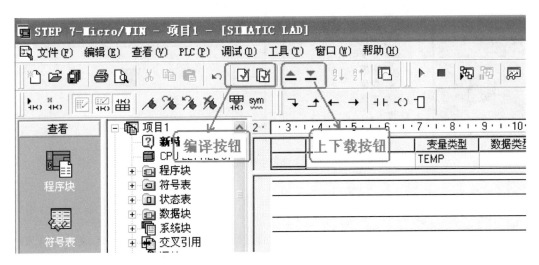

图 12-14　程序下载(上载)

4. 程序的监控操作

　　下载完成后,可利用软件的在线监控功能对程序进行调试,如图 12-15 所示。监控中的程序界面如图 12-16 所示,便于用户实时查看程序运行状态。

图 12-15　程序的监控操作

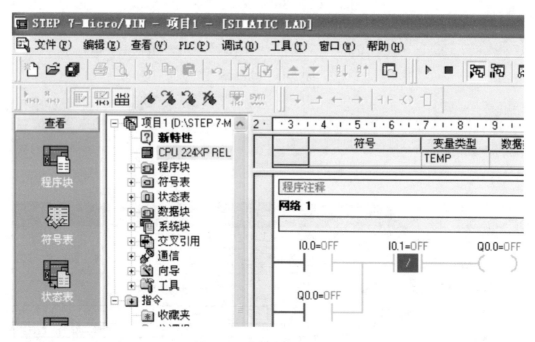

图 12-16　监控中的程序界面

12.2.2　软元件

S7-200 系列 PLC 主要的内部软元件有输入寄存器(I)、输出寄存器(Q)、位存储区(M)、变量存储区(V)、局部存储区(L)、定时器(T)、计数器(C)、累加器(AC)、特殊存储区(SM)。

输入寄存器是 PLC 接收外部传感器信号的软元件,用 I 表示。其状态只能由外部开关决定,PLC 不能改变输入信号的状态。常见的输入元器件包括按钮、选择开关、光电开关、行程开关、传感器等。

输出寄存器是 PLC 通过运行用户程序来控制输出端子状态,从而控制外部负载的通与断的软元件,用 Q 表示。

常见的输出元器件有电磁阀、继电器、接触器、指示灯等。

位存储区(M)即中间继电器。PLC内有许多中间继电器,这类中间继电器与实际的继电器原理类似,有线圈和触点。不同的是,PLC内部的中间继电器是嵌入PLC软件内的软继电器,用户可以随意使用,但是中间继电器不能直接驱动外部负载,它只供PLC内部使用,外部负载的驱动需要通过输出继电器进行。

应用程序举例如下。

在自动控制系统中,当按下启动按钮I0.0时,系统启动,Q0.0输出。为了防止操作员误动作,设计两个停止按钮,即I0.1和I0.2,只有同时按下I0.1和I0.2,系统才能停止。程序如图12-17所示。

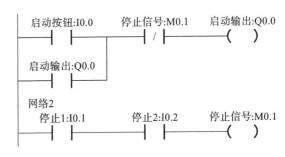

图12-17 程序示例(软元件)

12.2.3 PLC I/O分配

S7-200系列PLC本身带有一定数量的输入输出点。其输入点信号从I0.0开始,往后以8位为一组进行排列,即I0.0至I0.7、I1.0至I1.7,以此类推;其输出点信号也从Q0.0开始,同样以8位为一组进行排列,即Q0.0至Q0.7、Q1.0至Q1.7,以此类推。

当使用扩展模块时,输入点的扩展模块的第一个信号应按照前面已占用输入信号所在的字节和位通道顺序往后进行排序。同样地,输出点扩展模块的信号也按照前面已占用输出信号所在的字节和位通道顺序往后进行排序,具体如图12-18所示。

主机 CPU 224	模块1 EM 221 DI 8× 24 V DC	模块2 EM 222 DO 8× 24 V DC	模块3 EM 235 AI 4/AQ 1 ×12位	模块4 EM 223 DI 4/DQ 4 ×24 V DC /继电器	模块5 EM 235 AI 4/AQ 1 ×12位

主机		模块1	模块2	模块3	模块4		模块5
I0.0	Q0.0	I2.0	Q2.0	AIW0	I3.0	Q3.0	AIW8
I0.1	Q0.1	I2.1	Q2.1	AIW2	I3.1	Q3.1	AIW10
I0.2	Q0.2	I2.2	Q2.2	AIW4	I3.2	Q3.2	AIW12
I0.3	Q0.3	I2.3	Q2.3	AIW6	I3.3	Q3.3	AQW4
I0.4	Q0.4	I2.4	Q2.4	AIW0			
I0.5	Q0.5	I2.5	Q2.5				
I0.6	Q0.6	I2.6	Q2.6				
I0.7	Q0.7	I2.7	Q2.7				
I1.0	Q1.0						
I1.1	Q1.1						
I1.2							
I1.3							
I1.4							
I1.5							

图12-18 I/O分配

12.2.4 基本顺序指令

基本顺序指令主要包括触点指令、线圈指令(含双线圈处理)、置位及复位指令,以及触点上升沿、下降沿指令和脉冲上升沿、下降沿指令。本小节将简要介绍触点指令和线圈指令。

输入信号的程序示例如图 12-19 所示。

如图 12-19 所示,同一个输入点(图中为 I0.1)的常开触点和常闭触点可以在程序中重复循环使用,只要不超过内存容量限制,就可以无限制地重复使用。至于选择使用常开触点还是常闭触点,则应根据外部接线方式和控制要求来确定。

常开、常闭触点的用法如下:当外部开关信号接通时,程序中的常开触点闭合(接通)、常闭触点断开;当外部开关信号断开时,程序中的常开触点断开、常闭触点闭合(接通)。

输出信号的程序示例如图 12-20 所示。

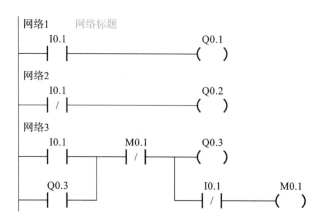

图 12-19　输入信号的程序举例

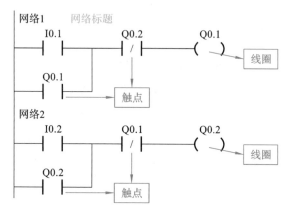

图 12-20　输出信号的程序举例

如图 12-20 所示,同一个输出点的线圈在程序中一般只能使用一次。但是,该线圈对应的常开触点和常闭触点可以在程序中重复多次使用,没有数量上的限制。输出点线圈及其触点的使用法则是:当输出点线圈被接通时,它的常开触点闭合(接通)、常闭触点断开;当输出点线圈被断开时,它的常开触点断开、常闭触点闭合(接通)。

触点指令应用案例 1:基本起保停控制程序。

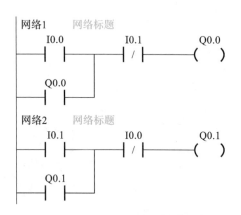

图 12-21　基本启保停控制程序

程序如图 12-21 所示。在该程序中,当按下正转按钮 I0.0 时,电动机开始正转;当按下反转按钮 I0.1 时,电动机则开始反转。

程序分析如下。

(1) 当按钮 I0.0 被按下后,I0.0 的常开触点闭合(接通),同时常闭触点断开。

(2) 闭合的常开触点会使 Q0.0 的线圈通电,并通过 Q0.0 的常开触点实现自锁保持,确保电动机持续正转。

(3) 与此同时,断开的常闭触点会确保 Q0.1 的线圈断电,防止电动机同时反转。同理,当按下按钮 I0.1 后,I0.1 的常开触点闭合、常闭触点断开。

(4) 闭合的 I0.1 常开触点会使 Q0.1 的线圈通电,并通过 Q0.1 的常开触点实现自锁保持,确保电动机持续反转。

(5) 断开的 I0.1 常闭触点则会确保 Q0.0 的线圈断电,防止电动机在正转和反转之间产生冲突。

触点指令应用案例 2：正反转的 PLC 控制。

图 12-22 展示的是继电器控制电动机正反转的电路。当按下 SBF 按钮时，继电器 KMF 的线圈会通电，导致其常开触点闭合，进而驱动电动机正转。相反，当按下 SBR 按钮时，继电器 KMR 的线圈会通电，其常开触点随之闭合，驱动电动机反转。

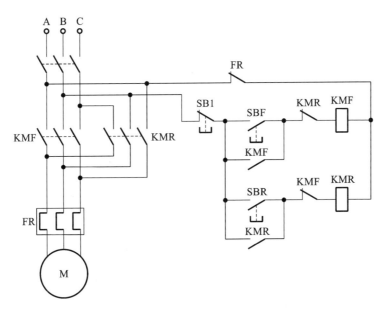

图 12-22　继电器控制电机正反转的控制电路

程序示意图见图 12-23，其中 I0.1 代表 SBF 按钮的输入信号，I0.2 代表 SBR 按钮的输入信号，而 I0.3 则代表 SB1 按钮的输入信号。

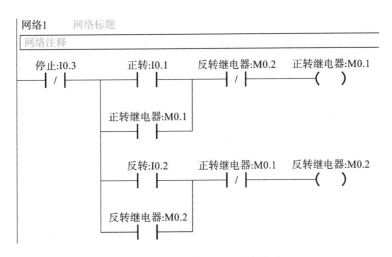

图 12-23　正反转的 PLC 控制程序

12.2.5　传送与比较等其他指令

其他指令还包括传送指令、比较指令、转换指令、算术运算指令、逻辑运算指令、程序流程指令以及移位指令等。以下是对部分指令的简要介绍。

1. 传送指令(MOV_B、MOV_W、MOV_DW)

MOV指令用于将一个数据值复制到另一个存储位置。其中：MOV_B表示字节传送，即传送的数据是字节类型；MOV_W表示字传送，即传送的数据是字类型；MOV_DW表示双字传送，即传送的数据是双字类型。

用法示例如图12-24所示。当输入I0.1接通时，MOV_B指令会将数值255传送到变量VB1中。传送后，VB1的值变为255，并且即使之后I0.1断开，VB1中保存的数据255也不会改变。

2. 比较指令

比较指令用于比较两个数值或字符串，当满足指定的比较条件时，该指令会接通(类似于触点闭合)。比较指令的类型包括字节比较、整数比较、双字整数比较、实数比较以及字符串比较。

(1) 数值比较指令的运算符包括＝(等于)、＞(大于)、＜(小于)、＞＝(大于等于)、＜＝(小于等于)以及＜＞(不等于)。

(2) 字符串比较指令的运算符包括＝(等于)和＜＞(不等于)。

用法示例如图12-25所示。在该程序中，当变量VB1的值等于5时，输出Q0.1会被激活；而当VB1的值不等于5时，输出Q0.2会被激活。

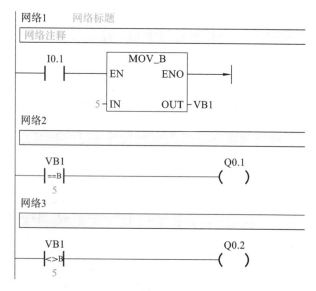

图12-24 传送指令用法示例

图12-25 比较指令用法示例

3. 算术运算指令(ADD_I、SUB_I、MUL_I、DIV、DIV_I)

算术运算指令涵盖加法、减法、乘法、除法等多种运算类型，还包括递增(加一)和递减(减一)指令。

(1) 整数加法指令(ADD_I)用于将两个整数类型的数据相加，并将结果存储到目标位置(目标同样为整数类型)。

用法示例如图12-26所示。当I0.1接通时，执行整数加法指令，VW0中的数据与VW2中的数据相加，运算结果存储在VW4中。

(2) 整数减法指令(SUB_I)用于将两个整数类型的数据进行减法运算，并将结果存储到目标位置(目标同样为整数类型)。

用法示例如图12-27所示。当I0.1接通时，执行整数减法指令，VW0中的数据减去VW2中的数据，运算结果存储在VW4中。

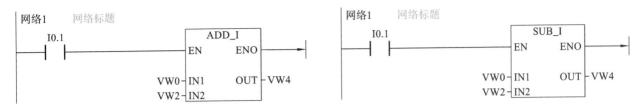

图 12-26　整数加法指令用法示例　　　　图 12-27　整数减法指令用法示例

（3）整数乘法指令（MUL_I）用于将两个整数类型的数据进行乘法运算，并将结果存储到目标位置（目标同样为整数类型）。

用法示例如图 12-28 所示。当 I0.1 接通时，执行 MUL_I 指令，VW0 中的数据与 VW2 中的数据相乘，运算结果存储在 VW4 中。

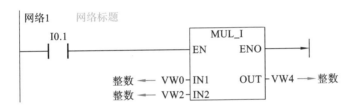

图 12-28　整数乘法指令用法示例

（4）整数除法指令（DIV）用于将两个整数类型的数据进行除法运算，并将结果（包括余数和商）存储到目标位置（目标为双整数类型，其中高 16 位存储余数，低 16 位存储商）。

用法示例如图 12-29 所示。当 I0.1 接通时，执行 DIV 指令，VW0 中的数据除以 VW2 中的数据，运算结果（余数和商）分别存储在 VD6 的高 16 位（VW6，表示余数）和低 16 位（VW8，表示商）中。例如，若 VW0 设为 7，VW2 设为 2，则 VW6 存储的余数为 1，VW8 存储的商为 3。

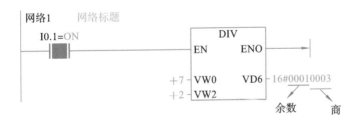

图 12-29　整数除法指令用法示例（有余数）

（5）整数除法指令（DIV_I）也用于将两个整数类型的数据进行除法运算，但只将商的整数部分存储到目标位置（目标为整数类型，不保留余数）。

用法示例如图 12-30 所示。当 I0.1 接通时，执行 DIV_I 指令，VW10 中的数据除以 VW12 中的数据，并将运算结果的整数部分存储在 VW20 中。余数部分将被舍去。

4. 逻辑运算指令

逻辑运算指令涵盖与指令（包括字节、字、双字类型）、或指令、异或指令以及取反指令。

WAND_B（字节与运算）指令用于对两个输入的字节数据中对应的每一位执行与（AND）逻辑运算，运算的结果将被放置在指定的输出位置 OUT 中。

用法示例如图 12-31 所示。

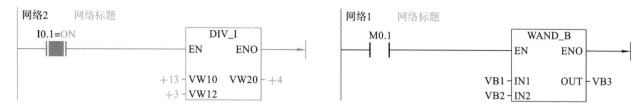

图 12-30　整数除法指令用法示例(无余数)

图 12-31　字节与运算指令用法示例

上述程序中,若 M0.1 接通,则执行 WAND_B 指令,将 VB1 的每位和 VB2 的每位进行与操作,把结果传到 VB3 内。

具体运算过程如下。

若VB1＝0 1 1 0　0 1 0 0

　VB2＝0 0 1 1　1 1 0 0

则 VB3＝0 0 1 0　0 1 0 0

此外,还有 WAND_W(字与运算)、WAND_DW(双字与运算)、WOR_B(字节或运算)、WOR_W(字或运算)、WOR_DW(双字或运算)、WXOR_B(字节异或运算)、WXOR_W(字异或运算)、WXOR_DW(双字异或运算)等,不再一一介绍。

12.2.6　PLC 编程实例

1. 房间温度控制 PLC 编程实例

房间温度控制的功能需求明确如下:当室内温度传感器检测到室温达到或超过 30℃ 时,系统将自动启动空调机组的风机,以便向大空间区域提供冷风以降低温度;当室温降至 25℃ 或以下时,系统将自动停止空调机组的风机,停止向该区域输送冷风。

基于上述功能需求,设计相应的 PLC 梯形图程序,具体如图 12-32 所示。

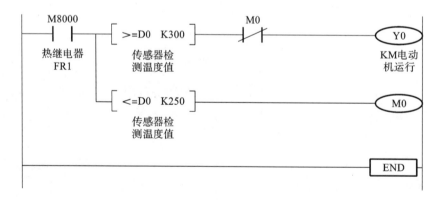

图 12-32　房间温度控制 PLC 梯形图程序

2. 照明回路控制 PLC 编程实例

照明回路控制的功能需求明确如下:每天从 7 点至 19 点,需要接通照明回路以提供照明;而在每天的其余时间段内,则断开照明回路以节省能源。

基于上述功能需求,设计相应的 PLC 梯形图程序,具体如图 12-33 所示。

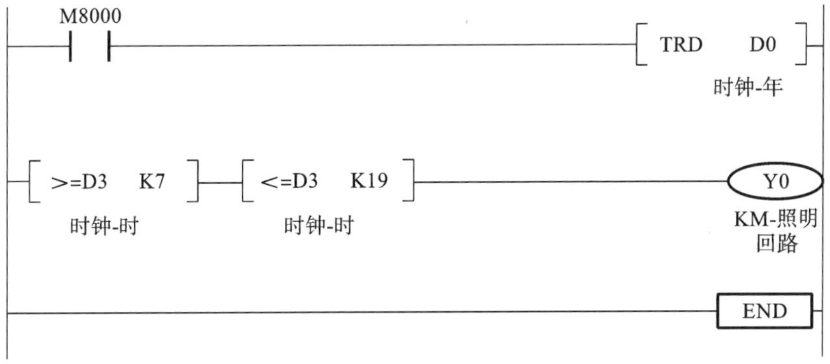

图 12-33　照明回路控制 PLC 梯形图程序

12.3　本章小结

　　本章简要概述了美控 DDC 软件平台及其编程实践应用，内容涵盖平台的核心功能、用户界面设计、编程工具的使用方法，并通过具体实例展示了如何实现建筑设施的节能运行与性能诊断。此外，本章还对 STEP 7-Micro/WIN 编程软件进行了简要介绍，内容涉及软件界面布局、编程语言类型、软元件介绍、I/O 地址分配以及基本指令的灵活运用。本章旨在为读者提供建筑自动化控制系统编程的基础知识，培养读者相应的技能，以期帮助读者在建筑自动化实践领域更加高效地掌握和应用相关技术。

第 *13* 章

建筑自动化系统施工与调试

13.1　一般规定

（1）施工安装前，应对安装材料、设备、器件等进行检验，检验应符合以下规定：①应满足设计要求；②应具备产品合格证；③应有完整的进场检验记录。

（2）施工安装应满足以下条件：①施工安装应以设计文件和施工图纸为依据，并应完成安全技术交底；②施工现场环境应满足施工要求；③施工现场的水、电、交通、通信等供给应满足施工需求。

（3）建筑自动化系统的施工安装应有详尽的记录。

（4）建筑自动化设备用房应符合以下规定：①不应设在卫生间、浴室等经常积水场所的直接下层，若与其贴邻，应采取有效的防水措施；②地面或门槛应高出本层楼地面，其标高差值不应小于 0.10 m，若设在地下层，则标高差值不应小于0.15 m；③无关的管道和线路不得穿越；④电气设备的正上方不应有水管道通过。

（5）建筑自动化设备用房的面积及设备布置应满足布线间距及工作人员操作、维护电气设备所需的安全距离要求。用房的环境条件应确保设备与系统的正常运行。

（6）母线槽、电缆桥架和导管在穿越建筑物变形缝时，应设置补偿装置。

（7）建筑自动化系统的施工验收必须坚持设备运行安全、用电安全的原则，并强化过程验收控制。

（8）在使用建筑自动化系统时，应制定并严格执行运行维护方案。

（9）建筑自动化系统工程中采用的电气设备和电线电缆应为符合相应产品标准的合格品。

（10）建筑自动化系统的调适过程包括安装质量检查、点对点验证、控制逻辑验证、控制软件功能测试等环节。

（11）建筑自动化系统设备应选择具备高可靠性、容错性、可维护性的控制设备，并配置适当的冗余设备，以满足建筑中被集成系统的日常运行需求。

（12）建筑自动化系统应具备对运行信息进行实时数据监测与控制管理的能力。

（13）建筑自动化系统的数据库应能储存连续量与通断量，且对连续量的记录间隔应能达到 900 s 及以下，但一般不宜超过 1 h；存储周期应不小于 1 年。

（14）建筑自动化系统应能生成详细的系统运行日志，并支持查询与导出功能，为系统硬件设备故障判断及维护管理提供有效的数据支持。

（15）建筑自动化系统工程中采用的节能技术和产品应在满足建筑功能要求的前提下，提高建筑设备及系统的能源利用效率，从而降低能耗。

13.2　施工安装

建筑自动化系统的安装包括配管配线与敷设以及设备或器件安装。

配管配线与敷设应遵循以下要求。

（1）电缆、走线架（槽）和护管的敷设应严格遵守现行国家标准《建筑电气工程施工质量验收规范》（GB 50303—2015）和《建筑电气与智能化通用规范》（GB 55024—2022）的相关规定。

（2）线缆的规格、型号、敷设路径和位置需完全符合设计要求。

（3）信号线缆、控制线缆应与电力电缆分开敷设。若无法避免，应对信号线缆、控制线缆采取有效的屏蔽措施。当采用屏蔽线时，屏蔽层应保持连续，并在端头处可靠接地。

（4）接地导线和接地电阻值必须满足设计要求。

（5）线缆在敷设过程中应直接敷设到位，中间不得进行端接。信号线缆应直接接入设备端子。

（6）线缆应整齐绑扎固定，绑扎过程中应避免损伤外皮。

（7）线缆应统一编号，并在两端清晰标注起点、终点、类型和编号，标注应完整、不易脱落。

（8）线缆敷设完成后，应进行导通测试，并详细记录测试结果。

（9）管线的出线端口与设备之间的线缆，应采用金属软管进行保护。

（10）设备的线缆连接应牢固可靠，并留有适当的余量，确保金属线芯不外露。

（11）金属线槽、线管应确保良好接地，且接地导线和接地电阻值需满足设计要求。

（12）室内干燥场所采用导管布线时，应遵守以下规定：①采用金属导管布线时，其壁厚不得小于1.5 mm；②采用塑料导管暗敷布线时，应选用不低于中型规格的导管。

（13）室内潮湿场所的线缆明敷时，应遵守以下规定：①应采用用防潮防腐材料制造的导管或电缆桥架；②当采用金属导管或电缆桥架时，应采取有效的防潮防腐措施，且金属导管壁厚不得小于2.0 mm；③当采用可弯曲金属导管时，应选用防水重型导管。

（14）建筑物底层及地面层以下外墙内的线缆采用导管暗敷布线时，应遵守以下规定：①采用金属导管布线时，其壁厚不得小于2.0 mm；②采用可弯曲金属导管布线时，应选用防水重型导管；③采用塑料导管布线时，应选用重型导管。

（15）线缆采用导管暗敷布线时，应遵守以下规定：①不得穿过设备基础；②当穿过建筑物外墙时，应采取有效的止水措施。

（16）电力线缆、控制线缆和智能化线缆室外布线应遵守以下规定：①除安全特低电压外，室外埋地敷设的电力线缆、控制线缆和智能化线缆应采用护套线、电缆或光缆，并应采取相应的保护措施；②室外埋地敷设的电力线缆、控制线缆和智能化线缆应避免平行布置在地下管道的正上方或正下方。

设备或器件安装应遵循以下要求。

（1）设备安装前，应确保管线敷设已完成，且线缆已通过导通测试。

（2）设备应按照设计文件所确定的位置进行安装，并预留足够的操作和维护空间。

（3）当用电设备安装在室外或潮湿场所时，其接线口或接线盒必须采取有效的防水防潮措施。

（4）EPS/UPS应进行以下技术参数的检查：①初装容量；②输入回路断路器的过载和短路电流整定值；③蓄电池备用时间及应急电源装置的允许过载能力；④对控制回路进行动作试验，以检验EPS/UPS的电源切换时间；⑤在投运前，应核对EPS/UPS各输出回路的负荷量，确保不超过其额定最大输出容量。

（5）现场控制柜/控制器和数据采集装置的安装应满足设计要求，并遵循以下规定：①装置接地应牢固可靠；②接入的信号线线缆剥线长度应保持一致，线缆与设备连接应牢固可靠；③控制器及数据采集装置应平稳、牢固地安装在机柜内，便于操作和维护。

(6) 温湿度传感器的安装应符合以下规定：①应安装在能稳定反映环境温湿度的位置；②应远离振动强、电磁干扰强、潮湿的区域；③应确保传感器探头受到的墙体的温度辐射最小；④室外温湿度传感器应紧固在墙面或固定支架上，并加装防护罩，以防水、防雨、防晒；⑤安装高度应便于维护，同一区域内安装的温湿度传感器距地高度应保持一致；⑥对于大空间，应均匀布置多个温湿度传感器；⑦风管应采用插入式温度传感器或温湿度传感器，传感器的底座应牢固地固定在风管上。

(7) 水管温度传感器应采用带套管的插入式温度传感器，在改造项目中也可采用外敷式温度传感器。其安装应符合以下规定：①安装位置应选在水流温度变化灵敏且具有代表性的地方，避免选在阀门等阻力部件附近、水流束死角处以及振动较大的地方，也不宜安装在焊接缝及其边缘上；②在水平管段上，带套管的插入式温度传感器应安装在管道顶部，安装后应在套管内注满导热油，以确保温度传感器的感温段能准确测量待测水流温度；③在垂直管段或倾斜管段上，带套管的插入式温度传感器应斜插在管道上，传感器与垂直方向的夹角应小于45°，安装后也应在套管内注满导热油；④外敷式温度传感器安装时，需先将管道表面打磨光滑，涂上导热硅胶，再将传感器贴在管壁上并进行固定。

(8) 压力(压差)传感器的安装应符合以下规定：①安装位置应选在水流稳定的地方，避免选在阀门等阻力部件附近、水流束死角处以及振动较大的地方，也不宜安装在焊接缝及其边缘上；②压差传感器的高压侧应在进水管侧，低压侧应装在回水管侧；③引压管上必须设置可关断的阀门。

(9) 流量传感器的安装位置应满足产品所要求的安装条件。

(10) 集中监控平台的工作站、服务器等的安装应符合以下规定：①工作站、服务器等应设置在专用机房内；②机房应设置操作台与服务器机架，操作台用于摆放工作站、计算机或打印机终端等，服务器与交换机(或网络控制器)应设置在机架内；③工作站、服务器的规格、型号应满足设计要求；④安装应整齐、平稳，便于操作；⑤定制软件安装后，工作站和服务器应能正常启动、运行和退出；⑥当工作站和服务器与互联网相连时，应采取网络安全措施。

(11) 显示屏可吊装或固定在墙体上。吊装显示屏的吊杆与支架应符合设计要求，安装应牢固可靠；固定显示屏的墙体与支架承重也应符合设计要求，安装同样应牢固可靠。

(12) 设备标识应符合以下规定：①所有设备与部件(如传感器、阀门)均应进行标识，标识应包括名称和编号；②标识的材质、形式应符合建筑物的统一要求，且应清晰、牢固；③所有阀门宜标注开度指示标识。

(13) 建筑自动化系统施工安装完成后，应对单机逐台(套)进行自检，并做好记录。自检应符合以下规定：①设备与部件的安装位置应满足设计要求；②安装应牢固可靠；③设备线缆接线线序应正确无误。

(14) 建筑自动化系统的电源、接地、防雷应符合现行国家标准《建筑电气工程施工质量验收规范》(GB 50303—2015)和《建筑电气与智能化通用规范》(GB 55024—2022)的有关规定。

13.3　系统调适

(1) 在系统调试的准备阶段，应收集系统资料，包括：①设计资料，如系统的设计图纸、系统控制逻辑说明及流程图；②设备资料，如主要设备的清单与说明书；③运行资料，如系统的历史运行数据(对于改造项目而言)。

(2) 在系统调试前应进行以下相关检查工作，以确保调试工作的顺利开展：①按产品说明书和设计要求，确认传感器的种类、数量、安装位置、测量范围、测量精度、灵敏度、采样方式、响应时间和线路连接等是否符合要求且正确无误；②按产品说明书和设计要求，确认执行器的种类、反馈类型、调节范围、调节精度、响应时间和线路连接等是否符合要求且正确无误；③按产品说明书和设计要求，确认控制器的种类、信号类型、量程范围、控制精度、响应时间、供电电源和线路连接等是否符合要求且正确无误;④按产品说明书和设计要求,确认采集/传输装置的接口、输入/输出信号类型、供电电源和连接方式等是否符合要求且正确无误;⑤应用系统软件和数据库应部署完成,各控制器、采集装置等网络通信正常,监测点位数据上传无误,无通信故障,软件页面调用流畅。

(3) 建筑自动化系统应在现场控制设备单点调试及受控设备单机调试后进行,以确认系统整体与各机构部件运行正常:①传感器采集的数据应与设计精度一致,且状态应与现场读数、状态一致;②控制器、执行器等设备应正确读取末端设备或被控设备的各类信号,并按照控制命令正确动作;③改变监测对象状态时,监测点的数值应正确且及时更新;④通过应用系统软件远程发出设备动作指令时,相应现场设备应正确且及时响应;⑤修改触发安全保护动作或正常运行的阈值,触发安全保护动作时,相关联锁动作、报警动作应正确且及时;⑥各子系统的检验方法应符合《智能建筑工程质量验收规范》(GB 50339—2013)与《建筑节能工程施工质量验收标准》(GB 50411—2019)的有关规定。

(4) 通过系统联调检查监测控制系统整体控制策略及控制逻辑,主要包括以下方面:①启停设备时,各相关设备与执行机构动作的顺序应符合设计要求且各点位状态正常;②人为制造现场控制器失电后,重新恢复送电时,控制器应能自动恢复失电前设置的运行状态;③人为制造子系统与监测控制系统通信网络中断后,待恢复时,现场设备应保持正常的自动运行状态,且监测控制系统应出现报警信号并记录离线故障;④通过应用系统软件改变被控设备工况设定值时,各相关执行机构的动作方向和被调参数的变化趋势应符合设计要求;⑤对各机电设备的控制程序进行模式切换时,被控机电设备应按照设计功能需求和预置逻辑的要求投入使用且正确联动;⑥在控制状态下,提取系统设定参数、历史运行参数与反馈参数时,三者的变化趋势应符合设计逻辑,控制响应时间应符合要求;⑦机组运行过程中出现数据错误或严重偏离设定逻辑的情况时,应及时出现报警信号并记录故障原因。

(5) 暖通空调控制系统调试时,应符合下列要求:①冷源系统的启停应实现自动联锁,即开机时按照冷冻水电动阀、冷冻水泵、冷却水电动阀、冷却水泵、冷却塔风机、冷水机组的顺序进行验证,停机时按相反顺序进行验证;②冷冻水泵、冷却水泵应能够进行变流量控制;③根据系统实际负荷的变化,应实现冷水机组的出水温度自动控制;④风系统的控制功能验证应包括送风温度、相对湿度、送风量的控制功能验证。

(6) 系统控制功能验证完成后,应进行系统和设备综合性能调试。空调系统综合效果验证宜在典型工况下开展,综合效果验证参数应包括室内温度、相对湿度、风速、噪声等参数;系统能效验证参数应包括冷水机组实际性能系数、水系统回水温度的一致性、水系统供回水温差、水泵效率、冷源系统能效、单位风量耗功率、新风量、定风量系统平衡度、设备噪声等参数。验证结果应满足调试需求书的要求。

(7) 照明控制系统调试应符合下列要求:①照明控制系统控制策略应按控制设计要求进行功能验证;②核查市电停电或其他突发事件发生时,相应照明回路的联动配合功能是否正常。

(8) 电梯及自动人行道控制系统调试应符合下列要求:①电梯及自动人行道的控制策略应按控制设计要求进行功能验证;②在现场模拟故障后,应在工作站进行故障报警、记录和打印功能验证。

(9) 联调完成并满足要求后,应在典型工况下开展通风空调系统季节性验证。开展前应制定季节性验证方案,验证方案应包含系统控制功能、系统实际效果、系统能效等方面的内容。

13.4　验收

(1) 对于实行生产许可证或强制性认证的产品,应查验其生产许可证或认证证书所涵盖的范围、有效性及真实性。

(2) 竣工验收应在施工单位自检合格的基础上,由建设单位或监理单位负责组织,并详细记录验收过程及结果。

（3）竣工验收时应重点检查系统运行的符合性、稳定性和安全性。验收方式应以资料审查和目视检查为主，同时辅以必要的实测实量手段。

13.5　本章小结

本章简要介绍了建筑自动化工程的施工、调试及验收过程的相关规范，内容全面覆盖了材料检验、施工条件、设备安装规范、系统调试方法以及验收标准等关键内容，旨在为读者提供一套完整的建筑自动化系统施工与调试的操作指南。

参 考 文 献

[1] 王再英,韩养社,高虎贤.楼宇自动化系统原理与应用[M].北京:电子工业出版社,2005.

[2] 安大伟.暖通空调系统自动化[M].北京:中国建筑工业出版社,2000.

[3] 江亿,姜子炎.建筑设备自动化[M].北京:中国建筑工业出版社,2007.

[4] 赵文成.中央空调节能及自控系统设计[M].北京:中国建筑工业出版社,2018.

[5] 中华人民共和国国家标准.《智能建筑设计标准》(GB 50314—2015).

[6] 中华人民共和国国家标准.《民用建筑电气设计标准》(GB 51348—2019).

[7] 中华人民共和国国家标准.《民用建筑供暖通风与空气调节设计规范》(GB 50736—2012).

[8] 中华人民共和国国家标准.《电动机能效限定值及能效等级》(GB 18613—2020).

[9] 中华人民共和国国家标准.《控制网络 HBES 技术规范 住宅和楼宇控制系统》(GB/T 20965—2013).

[10] 中华人民共和国国家标准.《智能建筑工程质量验收规范》(GB 50339—2013).

[11] 中华人民共和国国家标准.《建筑电气工程施工质量验收规范》(GB 50303—2015).

[12] 中华人民共和国国家标准.《建筑节能工程施工质量验收标准》(GB 50411—2019).

[13] 中华人民共和国国家标准.《建筑电气与智能化通用规范》(GB 55024—2022).

附录 A　电气控制部分基础

A.1　交流接触器

接触器是一种利用电磁、气动或液压操作原理来控制内部触点频繁通断的电器,它主要用于频繁接通和切断交流、直流电路。接触器种类繁多,按通过的电流类型来分,可分为交流接触器和直流接触器;按操作方式来分,则可分为电磁式接触器、气动式接触器和液压式接触器。这里主要介绍最为常用的电磁式交流接触器。

交流接触器是继电器-接触器控制中的主要器件之一,也是自动控制系统中的关键组件。它是利用电磁吸力来动作的,常用于控制主电路,即连接在电源与负载之间的线路中,以控制负载电源的通断。交流接触器主要由三组主触点、一组常闭辅助触点、一组常开辅助触点以及控制线圈组成。当给控制线圈通电时,线圈会产生磁场,磁场通过铁芯吸引衔铁,而衔铁则通过连杆带动所有的动触点动作,与各自的静触点接触或分离。交流接触器的主触点允许流过的电流较辅助触点大,因此主触点通常接在大电流的主电路中,而辅助触点则接在小电流的控制电路中。

有些交流接触器带有联动架,按下联动架可以触发内部触点动作,使常开触点闭合、常闭触点断开。在线圈通电时,衔铁会动作,联动架也会随之运动。因此,如果接触器内部的触点不够用,可以在联动架上安装辅助触点组。当接触器线圈通电时,联动架会带动辅助触点组内部的触点同时动作。

附图 A-1　交流接触器

交流接触器的结构如附图 A-1 所示。图中,接线端子 1/L1、3/L2、5/L3 和 2/T1、4/T2、6/T3 分别为电源侧和负载侧的接线端子,它们分别与电源和负载相接,构成了交流接触器的主触头。接线端子 13 NO-14 NO、43 NO-44 NO 为交流接触器的辅助常开触头。接线端子 21 NC-22 NC、31 NC-32 NC 为交流接触器的辅助常闭触头。因此,附图 A-1 中的交流接触器共有 1 个线圈、1 组主触头、2 组辅助常开触头和 2 组辅助常闭触头。

交流接触器的基本结构、工作原理及其基本部件如附图 A-2 所示。其图形符号和文字符号则如附图 A-3 所示。

在选用接触器时,需要注意以下几点。

(1) 所选接触器的额定电压应大于或等于所接电路的电压,同时其绕组电压也应与所接电路的电压相匹配。这里所说的额定电压是指接触器主触点的额定电压。

(2) 所选接触器的额定电流应大于或等于负载的额定电流。同样地,这里的额定电流指的是接触器主触点的额定电流。对于额定电压为 380 V 的中、小容量电动机,其额定电流(A)可以大致通过其额定功率(kW)乘以 2 来估算。例如,一台额定电压为 380 V、额定功率为 3 kW 的电动机,其额定电流大约为 6 A。

(3) 在选择接触器时,还需要确保主触点和辅助触点的数量能够满足电路的需求。

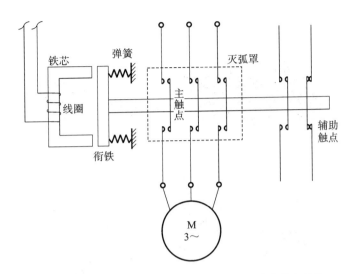

附图 A-2　交流接触器的基本结构、工作原理及其基本部件

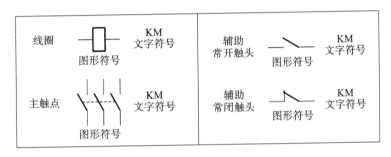

附图 A-3　交流接触器的符号表示

A.2　中间继电器

　　继电器是继电器-接触器控制中的重要器件之一。继电器是一种具有隔离功能的自动开关元件,广泛应用于遥控、遥测、通信、自动控制、机电一体化以及电力电子设备中,是最关键的控制元件之一。作为一种自动电器,继电器的输入量可以是电压、电流等电量参数,也可以是温度、时间、速度或压力等非电量参数。当输入量变化到某一设定值时,继电器会动作,带动其触点接通或切断所控制的电路。

　　常用的继电器主要包括中间继电器(常简称继电器)和时间继电器。中间继电器通常用于传递信号和进行逻辑控制,以管理多个电路。此外,中间继电器还可以直接控制小容量的电动机或其他电气执行元件。中间继电器的结构与交流接触器基本相同,但电磁系统相对较小,触点数量则相对较多。在选用中间继电器时,需确保线圈的电压种类和电压等级与控制电路相匹配,并根据控制电路的具体需求来确定触点的形式和数量。若单个中间继电器的触点数量不足,可以通过将两个中间继电器并联使用来增加触点数量。中间继电器的结构如附图 A-4 所示,其符号表示则如附图 A-5 所示。

A.3　时间继电器(KT)

　　时间继电器是一种利用电磁原理、机械原理或电子技术来实现触点延时接通或断开的控制电器。时间继电器实物如附图 A-6 所示。时间继电器在接收到输入信号(线圈得电或失电)后,会经过一定的延时,其触点才会动作。

附图 A-4　中间继电器

附图 A-5　中间继电器的符号表示

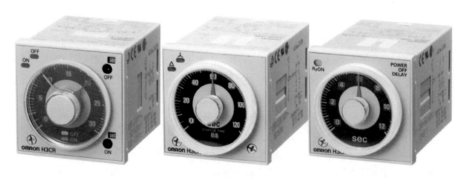

附图 A-6　时间继电器

　　时间继电器主要分为通电延时和断电延时两种类型。附图 A-7 展示了通电延时时间继电器的结构及工作原理示意图。当线圈 1 通电后，衔铁 2 及与其固定的托板被吸引下来，使得铁芯与活塞杆 3 之间产生一定的间隙。在释放弹簧 4 的作用下，活塞杆 3 开始向下移动。然而，由于活塞 5 在下落过程中受到气室的阻尼作用，活塞杆 3 和杠杆 8 并不能迅速动作。随着空气缓慢进入气孔 7，活塞 5 才逐渐下移。经过一段时间，活塞杆 3 推动杠杆 8，使延时触点 9 动作，常闭触点断开，常开触点闭合。从线圈通电到延时触点动作所经历的时间，即为时间继电器的延时时间。通过调节螺钉 10 来改变气孔 7 的大小，可以调节延时时间的长短。当线圈断电时，依靠恢复弹簧 11 的作用，衔铁会立即复位，空气由排气孔 12 排出，触点则瞬时复位。

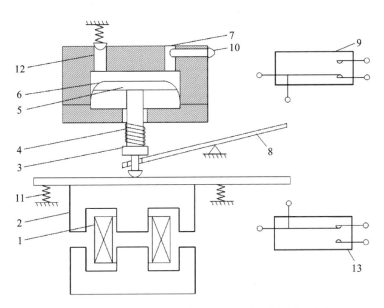

附图 A-7　通电延时时间继电器的结构及工作原理示意图

1—线圈；2—衔铁；3—活塞杆；4—释放弹簧；5—活塞；6—橡皮膜；7—气孔；

8—杠杆；9—延时触点；10—调节螺钉；11—恢复弹簧；12—排气孔；13—瞬时触点

延时动作触点的符号是在一般触点符号的动臂上添加一个标记来表示的,标记中的圆弧方向示意了触点延时动作的方向。例如,在附图 A-8(左)中,延时动合触点的圆弧向上弯曲,表示该触点在通电后,向上闭合时是延时闭合的,而在断电时则是瞬时恢复打开的。同样地,附图 A-8(左)中的延时动断触点圆弧向上弯曲,表示该触点在通电后,会延时向上打开。根据这一原则,我们可以理解其他断电延时触点的动作情况。

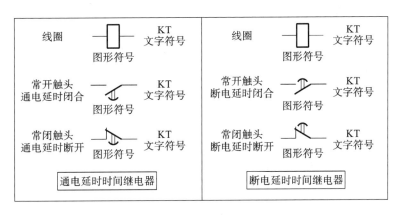

附图 A-8　时间继电器的符号表示

A.4　接触器控制电路实例

附图 A-9 所示为两台三相异步电动机的接触器控制电路。该电路的控制过程描述如下。

启动过程:

(1)当按下启动按钮 SBT1 时,KM1 线圈得电,随后 KM1 主触点闭合,电动机 M1 开始启动。同时,KM1 的辅助常开触点也闭合,形成自锁,确保电动机 M1 在按钮释放后仍能持续运行。

（2）当按下启动按钮 SBT2 时，KM2 线圈得电，接着 KM2 主触点闭合，电动机 M2 开始启动。同样地，KM2 的辅助常开触点闭合，形成自锁，保证电动机 M2 在按钮释放后继续运行。

停止过程：

（1）当按下停止按钮 SBP2 时，KM2 线圈失电，导致 KM2 主触点断开，电动机 M2 停止运行。同时，KM2 的辅助常开触点也断开，解除自锁。

（2）当按下停止按钮 SBP1 时，KM1 线圈失电，使得 KM1 主触点断开，电动机 M1 停止运行。同时，KM1 的辅助常开触点断开，解除自锁。

此外，FR1 与 FR2 为热继电器，用于保护电动机免受过载损害。当电动机 M1 或 M2 的电流过大时，会触发 FR1 或 FR2 的常闭触点断开，从而导致 KM1 或 KM2 线圈失电，使电动机 M1 或 M2 停止运行。

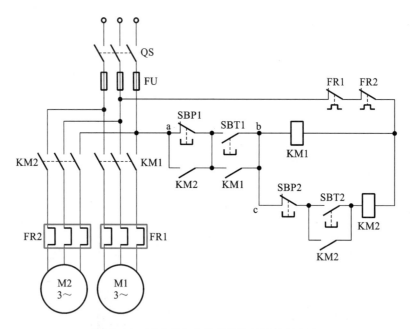

附图 A-9　两台异步电动机的接触器控制电路

A.5　继电器-接触器控制电路实例

附图 A-10 所示为两台三相异步电动机的继电器-接触器控制电路，该电路能够实现两台电动机按时间顺序启动的功能。

启动过程：当按下启动按钮 SBT 时，KM1 线圈得电，随后 KM1 主触点闭合，电动机 M1 开始启动。同时，KM1 的辅助常开触点也闭合，形成自锁，确保在按钮释放后电动机 M1 能持续运行。与此同时，时间继电器 KT 线圈也得电，经过预设的时间延迟后，KT 的常开触点闭合，使得 KM2 线圈得电。接着，KM2 主触点闭合，电动机 M2 开始启动。同时，KM2 的辅助常开触点也闭合，形成自锁，保证电动机 M2 在启动后能持续运行。

停止过程：当按下停止按钮 SBP 时，KM1、KM2 以及 KT 线圈均失电。随之，KM1 和 KM2 的主触点断开，导致电动机 M1 和 M2 停止运行。

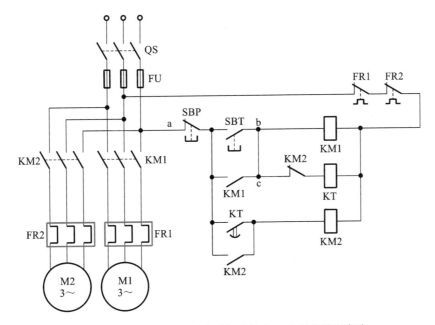

附图 A-10　两台三相异步电动机的继电器-接触器控制电路

附录 B 美控 DDC 高级暖通算法封装模块

美控 DDC 软件平台集成了众多高级暖通算法封装模块,包括但不限于组合式空气处理装置的风机频率控制算法封装模块、水阀开度控制算法封装模块、风阀开度控制算法封装模块、加湿器开度控制算法封装模块、启停优化控制算法封装模块及末端输出控制算法封装模块、三速风机启停控制算法封装模块、自然供冷启停控制算法封装模块等。本附录将简要介绍上述控制算法封装模块的功能、控制原理、控制程序,并对输入输出端通道进行说明。

B.1 组合式空气处理装置风机频率控制算法封装模块

组合式空气处理装置风机频率控制算法封装模块包含了温度控制、送风压力控制、取大值、取小值以及温压双控这五种控制模式,其对应描述如下。

(1) 在温度控制模式下,该模块利用 PID 控制器,根据温度设定值和温度输入值,对组合式空气处理装置的风机频率进行调节。此调节过程会区分制冷季节与制热季节的不同需求。

(2) 在送风压力控制模式下,该模块同样利用 PID 控制器,但此时是根据送风压力设定值和送风压力输入值,来调节风机频率。

(3) 在取大值模式下,该模块会将温控 PID 和压控 PID 的运算结果进行对比,选择其中较大的值作为风机频率的调节依据。

(4) 在取小值模式下,与取大值模式相反,该模块会选择温控 PID 和压控 PID 运算结果中的较小值来调节风机频率。

(5) 在温压双控模式下,该模块采用一种策略:首先优先满足最不利环路管路的送风压力需求,然后再满足温度设定的需求,以此为依据来调节风机频率。

为了实现上述控制逻辑,该模块设置了 18 个输入端通道和 1 个输出端通道,具体配置如附图 B-1 所示。在附图 B-1 中,"末端组空风机频率控制"中的"组空"是"组合式空气处理装置"的简称,下文同。关于具体端口通道的说明,请参见附表 B-1。

附表 B-1 组合式空气处理装置风机频率控制端口说明

序号	输入参数	数据类型	说　明
1	模块使能	布尔值	是否启用风机频率自动计算(0 禁用/1 启用),在禁用的情况下,输出端维持 0 信号输出
2	模式设定	整数	设置风机频率自动计算的模式(0 温度控制/1 压力控制/2 取大值/3 取小值/4 温压双控)
3	季节设定	布尔值	设置模块的使用季节(0 制冷季节/1 制热季节)
4	温度设定值	模拟量	设置温控 PID 的温度设定值,夏季送风温度常设 18、回风温度常设 26,冬季送风温度常设 26、回风温度常设 18,单位℃
5	温度输入	模拟量	输入当前温度,单位℃

序号	输入参数	数据类型	说 明
6	温控 PID 比例增益[P值]	模拟量	设置温控 PID 的比例增益(P值)
7	温控 PID 积分增益[I值]	模拟量	设置温控 PID 的积分增益(I值)
8	温控 PID 微分增益[D值]	模拟量	设置温控 PID 的微分增益(D值)
9	温控 PID 死区设定值	模拟量	设置温控 PID 的死区,常设 0.3,单位℃
10	压力设定值	模拟量	设置压控 PID 的压力设定值,压力设定值根据设计说明书确定
11	压力输入	模拟量	输入最不利环路风口送风压力,单位 Pa
12	压控 PID 比例增益[P值]	模拟量	设置压控 PID 的比例增益(P值)
13	压控 PID 积分增益[I值]	模拟量	设置压控 PID 的积分增益(I值)
14	压控 PID 微分增益[D值]	模拟量	设置压控 PID 的微分增益(D值)
15	压控 PID 死区设定值	模拟量	设置压控 PID 的死区,常设 50,单位 Pa
16	PID 计算间隔	模拟量	设置 PID 控制器计算间隔,常设 30,单位 s
17	风机频率上限设定值	模拟量	设置风机频率上限,常设成 50,单位 Hz
18	风机频率下限设定值	模拟量	设置风机频率下限,常设成 30,单位 Hz
序号	输出参数	数据类型	说 明
1	风机频率自动控制命令	模拟量	输出风机频率自动控制命令,单位 Hz

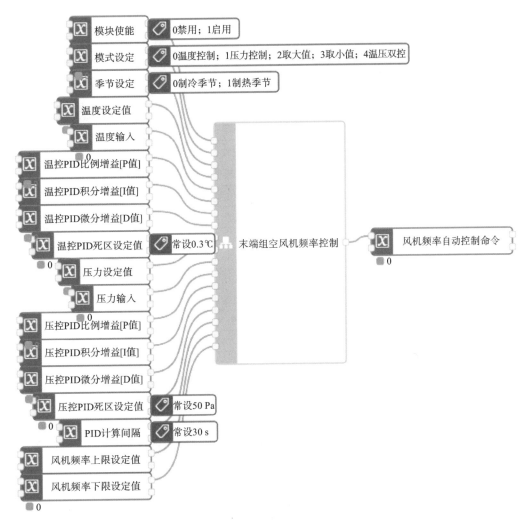

附图 B-1　组合式空气处理装置风机频率控制程序

B.2　组合式空气处理装置水阀开度控制算法封装模块

组合式空气处理装置水阀开度控制算法封装模块包含了温度控制、湿度控制、取大值、取小值这四种控制模式，其对应描述如下。

（1）在温度控制模式下，该模块利用 PID 控制器，根据温度设定值和温度输入值，对组合式空气处理装置的水阀开度进行调节。此调节过程会区分制冷季节与制热季节的不同需求。

（2）在湿度控制模式下，该模块同样利用 PID 控制器，但此时是根据湿度设定值和湿度输入值，来调节水阀开度，同样也会区分制冷季节与制热季节的不同需求。

（3）在取大值模式下，该模块会将温控 PID 和湿控 PID 的运算结果进行对比，选择其中较大的值作为水阀开度的调节依据。

（4）在取小值模式下，该模块选择温控 PID 和湿控 PID 运算结果中的较小值来调节水阀开度。

为了实现上述控制逻辑，该模块配备了 18 个输入端通道和 1 个输出端通道，具体配置请参见附图 B-2。关于具体端口通道的详细说明，请查阅附表 B-2。

附表 B-2　组合式空气处理装置水阀开度控制端口说明

序号	输入参数	数据类型	说　　明
1	模块使能	布尔值	是否启用水阀开度自动计算(0 禁用/1 启用)，在禁用的情况下，输出端维持开度下限的输出
2	模式设定	整数	设置水阀开度自动计算的模式(0 温度控制/1 湿度控制/2 取大值/3 取小值)
3	季节设定	布尔值	设置模块的使用季节(0 制冷季节/1 制热季节)
4	温度设定值	模拟量	设置温控 PID 的温度设定值，夏季送风温度常设 18、回风温度常设 26，冬季送风温度常设 26、回风温度常设 18，单位℃
5	温度输入	模拟量	输入当前温度，单位℃
6	温控 PID 比例增益[P 值]	模拟量	设置温控 PID 的比例增益(P 值)
7	温控 PID 积分增益[I 值]	模拟量	设置温控 PID 的积分增益(I 值)
8	温控 PID 微分增益[D 值]	模拟量	设置温控 PID 的微分增益(D 值)
9	温控 PID 死区设定值	模拟量	设置温控 PID 的死区，常设 0.3，单位℃
10	湿度设定值	模拟量	设置湿控 PID 的湿度设定值
11	湿度输入	模拟量	输入当前湿度，单位%
12	湿控 PID 比例增益[P 值]	模拟量	设置湿控 PID 的比例增益(P 值)
13	湿控 PID 积分增益[I 值]	模拟量	设置湿控 PID 的积分增益(I 值)
14	湿控 PID 微分增益[D 值]	模拟量	设置湿控 PID 的微分增益(D 值)
15	湿控 PID 死区设定值	模拟量	设置湿控 PID 的死区，常设 1，单位%
16	PID 计算间隔	模拟量	设置 PID 控制器计算间隔，常设 30，单位 s
17	水阀开度上限设定值	模拟量	设置水阀开度上限，常设 100，单位%
18	水阀开度下限设定值	模拟量	设置水阀开度下限，常设 0，单位%
序号	输出参数	数据类型	说　　明
1	水阀开度自动控制命令	模拟量	输出水阀开度自动控制命令，单位%

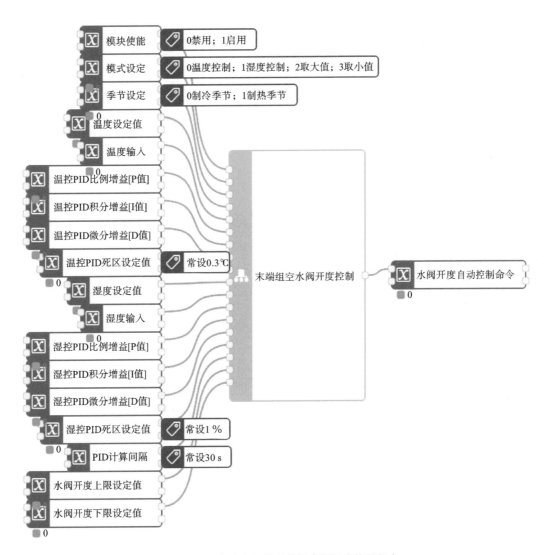

附图 B-2　组合式空气处理装置水阀开度控制程序

B.3　组合式空气处理装置风阀开度控制算法封装模块

组合式空气处理装置风阀开度控制算法封装模块的控制逻辑如下:该模块利用 PID 控制器,根据预设的 CO_2 浓度值和实际回风中的 CO_2 浓度,来调节组合式空气处理装置的新风阀开度。同时,回风阀的开度则会根据新风阀的开度进行相应的调整或修正。

为实现这一控制逻辑,该模块配置了 13 个输入端通道和 2 个输出端通道,具体配置请参见附图 B-3。关于各端口通道的详细说明,请参阅附表 B-3。

附表 B-3　组合式空气处理装置风阀开度控制端口说明

序号	输入参数	数据类型	说　明
1	模块使能	布尔值	是否启用风阀开度自动计算(0 禁用/1 启用),在禁用的情况下,新风阀开度维持下限输出
2	回风 CO_2 浓度设定值	模拟量	设置 PID 的 CO_2 浓度设定值,单位 $\times 10^{-6}$

序号	输入参数	数据类型	说明
3	回风 CO_2 浓度	模拟量	输入回风 CO_2 浓度，单位 $\times 10^{-6}$
4	CO_2 浓度 PID 比例增益	模拟量	设置 CO_2 浓度 PID 比例增益（P 值）
5	CO_2 浓度 PID 积分增益	模拟量	设置 CO_2 浓度 PID 积分增益（I 值）
6	CO_2 浓度 PID 微分增益	模拟量	设置 CO_2 浓度 PID 微分增益（D 值）
7	CO_2 浓度 PID 死区设定值	模拟量	设置 CO_2 浓度 PID 的死区，常设 50，单位 $\times 10^{-6}$
8	CO_2 浓度 PID 计算间隔	模拟量	设置 CO_2 浓度 PID 的计算间隔，常设 30，单位 s
9	回风阀开度修正系数设定值	模拟量	设置回风阀开度修正系数，一般等于新风总管截面积/回风总截面积，常设值范围 0.2～0.4
10	新风阀开度上限设定值	模拟量	设置新风阀开度的上限，常设 100，单位 %
11	新风阀开度下限设定值	模拟量	设置新风阀开度的下限，常设 0，单位 %
12	回风阀开度上限设定值	模拟量	设置回风阀开度的上限，常设 100，单位 %
13	回风阀开度下限设定值	模拟量	设置回风阀开度的下限，常设 0，单位 %
序号	输出参数	数据类型	说明
1	新风阀开度自动控制命令	模拟量	输出新风阀开度自动控制命令，单位 %
2	回风阀开度自动控制命令	模拟量	输出回风阀开度自动控制命令，单位 %

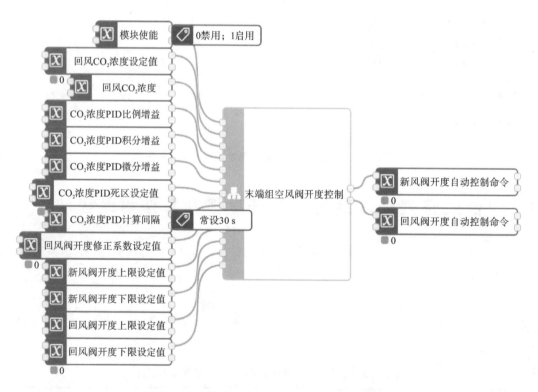

附图 B-3　组合式空气处理装置风阀开度控制程序

B.4 组合式空气处理装置加湿器开度控制算法封装模块

组合式空气处理装置加湿器开度控制算法封装模块的控制逻辑是:利用 PID 控制器,根据预设的湿度值和实际测得的湿度输入,来调节组合式空气处理装置加湿器的开度。

为实现这一控制逻辑,该模块配备了 10 个输入端通道和 1 个输出端通道,具体配置请参考附图 B-4。关于各端口通道的详细说明,请参阅附表 B-4。

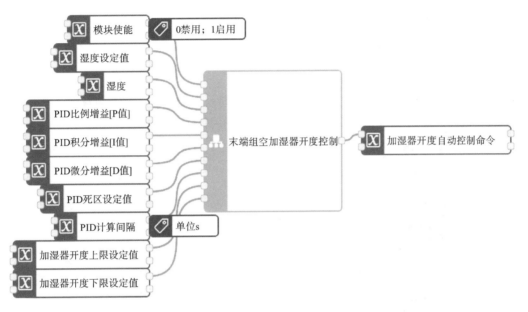

附图 B-4　组合式空气处理装置加湿器开度控制程序

附表 B-4　组合式空气处理装置加湿器开度控制端口说明

序号	输入参数	数据类型	说　明
1	模块使能	布尔值	是否启用加湿器开度自动计算(0 禁用/1 启用),在禁用的情况下,加湿器开度维持下限输出
2	湿度设定值	模拟量	设置 PID 的湿度设定值,单位%
3	湿度	模拟量	输入湿度,单位%
4	PID 比例增益[P 值]	模拟量	设置 PID 比例增益(P 值)
5	PID 积分增益[I 值]	模拟量	设置 PID 积分增益(I 值)
6	PID 微分增益[D 值]	模拟量	设置 PID 微分增益(D 值)
7	PID 死区设定值	模拟量	设置 PID 的死区,常设 1,单位%
8	PID 计算间隔	模拟量	设置 PID 的计算间隔,常设 30,单位 s
9	加湿器开度上限设定值	模拟量	设置加湿器开度的上限,常设 100,单位%
10	加湿器开度下限设定值	模拟量	设置加湿器开度的下限,常设 0,单位%
序号	输出参数	数据类型	说　明
1	加湿器开度自动控制命令	模拟量	输出加湿器开度自动控制命令,单位%

B.5　组合式空气处理装置启停优化控制算法封装模块

组合式空气处理装置启停优化控制算法封装模块旨在优化有计划启停时刻的末端组合式空气处理装置的启停过程,具体分为开机优化和关机优化两部分。

(1) 开机优化,意味着在计划的上班时间之前提前启动设备,以确保上班时刻前室内温度能够接近或达到设定值,从而提升人体舒适度。提前开机的时间是根据当前室内温度、室外温度、室内温度设定值以及相关系数综合计算得出的。

(2) 关机优化,则是在计划的关机时间之前提前关闭设备,以确保下班时刻前室内温度不会超出人体耐受范围,从而实现节能效果。提前关机的时间同样是通过综合考虑当前室内温度、室外温度、室内温度设定值以及相关系数来计算的。

该模块具备记录上一次提前开机和提前关机的历史数据的功能,并能根据这些历史数据进行自学习,以更新用于计算开机和关机提前时间的系数设定值,从而找到最佳的提前开机和关机时刻。

为实现上述功能,该模块配置了 18 个输入端通道和 13 个输出端通道,具体配置请参见附图 B-5。关于各端口通道的详细说明,请参阅附表 B-5。

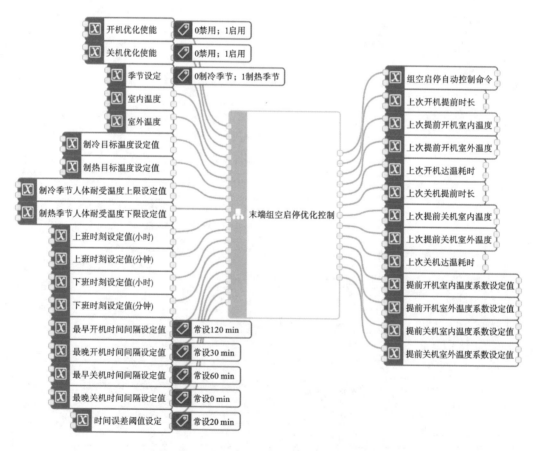

附图 B-5　组合式空气处理装置启停优化控制程序

附表 B-5　组合式空气处理装置启停优化控制端口说明

序号	输入参数	数据类型	说　　明
1	开机优化使能	布尔值	是否启用开机优化(0 禁用/1 启用),在禁用的情况下,将按照原计划上班时刻设定值开机
2	关机优化使能	布尔值	是否启用关机优化(0 禁用/1 启用),在禁用的情况下,将按照原计划下班时刻设定值关机
3	季节设定	布尔值	设置模块的使用季节(0 制冷季节/1 制热季节)
4	室内温度	模拟量	输入当前室内温度,单位℃
5	室外温度	模拟量	输入当前室外温度,单位℃
6	制冷目标温度设定值	模拟量	设置制冷季节室内的目标设定温度,常设 26,单位℃
7	制热目标温度设定值	模拟量	设置制热季节室内的目标设定温度,常设 18,单位℃
8	制冷季节人体耐受温度上限设定值	模拟量	设置制冷季节人体耐受的最高温度,常设 28,单位℃
9	制热季节人体耐受温度下限设定值	模拟量	设置制热季节人体耐受的最低温度,常设 15,单位℃
10	上班时刻设定值(小时)	整数	设置计划中的上班时刻(小时数:0 至 23)
11	上班时刻设定值(分钟)	整数	设置计划中的上班时刻(分钟数:0 至 60)
12	下班时刻设定值(小时)	整数	设置计划中的下班时刻(小时数:0 至 23)
13	下班时刻设定值(分钟)	整数	设置计划中的下班时刻(分钟数:0 至 60)
14	最早开机时间间隔设定值	整数	设置最早开机时间间隔,即提前开机时刻早于上班时刻的时长上限,常设 120,单位 min
15	最晚开机时间间隔设定值	整数	设置最晚开机时间间隔,即提前开机时刻早于上班时刻的时长下限,常设 30,单位 min
16	最早关机时间间隔设定值	整数	设置最早关机时间间隔,即提前关机时刻早于下班时刻的时长上限,常设 60,单位 min
17	最晚关机时间间隔设定值	整数	设置最晚关机时间间隔,即提前关机时刻早于下班时刻的时长下限,常设 0,单位 min
18	时间误差阈值设定	整数	设置开/关机提前时长与开/关机后达温耗时之间的误差阈值,用于判断是否进行自学习调节(更新系数输出♯10 至输出♯13);常设成 20,单位 min

序号	输出参数	数据类型	说　　明
1	组空启停自动控制命令	布尔值	输出经由启停优化后的组空启停自动控制命令
2	上次开机提前时长	模拟量	输出上次提前开机记录的提前时长,单位 min
3	上次提前开机室内温度	模拟量	输出上次提前开机记录的室内温度,单位℃
4	上次提前开机室外温度	模拟量	输出上次提前开机记录的室外温度,单位℃
5	上次开机达温耗时	模拟量	输出上次提前开机的室内温度达温耗时,单位 min
6	上次关机提前时长	模拟量	输出上次提前关机记录的提前时长,单位 min
7	上次提前关机室内温度	模拟量	输出上次提前关机记录的室内温度,单位℃
8	上次提前关机室外温度	模拟量	输出上次提前关机记录的室外温度,单位℃
9	上次关机达温耗时	模拟量	输出上次提前关机的室内温度达温耗时,单位 min

序号	输 入 参 数	数 据 类 型	说　明
10	提前开机室内温度系数设定值	模拟量	输出当前用于计算开机提前时间的室内温度系数,常设 25,可自学习更新,初次部署及季节切换恢复常设值
11	提前开机室外温度系数设定值	模拟量	输出当前用于计算开机提前时间的室外温度系数,常设 5,可自学习更新,初次部署及季节切换恢复常设值
12	提前关机室内温度系数设定值	模拟量	输出当前用于计算关机提前时间的室内温度系数,常设 20,可自学习更新,初次部署及季节切换恢复常设值
13	提前关机室外温度系数设定值	模拟量	输出当前用于计算关机提前时间的室外温度系数,常设 2.5,可自学习更新,初次部署及季节切换恢复常设值

B.6　末端输出控制算法封装模块

末端输出控制算法封装模块专用于调控不同运行模式(制冷、制热、制冷/制热自动切换)下的末端输出比率。

(1)在制冷模式下,该模块利用 PID 控制器,依据输入温度、制冷温度设定值以及制冷温度回差,精准调节制冷量的输出比率。

(2)在制热模式下,该模块同样通过 PID 控制器,根据输入温度、制热温度设定值及制热温度回差,灵活调整制热量的输出比率。

(3)在制冷/制热自动切换模式下,该模块能够依据输入温度智能判断当前工况,并自动切换至相应的制冷或制热模式,进而利用 PID 控制器,按照上述制冷或制热模式下的方法,自动调节制冷量或制热量的输出比率。

为实现上述复杂的控制逻辑,该模块精心设计了 16 个输入端通道和 2 个输出端通道,具体配置及端口通道说明请分别参见附图 B-6 和附表 B-6。

附表 B-6　末端输出控制端口说明

序号	输 入 参 数	数 据 类 型	说　明
1	模块使能	布尔值	是否启用模块(0 禁用/1 启用),在禁用的情况下,2 个输出端维持 0 信号输出
2	运行模式	整数	设置运行模式(0 制冷模式;1 制热模式;2 制冷/制热自动切换模式)
3	输入温度	模拟量	输入当前温度值,单位℃
4	制冷温度设定值	模拟量	设置制冷量比率 PID 的温度设定值,常设成 26,单位℃
5	制热温度设定值	模拟量	设置制热量比率 PID 的温度设定值,常设成 20,单位℃
6	制冷温度回差	模拟量	①判定是否进入制冷模式的温度回差;②制冷量比率 PID 的死区,常设成 1,单位℃
7	制热温度回差	模拟量	①判定是否进入制热模式的温度回差;②制热量比率 PID 的死区,常设成 1,单位℃
8	制冷 PID 比例增益	模拟量	设置制冷量比率 PID 的比例增益(P 值)
9	制冷 PID 积分增益	模拟量	设置制冷量比率 PID 的积分增益(I 值)

序号	输 入 参 数	数据类型	说　明
10	制冷 PID 微分增益	模拟量	设置制冷量比率 PID 的微分增益(D 值)
11	制热 PID 比例增益	模拟量	设置制热量比率 PID 的比例增益(P 值)
12	制热 PID 积分增益	模拟量	设置制热量比率 PID 的积分增益(I 值)
13	制热 PID 微分增益	模拟量	设置制热量比率 PID 的微分增益(P 值)
14	末端输出比率上限设定值	模拟量	设置末端输出比率上限,常设成 100,单位％
15	末端输出比率下限设定值	模拟量	设置末端输出比率下限,常设成 0,单位％
16	PID 计算间隔	模拟量	设置 PID 控制器计算间隔,常设成 30,单位 s
序号	输 出 参 数	数据类型	说　明
1	制冷/制热标志	布尔值	输出制冷/制热标志,即当前系统进行制冷还是制热
2	末端冷热量输出比率自动设定值	模拟量	输出末端冷热量输出比率,单位％

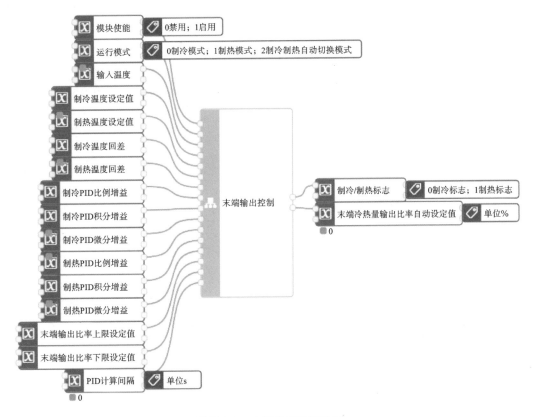

附图 B-6　末端输出控制程序

B.7　三速风机启停控制算法封装模块

三速风机启停控制算法封装模块旨在控制低速、中速、高速三种风机在不同风速挡位及不同输入风量条件下的启停操作,工作模式具体分为一挡模式、二挡模式和三挡模式,其配置图示如附图 B-7 所示。

(1) 在一挡模式下,仅存在一个低速风机挡位。该挡位的启停依据输入风量的回差进行控制:开启阈值设定为"0

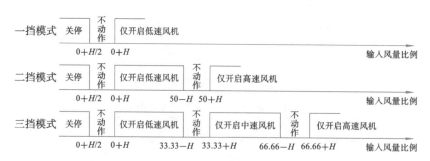

附图 B-7　挡位控制示意图

＋输入回差设定值",而关闭阈值则设定为"0＋输入回差设定值/2"。

（2）二挡模式包含两个挡位(1挡和2挡),分别对应低速和高速风机。两个挡位的启停同样依据输入风量的回差进行调控:1挡的开启阈值设为"0＋输入回差设定值",关闭阈值为"0＋输入回差设定值/2";2挡的开启阈值设为"50＋输入回差设定值",关闭阈值则设为"50－输入回差设定值"。

（3）三挡模式则涵盖三个挡位(1挡、2挡和3挡),分别对应低速、中速和高速风机。各挡位的启停控制同样依赖于输入风量的回差:1挡的开启和关闭阈值设定与一挡模式相同;2挡的开启阈值设为"33.33＋输入回差设定值",关闭阈值设为"33.33－输入回差设定值";3挡的开启阈值设为"66.66＋输入回差设定值",关闭阈值则设为"66.66－输入回差设定值"。

为实现上述复杂的控制逻辑,该模块精心配置了5个输入端通道和3个输出端通道,具体配置及端口通道说明请分别参见附图 B-8 和附表 B-7。

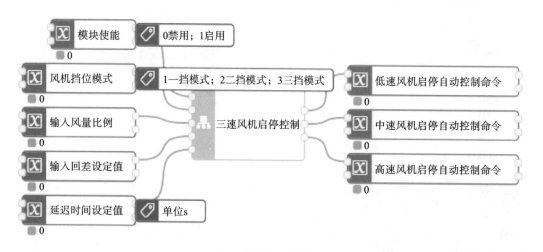

附图 B-8　三速风机启停控制程序

附表 B-7　三速风机启停控制端口说明

序号	输入参数	数据类型	说明
1	模块使能	布尔值	是否启用模块(0禁用/1启用),在禁用的情况下,3个输出端维持0信号输出
2	风机挡位模式	正整数	设置挡位模式(1一挡模式/2二挡模式/3三挡模式)
3	输入风量比例	模拟量	输入风量(百分数,0至100),单位%
4	输入回差设定值	模拟量	设置输入风量回差(百分数,0至30),常设成10,单位%

序号	输入参数	数据类型	说　明
5	延迟时间设定值	模拟量	设置回差控制的延迟时间,常设成5,单位s;达到开/关阈值持续一定时间进行开/关动作

序号	输出参数	数据类型	说　明
1	低速风机启停自动控制命令	布尔值	输出低速风机启停自动控制命令
2	中速风机启停自动控制命令	布尔值	输出中速风机启停自动控制命令
3	高速风机启停自动控制命令	布尔值	输出高速风机启停自动控制命令

B.8　自然供冷启停控制算法封装模块

自然供冷启停控制算法封装模块旨在在夜间或过渡季节间歇性地关闭空调系统,转而采用自然供冷方式,以达到系统节能的目的。该模块包含焓值控制和温度控制两种模式,具体描述如下。

(1) 在焓值控制模式下,当室外温度高于设定的下限值,并且室内焓值与室外焓值的差值大于焓差阈值加上回差时,末端自然供冷系统开启。而如果室外温度低于下限值,并且室内焓值与室外焓值的差值小于焓差阈值减去回差,则末端自然供冷系统关闭。

(2) 在温度控制模式下,当室外温度高于设定的下限值,并且室内温度与室外温度的差值大于温差阈值加上回差时,末端自然供冷系统启动。而如果室外温度低于下限值,并且室内温度与室外温度的差值小于温差阈值减去回差,则末端自然供冷系统关闭。

为实现上述控制逻辑,该模块配备了11个输入端通道和1个输出端通道,具体配置及端口通道说明请分别参见附图 B-9 和附表 B-8。

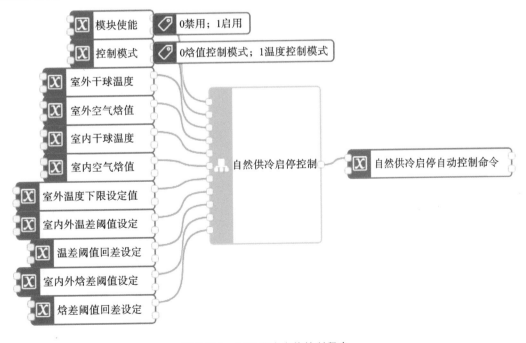

附图 B-9　自然供冷启停控制程序

附表 B-8　自然供冷启停控制端口说明

序 号	输 入 参 数	数 据 类 型	说　明
1	模块使能	布尔值	是否启用模块(0 禁用 /1 启用),在禁用的情况下,输出端维持 0 信号输出
2	控制模式	布尔值	设置自然供冷启停控制算法封装模块的控制模式(0 焓值控制 /1 温度控制),通常湿度超过人体舒适范围高位(>60%)时采用焓值控制,湿度低于人体舒适度范围低位(<40%)时采用温度控制
3	室外干球温度	模拟量	输入室外干球温度,单位℃
4	室外空气焓值	模拟量	输入室外空气焓值,单位 kJ /kg
5	室内干球温度	模拟量	输入室内干球温度,单位℃
6	室内空气焓值	模拟量	输入室内空气焓值,单位 kJ /kg
7	室外温度下限设定值	模拟量	设置判断条件中室外温度的下限,单位℃
8	室内外温差阈值设定	模拟量	设置判断条件中室内外温差阈值,常设成 3,单位℃
9	温差阈值回差设定	模拟量	设置判断条件中温差阈值回差,常设成 1,单位℃
10	室内外焓差阈值设定	模拟量	设置判断条件中室内外焓差阈值,常设成 10,单位 kJ /kg
11	焓差阈值回差设定	模拟量	设置判断条件中焓差阈值回差,常设成 1,单位 kJ /kg
序 号	输 出 参 数	数 据 类 型	说　明
1	自然供冷启停自动控制命令	布尔值	输出自然供冷启停自动控制命令,即是否开启自然供冷、关闭通风空调

附录 C　课程设计任务书

C.1　空气处理系统课程设计

一、空调系统概况

本中央空调系统服务于夏热冬冷地区的一栋建筑,其末端采用了全空气系统。该系统通过送、回风管向一个大空间内提供温度、湿度适宜的空气,以满足使用需求。该空调系统配置了一台组合式空气处理机组,其送风机风量为 50000 m³/h,风压为 600 Pa,额定功率为 30 kW。此外,还设置了一台兼具回排风和排烟功能的回排风机,其回排风量为 45000～80000 m³/h(排烟时风量增大),风压为 500 Pa,额定功率在回排风模式下为 15 kW,在排烟模式下则为 55 kW。送风机和回排风机均配备了变频电机,最低工作频率可达 20 Hz。该空调系统的末端原理图详见附图 C-1。

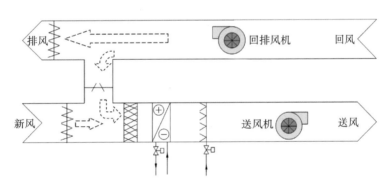

附图 C-1　空调系统的末端原理图

二、自控系统设计任务和设计步骤

设计一套能够自动调控房间温度,确保人员舒适与健康的自动控制系统,请遵循以下设计步骤:

(1) 制定自动控制方案,并绘制闭环控制框图,以明确系统的控制逻辑和流程。

(2) 确定传感器、执行器以及防冻开关等关键部件的类型,并合理规划它们的布置位置。同时,对所需传感器和执行器的数量进行统计,以确保系统配置的完整性和准确性。

(3) 根据自控设备的产品样本,具体选择适合本系统的自动控制部件和设备。在选择过程中,需详细记录各部件的编号、名称、型号、量程、精度、信号类型以及供电要求等信息。主要涉及的部件包括温度传感器、湿度传感器、压力(或压差)传感器、水路调节阀及其执行器、风调节阀及其执行器等。

(4) 统计系统中模拟量和数字量的通道数,以便为后续的系统配置和调试提供准确的数据支持。

(5) 绘制空调自动控制系统的原理图,并在图中清晰标明数据采集点(AI、DI)、控制点(AO、DO)以及协议点。同时,对各个点进行简要说明,以便于系统维护和管理人员理解和操作。

(6) 编写详细的设计说明书,对系统的设计思路、配置方案、操作步骤以及注意事项等进行全面阐述,确保系统能够顺利安装、调试和运行。

三、设计要求

1. 图纸要求

(1) 要求采用计算机 CAD 软件制图,并确保图纸符合制图标准;

(2) 图纸数量为 1 号图纸 1 张。

2. 图纸内容要求

(1) 应包含自动控制原理图,并附带点数统计;

(2) 应包含控制框图,其中需明确送风温度与室内温度的控制逻辑;

(3) 应附有设计说明;

(4) 应包含标题栏与图签。

3. 传感器及执行器设计选型要求

(1) 需测量管道流体的主要参数,包括温度、压力、压差、流量等;

(2) 需设置管道电动阀门;

(3) 温度测量装置的选型需考虑量程、精度、信号输出方式、供电需求等;

(4) 阀门执行器的选型需考虑信号输入方式、供电需求等;

(5) 需明确控制量的信号种类及要求。

4. 设计说明内容要求

(1) 应包含设计依据及设计标准,可参考《民用建筑供暖通风与空气调节设计规范》(GB 50736—2012)、《民用建筑电气设计标准》(GB 51348—2019);

(2) 应包含空调系统设计说明;

(3) 应包含自动控制设计说明,包括传感器与执行器的选型说明、控制逻辑说明、控制先后顺序说明、优化控制分析与说明等。

5. 创新要求

需优化节能控制,并实现对动力设备的电量测量(可采用模拟信号或网络信号)。

C.2 冷源系统课程设计

一、系统概况

本空调系统为武汉市某办公建筑中央空调系统。该中央空调系统冷源设置 2 台蒸汽压缩式制冷机组,单台机组额定制冷量为 410 kW。设置 2 台冷冻水泵（$Q=75\ m^3/h$，$H=32\ mH_2O$，$N=13.5\ kW$），制冷机与冷冻水泵一一对应。散热设备采用 2 台超低噪声横流式冷却塔（$Q=115\ m^3/h$，$N=4.0\ kW$，进出口温度为 $32\sim37\ ℃$，湿球温度为 28 ℃），冷却塔与冷水机组一一对应。采用冷却水泵（$Q=100\ m^3/h$，$H=30\ mH_2O$，$N=15\ kW$）2 台，与冷却塔一一对应。制冷机房内设置分水器和集水器。冷冻水泵、冷却水泵、冷却塔风机均设置变频控制器。末端设置若干个空调风柜。冷源系统原理图如附图 C-2 所示。

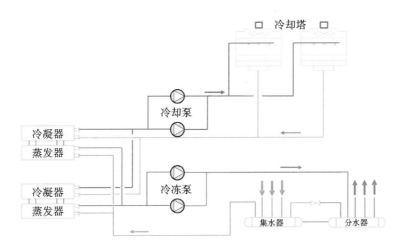

附图 C-2 冷源系统原理图

二、自控系统设计任务和设计步骤

针对该冷源系统，设计一套自动控制系统，以实现制冷机、冷冻水泵、冷却水泵、冷却塔及阀门的自动控制。设计步骤如下：

（1）制定自动控制方案，并绘制闭环控制框图，以明确系统的控制逻辑和流程。

（2）确定传感器、执行器、流量开关等关键部件的类型，并合理规划它们的布置位置。同时，对所需传感器和执行器的数量进行统计，以确保系统配置的完整性和准确性。

（3）根据自控设备的产品样本，具体选择适合本系统的自动控制部件和设备。在选择过程中，需详细记录各部件的编号、名称、型号、规格、量程、精度、信号类型等关键信息。这主要包括温度传感器、压力（或压差）传感器、电动阀门及执行器等。

（4）统计系统中模拟量和数字量的通道数，以便为后续的系统配置和调试提供准确的数据支持。

（5）绘制空调自动控制系统的详细图纸，并在图纸中清晰标明数据采集点（AI,DI）、控制点（AO,DO）及其控制原理。这将有助于系统维护和管理人员更好地理解和操作该系统。

（6）编写详细的设计说明书，对系统的设计思路、配置方案、操作步骤以及注意事项等进行全面阐述。这将确保系统能够顺利安装、调试和运行，并满足实际使用需求。

三、设计要求

1. 图纸要求

（1）要求采用计算机 CAD 软件制图，并确保图纸符合制图标准；

（2）图纸数量为 1 号图纸 1 张。

2. 图纸内容要求

（1）应包含自动控制原理图,并附带点数统计；

（2）应包含控制框图；

（3）应包含设计说明；

（4）应包含标题栏与图签。

3. 控制框图内容要求

（1）应包含分集水器的压差旁通控制逻辑；

（2）应包含冷冻水泵的变频调节逻辑,可选择温度控制或压差控制；

（3）应包含冷却塔风机的变频调节逻辑,可选择冷却回水温度控制。

4. 传感器及执行器设计选型要求

（1）需测量管道流体的主要参数,包括温度、压力、压差、流量等；

（2）需设置管道电动阀门,并考虑信号的输入与供电等要求；

（3）需设置流量开关；

（4）流量测量装置的选型需考虑量程、精度及信号的输出方式；

（5）温度、湿度等测量装置的选型需考虑量程、精度及信号的输出方式；

（6）压力/压差测量装置的选型需考虑量程、精度及信号的输出方式；

（7）需明确控制量的信号种类及要求。

5. 设计说明内容要求

（1）应包含设计依据及设计标准,可参考《民用建筑供暖通风与空气调节设计规范》(GB 50736—2012)、《民用建筑电气设计标准》(GB 51348—2019)；

（2）应包含冷源系统的设计说明；

（3）应包含自动控制设计说明,包括传感器与执行器的选型说明、控制逻辑说明、控制先后顺序说明、优化控制分析与说明等。

6. 创新要求

（1）制冷机通信及内部运行参数应服务于制冷机的状态监测与优化运行分析；

（2）应实现对动力设备的电量测量,可采用模拟信号或网络信号；

（3）应对冷源系统的冷却侧能耗进行最小化优化控制分析。